北大社·"十三五"普通高等教育本科规划教材
高等院校机械类专业"互联网+"创新规划教材

数 控 技 术

主　编　周庆贵
副主编　陈书法　郑书谦
参　编　王华兵

北京大学出版社
PEKING UNIVERSITY PRESS

内 容 简 介

本书是根据教育部"全国机械类专业应用型本科人才培养目标及基本规格"的要求，为相关专业学生学习数控技术课程而编写的教材。本书较全面地介绍了数控技术方面的相关内容，体现了工程教育模式下人才培养的能力素质要求，重点突出相关理论的应用方法及实例。全书共 9 章，包括绪论、数控加工的工艺分析与编程基础、数控铣削加工的程序编制、自动编程基础、数控系统的插补原理、计算机数控装置、数控机床的伺服系统、数控机床的位置检测装置、PLC 在数控机床中的应用。

本书可作为应用型本科院校的机械设计制造及其自动化、机械电子工程等专业的教材，也可作为相关工程技术人员的参考用书。

图书在版编目(CIP)数据

数控技术/周庆贵主编. —北京：北京大学出版社，2019.3
高等院校机械类专业"互联网+"创新规划教材
ISBN 978-7-301-30026-8

Ⅰ. ①数… Ⅱ. ①周… Ⅲ. ①数控技术—高等学校—教材 Ⅳ. ①TP273

中国版本图书馆 CIP 数据核字(2018)第 255710 号

书　　　名	数控技术 SHUKONG JISHU
著作责任者	周庆贵　主编
策 划 编 辑	童君鑫
责 任 编 辑	黄红珍
数 字 编 辑	刘　蓉
标 准 书 号	ISBN 978-7-301-30026-8
出 版 发 行	北京大学出版社
地　　　址	北京市海淀区成府路 205 号　100871
网　　　址	http://www.pup.cn　新浪微博：@北京大学出版社
电 子 信 箱	pup_6@163.com
电　　　话	邮购部 010-62752015　发行部 010-62750672　编辑部 010-62750667
印 刷 者	北京溢漾印刷有限公司
经 销 者	新华书店
	787 毫米×1092 毫米　16 开本　19 印张　445 千字 2019 年 3 月第 1 版　2023 年 6 月第 2 次印刷
定　　　价	54.00 元

未经许可，不得以任何方式复制或抄袭本书之部分或全部内容。
版权所有，侵权必究
举报电话：010-62752024　电子信箱：fd@pup.pku.edu.cn
图书如有印装质量问题，请与出版部联系，电话：010-62756370

前　　言

随着我国工业的快速发展，机械制造业发展的一个明显趋势是越来越广泛地应用数控技术。普通机械逐渐被高效率、高精度的数控机械所代替，因而急需大量的数控机床使用、维护和维修的高级专门人才。

数控机床是一种综合应用了信息技术、自动控制技术、电力电子技术、通信技术及精密测量、精密机械、气动、液压、润滑等技术的典型机电一体化产品，是现代制造技术的基础。相关人员需要经过系统的学习和培训才能胜任数控机床的使用、维护和维修工作。

本书基于现代工程教育，强调、突出技术应用能力训练与职业素质培养，以实际问题作为引导，注重理论在解决实际问题中的应用，在明确的实践背景下对重要的专业理论加以介绍。

本书从数控技术的基本概念入手，以数控机床为对象，较全面地介绍了数控技术的相关内容，重点突出相关理论的应用及实例。全书共分为9章，内容包括绪论、数控加工的工艺分析与编程基础、数控铣削加工的程序编制、自动编程基础、数控系统的插补原理、计算机数控装置、数控机床的伺服系统、数控机床的位置检测装置、PLC在数控机床中的应用。

书中链接了与数控技术相关的学习资源，读者可以利用移动设备扫描二维码在线学习。本书内容先进、选材典型、案例丰富，理论联系实际，面向工程应用，针对工程教育模式下人才培养的能力素质要求，可作为应用型本科院校的机械设计制造及其自动化、机械电子工程等专业的教材，也可作为相关工程技术人员的参考用书。

本书由周庆贵担任主编，陈书法、郑书谦担任副主编，王华兵参与编写，具体编写分工如下：第1、4章由郑书谦编写，第2、3章由陈书法编写，第5～8章由周庆贵编写，第9章由周庆贵和王华兵编写。全书由周庆贵和陈书法统稿及定稿。

在本书的编写过程中，编者参考了西门子 SINUMERIK 802S/C 安装调试手册、SINUMERIK 802S/C 操作与编程手册、SINUMERIK 802S/C PLC 子程序库应用指南、华中世纪星 HNC-21 设备连接调试手册，以及其他文献资料，在此向资料的作者表示衷心的感谢。

由于编者水平有限，加之数控技术日新月异及不同系统之间的差异，书中难免存在疏漏或不当之处，恳请读者不吝赐教，提出批评意见。

编　者

2018 年 12 月

目 录

第 1 章 绪论 …………………………… 1
  1.1 概述 ………………………………… 3
  1.2 数控机床的组成及加工过程………… 3
    1.2.1 数控机床的组成 ……………… 3
    1.2.2 数控机床的加工过程 ………… 5
  1.3 数控机床的特点及分类 ……………… 6
    1.3.1 数控机床的特点 ……………… 6
    1.3.2 数控机床的分类 ……………… 7
  1.4 数控机床的发展 …………………… 10
  本章小结 …………………………………… 15
  思考题 ……………………………………… 15

第 2 章 数控加工的工艺分析与编程基础 …………………………… 16
  2.1 数控编程的基础知识 ………………… 17
    2.1.1 数控编程的过程及方法 …… 17
    2.1.2 程序的结构与格式 ………… 19
    2.1.3 数控机床的坐标系 ………… 26
  2.2 数控编程中的数值计算 …………… 29
    2.2.1 基点坐标的计算 …………… 29
    2.2.2 非圆曲线节点坐标的计算 …………………………… 30
  2.3 数控加工的工艺分析 ……………… 34
    2.3.1 数控加工工艺的基本特点和基本内容 ……………………… 34
    2.3.2 数控加工的工艺分析 ……… 35
  本章小结 …………………………………… 44
  思考题 ……………………………………… 44

第 3 章 数控铣削加工的程序编制 …… 45
  3.1 基本编程指令 ……………………… 46
    3.1.1 辅助指令 M、主轴指令 S、刀具指令 T ………………… 46
    3.1.2 尺寸系统指令 ……………… 47
    3.1.3 运动控制指令 ……………… 52
    3.1.4 刀具补偿指令 ……………… 55

  3.2 固定循环指令 ……………………… 60
    3.2.1 概述 ………………………… 60
    3.2.2 钻削循环指令 ……………… 61
    3.2.3 钻削孔排列循环指令 ……… 65
    3.2.4 铣槽加工循环指令 ………… 68
  3.3 铣削加工实例 ……………………… 70
  本章小结 …………………………………… 72
  思考题 ……………………………………… 73

第 4 章 自动编程基础 ………………… 75
  4.1 自动编程概述 ……………………… 76
    4.1.1 常用自动编程软件简介 …… 78
    4.1.2 数控加工自动编程步骤 …… 80
  4.2 Mastercam 自动编程技术 ………… 80
    4.2.1 Mastercam 自动编程工作流程 ……………………… 80
    4.2.2 Mastercam 自动编程基本操作 …………………………… 81
  4.3 Mastercam 三维传统铣削加工 …… 91
    4.3.1 零件设计 …………………… 92
    4.3.2 零件加工 …………………… 93
  4.4 Mastercam 多轴铣削加工 ………… 103
    4.4.1 定面加工 …………………… 103
    4.4.2 联动加工 …………………… 105
  本章小结 …………………………………… 107
  思考题 ……………………………………… 107

第 5 章 数控系统的插补原理 ………… 109
  5.1 插补的基本概念 …………………… 110
  5.2 逐点比较法 ………………………… 110
    5.2.1 直线插补 …………………… 111
    5.2.2 圆弧插补 …………………… 115
    5.2.3 逐点比较法的合成进给速度 …………………………… 119
  5.3 数字积分法 ………………………… 120
    5.3.1 数字积分法的基本原理 …… 120

5.3.2 数字积分法直线插补 …… 121
　　5.3.3 数字积分法圆弧插补 …… 124
5.4 插补的实现 …………………… 128
　　5.4.1 硬件逻辑实现直线
　　　　　插补 ………………… 128
　　5.4.2 软件实现直线插补 …… 131
本章小结 ……………………………… 133
思考题 ………………………………… 134

第6章　计算机数控装置 ………… 135

6.1 计算机数控系统的组成及
　　 工作过程 ………………………… 136
　　6.1.1 计算机数控系统的组成 …… 136
　　6.1.2 计算机数控系统的功能和
　　　　　工作过程 …………………… 139
6.2 计算机数控装置的硬件结构 …… 143
　　6.2.1 单微处理器数控系统的
　　　　　结构 ………………………… 143
　　6.2.2 多微处理器数控系统的
　　　　　结构 ………………………… 144
　　6.2.3 开放式数控系统的
　　　　　结构 ………………………… 146
6.3 计算机数控装置的软件结构 …… 150
　　6.3.1 计算机数控装置的
　　　　　软硬件界面 ………………… 151
　　6.3.2 计算机数控装置的软件结构
　　　　　特点 ………………………… 152
　　6.3.3 计算机数控装置的软件结构
　　　　　模式 ………………………… 155
　　6.3.4 计算机数控装置的软件工作
　　　　　过程 ………………………… 156
6.4 数控系统的接口与连接 ………… 160
　　6.4.1 西门子 SINUMERIK 802C
　　　　　base line 数控系统 ……… 160
　　6.4.2 华中世纪星 HNC－21
　　　　　数控系统 …………………… 165
本章小结 ……………………………… 174
思考题 ………………………………… 174

第7章　数控机床的伺服系统 …… 175

7.1 概述 ……………………………… 176
　　7.1.1 伺服系统的概念 ………… 176
　　7.1.2 开环、闭环、半闭环伺服
　　　　　系统 ………………………… 177
　　7.1.3 数控机床对伺服系统的
　　　　　基本要求 …………………… 178
7.2 步进电动机驱动系统 …………… 179
　　7.2.1 步进电动机的工作原理与
　　　　　运行特性 …………………… 179
　　7.2.2 步进电动机的驱动 ……… 183
7.3 直流伺服电动机驱动系统 ……… 188
　　7.3.1 常用的直流伺服电动机 …… 188
　　7.3.2 直流电动机的调速 ……… 189
　　7.3.3 单片微机控制的脉宽调制直流
　　　　　可逆调速系统 ……………… 195
7.4 交流伺服电动机驱动系统 ……… 196
　　7.4.1 常用交流伺服电动机及其
　　　　　特点 ………………………… 196
　　7.4.2 交流伺服电动机的调速 …… 196
7.5 进给驱动器的接口与连接 ……… 200
　　7.5.1 电源接口 ………………… 201
　　7.5.2 指令接口 ………………… 203
　　7.5.3 控制接口 ………………… 207
　　7.5.4 状态与安全报警接口 …… 208
　　7.5.5 反馈接口 ………………… 209
　　7.5.6 通信接口 ………………… 210
　　7.5.7 电动机电源接口 ………… 210
7.6 主轴驱动器的接口与连接 ……… 212
　　7.6.1 变频器基本接口 ………… 213
　　7.6.2 计算机数控装置与变频器的
　　　　　连接 ………………………… 214
本章小结 ……………………………… 215
思考题 ………………………………… 216

第8章　数控机床的位置检测装置 … 217

8.1 概述 ……………………………… 218
8.2 旋转变压器 ……………………… 219
　　8.2.1 旋转变压器的结构和
　　　　　工作原理 …………………… 219
　　8.2.2 旋转变压器的工作方式 …… 221
8.3 脉冲编码器 ……………………… 222
　　8.3.1 增量式编码器 …………… 222
　　8.3.2 绝对式编码器 …………… 223

8.3.3　编码器在数控机床中的

　　　　　应用 …………………… 226
8.4　感应同步器 ………………………… 229
　　8.4.1　感应同步器的结构 ……… 229
　　8.4.2　感应同步器的工作

　　　　　原理 …………………… 230
　　8.4.3　感应同步器的特点 ……… 232
8.5　磁栅 ………………………………… 233
　　8.5.1　磁栅的结构 ……………… 233
　　8.5.2　磁栅的工作原理 ………… 234
　　8.5.3　磁栅的检测电路 ………… 236
8.6　光栅 ………………………………… 237
　　8.6.1　光栅的结构 ……………… 237
　　8.6.2　光栅测量的基本原理 …… 238
8.7　位置控制原理 ……………………… 241
本章小结 ………………………………… 243
思考题 …………………………………… 243

第9章　PLC 在数控机床中的应用 ……………………………… 244

9.1　概述 ………………………………… 245
　　9.1.1　PLC 的应用领域 ………… 245
　　9.1.2　PLC 的基本组成和

　　　　　工作原理 ……………… 246
　　9.1.3　PLC 的编程语言 ………… 248
9.2　数控机床中的 PLC ………………… 249

　　9.2.1　数控机床 PLC 的类型与

　　　　　作用 …………………… 250
　　9.2.2　计算机数控装置、PLC、机床

　　　　　之间的信号处理 ……… 252
9.3　S7-200 系列 PLC …………………… 254
　　9.3.1　S7-200 系列 PLC 数据类型及

　　　　　元件功能 ……………… 255
　　9.3.2　S7-200 系列 PLC 的基本

　　　　　指令及编程 …………… 259
9.4　计算机数控装置集成 PLC ………… 266
　　9.4.1　计算机数控装置与 PLC 接口

　　　　　信号种类与表示 ……… 268
　　9.4.2　PLC 与计算机数控系统及

　　　　　机床间的信息交换 …… 269
　　9.4.3　机床 I/O 连接 ……………… 271
　　9.4.4　标准程序说明 ……………… 274
9.5　数控机床独立型 PLC 控制

　　实例 ……………………………… 278
　　9.5.1　PLC 输入输出信号 ………… 279
　　9.5.2　PLC 主程序 ………………… 280
　　9.5.3　主要子程序 ………………… 282
9.6　数控机床主轴 PLC 设计实例 ……… 289
本章小结 ………………………………… 292
思考题 …………………………………… 292

参考文献 ……………………………………… 294

第 1 章 绪 论

 本章教学要点

知识要点	掌握程度	相关知识
数控技术	了解数控技术的基本概念； 熟悉数控相关专业术语； 掌握伺服系统的分类	数控与计算机数控； 数控机床的定义； 数控相关专业术语
数控机床	了解数控机床的组成及特点； 掌握数控机床的加工过程； 熟悉数控机床的分类； 了解数控机床的发展	数控机床的组成； 数控机床的加工过程； 数控机床的分类； 数控机床的发展

导入案例

数字控制技术是战略性核心技术，五轴联动以上高档数控系统和机床装备一直是重要的国际战略物资。一个典型案例是"东芝事件"：1983年，日本东芝公司卖给苏联几台五轴联动数控铣床，苏联将其用于制造核潜艇推进螺旋桨，以至于美国的声呐无法侦测到苏联核潜艇的动向。后来，美国国防部追究责任，东芝的相关高层都进了监狱。

国务院印发的《中国制造2025》中就有关于大力发展高档数控机床的内容，开发一批精密、高速、高效、柔性数控机床与基础制造装备及集成制造系统，加快高档数控机床、增材制造等前沿技术和装备的研发。以提升可靠性、精度保持性为重点，开发高档数控系统、伺服电动机、轴承、光栅等主要功能部件及关键应用软件，加快实现产业化。加强用户工艺验证能力建设。

图 1.01 和图 1.02 所示为五轴联动加工中心与五轴联动铣车加工中心。

【五轴联动加工中心】

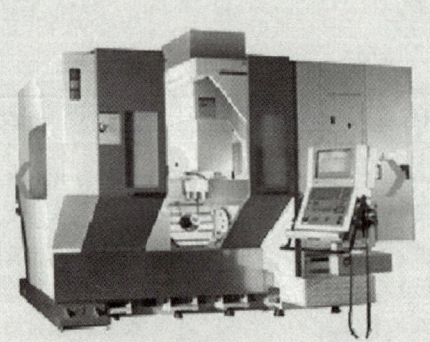

图 1.01　五轴联动加工中心

图 1.02　五轴联动铣车加工中心

数字控制（Numerical Control，NC，简称数控）技术是综合应用了电子技术、计算机技术、自动控制及自动检测等方面的新成就而发展起来的一门新技术。它在许多领域得到了应用，而在机械加工行业中的应用则更广泛，其中发展特别快的是数字控制机床，简称数控机床。这是和科学技术的迅速发展，机械产品的更新换代频繁及科研新产品的试制任务增多等情况密切相关的。现代加工业的特点是零件形状复杂，精度要求较高，批量小。这就要求机床设备应具有较大的灵活性、通用性、高加工精度和高生产效率。数控机床正是适应这种要求而产生的。

随着现代微电子技术的飞速发展，微电子器件集成度和信息处理功能不断提高，而价格不断降低，使微型计算机在机械制造领域得到广泛应用。微机控制的数控机床的应用与日俱增，柔性加工中心、柔性制造单元及柔性制造系统不断投入使用，生产面貌发生了根本变化。

1.1 概　　述

1. 数控与计算机数控

数控是近代发展起来的一种自动控制技术，是指根据输入的指令和数据，对某一对象的工作顺序、运动轨迹、运动距离和运动速度等机械量，以及温度、压力、流量等物理量按一定规律进行自动控制。数控系统中的控制信息是数字量，而模拟控制系统中的控制信息是模拟量。

数控系统的硬件基础是数字逻辑电路。最初的数控系统是由数字逻辑电路构成的，因而称为硬件数控系统。随着微型计算机的发展，硬件数控系统已逐渐被淘汰，取而代之的是计算机数控（Computer Numerical Control，CNC）系统。由于计算机可完全由软件来确定数字信息的处理过程，从而具有真正的"柔性"，并可以处理硬件逻辑电路难以处理的复杂信息，使数控系统的性能大大提高。

2. 数控设备与数控机床

用数字化信息进行控制的自动控制设备称为数控设备。采用数控技术进行控制的机床，称为数控机床。数控机床是一种综合应用了计算机技术、自动控制技术、精密测量技术和机床设计等先进技术的典型机电一体化产品，是现代制造技术的基础。机床控制也是数控技术应用最早、最广泛的领域，因此，数控机床的水平代表了当前数控技术的性能、水平和发展方向。

数控机床是数控设备的典型代表。它可以加工复杂的零件，并具有加工精度高，生产效率高，便于改变加工零件品种等特点，是实现机床自动化的方向。

3. 数控系统与数控装置

为了对机械运动及加工过程进行数字化信息控制，必须具备相应的硬件和软件。用来实现数字化信息控制的硬件和软件的整体称为数控系统（Numerical Control System），而数控系统的核心是数控装置（Numerical Controller）。

在数控机床行业中，数控系统是计算机数控装置、PLC（可编程控制器）、进给驱动与主轴驱动装置等相关设备的总称，有时则仅指其中的计算机数控装置。为区别起见常将其中的计算机数控装置称为数控装置。

1.2 数控机床的组成及加工过程

1.2.1 数控机床的组成

数控机床的组成如图 1.1 所示。

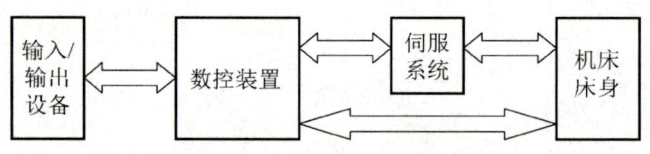

图 1.1　数控机床的组成

1. 输入/输出设备

输入/输出设备主要实现程序和数据的输入、显示、存储和打印。这一部分的硬件配置视需要而定，功能简单的机床可能只配有键盘和数码管显示器；一般的可再加上人机对话编程操作键盘、通信接口、CRT 显示器（阴极射线显像管）和液晶显示器；功能较强的可能还包含一套自动编程机或 CAD/CAM（计算机辅助设计和计算机辅助制造）系统。

2. 数控装置

[计算机数控装置]

数控装置是数控设备的核心，根据输入的程序和数据，完成数值计算、逻辑判断、速度控制、插补和输入/输出控制等功能。数控装置就是专用计算机或通用计算机与输入/输出接口及可编程序控制器等部分组成的控制装置。

在数控装置执行的控制信息和指令中，最基本的是坐标轴的进给指令，包括速度、方向和位移量。指令经插补运算后生成坐标轴运动信息，供给伺服驱动，经驱动器放大，最终控制坐标轴的位移。坐标轴进给指令直接决定了刀具或坐标轴的移动轨迹。

此外，根据系统和设备的不同，如在数控机床上，还可能有主轴的转速、转向和启、停指令；刀具的选择和交换指令；冷却、润滑装置的启、停指令；工件的松开、夹紧指令；工作台的分度等辅助指令。在基本的数控系统中，它们是通过接口，以信号的形式提供给外部辅助控制装置，由辅助控制装置对以上信号进行必要的编译和逻辑运算，放大后驱动相应的执行器件，带动机床机械部件、液压气动等辅助装置完成指令规定的动作。

3. 伺服系统

所谓伺服，是指使某一机械的某些参量（电动机的旋转速度和旋转相位、机械位置等）维持不变或按一定规律变化的自动控制系统。

数控机床中的伺服系统接收来自数控装置的指令信息，经过功率放大后，严格按照指令信息的要求驱动机床的移动部件，以加工出符合图样要求的零件。因此，伺服系统的控制精度和动态响应性能是影响数控机床加工精度、表面质量和生产率的重要因素之一。数控机床中的伺服系统由伺服放大器（也称驱动器、伺服单元），驱动装置（直流伺服电动机、交流伺服电动机、功率步进电动机和电液脉冲马达等），机械传动机构和执行机构组成。在数控机床上，目前一般都采用交流伺服电动机作为驱动装置；在 20 世纪 80 年代以前生产的数控机床上，有采用直流伺服电动机的情况；对于简易数控机床，步进电动机也可以作为执行器件。伺服放大器的形式取决于驱动装置，它必须与驱动装置配套使用。

4. 机床床身

机床床身是被控制的对象，是数控机床的主体，完成各种运动和加工的机械部分。用数控装置和伺服系统对它进行位移、角度和各种开关量的控制。在机床床身上装有检测装置，用来将位移和各种状态信号反馈给数控装置，实现闭环控制。

【机床床身】

1.2.2 数控机床的加工过程

数控机床加工时，首先要将工件的几何信息和工艺信息按规定的代码和格式编制数控加工程序，并将加工程序输入数控系统。数控系统根据输入的加工程序进行信息处理，计算出实际轨迹和运动速度（计算轨迹的过程称为插补），最后将处理的结果输出给伺服机构，控制机床的运动部件按规定的轨迹和速度运动。

1. 加工程序编制

加工一个工件所需的数据及操作命令构成了工件的加工程序。加工前，首先要根据工件的形状、尺寸、材料及技术要求等，确定工件加工的工艺过程，工艺参数（包括加工顺序、切削用量、位移数据、速度等），并根据编程手册中规定的代码或依据不同数控设备说明书中规定的格式，将这些工艺数据转换为工件程序清单。

2. 程序输入

零件加工程序可采用不同形式输入数控装置，具体有以下几种方式。

（1）用光电读带机读入数据（早期数控机床）。读入过程分两种形式：一种是边读入边加工；另一种是一次将工件的加工程序读入数控装置内部的存储器，加工时再从存储器逐段调用。

（2）用键盘直接将程序输入数控装置。

（3）在通用计算机上采用 CAD/CAM 软件编程或者在专用编程器上编程，然后通过电缆输入数控装置或先存入存储介质，再将存储介质上的加工程序输入数控装置。

3. 信息处理

信息处理是数控的核心任务。它的作用是识别输入程序中每个程序段的加工数据和操作命令，并对其进行换算和插补计算。零件加工程序中只能包含各种线段轨迹的起点、终点和半径等有限数据，在加工过程中，伺服机构按零件形状和尺寸要求进行运动，即按图形轨迹移动，因而就要在各线段的起点和终点坐标值之间进行"数据点的密化"，求出一系列中间点的坐标值，并向相应坐标输出脉冲信号，这就是所谓的插补。

4. 伺服控制

伺服控制是根据不同的控制方式把来自数控装置插补输出的脉冲信号，经过功率放大，通过驱动元件（如步进电动机、交直流伺服电动机等）和机械传动机构，使数控机床的执行机构相对于工件按预定工艺路线和速度进行加工。

1.3　数控机床的特点及分类

数控机床是一种典型的机电一体化产品。它综合运用了微电子、计算机、自动控制、精密检测、伺服驱动、机械设计与制造技术方面的最新成果。与普通机床相比，数控机床能够完成平面、曲线和空间曲面的加工，加工精度和效率都比较高，因而应用日益广泛。

1.3.1　数控机床的特点

1. 精度高，质量稳定

数控机床在设计和制造时，采取了很多措施来提高加工精度。机床的传动部分一般采用滚珠丝杠，提高了传动精度。机床导轨采用滚动导轨、悬浮式导轨或采用摩擦系数很小的合成材料，因而减小了摩擦阻力，消除了低速爬行现象。闭环、半闭环伺服系统装有精度很高的位置检测元件，随时将位置误差反馈给计算机进行误差校正，使数控机床获得很高的加工精度。数控机床加工过程由程序自动完成，与普通机床相比，没有人为因素的影响，加工质量稳定，产品精度重复性好。

2. 生产效率高

数控机床具有较高的生产效率，尤其对于复杂零件的加工，生产效率可提高数十倍。效率高的主要原因如下。

（1）具有自动变速、自动换刀和其他辅助操作自动化等功能，而且无需工序间的检验与测量，使辅助时间大大缩短。

（2）工序集中。数控机床的轨迹运动是由程序自动控制完成的，因而在普通机床加工中分几道工序完成的工件在数控加工中可在一台机床上完成，减少了半成品的周转时间。

（3）不同零件的加工程序存储在控制介质或内部存储器中，因而更换工件时，只需更换零件加工程序即可，从而节省了大量准备和机床调整的时间。

3. 适应性强

适应性即所谓的柔性，是指数控机床随生产对象变化而变化的适应能力。在数控机床上进行不同加工时，只要改变数控机床的输入程序，就可适应新产品的生产需要，而不需要改变机械部分和控制电路。

4. 能实现复杂的运动

普通机床很难实现或无法实现轨迹为三次以上的曲线或曲面的运动。如螺旋桨、汽轮机叶片之类的空间曲面。数控机床可以几个坐标同时联动，实现几乎任意轨迹的运动，适用于复杂异型零件的加工。

5. 减轻劳动强度，改善劳动条件

数控机床的运行是由程序控制自动完成的，能自动换刀、自动变速等，其大部分操作不需要人工干预，因而改善了劳动条件。

6. 管理水平提高

数控机床是组成综合自动化系统（如柔性制造、柔性自动线、柔性制造单元、柔性制造系统、计算机集成制造系统）的基本单元。数控机床具有的通信接口和标准数据格式，可实现计算机之间的连接，组成工业局部网络，实现生产过程的计算机管理与控制。

数控机床虽然具有以上多种优点，但由于它的技术复杂、成本较高，目前较适用于多品种、中小批量生产及形状比较复杂、精度要求较高的零件加工。

1.3.2　数控机床的分类

数控机床品种繁多、功能各异，可以从不同角度对其进行分类。

1. 按工艺用途分类

1）金属切削类数控机床

与传统的通用机床一样，金属切削类数控机床有数控车、铣、磨、镗及加工中心等机床。每一类又有很多品种，如数控铣床就有立铣、卧铣、工具铣及龙门铣等。数控加工中心又称多工序数控机床。在数控加工中心，零件一次装夹后，可进行各种工艺、多道工序的集中连续加工。这样不仅提高了生产效率，而且消除了由于重复定位而产生的误差。

【金属切削类数控机床】

2）金属成型类数控机床

金属成型类数控机床有数控折弯机、数控弯管机、数控回转头压力机、数控冲床等。

【金属成型类数控机床】

3）数控特种加工机床

数控特种加工机床包括数控电火花加工机床、数控线切割机床、数控激光切割机等。

【电火花线切割机床】

2. 按控制运动的方式分类

1）点位控制数控机床

点位控制是指控制运动部件从一点移动到另一点的准确定位，在移动过程中不进行加工，两点间的移动速度和运动轨迹没有严格要求，可以各个坐标先后移动（图1.2中的①和②），也可以多坐标联动（图1.2中的③）。

点位控制数控机床有数控钻床、数控镗床、数控冲床等。

【点位加工】

2）直线控制数控机床

直线控制数控机床不仅要控制点的准确定位，还要控制两相关点之间的移动速度和路线（即轨迹），如图1.3所示。这类机床有数控车床、数控镗床等。

【直线加工】

3）轮廓控制数控机床

轮廓加工如图1.4所示。加工中不仅要控制轨迹的起点和终点，还要控制加工过程中每一个点的位置和运动速度，使机床加工出符合图样要求的复杂形状的零件。

【轮廓加工】

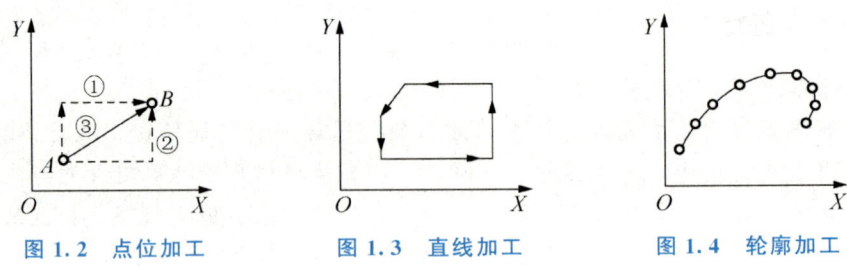

图 1.2 点位加工　　　图 1.3 直线加工　　　图 1.4 轮廓加工

轮廓控制数控机床有数控铣床、车床、磨床和加工中心等。

3. 按伺服系统的类型分类

1) 开环伺服系统

开环伺服系统[图 1.5(a)]没有位置检测装置。数控装置将零件程序处理后,输出脉冲信号给驱动电路,驱动步进电动机带动工作台运动。

2) 闭环伺服系统

闭环伺服系统装有位置检测装置,可检测移动部件的实际距离。数控装置的指令位置值与反馈的实际位置相比较,其差值控制电动机的转速,进行误差修正,直到位置误差消除。

3) 半闭环伺服系统

半闭环伺服系统与闭环系统的区别在于位置检测反馈信号不是来自工作台,而是来自与电动机端或丝杠端连接的测量元件,系统的闭环回路中不包括工作台传动链,故称为半闭环系统。

半闭环、闭环伺服系统如图 1.5(b) 所示。

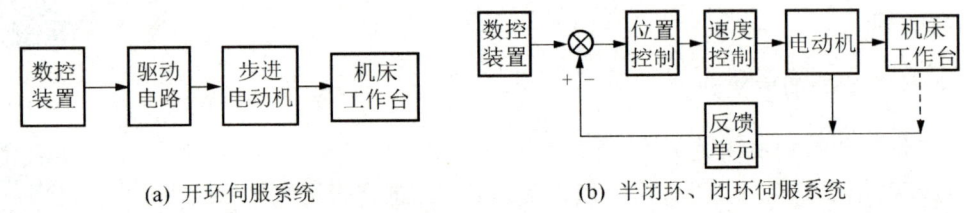

(a) 开环伺服系统　　　　　　　(b) 半闭环、闭环伺服系统

图 1.5 伺服驱动系统

4. 按功能水平分类

按功能水平可以将数控系统分为高、中、低(经济型)三档。随着数控技术的发展,机床的精度和功能也在不断改善和提高,因而在不同时期内同一数控机床的档次也是不一样的,依据何种性能分类目前还不统一。通常从以下几个方面对数控机床的性能进行分类。

1) 分辨率和进给速度

分辨率为 10 μm、进给速度为 8~15m/min 的数控系统属低档;分辨率为 1 μm、进给速度为 15~20m/min 的数控系统属中档;分辨率为 0.1 μm、进给速度为 15~100m/min 的数控系统属高档。

2）坐标联动功能

低档数控机床最多联动轴为 2～3 轴，中、高档则为 3～5 轴及以上。

3）伺服进给类型

低档数控机床大都采用开环步进电动机进给系统，而中、高档数控机床则采用闭环、半闭环直流伺服系统或交流伺服系统。

4）通信功能

低档数控系统一般无通信功能，中档数控系统通常具有 RS-232 或 DNC（直接数字控制）接口，高档数控系统则具有 MAP（制造自动化协议）通信接口，具有组网功能。

5）显示功能

低档数控系统一般采用数码管显示或简单的 CRT 字符显示，而中、高档数控系统则具有较齐全的 LCD（液晶显示器）显示，可显示字符，甚至图形。高档数控系统还可有三维图形显示和模拟加工等功能。

6）主 CPU 档次

低档数控系统一般采用 8 位、16 位 CPU；中、高档数控系统则普遍采用 16 位以上的 CPU，目前较多使用的 CPU 为 32 位和 64 位。

此外，零件程序的输入方法，进给伺服性能和 PLC 功能也是衡量数控系统档次的标准。

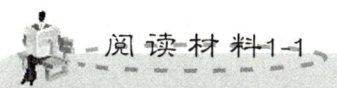

阅读材料1-1

数控车床

数控车床是使用量最大的一种数控机床，加工的零件一般为轴套类零件和盘类零件，具有加工精度高、效率高、自动化程度高的特点。数控车床可分为卧式数控车床（图 1.6）和立式数控车床两大类。卧式数控车床又有水平导轨和倾斜导轨两种，用于轴向尺寸较大或小型盘类零件的车削加工；立式数控车床用于回转直径较大的盘类零件的车削加工。

数控车床由数控装置、床身、主轴箱、刀架进给系统、尾座、液压系统、冷却系统、润滑系统、排屑器等部分组成。

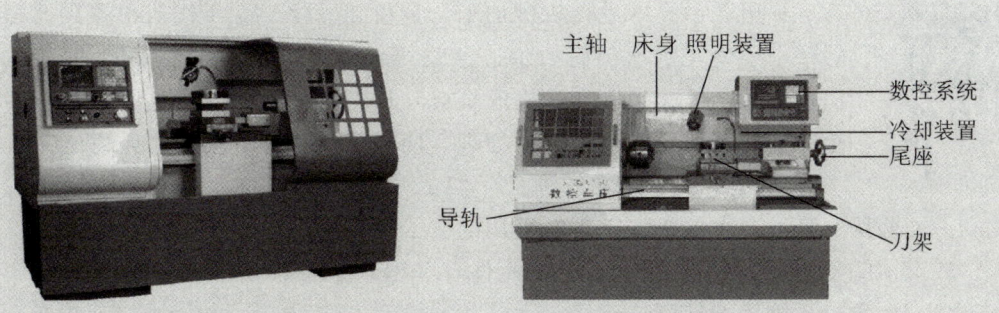

图 1.6 卧式数控车床

数控铣床

数控铣床是在一般铣床的基础上发展起来的一种自动加工设备,两者的加工工艺基本相同,结构也有些相似。其中带刀库的数控铣床又称加工中心,具有点位控制、直线控制和轮廓控制功能。点位控制主要用于工件的孔加工,如钻孔、扩孔、锪孔、铰孔和镗孔等各种孔加工的操作;直线控制和轮廓控制通过直线插补、圆弧插补或复杂的曲线插补运动,铣削加工工件的平面和曲面。

数控铣床(图1.7)通常由床身部分、主轴(铣头)部分、工作台部分、进给部分、升降台部分、冷却部分和润滑部分组成。

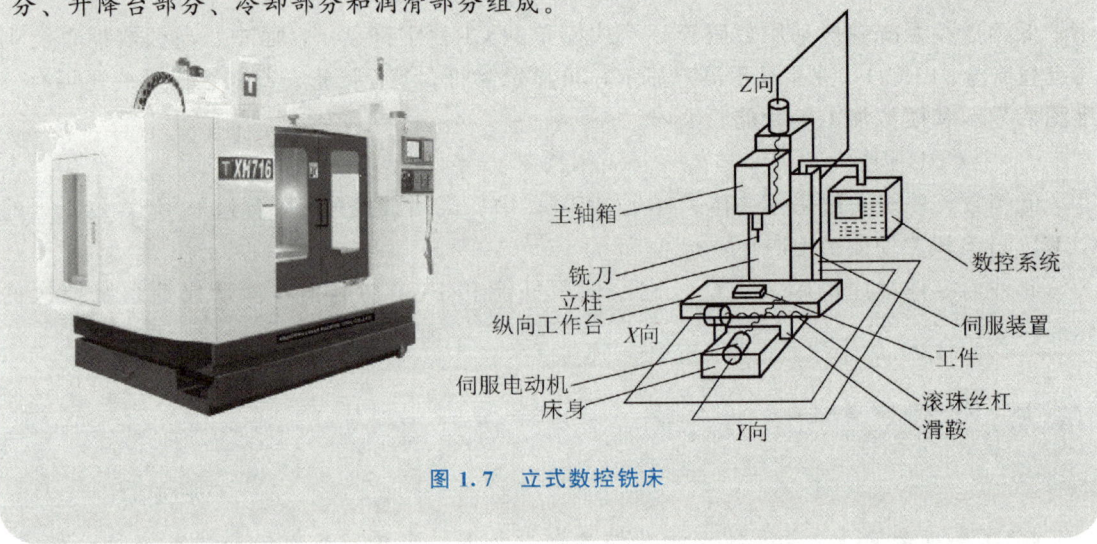

图1.7　立式数控铣床

1.4　数控机床的发展

1. 数控机床的发展过程

【数控系统的发展史】

利用数字技术进行机械加工,是在20世纪40年代初由美国北密支安的一个小型飞机承包商派尔逊斯公司(Parsons Corporation)实现的。他们在制造飞机框架和直升机的机翼叶片时,利用全数字电子计算机对叶片轮廓的加工路线进行了数据处理,使加工精度有了较大的提高。

1952年,美国麻省理工学院成功地研制出一台三坐标联动试验型数控铣床,被公认为第一台数控机床,当时采用的电子元件还是电子管。

1959年,在数控系统中采用了晶体管元件,并出现了带自动换刀的数控机床,称为"加工中心"。数控系统发展到第二代。

1965年,出现了小规模集成电路。由于它的体积小,功耗低,使数控系统的可靠性得到进一步提高。数控系统发展到第三代。

此时，数控系统的控制逻辑均采用由硬件电路组成的专用计算机来实现，制成后不易改变，被称为硬件逻辑数控系统，由此系统构成的机床被称为数控机床（NC机床）。

1967年，英国首先把几台数控机床连接成具有柔性的加工系统，这就是最初的柔性制造系统（Flexible Manufacturing System，FMS）。之后不久，美、日、德等国也相继进行了开发和生产。

1970年，在美国芝加哥国际机床展览会上，首次展出了以小型计算机构成的数控系统，称为第四代数控系统。这种类型机床被称为计算机控制的数控机床（CNC机床）。

1970年前后，美国英特尔等公司开发和使用了微处理器。1974年，美、日等国首先研制出以微处理器为核心的数控系统，这就是第五代数控系统。

20世纪80年代初，国际上出现了以加工中心为主体，再配上工件自动装卸和检测装置的柔性制造单元（Flexible Manufacturing Cell，FMC）等。

2. 我国数控机床发展情况

我国从1958年开始研究数控技术，一直到20世纪60年代中期均处于研制和开发时期，60年代末研制成功X53K-1G数控铣床、CJK-18数控系统。

20世纪70年代开始，数控技术在车、铣、钻、镗、电加工等领域全面展开，数控加工中心也研制成功。但由于元器件的质量和制造工艺水平低，数控机床的可靠性、稳定性等没有得到很好的解决，因此未能广泛推广。由于数控线切割机床的结构简单、使用方便及产品更新加快、模具生产的复杂性和数量相应增加等因素，该类数控机床得到了广泛应用。

20世纪80年代，我国先后从日本、美国等国家引进了部分数控装置和数控技术，并进行了商品化生产。这些装置可靠性高、功能齐全，推动了我国数控机床的稳定发展，大大缩短了我国与国外数控机床在制造技术和伺服驱动技术等方面的差距。

3. 机床数控技术的发展趋势

随着机械制造技术、微电子技术、计算机技术、精密测量技术等相关技术的不断进步，数控机床正朝着高速度、高精度、高效率、高可靠性、高柔性化、具有良好的人机界面和制造系统自动化方向发展。

1）高速度

提高生产率是数控技术追求的基本目标之一。要实现这个目标就要提高加工速度。现代数控系统尽可能快地采用新一代微处理器，并开始使用精简指令集计算机的芯片作为主CPU，进一步提高了数控系统的运算速度。

大规模、超大规模集成电路和多个微处理器的使用，以及与较强功能的可编程序控制器的有机结合，使数控装置的生产效率大大提高。

精密制造技术、高性能交直流伺服电动机和脉宽调制、矢量控制等先进的伺服驱动技术使切削及主轴旋转速度得到进一步提高。

2）高精度

为了提高加工精度，除了在优化结构设计，主轴箱、进给系统中采用低热膨胀系数材料、通入恒温油等措施外，控制系统方面还采取了如下措施。

（1）提高位置检测精度，如采用高分辨率的脉冲编码器内装微处理器组成的细分电路。

（2）为了改善伺服系统的响应特性，位置伺服系统中采用前馈与非线性控制等方法。

（3）消除机床动、静摩擦的非线性导致的爬行现象。除了采取措施降低静摩擦外，新型的数控伺服系统还具有自动补偿机械系统动、静摩擦非线性的控制功能。现代数控机床利用数控系统的补偿功能，对伺服系统进行多种补偿。

3）高效率

现代数控机床上一般具有自动换刀、自动更换工件等机构，实现一次装夹，完成全部加工工序，减少了装卸刀具、工件及调整机床的辅助时间。同一台机床上不仅能实现粗加工，而且能进行精加工，提高了机床的利用效率。现代数控机床一般采用更大功率的伺服系统，并选用新型的刀具，进一步提高了切削速度，缩短了加工时间。

加工中心（包括车削中心、磨削中心、电加工中心等）把车、铣、镗、钻等工序集中到一台机床来完成，实现一机多能。一台具有自动换刀装置、自动交换工作台和自动转换立卧主轴头的镗铣加工中心，工件一次装夹后，不仅可以完成镗、铣、钻、铰、攻螺纹和检验等工序，而且可以完成箱体件五个面粗、精加工的全部工序。

4）高可靠性

数控机床能否发挥其高性能、高精度和高效率的作用，并获得良好的效益，关键取决于其可靠性。可靠性是衡量数控机床质量高低的一项关键性指标。

提高数控机床可靠性的关键是提高数控系统的可靠性。新型的数控系统，大量采用大规模或超大规模的集成电路，采用专用芯片及混合式集成电路，提高了线路的集成度，减少了元器件的数量，降低了功耗，提高了可靠性。

现代数控机床采用计算机数控系统，只要改变软件或控制程序，就可以适应各类机床的不同要求。数控系统的硬件，制成多种功能模块，根据机床数控功能的需要，选择不同的模块，组成满意的数控系统。由于数控系统的模块化、通用化及标准化，便于组织批量生产，从而保证了产品质量，也便于用户维修和保养。

5）良好的人机界面

大多数数控机床都有很"友好"的人机界面，使用户在机床操作中一目了然。借助CRT显示器、LCD等屏幕显示和键盘，可以实现程序的输入、编辑、修改和删除等。此外还具有前台操作、后台编辑的功能，并大量采用菜单选择操作方式，使操作越来越方便。

现代数控机床一般都具有软件、硬件的故障自诊断功能及保护功能，装有多种类型的监控和检测装置。例如，采用红外线、超声波、激光检测装置，对加工过程进行检测和监督。出现故障后，系统会给出故障的类型显示代码或文字说明。现代数控机床具有自动返回功能，加工过程中，如出现刀具断裂等原因造成加工中断，计算机数控系统可以将刀具的位置存储起来。更换刀具后，只要重新输入刀具的数据，刀具就能自动地回到正确位置上，继续工作，而不使工件报废。

新型的数控系统中，还装了小型的工艺数据库。在程序编制过程中可以根据机床性能、工件的材料及零件的加工要求，自动选择最佳的刀具及切削用量。

新型数控系统还具有二维图形轨迹显示或者三维彩色动态图形显示功能。

6) 制造系统自动化

近年来，以数控机床为主体的加工自动化已发展到柔性制造单元、柔性制造系统和柔性制造生产线（Flexible Manufacturing Line，FML）。结合信息管理系统的自动化，逐步向自动化工厂（Factory Automation，FA）和计算机集成制造系统（Computer Integrated Manufacturing System，CIMS）方向发展。

为了适应柔性制造单元、柔性制造系统及进一步联网组成计算机集成制造系统的通信要求。现代数控系统都具有 RS-232 和 RS-422 串行通信接口，高档数控系统还具有 DNC 接口，可实现上级计算机对多台数控系统的直接控制。为了适应自动化规模越来越大的要求和组成工业控制网络，数控系统的各生产厂家纷纷采用 MAP 通信接口，为数控系统进入柔性制造系统及计算机集成制造系统创造条件。

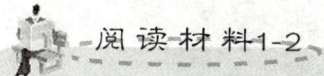

柔性制造系统

柔性制造系统（图 1.8）由统一的信息控制系统、物料储运系统和一组数控加工设备组成（图 1.9），是能适应加工对象变换的自动化机械制造系统。一组按次序排列的机器，由自动装卸及传送机器连接并经计算机系统集成一体，原材料和待加工零件在零件传输系统上装卸，零件在一台机器上加工完毕后传到下一台机器，每台机器接收操作指令，自动装卸所需工具，无需人工参与。

图 1.8 柔性制造系统

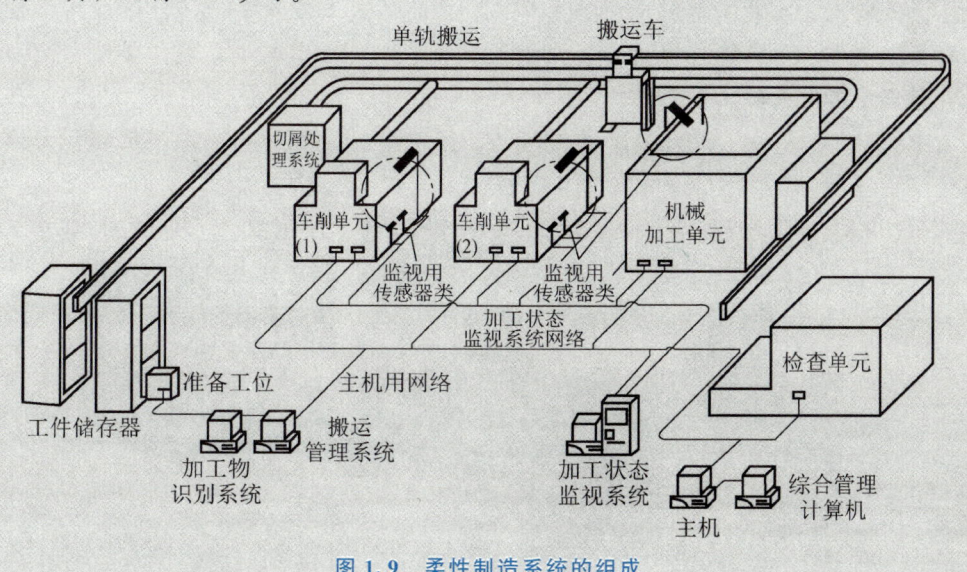

图 1.9 柔性制造系统的组成

柔性制造系统实验系统如图1.10所示。

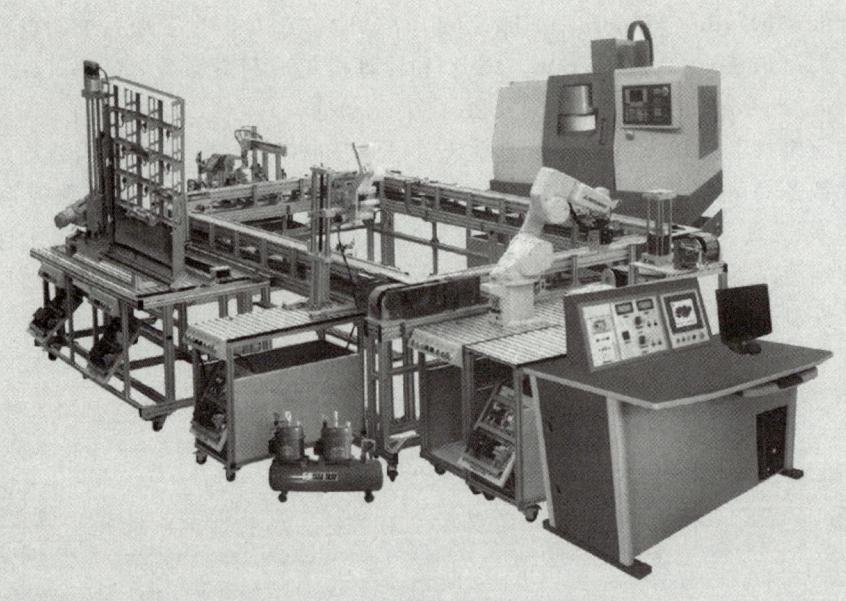

图1.10 柔性制造系统实验系统

柔性制造单元

柔性制造单元（图1.11）是在制造单元的基础上发展起来的、具有柔性制造系统部分特点的加工单元。该单元根据需要可以自动更换刀具和夹具，加工不同的工件，通常由1~3台具有零件缓冲区、刀具更换及托板自动更换装置的数控机床或加工中心与工件储存、运输装置组成，具有适应加工多品种产品的灵活性和柔性，可以作为柔性制造系统的基本单元，也可将其视为一个规模最小的柔性制造系统，是柔性制造系统向廉价化及小型化方向发展的一种产物。

图1.11 柔性制造单元

本 章 小 结

　　数控技术涉及的内容和知识比较多，本章仅对数控的基本概念，数控机床的特点、分类及发展做了概述。
　　（1）数控的基本概念：介绍了数控、计算机数控、数控设备和数控机床的概念。
　　（2）数控机床的组成及特点：介绍了数控机床的组成及加工特点。
　　（3）数控机床的分类：介绍了数控机床按工艺用途、控制运动的方式、伺服系统的类型和功能水平四方面的分类。
　　（4）数控机床的发展：介绍了数控机床的产生与发展、发展趋势、在先进制造技术中的作用。

思 考 题

　　1. 数控机床的主要特点有哪些？
　　2. 简述数控机床的基本组成。各组成部分的主要作用是什么？
　　3. 数控机床按控制运动的方式可分为几类？它们的特点是什么？
　　4. 什么是数控机床？简述计算机数控系统的主要功能。
　　5. 解释下列名词术语：数控、计算机数控、柔性制造单元、柔性制造系统、计算机集成制造系统。
　　6. 简述现代数控机床的发展趋势。
　　7. 什么是开环、闭环、半闭环伺服系统数控机床？它们之间有什么区别？
　　8. 请查阅资料了解数控技术的最新发展。

第 2 章
数控加工的工艺分析与编程基础

本章教学要点

知识要点	掌握程度	相关知识
数控编程的基本内容	了解数控编程的概念； 熟悉数控编程的内容和步骤	数控编程的概念； 数控编程的内容和步骤
数控编程方法和常用指令	了解数控编程方法； 熟悉程序的结构与格式； 掌握数控编程常用指令	数控编程方法； 程序的结构与格式； 数控编程常用指令
数控机床坐标系	掌握数控机床的坐标和运动方向规定； 掌握标准坐标系的规定； 掌握绝对坐标系与增量坐标系	数控机床的坐标和运动方向规定； 标准坐标系； 绝对坐标系与增量坐标系
程序编制中的数值计算	了解基点和节点坐标的计算方法	基点坐标的计算； 节点坐标的计算
程序编制中的工艺处理	了解数控加工工艺的基本特点和基本内容； 了解机床的选用，工序与工步的划分，刀具及切削用量的合理确定； 熟悉工艺路线的确定原则	数控加工工艺的基本特点和基本内容； 机床的选用，工序与工步的划分，刀具及切削用量的合理确定； 工艺路线的确定

导入案例

数控机床是根据加工程序对工件进行自动加工的先进设备,工件的加工质量主要由机床的加工精度、工艺和加工程序的质量决定,基本上排除了机床操作人员手工操作技能的影响,但对操作者的综合素质提出了较高的要求。尤其是在我国开始逐渐普及数控加工技术的初期,很多企业拥有先进的数控机床,但数控机床操作人员的素质不能满足数控加工技术的要求,数控加工工艺及加工程序的不合理,导致产品质量差,加工效率低。

数控机床要按照数控加工程序自动进行零件的加工,必须由机床操作人员具体实施。可以说,数控加工工艺方案是通过机床操作人员在数控机床上实现的,而数控加工现场经验的积累又是提高数控加工工艺和数控加工程序质量的基础。高素质的数控机床操作人员是保证数控加工工艺得以正确和顺利实施的重要条件之一。

数控加工流程如图 2.01 所示。

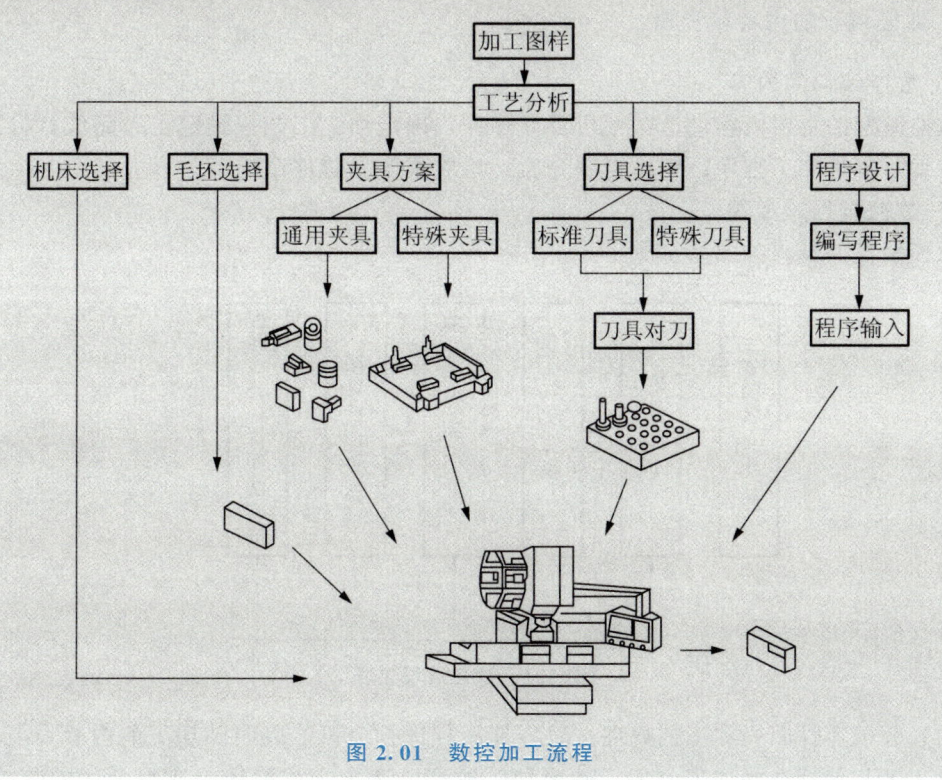

图 2.01 数控加工流程

2.1 数控编程的基础知识

2.1.1 数控编程的过程及方法

1. 数控编程的概念

用普通机床加工零件时,一般由工艺人员按照设计图样事先制定好零件加工工艺规程。在工艺规程中给出零件的加工路线、切削参数、机床的规格及刀具、卡具、量具等内容。操作人员按工艺规程的各个步骤手工操作机床，加工出图样给定的零件。也就是说，零件的加工过程是由工人手工操作的。

数控机床却不一样，它是按照事先编制好的加工程序，自动地对被加工零件进行加工。把零件的加工工艺路线、工艺参数、刀具的运动轨迹、位移量及切削参数（主轴转速、进给速度、切削深度等），以及辅助功能（换刀，主轴正转、反转，切削液开、关等），按照数控机床规定的指令代码及程序格式编写成加工程序单，再把这一程序单中的内容记录在控制介质上，然后输入数控机床的数控装置中。这种从零件图的分析到制成控制介质的全部过程，称为数控程序的编制。

由于数控机床要按照预先编制好的程序自动加工零件，因此程序编制的好坏直接影响数控机床的正确使用和数控加工特点的发挥。编程员应通晓机械加工工艺及机床、刀夹具、数控系统的性能，熟悉工厂的生产特点和生产习惯。

2. 数控编程的内容和步骤

1）数控编程的内容

数控编程的主要内容包括：分析零件图样，确定加工工艺；确定走刀路线，计算刀位数据；编写零件加工程序；制作控制介质；检验程序及首件试加工。

2）数控编程的步骤

数控编程的步骤如图2.1所示。

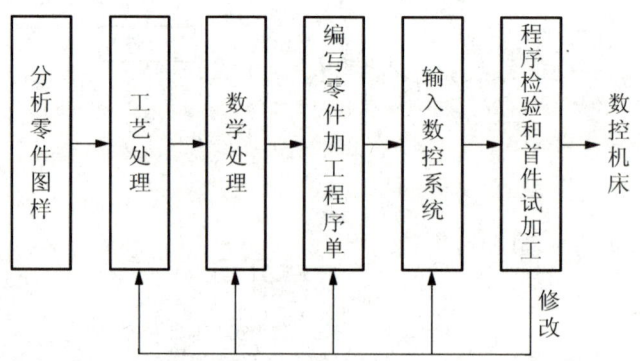

图 2.1 数控编程过程

（1）分析零件图样和工艺处理。对零件图样进行分析，以明确加工的内容及要求，并确定加工工艺包括选择加工方案、确定加工顺序、确定走刀路线、选择合适的数控机床、设计夹具、选择刀具、确定合理的切削用量等。

（2）数学处理。在完成工艺处理的工作后，需根据零件的几何形状、尺寸、走刀路线及设定的坐标，分别计算粗、精加工的运动轨迹，得到刀位数据。

（3）编写零件加工程序单。在加工顺序、工艺参数及刀位数据确定后，就可按数控系统的指令代码和程序段格式，逐段编写零件加工程序单。

（4）输入数控系统。程序编写好后，可通过键盘直接将程序输入数控系统，型号比较老一些的数控机床需要制作控制介质（穿孔带），再将控制介质上的程序输入数控系统。

（5）程序检验和首件试加工。程序送入数控机床后，还需经过试运行和试加工，才能进行正式加工。通过试运行，检验程序语法是否有错，加工轨迹是否正确；通过试加工可以检验加工工艺及有关切削参数确定得是否合理，加工精度能否满足零件图样要求，加工功效如何，以便进一步改进。

3. 数控编程的方法

数控编程一般分为手工编程和自动编程。

1) 手工编程（Manual Programming）

从零件图样分析、工艺处理、数值计算、编写程序单、程序输入至程序检验等各步骤均由人工完成，称为手工编程。对于加工形状简单的零件，计算比较简单，程序不多，采用手工编程较容易完成。但对于形状复杂的零件，特别是具有非圆曲线、列表曲线及曲面的零件，用手工编程就有一定的困难，出错的概率增大，有的甚至无法编出程序，必须采用自动编程的方法编制程序。

2) 自动编程（Automatic Programming）

自动编程是利用计算机专用软件编制数控加工程序。它包括数控语言编程和图形交互式编程。

(1) 数控语言编程是指编程人员根据图样要求，使用数控语言编写出零件加工源程序，送入计算机，由计算机自动地进行编译、数值计算、后置处理，编写出零件加工程序单，通过一定方式送入数控机床。

(2) 图形交互式编程是利用 CAD 软件的图形编程功能，将零件的几何图形绘制到计算机上，形成零件的图形文件或者直接调用由 CAD 系统完成的产品设计文件中的零件图形文件，然后直接调用计算机内相应的数控编程模块，进行刀具轨迹处理，由计算机自动对零件加工轨迹的每一个节点进行运算和数学处理，从而生成刀位点文件，再经相应的后置处理（Post Processing），自动生成数控加工程序，同时在计算机上动态地显示刀具的加工轨迹图形。

2.1.2 程序的结构与格式

每种数控系统，根据系统本身的特点及编程的需要，都有一定的程序格式。对于不同的机床，其程序格式也不尽相同。因此，编程人员必须严格按照机床说明书规定的格式进行编程。

1. 程序结构

一个零件程序就是一组被传送到数控系统的指令和数据。一个零件程序由遵循一定结构、句法和格式规则的若干个程序段组成，而每个程序段由若干个指令字组成，如图 2.2 所示。

一个零件程序由以下各部分构成：

(1) 起始符：%（或 O 及其他字符）并后续程序号。

(2) 程序体：（N 个程序段）。

(3) 结束符：（M02 或 M30）。

华中世纪星 HNC - 21/22M 的程序名规定：程序起始符由%和四位数字组成；西门子

SINUMERIK 802C 的程序名规定：开始的两个符号必须是字母，其后的符号可以是字母、数字或下划线，但最多为 16 个字符。程序注释符"( )"内或";"后的内容为注释文字。程序执行时将跳过这部分内容。

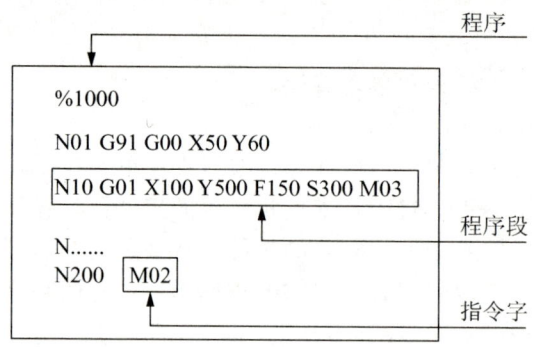

图 2.2 程序的结构

2. 指令字的格式

一个指令字由地址符（指令字符）和带符号（如定义尺寸的字：X－100）或不带符号（如准备功能字 G 代码：G01）的数字组成。

程序段中不同的指令字符及其后续数值确定了每个指令字的含义。在数控程序段中包含的主要指令字符见表 2－1。

表 2－1 指令字符一览表

机 能	地 址	意 义
零件程序号	% 或 O	程序编号：%1～%4294967295
程序段号	N	程序段编号：N0～N4294967295
准备功能	G	指定动作方式（如直线、圆弧等）：G00～G99
尺寸字	X，Y，Z	坐标轴的移动命令 ±99999.999
尺寸字	R	圆弧的半径，固定循环的参数
尺寸字	I，J，K	圆心相对于起点的坐标，固定循环的参数
进给速度	F	进给速度的指定：F0～F24000
主轴功能	S	主轴旋转速度的指定：S0～S9999
刀具功能	T	刀具编号的指定：T0～T99
辅助功能	M	机床开/关控制的指定：M0～M99
补偿号	H，D	刀具补偿号的指定：00～99
暂停	P，X	暂停时间的指定：秒
程序号的指定	P	子程序号的指定：P1～P4294967295
重复次数	L	子程序的重复次数，固定循环的重复次数 L1～L32767
参数	P，Q，R	固定循环的参数

3. 程序段的格式

程序段格式是指一个程序段中字、字符和数据的书写规则。程序段的格式定义了每个程序段中功能字的句法，如图 2.3 所示。目前国内外广泛采用字-地址可变程序段格式。所谓字-地址可变程序段格式，就是在一个程序段内数据字的数目及字母长度（位数）都是可以变化的格式。不需要的字及与上一段程序段相同的续效字可以不写。程序段一般按表 2-2 所示从左向右进行书写，对其中不用的功能应省略。

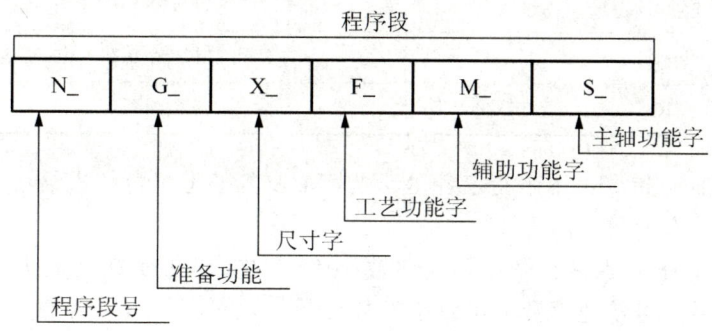

图 2.3　程序段格式

表 2-2　程序段书写顺序格式

1	2	3	4	5	6	7	8	9	10	11
N_	G_	X_ U_ P_ A_ D_	Y_ V_ Q_ B_ E_	Z_ W_ R_ C_	I_J_K_ R_	F_	S_	T_	M_	LF(或 CR)
程序段序号	准备功能	坐标字				进给功能	主轴功能	刀具功能	辅助功能	结束符号
		数据字								

程序段内各字的说明如下。

（1）程序段序号（简称顺序号）：用以识别程序段的编号。用地址码 N 和后面的若干位数字来表示。

（2）准备功能 G 指令：数控机床做某种动作的指令，用地址 G 和两位数字组成，从 G00～G99 共 100 种。G 功能的代号已标准化。

（3）坐标字：由坐标地址符（如 X、Y 等），+、-符号及绝对值（或增量）的数值组成，并且按一定顺序进行排列。坐标字的"+"可以省略。

其中坐标字的地址符含义见表 2-3。

表 2-3 坐标字的地址符含义

地址码	意 义
X_ Y_ Z_	基本直线坐标轴尺寸
U_ V_ W_	第一组附加直线坐标轴尺寸
P_ Q_ R_	第二组附加直线坐标轴尺寸
A_ B_ C_	绕 X、Y、Z 旋转坐标轴尺寸
I_ J_ K_	圆弧圆心的坐标尺寸
D_ E_	附加旋转坐标轴尺寸
R_	圆弧半径值

(4) 进给功能 F 指令：用来指定各运动坐标轴及其任意组合的进给量或螺纹导程。该指令是续效代码，有两种表示方法。

① 代码法。即 F 后跟两位数字，这些数字不直接表示进给速度的大小，而是机床进给速度数列的序号，进给速度数列可以是算数级数，也可以是几何级数。从 F00～F99 共 100 个等级。

② 直接指定法。即 F 后面跟的数字就是进给速度的大小。有两种表示方法：一是以每分钟进给距离的形式指定刀具切削进给速度（每分钟进给量），用 F 和它后继的数值表示，单位为 mm/min，如 F100 表示进给速度为 100mm/min。对于回转轴，如 F12 表示每分钟进给角度为 12°。二是以主轴每转进给量规定的速度（每转进给量），单位为 mm/r。

(5) 主轴转速功能字 S 指令：用来指定主轴的转速，由地址码 S 和在其后的若干位数字组成。有恒转速（单位为 r/min）和表面恒线速（单位为 m/min）两种运转方式。例如，S800 表示主轴转速为 800r/min。对于有恒线速度控制功能的机床，还要用 G96 或 G97 指令配合 S 代码来指定主轴的速度，如 G96S200 表示切削速度为 200m/min，G96 为恒线速控制指令；G97S200 表示注销 G96，主轴转速为 200r/min。

(6) 刀具功能字 T 指令：主要用来选择刀具，也可用来选择刀具偏置和补偿，由地址码 T 和若干位数字组成。例如，T18 表示换刀时选择 18 号刀具；若用作刀具补偿，T18 表示按 18 号刀具事先所设定的数据进行补偿。若用四位数码指令，如 T0102，则前两位数字表示刀号，后两位数字表示刀补号。具体应用时应参照所用数控机床说明书中的有关规定进行。

(7) 辅助功能字 M 指令：辅助功能表是一些机床辅助动作及状态的指令，用地址码 M 和后面的两位数字表示。从 M00～M99 共 100 种。

(8) 程序段结束：写在每个程序段之后，表示程序结束，当用 EIA 标准代码时，结束符为"CR"，用 ISO 标准代码时为"NL"或"LF"。有的用符号";"或"*"表示。

4. 数控系统的准备功能和辅助功能

数控机床的运动是由程序控制的，而准备功能和辅助功能是程序段的基本组成部分。

1) 准备功能

准备功能即 G 功能，对应的代码为 G 代码。G 代码是机床或数控系统建立起某种加工方式的指令。G 代码由地址 G 和后面的两位数字组成，从 G00～G99 共 100 种，见表 2-4。

表 2-4 G 代码

代码	功能保持到被取消或被同样字母表示的程序指令代替	功能仅在所出现的程序段内有作用	功能	代码	功能保持到被取消或被同样字母表示的程序指令代替	功能仅在所出现的程序段内有作用	功能
(1)	(2)	(3)	(4)	(1)	(2)	(3)	(4)
G00	a		点定位	G47	#(d)	#	刀具偏置 -/-
G01	a		直线插补	G48	#(d)	#	刀具偏置 -/+
G02	a		顺时针方向直线插补	G49	#(d)	#	刀具偏置 0/+
G03	a		逆时针方向圆弧插补	G50	#(d)	#	刀具偏置 0/-
G04		*	暂停	G51	#(d)	#	刀具偏置 +/0
G05	#	#	不指定	G52	#(d)	#	刀具偏置 -/0
G06	a		抛物线插补	G53	f		直线偏移，注销
G07	#	#	不指定	G54	f		直线偏移 X
G08		*	加速	G55	f		直线偏移 Y
G09		*	减速	G56	f		直线偏移 Z
G10～G16	#	#	不指定	G57	f		直线偏移 XY
G17	c		XY 平面选择	G58	f		直线偏移 XZ
G18	c		XZ 平面选择	G59	f		直线偏移 YZ
G19	c		YZ 平面选择	G60	h		准确定位 1（精）
G20～G32	#	#	不指定	G61	h		准确定位 2（中）
G33	a		螺纹切削，等螺距	G62	h		快速定位（粗）
G34	a		螺纹切削，增螺距	G63		*	攻螺纹
G35	a		螺纹切削，减螺距	G64～G67	#	#	不指定
G36～G39	#	#	永不指定	G68	#(d)	#	刀具偏置，内角
G40	d		刀具补偿/刀具偏置注销	G69	#(d)	#	刀具偏置，外角
G41	d		刀具偏置-左	G70～G79	#	#	不指定
G42	d		刀具偏置-右	G80	e		固定循环注销
G43	#(d)	#	刀具偏置-正	G81～G89	e		固定循环
G44	#(d)	#	刀具偏置-负	G90	j		绝对尺寸
G45	#(d)	#	刀具偏置 +/+	G91	j		增量尺寸
G46	#(d)	#	刀具偏置 +/-	G92		*	预置寄存

(续)

代码 (1)	功能保持到被取消或被同样字母表示的程序指令代替 (2)	功能仅在所出现的程序段内有作用 (3)	功能 (4)	代码 (1)	功能保持到被取消或被同样字母表示的程序指令代替 (2)	功能仅在所出现的程序段内有作用 (3)	功能 (4)
G93	k		时间倒数进给率	G96	i		恒线速度
G94	k		每分钟进给	G97	i		每分钟转数(主轴)
G95	k		主轴每转进给	G98~G99	#	#	不指定

注：1. "#"表示如选作特殊用途，必须在程序格式说明中进行说明。
2. 如在直线切削控制中没有刀具补偿，则G43~G52可指定作其他用途。
3. (d)表示可以被同栏中没有括号的字母d注销或代替，亦可被有括号的字母（d）注销或代替。
4. G45~G52的功能可用于机床上任意两个预定的坐标。
5. 控制机上没有G53~G59、G63功能时，可以指定作其他用途。
6. "*"表示功能仅在所出现的程序段内有效。

G代码分为模态代码（又称续效代码）和非模态代码（又称非续效代码）。表2-4中序号（2）一栏中标有字母的所对应的G代码为模态代码，字母相同的为一组。模态代码表示该代码一经在一个程序段中指定（如a组的G01），直到出现同组的（a组）的另一个G代码（如G02）失效。表2-4中序号（2）一栏中没有字母的表示对应的G代码为非模态代码，即只在写有该代码的程序段中有效。

表2-4中序号（4）栏中的"不指定"代码，用作将来修改标准，指定新标准时使用；"永不指定"代码，指的是即使修改标准时，也不指定新的功能，但必须在机床说明书中予以说明。

2）辅助功能

辅助功能即M功能，对应的代码为M代码。M代码是控制机床开/关功能的一种命令，如开、停冷却泵，主轴正、反转，程序结束等。我国机械行业标准中规定的M代码见表2-5。

表2-5 M代码

| 代码 | 功能开始时间 | | 功能保持到被注销或被适当程序指令代替 | 功能仅在所出现的程序段内有作用 | 功能 | 代码 | 功能开始时间 | | 功能保持到被注销或被适当程序指令代替 | 功能仅在所出现的程序段内有作用 | 功能 |
	与程序段指令运动同时开始	在程序段指令运动完成后开始					与程序段指令运动同时开始	在程序段指令运动完成后开始			
M00		*		*	程序停止	M03	*		*		主轴顺时针方向转动
M01		*		*	计划停止	M04	*		*		主轴逆时针方向转动
M02		*		*	程序结束	M05		*	*		主轴停止

（续）

代码	功能开始时间 与程序段指令运动同时开始	功能开始时间 在程序段指令运动完成后开始	功能保持到被注销或被适当程序指令代替	功能仅在所出现的程序段内有作用	功能	代码	功能开始时间 与程序段指令运动同时开始	功能开始时间 在程序段指令运动完成后开始	功能保持到被注销或被适当程序指令代替	功能仅在所出现的程序段内有作用	功能
M06	#	#		*	换刀	M39	*		*		主轴速度范围2
M07	*		*		2号切削液开	M40~M45	#	#	#	#	如有需要作为齿轮换挡,此外不指定
M08	*		*		1号切削液开	M46~M47	#	#	#	#	不指定
M09		*	*		切削液关	M48		*	*		注销M49
M10	#	#	*		夹紧	M49	*		*		进给率修正旁路
M11	#	#	*		松开	M50	*		*		3号切削液
M12	#	#	#	#	不指定	M51	*		*		4号切削液
M13	*		*		主轴顺时针方向转动,切削液开	M52~M54	#	#	#	#	不指定
M14	*		*		主轴逆时针方向转动,切削液开	M55	*		*		刀具直线位移,位置1
M15	*			*	正运动	M56	*		*		刀具直线位移,位置2
M16	*			*	负运动	M57~M59	#	#	#	#	不指定
M17~M18	#	#	#	#	不指定	M60		*		*	更换工件
M19		*	*		主轴定向停止	M61	*		*		工件直线位移,位置1
M20~M29	#	#	#	#	永不指定	M62	*		*		工件直线位移,位置2
M30		*		*	纸带结束	M63~M70	#	#	#	#	不指定
M31	#	#		*	互锁旁路	M71	*		*		工件角度位移,位置1
M32~M35	#	#	#	#	不指定	M72	*		*		工件角度位移,位置2
M36	*		*		进给范围1	M73~M89	#	#	#	#	不指定
M37	*		*		进给范围2	M90~M99	#	#	#	#	永不指定
M38	*		*		主轴速度范围1						

注:1. "#"表示如选作特殊用途,必须在程序说明中进行说明。
  2. M90~M99可指定为特殊用途。

由于数控机床的厂家很多,每个厂家使用的 G 功能、M 功能与 ISO 标准也不完全相同,因此对于某一台数控机床,必须根据机床说明书的规定进行编程。

2.1.3 数控机床的坐标系

GB/T 19660—2005/ISO 841:2001《工业自动化系统与集成 机床数值控制 坐标系和运动命名》规定了数控机床的坐标系及运动方向。

1. 坐标和运动方向命名的原则

数控机床的进给运动是相对的,有的是刀具相对于工件运动(如车床),有的是工件相对于刀具运动(如铣床)。为了使编程人员能在不知道是刀具移向工件,还是工件移向刀具的情况下,根据图样确定机床的加工过程,假定刀具相对于静止的工件坐标系而运动。

2. 标准坐标系的规定

在数控机床上加工零件,机床的动作是由数控系统发出的指令控制的。为了确定机床的运动方向和移动距离,就要在机床上建立一个坐标系,这个坐标系称为标准坐标系,也称机床坐标系。在编制程序时,可以用该坐标系来规定运动方向和移动距离。

数控机床上的坐标系采用右手直角笛卡儿坐标系。如图 2.4 所示,大拇指的方向为 X 轴的正方向,食指为 Y 轴的正方向。图 2.5~图 2.8 分别示出了几种机床标准坐标系。

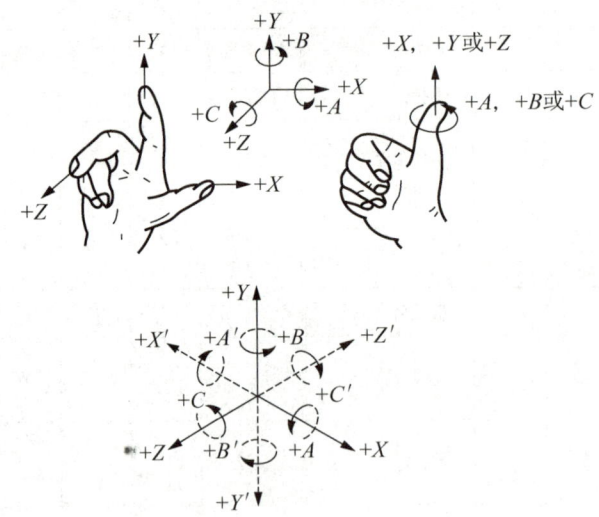

图 2.4 右手直角笛卡儿坐标系

3. 运动方向的确定

GB/T 19660—2005/ISO 841:2001 规定:机床某一部件运动的正方向是增大工件和刀具之间距离的方向。

(1) Z 坐标的运动方向。Z 坐标的运动是由传递切削力的主轴决定的，与主轴轴线平行的坐标即为 Z 坐标。对于工件旋转的机床，如车床、外圆磨床等，平行于工件轴线的坐标为 Z 坐标，如图 2.5 所示。而对于刀具旋转的机床，如铣床、钻床、镗床等，则平行于旋转刀具轴线的坐标为 Z 坐标，如图 2.6 所示。如果机床没有主轴（如牛头刨床），Z 轴垂直于工件装卡面。

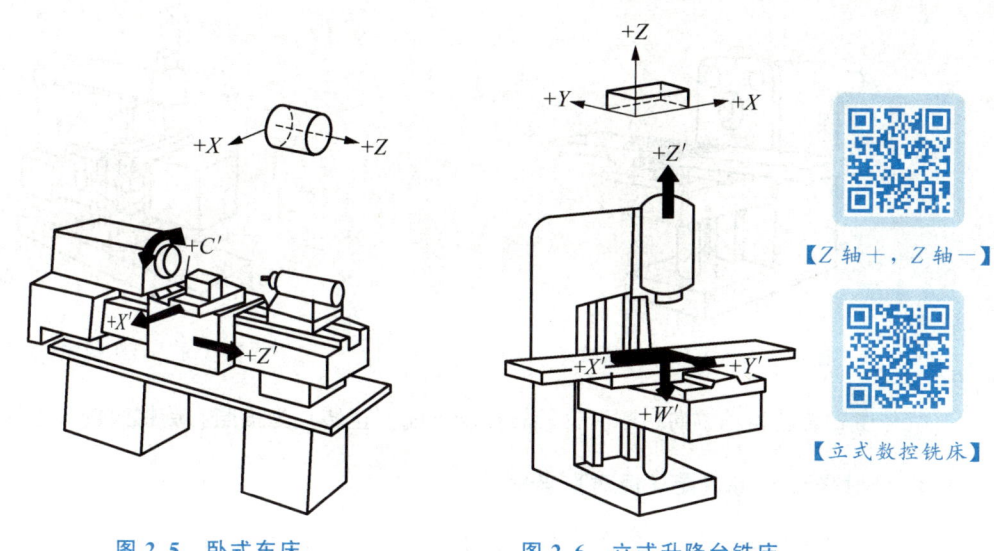

图 2.5　卧式车床　　　　　图 2.6　立式升降台铣床

【Z 轴＋，Z 轴－】

【立式数控铣床】

Z 坐标的正方向为增大工件与刀具之间距离的方向。例如，在钻镗加工中，钻入和镗入工件的方向为 Z 坐标的负方向，而退出工件的方向为正方向。

(2) X 坐标的运动方向。规定 X 坐标为水平方向，并垂直于 Z 轴且平行于工件的装夹面。X 坐标是在刀具或工件定位平面内运动的主要坐标。对于工件旋转的机床（如车床、磨床等），X 坐标的方向是在工件的径向上且平行于横滑座。刀具离开工件旋转中心的方向为 X 轴正方向，如图 2.5 所示。对于刀具旋转的机床（如铣床、镗床、钻床等），如 Z 轴是垂直的，当从刀具主轴向立柱看时，X 运动的正方向指向右，如图 2.6 所示。如 Z 轴（主轴）是水平的，当从主轴向工件方向看时，X 运动的正方向指向左，如图 2.7 所示。

(3) Y 坐标的运动方向。Y 坐标轴垂直于 X、Z 坐标轴，其运动的正方向根据 X 和 Z 坐标的正方向，按照右手直角笛卡儿坐标系来判断。

(4) 旋转运动方向。如图 2.4 中 A、B、C 所示，相应地表示轴线平行于 X、Y、Z 的旋转运动。A、B、C 正方向，相应地表示在 X、Y 和 Z 坐标正方向上，为右旋螺纹前进的方向。

(5) 附加坐标。如果在 X、Y、Z 主要坐标以外，还有平行于它们的坐标，可分别指定为 U、V、W。如果还有第三组运动，则分别指定为 P、Q、R。

(6) 对于工件运动的相反方向。对于工件运动而不是刀具运动的机床，必须将前述为刀具运动所做的规定，进行相反的安排。用带"′"的字母，如＋X′，表示工件相对于刀具正向运动；而不带"′"的字母，如＋X，则表示刀具相对工件的正向运动。二者表示的运动方向正好相反，如图2.5～图2.8所示。对于编程人员、工艺人员只考虑不带"′"的运动方向。

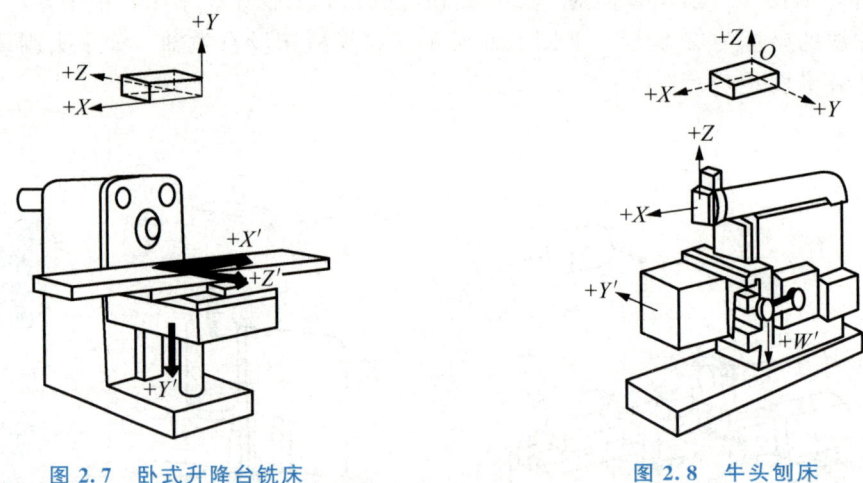

图2.7　卧式升降台铣床　　　　　图2.8　牛头刨床

（7）主轴旋转运动方向。顺时针旋转运动方向（正转）为按照右旋螺纹旋入工件的方向。

4. 绝对坐标系与增量（相对）坐标系

（1）绝对坐标系。刀具（或机床）运动轨迹的坐标值是以相对于固定的坐标原点 O 给出的，即称为绝对坐标，该坐标系为绝对坐标系。如图2.9(a) 所示，A、B 两点的坐标均以固定的坐标原点 O 计算，其值为 $X_a=10$，$Y_a=20$，$X_b=30$，$Y_b=50$。

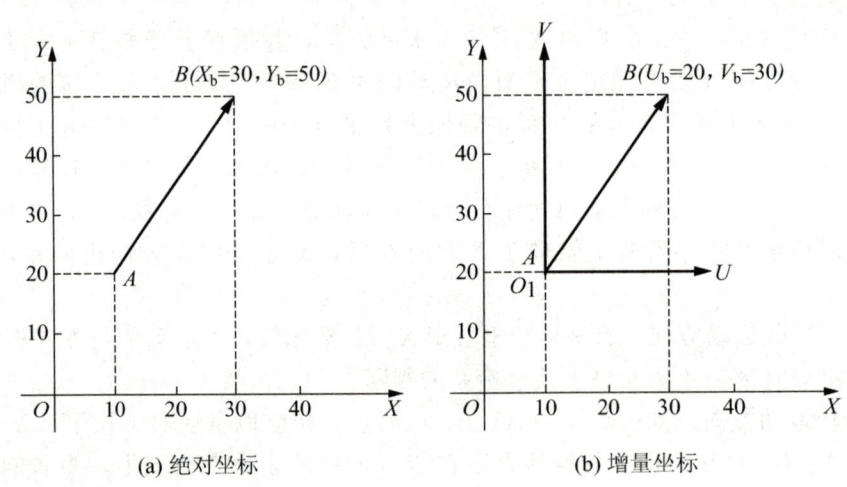

(a) 绝对坐标　　　　　　　　　(b) 增量坐标

图2.9　绝对坐标与增量坐标

（2）增量（相对）坐标系。刀具（或机床）运动轨迹的坐标值是相对于前一位置（起点）来计算的，即称为增量（或相对）坐标，该坐标系为增量坐标系。

增量坐标系常用 U、V、W 来表示。如图2.9(b) 所示，B 点相对于 A 点的坐标（即增量坐标）为 $U_b=20$，$V_b=30$。

2.2 数控编程中的数值计算

根据零件图样，按照已确定的加工路线和允许的编程误差，计算出数控系统所需要的输入数据，称为数值计算。具体地说，数值计算就是计算出零件轮廓上或刀具轨迹上一些点的坐标数据。

2.2.1 基点坐标的计算

一个零件的轮廓往往是由许多不同的几何元素组成的，如直线、圆弧、二次曲线和其他曲线等。各个几何元素间的连接点称为基点，如两直线的交点，直线与圆弧或圆弧与圆弧间的交点或切点，圆弧与二次曲线的交点或切点等。计算的方法可以是联立方程组求解、几何元素间的三角函数关系求解或采用计算机辅助计算编程。这里只简单介绍联立方程组求解基点坐标的方法。

采用联立方程组求解基点坐标，若直接列解方程组，计算过程是比较烦琐的。为简化计算，可以将计算过程标准化。

1. 直线与圆弧相交或相切

如图 2.10 所示，已知直线方程为 $Y=kX+b$，求以点 (X_0, Y_0) 为圆心，半径为 R 的圆与该直线的交点坐标 (X_c, Y_c)。

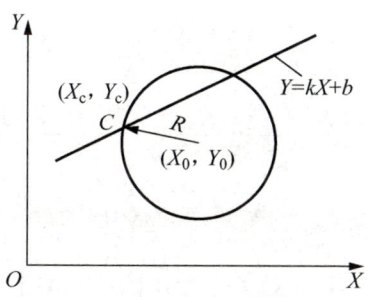

图 2.10 直线与圆弧相交

直线方程与圆方程联立，得联立方程组

$$\begin{cases} (X-X_0)^2+(Y-Y_0)^2=R^2 \\ Y=kX+b \end{cases}$$

经推算后给出标准计算公式，即

$$A=1+k^2$$
$$B=2[k(b-Y_0)-X_0]$$
$$C=X_0^2+(b-Y_0)^2-R^2$$
$$X_c=\frac{-B\pm\sqrt{B^2-4AC}}{2A} \quad （求 X_c 较大者时取 "+"）$$

$$Y_c = kX_c + b$$

上式也可用于求直线与圆相切时的切点坐标。当直线与圆相切时，取 $B^2-4AC=0$，此时 $X_c = -B/(2A)$，其余计算公式不变。

2. 圆弧与圆弧相交或相切

如图 2.11 所示，已知两相交圆的圆心坐标及半径分别为 (X_1, Y_1)，R_1；(X_2, Y_2)，R_2，求其交点坐标 (X_c, Y_c)。

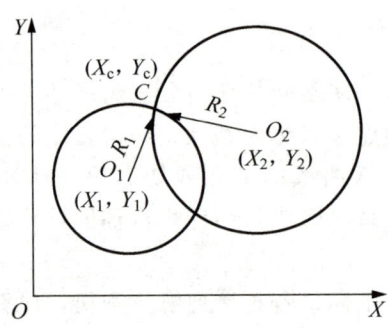

图 2.11　圆弧与圆弧相交

联立两圆方程

$$\begin{cases}(X-X_1)^2+(Y-Y_1)^2=R_1^2 \\ (X-X_2)^2+(Y-Y_2)^2=R_2^2\end{cases}$$

经推算可给出标准计算公式，即

$$\Delta X = X_2 - X_1$$
$$\Delta Y = Y_2 - Y_1$$
$$D = \frac{(X_2^2+Y_2^2-R_2^2)-(X_1^2+Y_1^2-R_1^2)}{2}$$
$$A = 1 + \left(\frac{\Delta X}{\Delta Y}\right)^2$$
$$B = 2\left[\left(Y_1-\frac{D}{\Delta Y}\right)\frac{\Delta X}{\Delta Y} - X_1\right]$$
$$C = \left(Y_1-\frac{D}{\Delta Y}\right)^2 + X_1^2 - R_1^2$$
$$X_c = \frac{-B \pm \sqrt{B^2-4AC}}{2A} \quad (\text{求 } X_c \text{ 较大值时取 "+"})$$
$$Y_c = \frac{D - \Delta X \cdot X_c}{\Delta Y}$$

当两圆相切时，$B^2-4AC=0$，因此上式也可用于求两圆相切的切点坐标。

2.2.2　非圆曲线节点坐标的计算

当被加工零件轮廓形状与机床的插补功能不一致时，如在只有直线和圆弧插补功能的数控机床上加工双曲线、抛物线、阿基米德螺旋线或列表曲线时，就要采用逼近法加工，用直线或圆弧去逼近被加工曲线，这时逼近线段与被加工曲线的交点，称为节点。图 2.12(a) 所示为用直线段逼近非圆曲线的情况，图 2.12(b) 所示为用圆弧段逼近非圆曲线的情况。

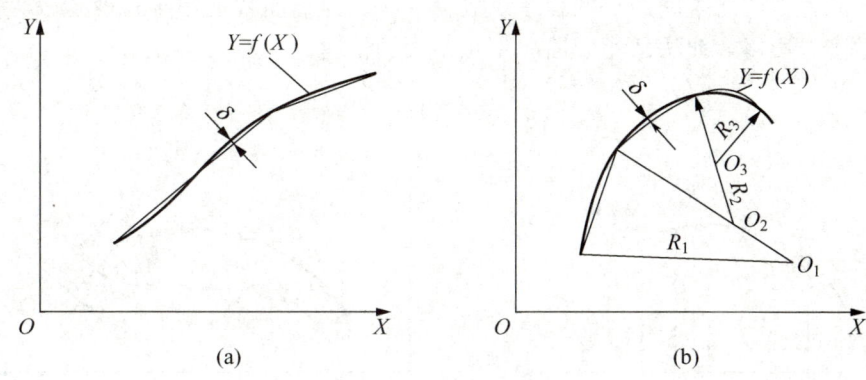

图 2.12　曲线逼近

编写程序段时，应按节点划分程序段。逼近线段的近似区间越大，则节点数目越少，相应的程序段数目也会减少，但逼近线段的误差 δ 应小于或等于编程允许误差 $\delta_允$，即 $\delta \leqslant \delta_允$。考虑到工艺系统及计算误差的影响，一般取零件公差的 $1/10 \sim 1/5$。

非圆曲线轮廓零件的数值计算，一般可按以下步骤进行。

（1）选择插补方式，即采用直线段或圆弧段逼近非圆曲线。采用直线段逼近，一般数学处理较简单，但计算的坐标数据较多，并且各直线段间连接处存在尖角，使加工质量变差。采用圆弧段逼近的方式，可以大大减少程序段的数目，同时若采用彼此相切的圆弧段来逼近非圆曲线，可以提高零件表面的加工质量。但采用圆弧段逼近，其数学处理过程比直线要复杂一些。

（2）确定编程允许误差，就是使 $\delta \leqslant \delta_允$。

（3）选择数学模型，确定计算方法。一是尽可能按等误差的条件，确定节点坐标位置，最大限度地减少程序段的数目；二是尽可能寻找一种简便的计算方法，便于计算机程序的制作，及时得到节点坐标数据。

（4）根据算法，画出计算机处理流程图。

（5）用高级语言编写程序，上机调试，并获得节点坐标数据。

下面简单介绍常用算法。

1. 用直线逼近零件轮廓曲线的节点算法

用直线逼近零件轮廓曲线的节点常用计算方法有等间距法、等弦长法、等误差法和比较迭代法等，这里只介绍前两种方法。

（1）等间距法就是将某一坐标轴划分成相等的间距，如图 2.13(a) 所示，沿 X 轴方向取 ΔX 为等间距长，根据已知曲线的方程 $Y=f(X)$，可由 X_i 求得 Y_i，$X_{i+1}=X_i+\Delta X$，$Y_{i+1}=f(X_i+\Delta X)$。如此求得的一系列点就是节点。将相邻节点连成线段，用这些线段组成的直线代替原来的轮廓曲线。坐标增量 ΔX 取得越小，则 $\delta_插$ 越小，这使得节点增多，程序段也增多，编程费用高，但等间距法计算较简单。

（2）等弦长法就是使所有逼近线段长度相等，如图 2.13（b）所示。由于零件轮廓曲线 $Y=f(X)$ 的曲率各处不等，因此首先应求出该曲线的最小曲率半径 R_{min}，由 R_{min} 及 $\delta_允$ 确定允许的步长 l，依次截取曲线，得 $b,c,d\cdots$ 各点，则 $ab=bc=\cdots=l$ 即为所求各线段。总的看来，此种方法比等间距法的程序段数少一些。但当曲线曲率半径变化较大时，所求节点数将增多，所以，此法适用于曲率变化不大的情况。

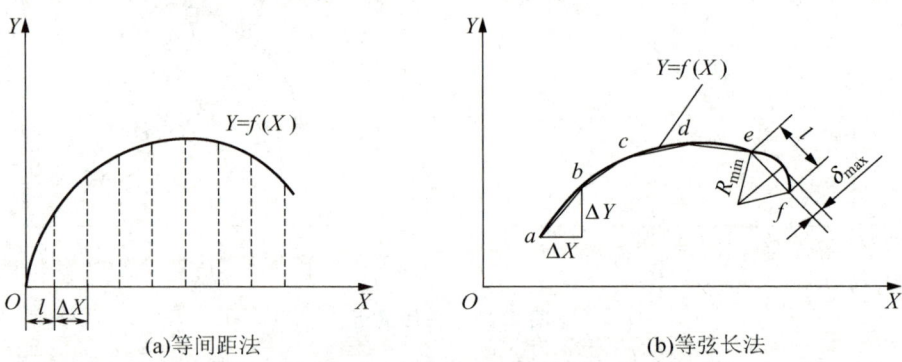

图 2.13　等间距法和等弦长法

2. 用圆弧逼近零件轮廓曲线的节点计算

用圆弧逼近非圆曲线的节点常用算法有曲率圆法和三点圆法等。

1）曲率圆法圆弧逼近的节点计算

（1）基本原理。曲率圆法是用彼此相交的圆弧逼近非圆曲线。

已知轮廓曲线 $Y=f(X)$，如图 2.14 所示，从曲线的起点开始，作与曲线内切的曲率圆，求出曲率圆的中心。以曲率圆中心为圆心，以曲率圆半径加（减）$\delta_允$ 为半径，所作的圆（偏差圆）与曲线 $Y=f(X)$ 的交点为下一个节点，并重新计算曲率圆中心，使曲率圆通过相邻的两节点。

重复以上计算即可求出所有节点坐标及圆弧的圆心坐标。

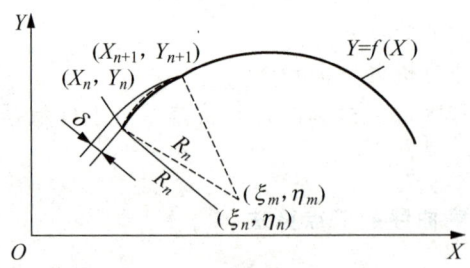

图 2.14　曲率圆法圆弧逼近

（2）计算步骤。

第一步，以曲线起点 (X_n,Y_n) 开始作曲率圆

$$\begin{cases} \xi_n = X_n - Y'_n \dfrac{1+(Y'_n)^2}{Y''_n} \\ \eta_n = Y_n + \dfrac{1+(Y'_n)^2}{Y''_n} \end{cases}$$

半径

$$R_n = \frac{[1+(Y'_n)^2]^{\frac{2}{3}}}{Y''_n}$$

第二步，偏差圆方程与曲线方程联立求解

$$\begin{cases} (X-\xi_n)^2 + (Y-\eta_n)^2 = (R_n \pm \delta)^2 \\ Y = f(X) \end{cases}$$

得交点（X_{n+1}，Y_{n+1}）。

第三步，求过（X_n，Y_n）和（X_{n+1}，Y_{n+1}）两点，半径为 R_n 的圆的圆心

$$\begin{cases} (X-X_n)^2 + (Y-Y_n)^2 = R_n^2 \\ (X-X_{n+1})^2 + (Y-Y_{n+1})^2 = R_n^2 \end{cases}$$

得交点（ξ_m，η_m），该圆即为逼近圆。

2) 三点圆法圆弧逼近的节点计算

三点圆法是在等误差线段逼近求出各节点的基础上，通过连续三点作圆弧，并求出圆心点的坐标或圆的半径。如图 2.15 所示，首先从曲线起点开始，通过 P_1、P_2、P_3 三点作圆。圆方程的一般表达形式为

$$X^2 + Y^2 + DX + EY + F = 0$$

其圆心坐标

$$X = -\frac{D}{2}, \qquad Y = -\frac{E}{2}$$

半径

$$R = \frac{\sqrt{D^2 + E^2 - 4F}}{2}$$

通过已知点 $P_1(X_1, Y_1)$、$P_2(X_2, Y_2)$、$P_3(X_3, Y_3)$ 的圆，其中

$$D = \frac{Y_1(X_3^2 + Y_3^2) - Y_3(X_1^2 + Y_1^2)}{X_1 Y_2 - X_3 Y_2}$$

$$E = \frac{X_3(X_2^2 + Y_2^2) - X_1(X_2^2 + Y_2^2)}{X_1 Y_2 - X_3 Y_2}$$

$$F = \frac{Y_3 X_2(X_1^2 + Y_1^2) - Y_1 X_2(X_3^2 + Y_3^2)}{X_1 Y_2 - X_3 Y_2}$$

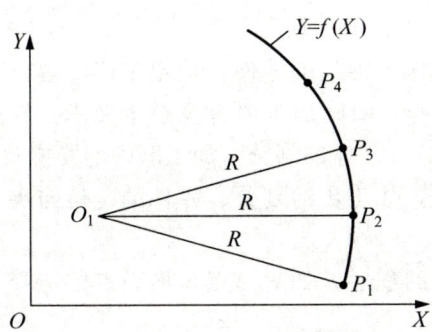

图 2.15 三点圆法圆弧逼近

为了减少圆弧段的数目，应使圆弧段逼近误差 $\delta=\delta_\text{允}$，为此应做进一步的计算。设已求出连续三个节点 P_1、P_2、P_3 处曲线的曲率半径分别为 R_{p1}、R_{p2}、R_{p3}，通过 P_1、P_2、P_3 三点的圆的半径为 R，取

$$R_p = \frac{R_{p1}+R_{p2}+R_{p3}}{3}$$

按下式算出 δ 的值

$$\delta = \frac{R\delta_\text{允}}{|R-R_p|}$$

按 δ 值进行两次等误差线段逼近，重新求得 P_1、P_2、P_3 三点，用此三点作一圆弧，该圆弧即为满足 $\delta=\delta_\text{允}$ 条件的圆弧。

2.3 数控加工的工艺分析

2.3.1 数控加工工艺的基本特点和基本内容

1. 基本特点

在普通机床上加工零件时，是用工艺规程或工艺卡片来规定每道工序的操作程序，操作者按工艺卡上规定的"程序"加工零件。而在数控机床上加工零件时，要把零件加工的全部工艺过程、工艺参数和位移数据编制成程序，并以数字信息的形式记录在控制介质上，用它控制机床加工。由此可见，数控机床加工工艺与普通机床加工工艺在原则上基本相同，但数控加工的整个过程是自动进行的，因此又有其特点。

(1) 数控加工的工序内容比普通机床的工序加工内容复杂。在数控机床上通常安排较复杂的工序，甚至是在普通机床上难以加工的工序。

(2) 数控机床加工程序的编制比普通机床工艺规程的编制复杂。这是因为在编制数控机床加工工艺时不能忽略如工序内工步的安排，以及对刀点、换刀点及走刀路线的确定等问题。

2. 基本内容

数控加工工艺主要包括以下几方面。

(1) 选择适合在数控机床上加工的零件，确定工序内容。

(2) 分析被加工零件图样，明确加工内容及技术要求，在此基础上确定零件的加工方案，制定数控加工工艺路线，如工序的划分、加工顺序的安排及与传统加工工序的衔接等。

(3) 设计数控加工工序，如工步的划分、零件的定位与夹具的选择、刀具的选择、切削用量的确定等。

(4) 调整数控加工工序的程序，如对刀点、换刀点的选择，加工路线的确定，刀具的补偿。

(5) 分配数控加工的容差。

(6) 处理数控机床上部分工艺指令。

2.3.2 数控加工的工艺分析

1. 工序与工步的划分

1) 工序的划分

在数控机床上加工零件,工序可以比较集中,在一次装夹中尽可能完成大部分或全部工序。一般工序划分有以下几种方法。

(1) 按零件装夹定位方式划分工序。由于零件结构形状和技术要求不同,其定位方式有所差异。一般加工外形时,以内形定位;加工内形时,以外形定位。因而可根据定位方式的不同来划分工序。

图 2.16 所示的片状凸轮,按定位方式可分为两道工序,第一道工序可在普通机床上进行,以外圆表面和 B 平面定位加工端面 A 和 $\phi 22H7$ 的内孔,然后加工端面 B 和 $\phi 4H7$ 的工艺孔;第二道工序以已加工过的两个孔和一个端面定位,在数控铣床上铣削凸轮外表面曲线。

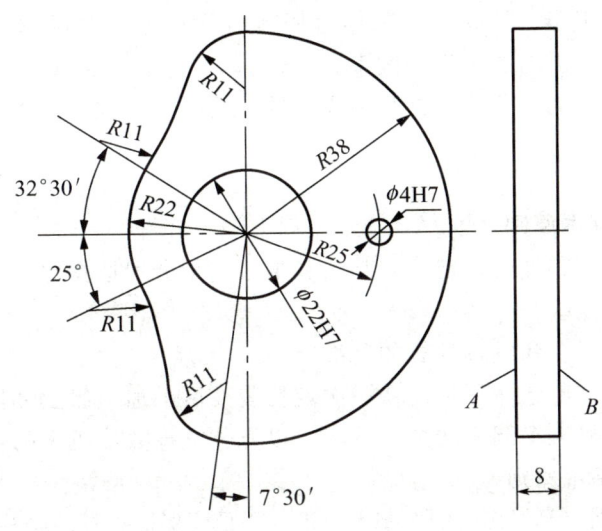

图 2.16 片状凸轮

(2) 按粗、精加工划分工序。根据零件的加工精度、刚度和变形等因素来划分工序时,可按粗、精加工分开的原则来划分,即先粗加工再精加工。此时可用不同的机床或不同的刀具进行加工。通常在一次安装中,不允许将零件某一部分表面加工完毕后,再加工零件的其他表面。图 2.17 所示的零件,应先切除整个零件的大部分余量,再将其表面精车一遍,以保证加工精度和表面粗糙度的要求。

(3) 按所用刀具划分工序。为了减少换刀次数,压缩空程时间,减少不必要的定位误差,可按刀具集中工序的方法加工零件,即在一次装夹中,尽可能用同一把刀具加工出可能加工的所有部位,然后换另一把刀加工其他部位。在专用数控机床和加工中心中采用这种方法。

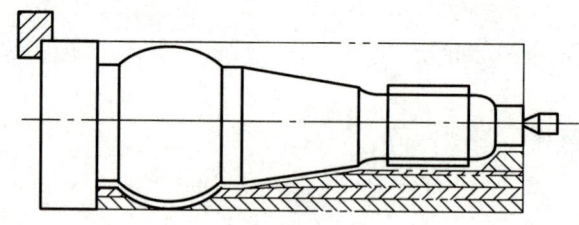

图 2.17 车削加工的零件

2) 工步的划分

工步的划分主要从加工精度和效率两方面考虑。在一个工序内往往需要采用不同的刀具和切削用量，对不同的表面进行加工。为了便于分析和描述较复杂的工序，在工序内又细分为工步。下面以加工中心为例来说明工步划分的原则。

(1) 同一表面按粗加工、半精加工、精加工依次完成，或全部加工表面按先粗后精加工分开进行。

(2) 对于既有铣面又有镗孔的零件，可先铣面后镗孔，使其有一段时间恢复，可减少由变形引起的对孔的精度的影响。

(3) 按刀具划分工步。某些机床工作台回转时间比换刀时间短，则可按刀具划分工步，以减少换刀次数，提高加工生产效率。

总之，工序与工步的划分要根据具体零件的结构特点、技术要求等情况综合考虑。

2. 零件的安装与夹具的选择

1) 定位安装的基本原则

在数控机床上加工零件时，定位安装的基本原则是合理选择定位基准和夹紧方案。在选择时应注意以下几点。

(1) 力求设计、工艺和编程计算的基准统一。

(2) 尽量减少装夹次数，尽可能在一次定位装夹后，加工出全部待加工表面。

(3) 避免采用占机人工调整式加工方案，以充分发挥数控机床的效能。

2) 选择夹具的基本原则

数控加工的特点对夹具提出了两个基本要求：一是要保证夹具的坐标方向与机床的坐标方向相对固定；二是要协调零件和机床坐标系的尺寸关系。除此之外，还要考虑以下几点。

(1) 当零件加工批量不大时，应尽量采用组合夹具、可调式夹具及其他通用夹具，以缩短生产准备时间、节省生产费用。

(2) 在成批生产时才考虑采用专用夹具，并力求结构简单。

(3) 零件的装卸要快速、方便、可靠，以缩短机床的停顿时间。

(4) 夹具上各零部件应不妨碍机床对零件各表面的加工，即夹具要开敞，其定位、夹紧机构元件不能影响加工中的走刀（如产生碰撞等）。

3. 刀具的选择与切削用量的确定

1) 刀具的选择

选取刀具时，要使刀具的尺寸与工件的表面尺寸和形状相适应。生产中，平面零件周边轮廓的加工，常采用立铣刀。铣削平面时，应选用硬质合金刀片铣刀；加工凸轮、凹槽时，选用高速钢立铣刀；加工毛坯表面或粗加工孔时，可选用镶硬质合金的玉米铣刀。

对一些立体型面和变斜角轮廓外形的加工，常采用球头铣刀、环形刀、鼓形刀、锥形刀和盘形刀，如图 2.18 所示。

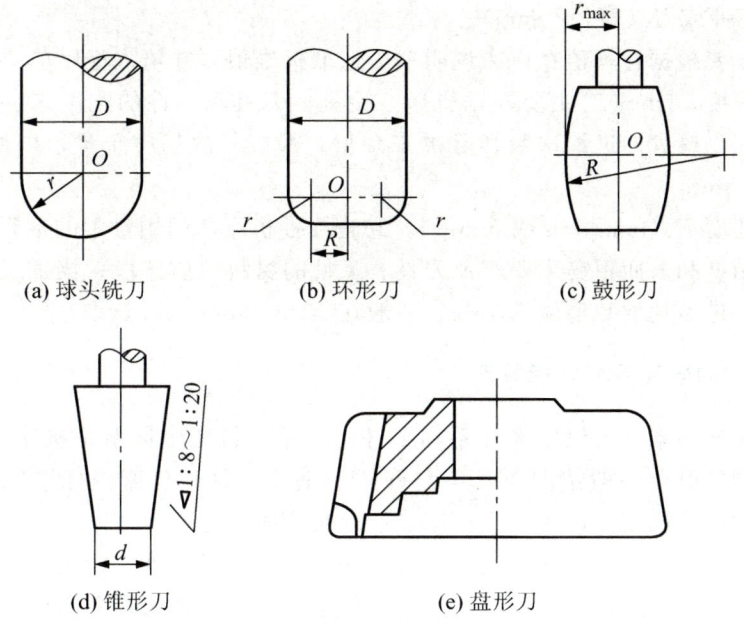

图 2.18 常用铣刀

曲面加工常采用球头铣刀，但加工曲面较平坦部位时，刀具以球头顶端刃切削，切削条件较差，因而应采用环形刀。在单件或小批量生产中，为了取代多坐标联动机床，常采用锥形刀或鼓形刀来加工飞机上的一些变斜角零件，如图 2.19 所示。如镶齿盘铣刀，适用于在五坐标联动的数控机床上加工一些球面，其效率比用球头铣刀高近十倍，并可获得好的加工精度。

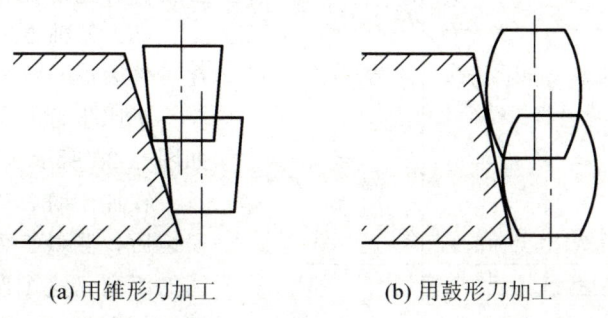

图 2.19 变斜角零件加工

2) 切削用量的确定

切削用量包括主轴转速（切削速度）、切削深度、进给速度。粗加工时，一般以提高生产率为主；半精加工和精加工时，应在保证加工质量的前提下，兼顾切削效率、经济性和加工成本。切削用量的具体数值应根据机床说明书、切削手册,并结合经验而定。

(1) 主轴转速 n(r/min)。主要根据允许的切削速度 v_c(m/min) 选取。

$$n = \frac{1000v_c}{\pi D}$$

式中　v_c——切削速度,由刀具寿命决定;
　　　D——工件或刀具直径(mm)。

主轴转速 n 要根据计算值在机床说明书中选取标准值,并填入程序单中。

(2) 切削深度 a_p(mm)。主要根据机床、夹具、刀具和工件的刚度来决定。在刚度允许的情况下,应以最少的进给次数切除加工余量,最好一次切净余量,以便提高生产率。一般取 0.2~0.5mm。

(3) 进给速度 F(mm/min 或 mm/r)。它是数控机床切削用量中的重要参数,主要根据零件的加工精度和表面粗糙度要求及刀具、工件的材料性质选取。当加工精度、表面粗糙度要求高时,进给速度数值应选小些,一般在 20~50mm/min 选取。

4. 数控机床的坐标系和坐标原点

数控机床的坐标系分为机床坐标系和工件坐标系。机床坐标系是机床固有的坐标系,在出厂前已经调整好,一般情况下,不允许用户随意变动。机床坐标系原点为机床的零点,是机床上的一个固定点,由生产厂家在设计机床时确定。

工件坐标系又称编程坐标系,由编程人员在编制程序时根据零件的特点选定。工件坐标系的原点即为工件零点。工件零点的位置是任意的,在选择工件零点的位置时应注意以下几点。

(1) 工件零点应选在零件图的尺寸基准上,这样便于坐标值的计算,并减少错误。

(2) 工件零点尽量选在精度较高的工件表面,以提高工件的加工精度。

(3) 对于对称的零件,工件零点应设在对称中心上。

(4) 对于一般零件,工件零点设在工件外轮廓的某一角上。

(5) Z 轴方向上的零点,一般设在工件表面。

机床坐标系与工件坐标系的关系如图 2.20 所示。

在加工时,工件随夹具在机床上安装后,测量工件原点与机床原点之间的距离,这个距离称为工件原点偏置,如图 2.20 所示。该偏置值需预存到数控系统中,在加工时,工件原点偏置值便能自动加到工件坐标系上,使数控系统可按机床坐标系确定加工时的绝对坐标系。因此,编程人

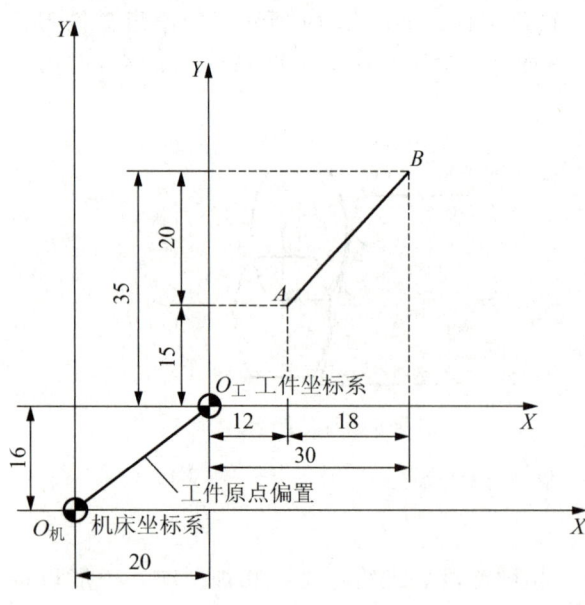

图 2.20　机床坐标系与工件坐标系的关系

员可以利用数控系统的原点偏置功能,通过工件的原点偏置值,来补偿工件在工作台上的位置误差。

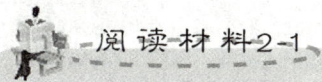
阅读材料2-1

进给速度

进给速度是切削时单位时间内零件与刀具沿进给方向的相对位移量,单位为 mm/r 或 mm/min。

进给速度在数控机床上使用进给功能字 F 表示。进给速度是数控机床切削用量中的一个重要参数,主要依据零件的加工精度和表面粗糙度要求,以及所使用的刀具和工件材料来确定。零件的加工精度要求越高,表面粗糙度值要求越低时,选择的进给速度数值就越小。实际中,应综合考虑机床、刀具、夹具和被加工零件精度、材料的机械性能、曲率变化、结构刚性、工艺系统的刚性及断屑情况,选择合适的进给速度。

进给率数是一个特殊的进给速度表示方法,即进给率的时间倒数——FRN(Feed Rate Number),对于直线插补的进给率数为

$$FRN = \frac{F}{L} \ (min^{-1})$$

式中 F ——进给速度(mm/min);

L ——程序段的加工长度,是刀具沿工件所走的有效距离(mm)。

程序段中编入了进给率数 FRN,实际上就规定了执行该程序段的时间 T,它们之间的关系是

$$T = \frac{1}{FRN} \ (min) \quad 或 \quad T = \frac{60}{FRN} \ (s)$$

程序编制时选定进给速度后,刀具中心的运动速度就一定了。在直线切削时,切削点(刀具与加工表面的切点)的运动速度就是程序编制时给定的进给速度。但是在做圆弧切削时,切削点实际进给速度并不等于程序编制时选定的刀具中心的进给速度。

采用 FRN 编程,在做直线切削时,由于刀具中心运动的距离与程序中直线加工的长度经常是不同的,因此实际的进给速度与程序编制预定的 FRN 所对应的值也不同。在做圆弧切削时,刀具的进给角速度是固定的,所以切削点的进给速度与编程预定的 FRN 所对应的值是一致的。由此可知,当一种数控装置既可以用 F 编制程序,也可以用 FRN 编制程序时,做直线切削适宜采用 F 编制程序,做圆弧切削适宜采用 FRN 编制程序。

在轮廓加工中选择进给速度时,应注意在轮廓拐角处的"超程"问题,特别是在拐角较大且进给速度也较大时,应采用在接近拐角处适当降低速度,而在拐角过后逐渐提速的方法来保证加工精度。

5. 对刀点和换刀点的确定

对刀点就是在数控机床上加工零件时,刀具相对于工件运动的起点。由于程序段从该点开始执行,所以对刀点又称程序起点或起刀点。对刀点可选在工件上,也可选在工件外

面（如选在夹具上或机床上），但必须与另加的定位基准有一定的关系，如图 2.21 中的 X_0 和 Y_0，这样才能确定机床坐标系与工件坐标系的关系。

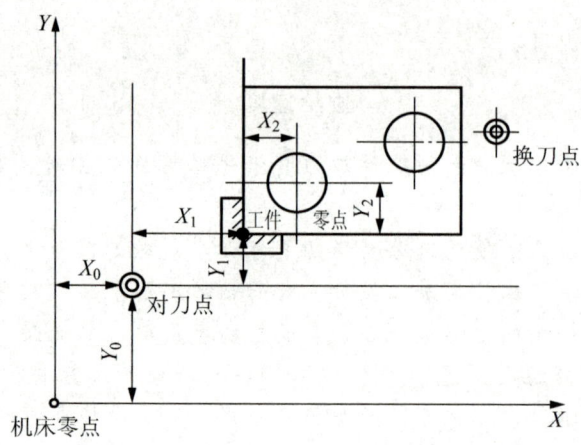

图 2.21　对刀点和换刀点

若对刀精度要求不高，可直接选用零件上或夹具上的某些表面作为对刀面。

若对刀精度要求较高，对刀点应尽量选在零件的设计基准或工艺基准上。如以孔定位的工件，可选孔的中心作为对刀点。刀具的位置则以此孔来找正，使刀位点与对刀点重合。所谓刀位点是指车刀、镗刀的刀刃，钻头的钻尖，立铣刀、端铣刀刀头底面的中心，球头铣刀的球头中心。

对刀点既是程序的起点又是程序的终点。因此在成批生产中要考虑对刀点的重复精度。该精度可用对刀点相距机床原点的坐标值（X_0，Y_0）来校核。

加工过程中需要换刀时，应规定换刀点。所谓换刀点是指刀架转位换刀时的位置。该点可以是某一固定点（如数控加工中心，其换刀机械手的位置是固定的），也可以是任意的一点（如数控车床）。换刀点应设在工件或夹具的外部，以刀架转位时不碰工件及其他部位为准。

6. 工艺路线的确定

编程时，加工路线的确定原则主要有以下几点。

(1) 应能保证零件的加工精度和表面粗糙度的要求。
(2) 应尽量缩短加工路线，减少刀具空程移动时间。
(3) 应使数值计算简单，程序段数量少，以减少编程工作量。

对点位控制的数控机床，只要求定位精度较高，定位过程尽可能快，而刀具相对于工件的运动路线是无关紧要的，因此这类机床应按空程最短来安排走刀路线。

对于位置精度要求较高的孔系加工，特别要注意孔的加工顺序的安排，安排不当时，就有可能将坐标轴的反向间隙带入，直接影响位置精度。图 2.22(a) 所示的零件图，在该零件上镗六个尺寸相同的孔，有两种加工路线。当按图 2.22(b) 所示的路线加工时，由于孔 5、6 与孔 1、2、3、4 定位方向相反，Y 方向反向间隙会使定位误差增加，而影响孔 5、6 与其他孔的位置精度。

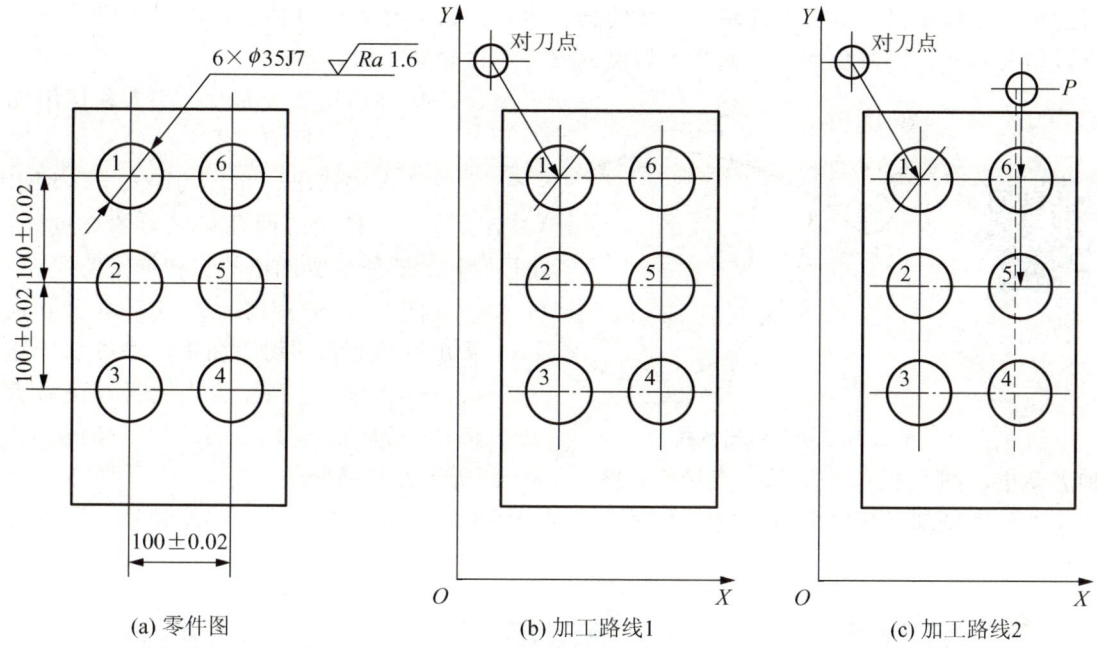

图 2.22 镗孔加工路线示意图

按图 2.22(c) 所示的路线加工时，加工完孔 4 后往上多移动一段距离到 P 点，然后折回来加工孔 5、6，这样方向一致，可避免反向间隙的引入，提高了孔 5、6 与其他孔的位置精度。

在数控机床上车削螺纹时，沿螺距方向的 Z 向进给应和机床主轴的旋转保持严格的速比关系，因此应避免在进给机构加速或减速过程中切削螺纹。为此要有引入距离 δ_1 和超越距离 δ_2，如图 2.23 所示。δ_1 和 δ_2 的数值与机床的动态特性、螺距和精度有关。对于单线螺纹来说，一般 δ_1 取螺纹螺距的 3~5 倍，δ_2 取螺纹螺距的 1~2 倍。若螺纹收尾处无退刀槽，则收尾处的形状与数控系统有关，一般按 45° 退刀收尾。

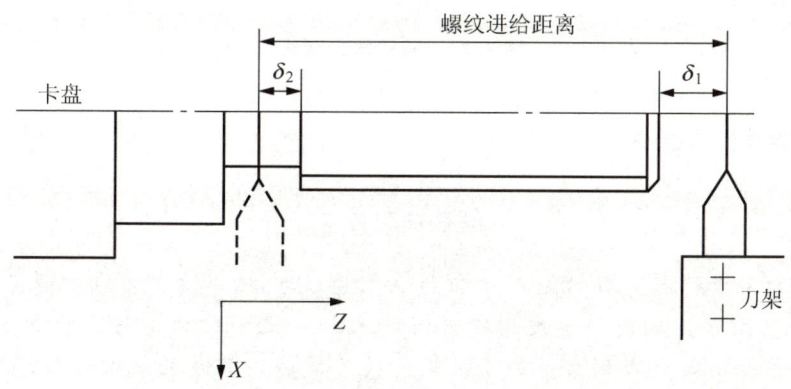

图 2.23 切削螺纹引入距离

铣削平面零件时，一般采用立铣刀侧刃进行切削。为减少接刀痕迹，保证零件表面质量，对刀具的切入点和切出程序需要精心设计。如图 2.24 所示，铣削外表面轮廓时，铣刀的切入点和切出点应沿零件轮廓曲线的延长线切向切入和切出零件表面，而不应沿法向直接切入零件，以避免加工表面产生划痕，保证零件轮廓光滑。

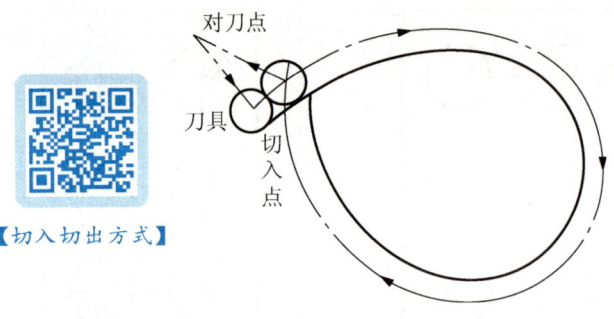

铣削内轮廓表面时，切入和切出无法外延，这时铣刀可沿零件轮廓的法线方向切入和切出，并将其切入点、切出点选在零件轮廓两几何元素的交点处。图 2.25 所示为凹槽的三种加工路线。

图 2.25(a)、图 2.25(b) 所示分别为用行切法和环切法加工凹槽的加工路线；图 2.25(c) 所示为先用行切法最后环切一刀光整轮廓表面的加工路线。三种方案中，图 2.25(a) 所示方案最差，图 2.25(c) 所示方案最好。

【切入切出方式】

图 2.24　切入切出方式

在轮廓铣削过程中要避免进给停顿，否则会因铣削力的突然变化，在停顿处轮廓表面上留下刀痕。

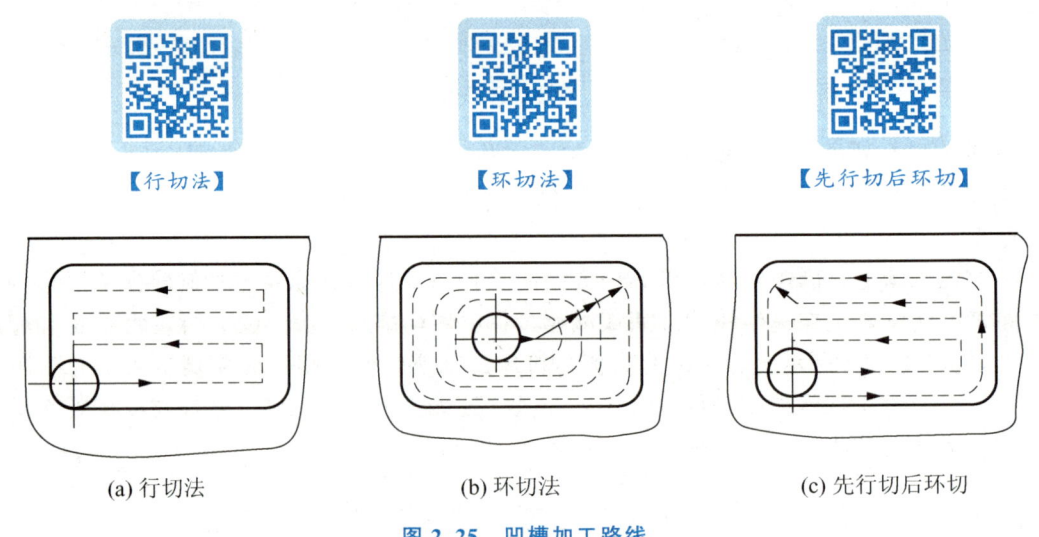

(a) 行切法　　　　　(b) 环切法　　　　　(c) 先行切后环切

图 2.25　凹槽加工路线

阅读材料 2-2

顺铣加工方式

在铣削加工中，若铣刀的走刀方向与在切削点的切削速度方向相反，称为逆铣，如图 2.26(a) 所示，其铣削厚度由零开始增大；反之则称为顺铣，如图 2.26(b) 所示，其铣削厚度由最大减到零。由于采用顺铣方式时，零件的表面精度和加工精度较高，并且可以减少机床的"颤振"，所以在铣削加工零件轮廓时应尽量采用顺铣加工方式。

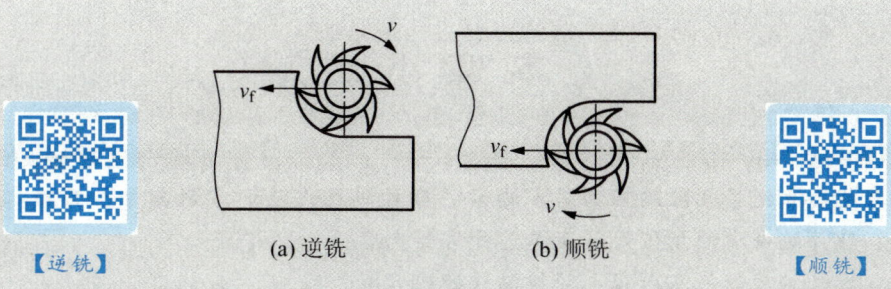

图 2.26 顺铣和逆铣

若要铣削图 2.27 所示内沟槽的两侧面，就应来回走刀两次，保证两侧面都是顺铣加工方式，以使两侧面具有相同的表面加工精度。

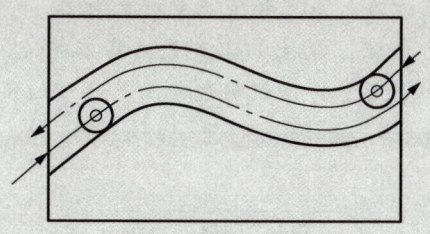

图 2.27 铣削内沟槽的侧面

立体轮廓的加工

加工一个曲面时可能采取的三种走刀路线如图 2.28 所示，即沿参数曲面的 U 向行切、沿 W 向行切和环切。图 2.28(a) 所示方案的优点是便于在加工后检验型面的准确度。对于直母线类表面，采用图 2.28(b) 所示的方案显然更有利，每次沿直线走刀，刀位点计算简单，程序段少，而且加工过程符合直纹面的形成规律，可以准确保证母线的直线度。因此实际生产中最好将以上两种方案结合起来。图 2.28（c）所示的环切方案一般应用在内槽加工中，在型面加工中由于编程麻烦，一般不用。但在加工螺旋桨桨叶一类零件时，工件刚度小，采用从里到外的环切，有利于减少工件在加工过程中的变形。

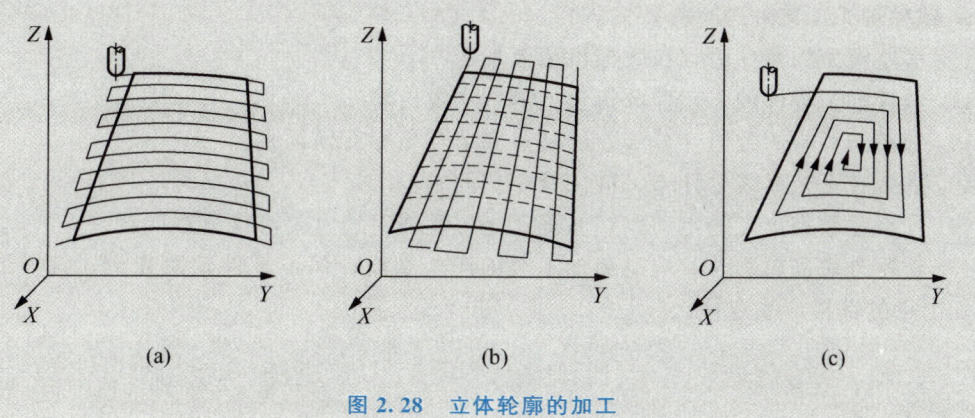

图 2.28 立体轮廓的加工

本 章 小 结

本章主要介绍了数控编程的基本内容、数控编程方法和常用指令、数控机床坐标系规定、程序编制中的数值计算及工艺处理等内容。

(1) 数控编程的基本内容：数控编程的内容和步骤。

(2) 数控编程方法和常用指令：数控编程方法、程序的结构与格式及数控编程常用指令。

(3) 数控机床坐标系：数控机床的坐标和运动方向的规定、标准坐标系的规定。

(4) 程序编制中的数值计算：基点和节点坐标的计算。

(5) 程序编制中的工艺处理：数控加工工艺的基本特点和内容、机床的选用、工序与工步的划分、刀具及切削用量的合理确定及工艺路线的确定。

思 考 题

1. 什么是数控编程？数控编程分为哪几类？
2. 简述手工编程的步骤。
3. 数控机床的坐标与运动方向是怎样规定的？
4. 画出下列机床的机床坐标系。
①卧式车床；②卧式铣床；③牛头刨床；④立式铣床；⑤平面磨床。
5. 什么是程序段？什么是程序段格式？数控系统现常用的程序段格式是什么？
6. 解释名词：刀位点；对刀点；换刀点；机床原点；工件零点。
7. G 代码表示什么功能？M 代码表示什么功能？
8. 试举例说明绝对值编程和增量编程的区别。
9. 数控加工工艺处理有哪些内容？
10. 哪些类型的零件适宜在数控机床上加工？
11. 数控加工零件的工艺性分析包括哪些主要内容？
12. 数控编程中的数值计算涉及的基点和节点坐标有何区别？
13. 在数控工艺路线设计中，应注意哪些问题？
14. 什么是数控加工的走刀路线？确定走刀路线时通常要考虑哪些问题？
15. 铣削外表面轮廓时，应避免加工表面产生划痕，保证零件轮廓光滑，铣刀的切入点和切出点的选择应注意什么？

第3章 数控铣削加工的程序编制

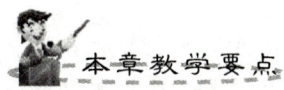
本章教学要点

知识要点	掌握程度	相关知识
数控铣削常用指令	掌握数控编程的常用指令	辅助指令M、主轴指令S、刀具指令T； 尺寸系统指令； 运动控制指令； 刀具补偿指令
常用固定循环指令	了解钻削、螺纹切削、钻孔、槽铣削等常用循环指令	钻削循环指令； 螺纹切削循环指令； 钻孔循环指令； 槽铣削循环指令
铣削加工实例	熟练应用数控加工与编程基本知识进行铣削加工编程训练	铣削加工编程实例

导入案例

数控铣床（图3.01）是在一般铣床的基础上发展起来的一种自动加工设备，两者的加工工艺基本相同，结构也有些相似。数控铣床分为不带刀库和带刀库两大类。其中带刀库的数控铣床又称加工中心。数控铣床的加工范围如图3.02所示。

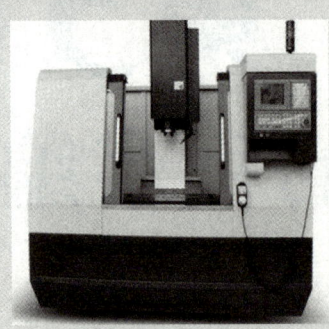

图3.01 数控铣床

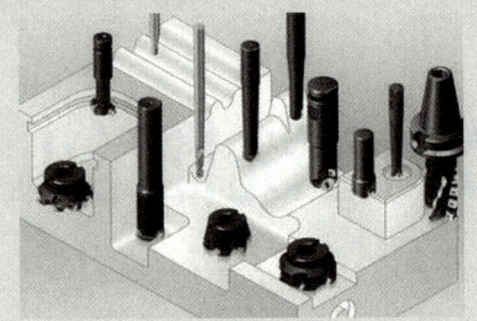

图3.02 数控铣床的加工范围

对于加工部位是框形平面或不等高的各级台阶，选用点位-直线系统的数控铣床即可。如果加工部位是曲面轮廓，应根据曲面的几何形状选择两坐标联动或三坐标联动的系统。也可根据零件的加工要求，在一般的数控铣床的基础上，增加数控分度头或数控回转工作台，这时机床的系统为四坐标的数控系统，可以加工螺旋槽、叶片零件等。

【高速铣削】　　　　　　【轮廓加工】　　　　　　【挖槽加工】

数控铣床主要用于各种复杂的平面、曲面和壳体类零件的加工，如用于凸轮、模具、连杆、叶片、螺旋桨和箱体等零件的铣削加工，可加工平面类、曲面类、变斜角类等零件的加工。本章重点介绍西门子SINUMERIK 802C系统的指令格式，并以数控铣床为例介绍加工程序的编制。

3.1　基本编程指令

3.1.1　辅助指令M、主轴指令S、刀具指令T

1. 辅助指令M

辅助指令由地址字M和两位数字组成，主要用于控制机床的各种辅助功能的开关动作及零件程序的走向。M功能有非模态M功能和模态M功能两种。

1）程序结束指令 M02、M30

M02 和 M30 是程序结束指令，编在程序的最后一个程序段中（二者任选一）。当程序运行到 M02、M30 指令时，机床的主轴、进给、冷却液全部停止，加工结束，并使系统复位。

M30 指令兼有控制返回零件程序起点的作用，所以使用 M30 的程序段结束后，若再次按下循环启动键，将从程序的第一段重新执行；而使用 M02 的程序段结束后，若要重新执行该程序就需要再进行调用。

M02、M30 为非模态、后作用 M 功能。

2）主轴控制指令 M03、M04、M05

M03 指令启动主轴以程序中编制的主轴速度顺时针方向（从 Z 轴正向向 Z 轴负向看）旋转。

M04 指令启动主轴以程序中编制的主轴速度逆时针方向（从 Z 轴正向向 Z 轴负向看）旋转。

M05 指令使主轴停止旋转。

M03、M04 为模态、前作用 M 功能；M05 为非模态、后作用 M 功能，为默认值。

M03、M04、M05 可相互注销。

3）换刀指令 M06

M06 指令用于加工中心调用一个欲安装在主轴上的刀具。

4）冷却液打开和停止指令 M07、M09

M07 指令将打开冷却液管道。

M09 指令将关闭冷却液管道。

M07 为模态、前作用 M 功能；M09 为模态、后作用 M 功能，为默认值。

2. 主轴指令 S

主轴指令 S 用于控制主轴转速，其后的数值表示单位为每分钟转数（r/min）的主轴速度。

S 指令为模态指令，只有在主轴速度可自动调节时有效。

3. 刀具指令 T

刀具指令 T 用于选刀，其后的数值表示选择的刀具号。T 指令与刀具的关系是由机床制作厂规定的。

在加工中心上执行 T 指令，刀库转动选择所需要的刀具，然后等待，直到 M06 指令作用时自动完成换刀。T 指令为非模态指令。

3.1.2 尺寸系统指令

1. 绝对值编程指令 G90 与增量编程指令 G91

指令格式：G90 G_ X_ Y_ Z_
　　　　　G91 G_ X_ Y_ Z_

G90 为绝对值编程，每个轴上的编程值是相对于程序原点的。

G91 为增量编程，每个轴上的编程值是相对于前一位置而言的，该值等于沿轴移动的距离。

G90、G91 为模态功能，G90 为默认值。

图 3.1 给出了刀具由原点按顺序向 1、2、3 点移动时两种指令的区别。

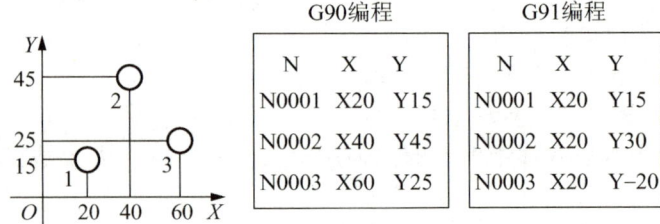

图 3.1　两种指令方式

2. 可设定零点偏置指令 G54～G57、G500、G53

可通过设定零点偏置给出工件零点在机床坐标系中的位置（工件零点以机床零点为基准偏移，如图 3.2 所示）。当工件装夹到机床上后求出偏移量，并通过操作面板输入到规定的数据区。程序可以通过选择相应的 G54～G57 指令激活此值。

G54：第 1 可设定零点偏置。

G55：第 2 可设定零点偏置。

G56：第 3 可设定零点偏置。

G57：第 4 可设定零点偏置。

G500：取消可设定零点偏置，模态有效。

G53：取消可设定零点偏置，程序段方式有效。可编程的零点偏置也一起取消。

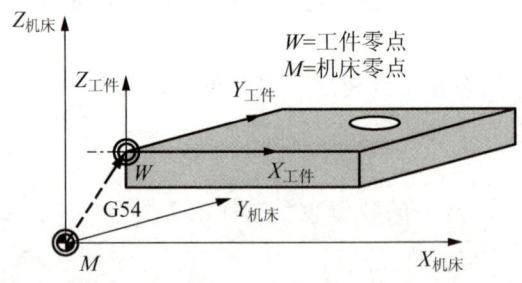

图 3.2　可设定的零点偏置

图 3.3 所示为 G54 和 G57 指令的使用。程序代码如下。

```
N01 G54 G00 G90 X30 Y40         ;刀具从当前点移动到 A 点
N02 G57
N03 G00 X30 Y30                 ;刀具从 A 点移动到 B 点
...
```

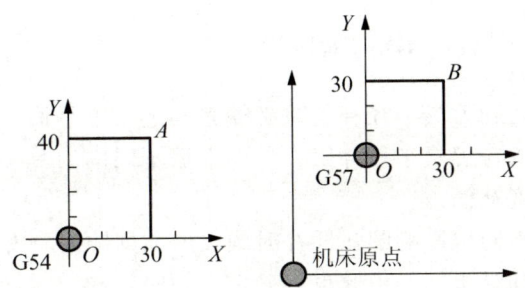

图 3.3　G54 和 G57 指令的使用

执行 N01 程序段时，系统会先选定 G54 坐标系作为当前工件坐标系，然后执行 G00 移动到该坐标系中的 A 点，执行 N02 程序段时，系统又会选择 G57 坐标系作为当前工件坐标系，执行 N03 程序段时，机床就会移动到刚指定的 G57 坐标系中的 B 点。

使用 G54～G57 指令建立工件坐标系时，该指令可单独指定（如上例中的 N02 语句），也可与其他指令同段指定（如上例中的 N01 语句），如果该段程序中有位置指令就会产生运动。使用该指令前，先用手动数据输入方式输入该坐标系的坐标原点在机床坐标系中的坐标值。

对于完成图 3.4 所示零件的钻孔加工，使用 G54～G57 指令可简化程序，减少坐标换算。程序代码如下。

```
N10   G54…            ;调用第 1 可设定零点偏置
N20   L47…            ;调用 L47 子程序,加工工件 1
N30   G55…            ;调用第 2 可设定零点偏置
N40   L47…            ;调用 L47 子程序,加工工件 2
N50   G56…            ;调用第 3 可设定零点偏置
N60   L47…            ;调用 L47 子程序,加工工件 3
N70   G57…            ;调用第 4 可设定零点偏置
N80   L47…            ;调用 L47 子程序,加工工件 4
N90   G500 G0 X…      ;取消可设定零点偏置
```

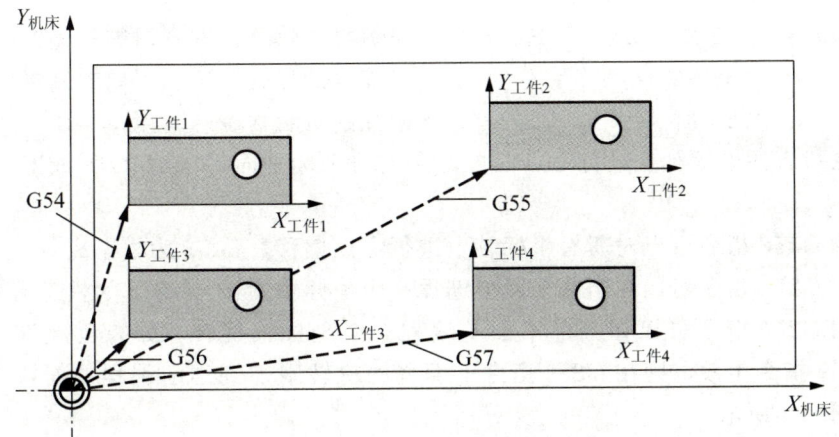

图 3.4　零件钻孔加工

3. 坐标平面选择指令 G17、G18、G19

在计算刀具长度补偿和刀具半径补偿时必须先确定一个平面，即确定一个两坐标轴的坐标平面，在此平面中进行刀具半径补偿。另外根据不同的刀具类型（铣刀、钻头、车刀等）进行相应的刀具长度补偿。

同样，平面选择的不同也影响圆弧插补时圆弧方向即顺时针和逆时针的定义。在圆弧插补的平面规定横坐标和纵坐标，由此也就确定了顺时针和逆时针旋转方向。

G17 指令选择 XY 平面，G18 指令选择 ZX 平面，G19 指令选择 YZ 平面（图 3.5）。移动指令与平面选择无关。例如，在规定了 G17 时，Z 轴照样会移动。G17、G18、G19 为模态功能，可相互注销，G17 为默认值。

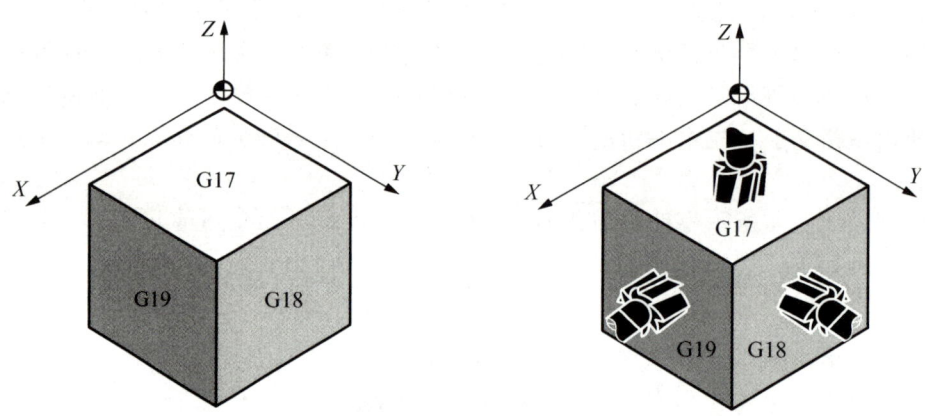

图 3.5　坐标平面选择

4. 尺寸单位选择指令 G70、G71

采用两种尺寸输入制式：英制尺寸由 G20 指令指定，公制尺寸由 G21 指令指定。

5. 可编程的零点偏置和坐标轴的旋转指令 G158、G258、G259

指令格式：G158 X_Y_Z_　　　　　　　　;可编程的偏置，取消以前的偏置和旋转
　　　　　G258 RPL=_　　　　　　　　;可编程的旋转，取消以前的偏置和旋转
　　　　　G259 RPL=_　　　　　　　　;附加的可编程旋转

可以在所有的坐标轴上进行零点偏置，在当前坐标平面 G17 或 G18 或 G19 中进行坐标轴旋转。

(1) 用 G158 指令可以对所有坐标轴上进行零点偏移，G158 为模态有效。

(2) 用 G258 指令可以在当前平面中编程一个坐标轴旋转，G258 为模态有效。

(3) 用 G259 指令可以在当前平面中编程一个坐标轴旋转，如果已经有一个 G158、G258、G259 指令生效，则在 G259 指令下编程的旋转附加到当前编程的偏置或坐标轴旋转上，如图 3.6 所示。

编程举例，加工图 3.7 所示轮廓。

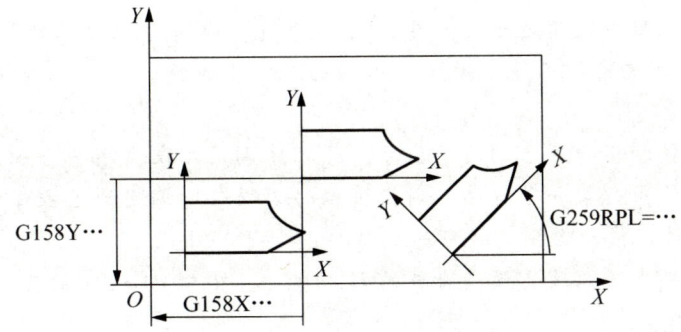

图 3.6　可编程零点偏置

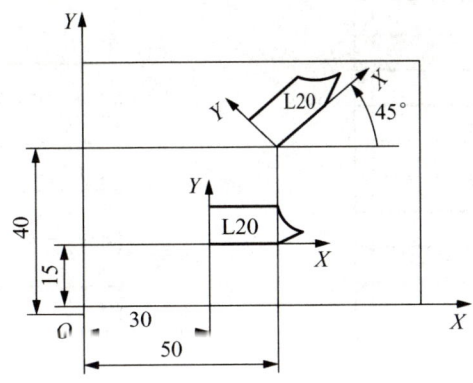

图 3.7　可编程零点偏置举例

N10 G17 G54 G90 M03 S800	;确定工艺参数
N20 G158 X30 Y15	;可编程零点偏置
N30 L20	;子程序调用,其中包含待偏移的几何量
N40 G158 X50 Y40	;新的零点偏移
N50 G259 RPL=45	;附加的坐标旋转 45°
N60 L20	;子程序调用
N70 G158	
⋮	

阅读材料3-1

西门子 SINUMERIK 802C 系统子程序的结构

（1）子程序的结构与主程序的结构相同,子程序中最后一个程序段用 M2 指令结束程序运行。还可以用 RET 指令结束子程序,但 RET 指令需要单独占用一个程序段。子程序结束后返回主程序,如图 3.8 所示。

（2）子程序名与主程序程序名的选取方法一样,但扩展名不同,主程序的扩展名为 .MPF,在输入程序名时系统能自动生成扩展名,而子程序的扩展名 .SPF 必须与子程序名一起输入,如 CZQY0110.SPF。

(3) 子程序还可以使用地址字符 L，后面的值可以有 7 位（只能为整数），地址字符 L 之后的 0 均有意义，不能省略。例如，L128、L0128、L00128 分别代表三个不同的子程序。

(4) 可以直接利用程序名调用子程序。子程序调用要求占用一个独立的程序段。如果要求多次连续地执行某一子程序，则在编程时必须在所调用的子程序的程序名后地址 P 下写入调用次数，最大调用次数可达 9999（P1～P9999）。

(5) 在子程序中可以改变模态有效的 G 功能，如 G90 到 G91 的变换。

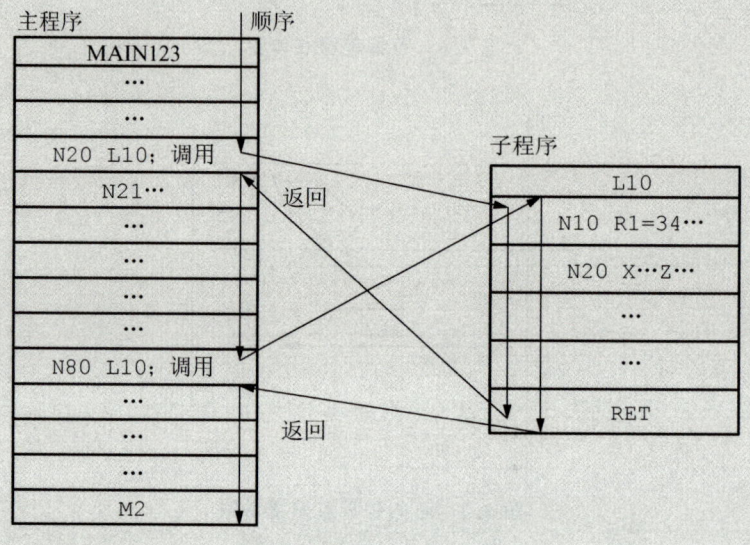

图 3.8 子程序的调用

3.1.3 运动控制指令

1. 快速线性移动指令 G0

指令格式：G0 X_ Y_ Z_

G0 指令使刀具相对于工件以各轴预先设定的速度，从当前位置快速移动到程序段指令的定位目标点。G0 一般用于加工前的快速定位或加工后的快速退刀。

2. 直线插补指令 G1

指令格式：G1 X_ Y_ Z_ F_

刀具以直线从起始点按 F 指令的进给速度运动到目标点。

3. 圆弧插补指令 G2、G3

指令格式：

$$G17 \begin{Bmatrix} G2 \\ G3 \end{Bmatrix} X\_Y\_ \begin{cases} CR= \\ AR= \\ I\_J\_ \end{cases} F\_$$

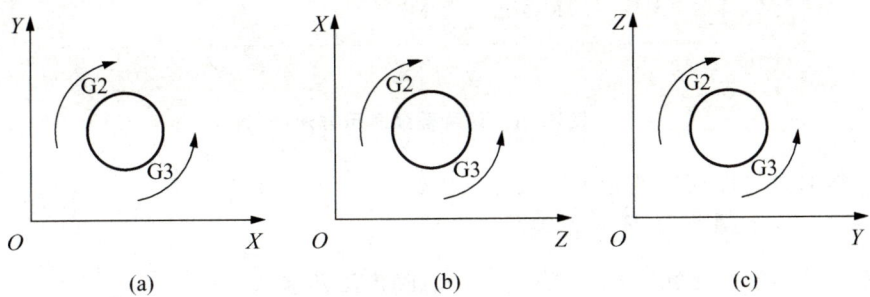

刀具以圆弧轨迹从起始点按 F 指令进给速度运动到目标点。

G2 为顺时针圆弧插补，G3 为逆时针圆弧插补，如图 3.9 所示。G2、G3 为模态有效。在 XY 平面上圆弧 G2、G3 编程的几种方式如图 3.10 所示。

图 3.9 在三个平面上圆弧插补 G2、G3 方向

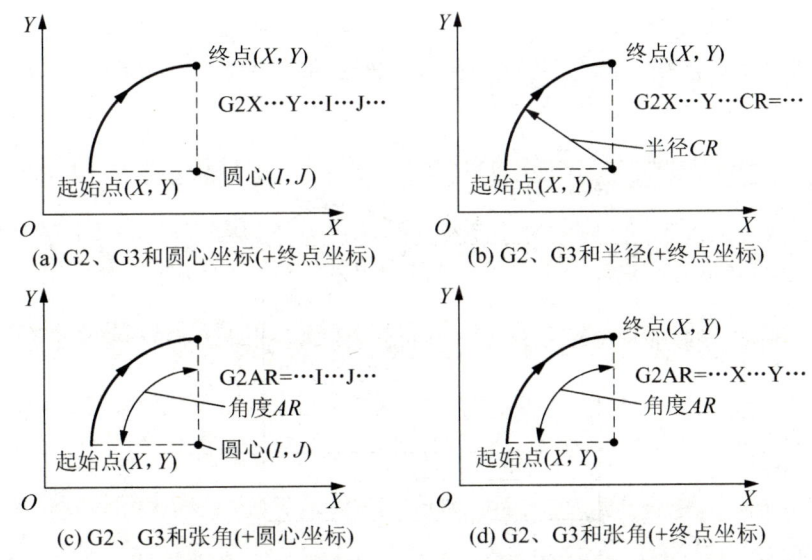

图 3.10 在 XY 平面上圆弧 G2、G3 编程的几种方式

程序中

X、Y、Z：圆弧终点坐标。

I、J、K：圆心相对于圆弧起点在 X、Y、Z 轴的增量值。

CR：圆弧半径，负号表明圆弧段大于半圆，正号表明圆弧段小于或等于半圆，如图 3.11 所示。

AR：张角。

F：进给速度。

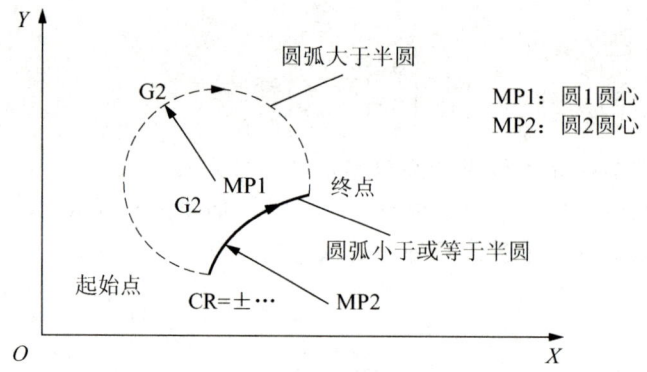

图 3.11 两种圆弧表示方法

整圆编程时只可以使用圆心坐标及终点坐标。

编程举例，加工图 3.12 所示轮廓。

N10 G17 G54 M3 S800	;确定工艺参数
N20 G90 G0 X45 Y70 Z20	;快速定位到圆弧起点,三轴同时移动
N30 G1 Z－2 F200	;进刀到 Z-2,进给速度为 200mm/min
N40 G2 X80 Y70 CR=30	;以圆弧终点、圆弧半径编程
N50 G0 Z100	;快速抬刀
N60 M2	;程序结束

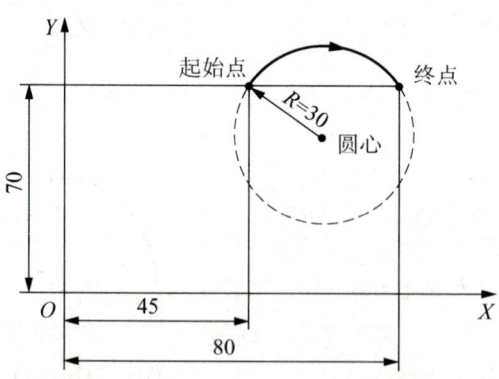

图 3.12 终点坐标、半径编程

4. 通过中间点圆弧插补指令 G5

指令格式：G17 G5 X_ Y_ IX_ JY_ F_

G18 G5 X_ Z_ IX_ KZ_ F_

G19 G5 Y_ Z_ JY_ KZ_ F_

已知圆弧轮廓上三个点的坐标，可以使用 G5 指令进行圆弧编程。通过起点与终点之间的中间点位置确定圆弧方向。

编程举例，加工图 3.13 所示轮廓。

```
N10 G17 G54 M3 S800              ;确定工艺参数
N20 G90 G0 X40 Y60 Z10           ;快速定位到圆弧起点,三轴同时移动
N30 G1 Z-2 F200                  ;进刀到 Z-2,进给速度为 200mm/min
N40 G5 X80 Y60 IX=60 JY=70       ;圆弧终点、中间点坐标
N50 G0 Z100                      ;快速抬刀
N60 M2                           ;程序结束
```

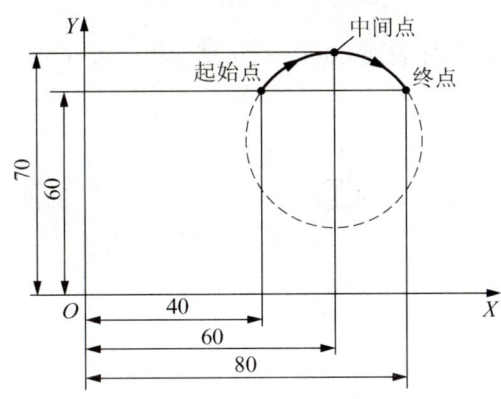

图 3.13　已知终点、中间点坐标进行圆弧插补

3.1.4　刀具补偿指令

1. 刀具半径补偿指令 G40、G41、G42

指令格式：G41（G00，G01）X_Y_D_　　刀具半径左补偿
　　　　　G42（G00，G01）X_Y_D_　　刀具半径右补偿
　　　　　G40

【刀位点】

其中刀补地址 D 后跟的数值是刀具号，用来调用内存中的刀具半径补偿的数值，如 D01 就是调用在刀具表第一号刀具的半径值。这一半径值是预先输入内存刀具表中 01 号位置上的。刀补号地址设有 9 个，即 D0~D9。

执行刀具补偿前，必须用 G17 或 G18、G19 指定补偿平面。X、Y 值必须与指定平面中的轴相对应。在多轴联动控制中，投影到补偿面上的刀具轨迹受到补偿，平面选择的切换必须在补偿取消方式进行，若在补偿方式进行，则报警。

G40 用于取消刀具半径补偿。

G41 是在相对于刀具前进方向左侧进行补偿，称为左刀补，如图 3.14(a) 所示。

G42 是在相对于刀具前进方向右侧进行补偿，称为右刀补，如图 3.14(b) 所示。

G40、G41、G42 为模态功能，可相互注销。

【左刀补 G41】

【右刀补 G42】

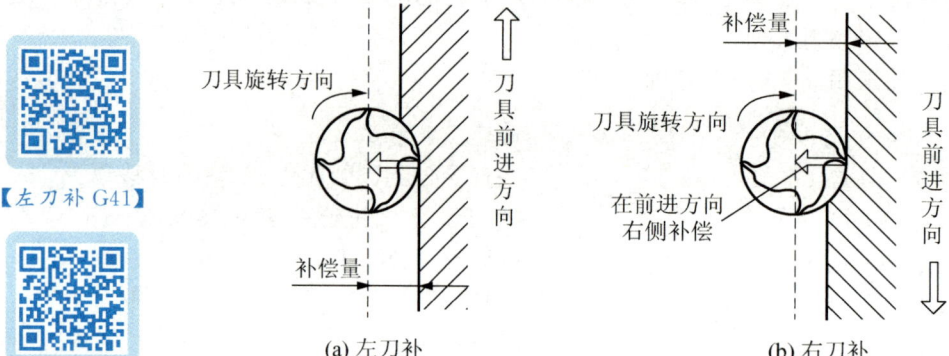

(a) 左刀补　　　　　　　　(b) 右刀补

图 3.14　刀具补偿方向

设加工开始时刀具距离工件表面 50mm，切削深度为 10mm，编制图 3.15 所示轮廓的刀具半径补偿程序。

【建立刀补】

【撤销刀补 G40】

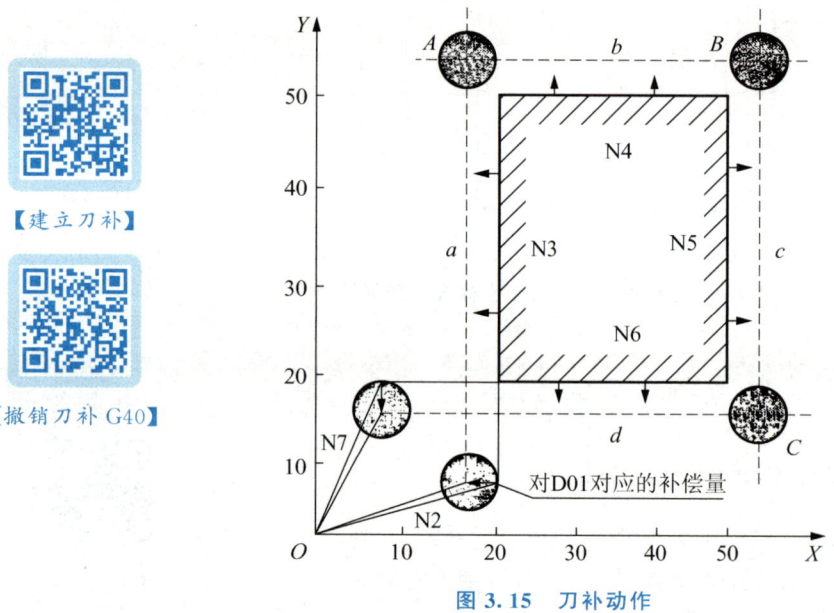

图 3.15　刀补动作

（1）按增量方式编程。

```
N10 G54
N20 G91 G17 M03 S500          ;由 G17 指定刀补平面
N30 G41 G00 X20 Y10 D01       ;由刀补号码 D01 指定刀补——刀补启动
N40    Z-48
N50    G01 Z-12 F200
N60    G01 Y10 F100
N70Y30
N80X30
N90Y-40
```

刀补状态

```
N100 X-40
N110  G00 Z60 M05
N120  G40 D01 X-10 Y-20        ;解除刀补
N110  M30
```

(2) 按绝对值方式编程。

```
N10 G54
N20 G90 G17 M03 S500           ;由 G17 指定刀补平面
N30 G41 G00 X20 Y10 D01        ;启动刀补
N35 Z2
N38 G01 Z-10 F200
N40 G01 Y50 F100
N50 X50
N60 Y20                         ⎫
N70 X10                         ⎬ 刀补状态
N80 G00 Z50 M05                 ⎭
N85 G40 X0 Y0                  ;解除刀补
N90 M30
```

阅读材料3-2

半径补偿时的过切现象及防止

(1) 加工半径小于刀具半径的内圆弧。当圆弧半径小于刀具半径时，会导致过切，数控系统报警并停止在将要过切程序段的起始点上（图3.16）。所以补偿时只有在过渡圆角半径 $R \geqslant$ 刀具半径 $r+$ 精加工余量的情况下，才可正常切削（图3.17）。

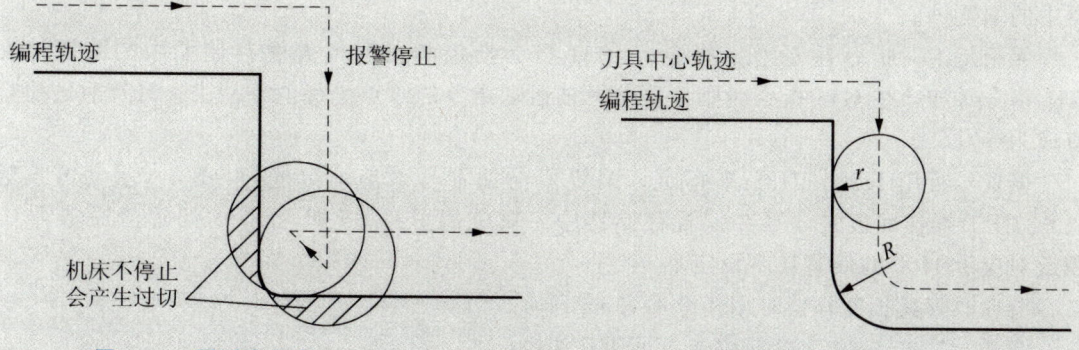

图3.16 圆弧半径小于刀具半径　　　图3.17 正常切削

(2) 被铣削槽底宽小于刀具直径。如果刀具半径补偿使刀具中心向编程路径反方向运动，将会导致过切。在这种情况下，机床的数控系统报警并停止在该程序段的起始点上（图3.18）。

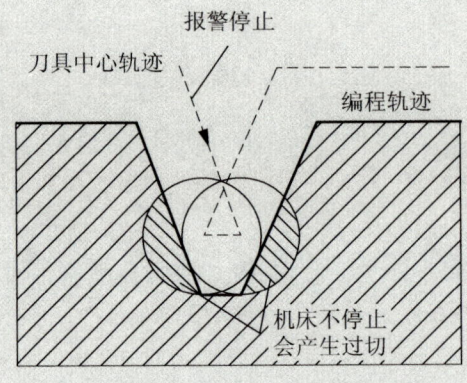

图 3.18 铣削槽底宽小于刀具直径

（3）无移动类指令。在两个或两个以上连续程序段内无指定补偿平面内的坐标移动，会导致过切现象。

2. 刀具长度补偿指令 G43，G44，G49

指令格式：

$$\left.\begin{matrix}G43\\G44\end{matrix}\right\}\alpha\_H\_$$
$$G49\ \alpha\_$$

其中，$\alpha \in \{X, Y, Z, U, V, W\}$，为补偿轴的终点坐标，H 为长度补偿偏置号。

把编程时假定的理想长度与实际使用的刀具长度之差作为偏置设定在偏置存储器中，该指令不改变程序就可以实现对坐标轴运动指令的终点位置进行正向或负向补偿。

用 G43（正向偏置）、G44（负向偏置）指令偏置的方向，用 H 指令设定在偏置存储器中的偏置量。

无论是绝对指令还是增量指令，由 H 指令指定的已存入偏置存储器中的偏置值在 G43 指令时加，在 G44 指令时则是从坐标轴运动指令的终点坐标值中减去，计算后的坐标值成为终点。

偏置号可用 H00～H99 来指定。偏置值与偏置号对应，可通过 MDI（手动数据输入）/CRT 操作面板先设置在偏置存储器中。对应偏置号 00 即 H00 的偏置值通常为 0，因此对应于 H00 的偏置量不设定。

要取消刀具长度补偿时用指令 G49 或 H00。

G43、G44、G49 为模态功能，可相互注销。

编制图 3.19 所示的刀具长度补偿加工的程序。

```
H01=4(偏置值)
N10 G91 G00 X120 Y80 M03 S500
N20 G43 Z-32 H01
```

```
N30 G01 Z-21 F1000
N40 G04 F200
N50 G00 Z21
N60 X30 Y-50
N70 G01 Z-41
N80 G00 Z41
N90 X50 Y30
N100 G01 Z-25
N110 G04 F200
N120 G00 Z57 H00
N130 X-200 Y-60 M05 M30
```

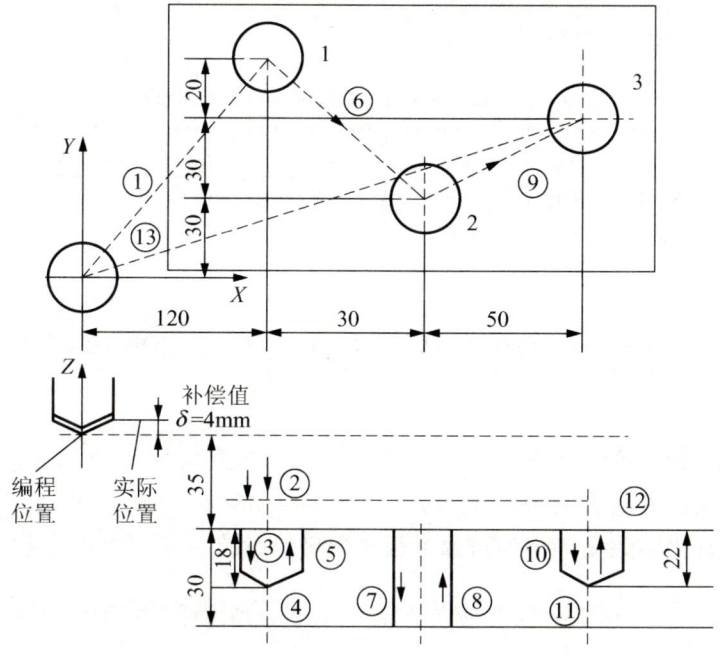

图 3.19 刀具补偿加工

由于偏置号的改变而造成偏置值的改变时,新的偏置值并不加到旧的偏置值上。例如,H01 的偏置值为 20,H02 的偏置值为 30 时

```
G90 G43 Z100 H01        ;Z 将达到 120
G90 G43 Z100 H02        ;Z 将达到 130
```

刀具长度补偿同时只能加在一个轴上,因此下列指令将会出现报警。要进行刀具长度补偿轴的切换,必须取消一次刀具长度补偿。

```
G43 Z_H_
G43 X_H_                ;报警
```

3.2 固定循环指令

循环是用于特定加工过程的工艺子程序,比如钻削、坯料切削、凹槽切削或螺纹切削等,只要改变参数就可以使这些循环应用于各种具体加工过程。使用加工循环时编程人员必须事先保留参数 R100~R249,保证这些参数只用于加工循环而不被程序中的其他地方使用。

3.2.1 概述

1. 西门子 SINUMERIK 802C 循环指令

西门子 SINUMERIK 802C 循环指令见表 3-1。

表 3-1 西门子 SINUMERIK 802C 循环指令

指令	说明	指令	说明
LCYC82	钻削,沉孔加工	LCYC85	镗孔
LCYC83	深孔钻削	LCYC60	线性分布孔加工
LCYC840	带补偿夹具的螺纹切削	LCYC61	圆周分布孔加工
LCYC84	不带补偿夹具的螺纹切削	LCYC75	矩形槽、键槽、圆形凹槽铣削

2. 参数使用

循环中所使用的参数为 R100~R149。

调用一个循环之前该循环中的传递参数必须已经赋值,不需要的参数置为零。循环结束后传递参数的值保持不变。

3. 计算参数

循环使用 R250~R299 作为内部计算参数,在调用循环时清零。

4. 调用、返回条件

编程循环时不考虑具体的坐标轴。在调用循环之前,必须在调用程序中回钻削位置。如果在钻削循环中没有用于设定进给率、主轴转速和方向的参数,则必须在零件程序中设定这些值。循环结束以后 G0、G90、G40 一直有效。

5. 循环重新编译

当参数组在调用循环之前并且紧挨着循环调用语句时,才可以进行循环的重新编译。这些参数不可以被数控指令或者注释语句隔开。

6. 平面定义

钻削循环和铣削循环的前提条件就是首先选择平面 G17、G18 或 G19，激活编程的坐标转换（零点偏置、旋转）重定义目前加工的实际坐标系。钻削轴始终为系统的第三坐标轴。

3.2.2 钻削循环指令

1. 钻削、沉孔加工循环指令 LCYC82

刀具以指定的主轴速度和进给速度钻孔，直至到达给定的最终钻削深度。在到达最终钻削深度时可以编程一个停留时间。退刀时以快速移动进行。LCYC82 指令循环时序过程及参数如图 3.20 所示。

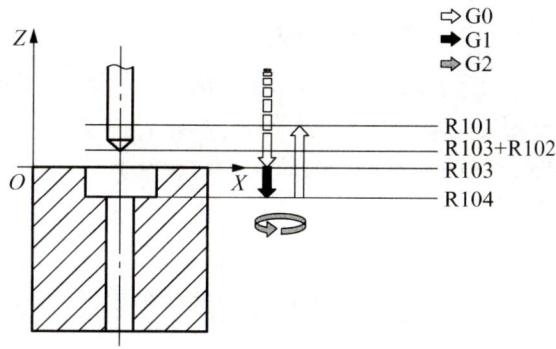

图 3.20 LCYC82 指令循环时序过程及参数

调用 LCYC82 循环指令时应注意以下问题。
（1）必须在调用程序中规定主轴速度和方向及钻削轴进给率。
（2）在调用循环之前必须在程序中回钻孔位置。
（3）在调用循环之前必须选择带补偿值的相应的刀具。
LCYC82 指令 R 参数见表 3-2。

表 3-2 LCYC82 指令 R 参数

参 数	含 义
R101	退回平面（绝对平面）。确定了循环结束之后钻削轴的位置
R102	安全距离。只对参考平面而言，由于有安全距离，参考平面被抬高了一个距离。循环可以自动确定安全距离的方向
R103	参考平面（绝对平面）。此参数确定的参考平面就是图样中标明的钻削起始点
R104	最后钻深（绝对值）。此参数确定钻削深度，取决于工件零点
R105	在此钻削深度停留时间（s）

编程举例，使用 LCYC82 循环指令加工图 3.21 所示的孔，在孔底停留时间为 2s，钻孔坐标轴方向安全距离为 5mm。循环结束后刀具处于（30，10，20）。

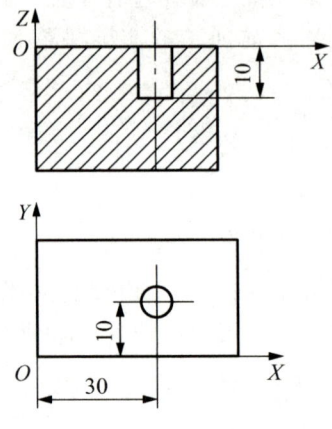

图 3.21　钻孔加工示意图

```
N10 G17 F400 T1 D1 S800 M4              ;确定工艺参数
N20 G90 G0 X30 Y10                      ;到钻孔位置
N30 R101=20 R102=5 R103=0 R104=-10      ;设定参数
N35 R105=2                              ;设定参数
N40 LCYC82                              ;调用循环
N50 M2                                  ;程序结束
```

2. 深孔钻削循环指令 LCYC83

深孔钻削循环加工中心孔，通过分步钻入达到最后的钻削深度，钻削深度的最大值事先规定。

钻削既可以在每步到钻削深度后，提出钻头到其参考平面达到排屑目的，也可以每次上提 1mm 以便断屑。

LCYC83 指令循环时序过程及参数如图 3.22 所示。

【LCYC83 钻削指令】

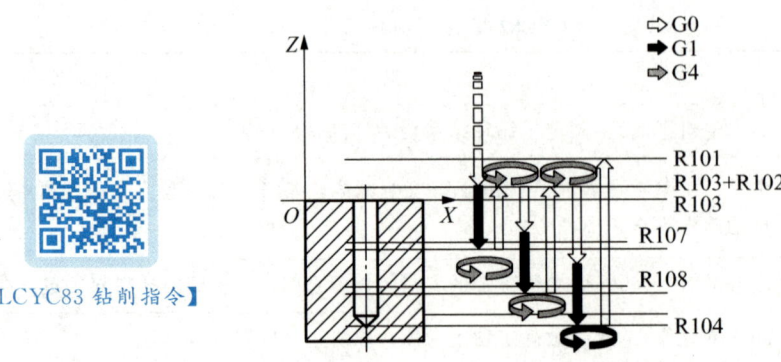

图 3.22　LCYC83 指令循环时序过程及参数

调用 LCYC83 循环指令时应注意以下问题。
(1) 必须在调用程序中规定主轴速度和方向。
(2) 在调用循环之前钻头必须已经处于钻削开始位置。
(3) 在调用循环前必须选取钻头的刀具补偿值。
LCYC83 指令 R 参数见表 3-3。

表 3-3 LCYC83 指令 R 参数

参 数	含 义
R101	退回平面（绝对平面）。确定了循环结束之后钻削加工轴的位置。循环以位于参考平面之前的退回平面为出发点，因此从退回平面到钻削深度的距离也较大
R102	安全距离，无符号。只对参考平面而言，由于有安全距离，参考平面被提前了一个安全距离量。循环可以自动确定安全距离的方向
R103	参考平面（绝对平面）。此参数确定的参考平面就是图样中标明的钻削起始点
R104	最后钻削深度（绝对值）。以绝对值编程，与循环调用之前的状态 G90 或 G91 无关
R105	在此钻削深度停留时间
R107	钻削进给率。编程第一次钻深进给率
R108	钻削进给率。编程其后钻削的进给率
R109	在起始点和排屑时停留时间。此参数下可以编程几秒的起始点停留时间。只有在"排屑"方式下才执行在起始点处的停留时间
R110	首次钻削深度（绝对值）。此参数确定第一次钻削的深度
R111	递减量，无符号。此参数确定递减量的大小，从而保证以后的钻削量小于当前的钻削量。用于第二次钻削的量如果大于所编程的递减量，则第二次钻削量应等于第一次钻削量减去递减量。否则，第二次钻削量就等于递减量。当最后的剩余量大于两倍的递减量时，则在此之前的最后钻削量应等于递减量，所剩下的最后剩余量平分为最终两次钻削行程。如果第一次钻削量与总的钻削深度相矛盾，则显示报警号 61107 "第一次钻深错误定义"而不执行循环
R127	加工方式 断屑=0：钻头在到达每次钻削深度后上提 1mm 空转，用于断屑； 断屑=1：钻头在每次到达钻削深度后返回到安全距离之前的参考平面，以便排屑

编程举例，加工图 3.23 所示孔，程序在位置 N70 处执行循环指令 LCYC83。

```
N10 G17 G90 T1 M3 S600                          ;确定工艺参数
N20 G0 Z10
N30 G1 Z3 F200                                   ;到第一次钻削位置
N40 R101=10 R102=2 R103=0                        ;设定参数
N50 R104=180 R105=0 R109=0 R110=70               ;设定参数
N60 R111=30 R107=600 R127=1 R108=500             ;设定参数
```

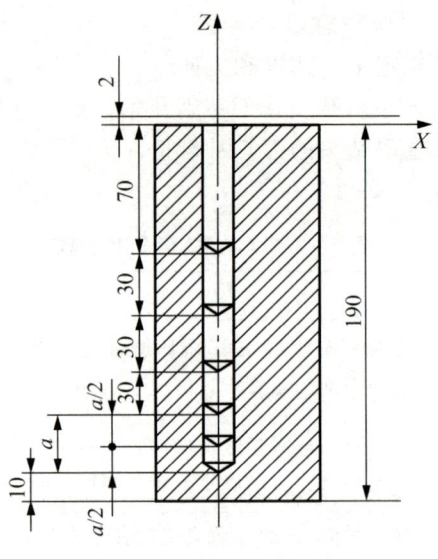

图 3.23 深孔加工示意图

```
N70 LCYC83                              ;调用程序
N80 M5
N90 M2                                  ;程序结束
```

3. 不带补偿夹具螺纹切削循环指令 LCYC84

刀具以设置的主轴转速和方向钻削，直至给定的螺纹深度。与系统另一指令 LCYC840 相比此循环运行更快、更精准。尽管如此，加工时仍应使用补偿夹具。钻削轴的进给量由主轴转速给出。在循环中旋转方向自动转换，退刀以另一个速度进行。LCYC84 指令循环时序过程及参数如图 3.24 所示。

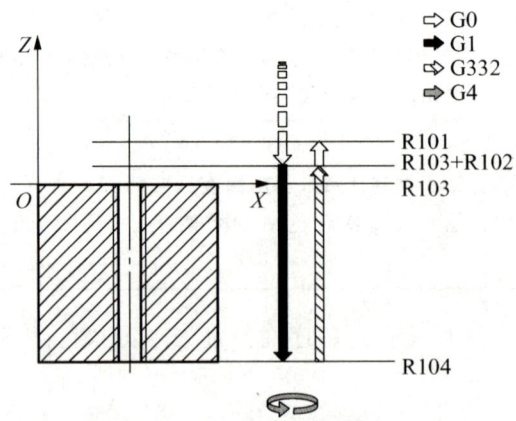

图 3.24 LCYC84 指令循环时序过程及参数

调用 LCYC84 循环指令时应注意以下问题。

（1）主轴必须是位置控制主轴（带编码器）时才可以应用此循环。循环在运行时本身并不检查主轴是否具有实际值编码器。

(2) 在调用循环之前必须在调用程序中回到钻削位置。

(3) 在调用循环之前必须选择相应的带刀具补偿的刀具。

(4) 必须根据机床主轴数据设定情况和驱动的精度情况使用补偿夹具。

LCYC84 指令 R 参数见表 3-4。

表 3-4 LCYC84 指令 R 参数

参 数	含 义
R101～R105	含义与 LCYC82 指令 R101～R105 相同
R106	螺纹导程。范围：0.001～2000mm 和 -2000～-0.001mm。数值前的符号表示加工螺纹时主轴的旋转方向。正号表示右转（同 M3），负号表示左转（同 M4）
R112	攻螺纹速度。规定攻螺纹时的主轴转速
R113	退刀速度。设置退刀时的主轴转速。如果此值设为零，则刀具以 R112 下所设置的主轴转速退刀

编程举例，调用 LCYC84 循环指令在 XY 平面（30，35）处攻螺纹。无停留时间。负螺距编程，即主轴左转。

```
N10 G90 G17 T1 D1                              ;确定工艺参数
N20 G0 X40 Y40 Z10                             ;到钻孔位置
N30 R101=10 R102=3 R103=0 R104=5 R105=0        ;设定参数
N40 R106=-1.0 R112=150 R113=600                ;设定参数
N50 LCYC84                                     ;调用循环
```

3.2.3 钻削孔排列循环指令

1. 线性分布孔加工循环指令 LCYC60

循环指令 LCYC60 可用于加工线性排列的钻孔或螺纹孔，其循环时序过程及参数如图 3.25 所示。孔加工循环类型用参数 R115 指定。

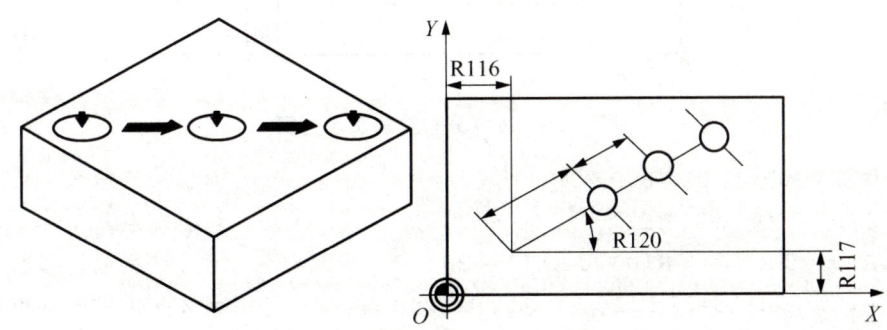

图 3.25 LCYC60 指令循环时序过程及参数

调用 LCYC60 循环指令时应注意以下问题：

（1）在调用程序中必须按照设定了参数的钻孔循环的要求编程，给定主轴速度和方向及钻孔轴的进给率。

（2）在调用钻孔循环之前必须对所选择的钻削循环设定参数。

（3）在调用循环之前必须选择相应的带刀具补偿的刀具。

LCYC60 指令 R 参数见表 3-5。

表 3-5 LCYC60 指令 R 参数

参　　数	含　　义
R115	孔加工循环号：82(LCYC82)，83(LCYC83)，84(LCYC84)，840(LCYC840)，85(LCYC85)。选择待加工的钻孔或攻螺纹所需调用的钻孔循环号或攻螺纹循环号
R116/R117	横坐标参考点/纵坐标参考点。在孔排列直线上确定一个点作为参考点，用来确定两个孔之间的距离，从该点出发定义到第一个钻孔的距离
R118	确定第一个钻孔到参考点的距离
R119	确定钻孔的个数
R120	平面中孔排列直线的角度。确定直线与横坐标的角度
R121	孔间距。确定两个孔之间的距离

编程举例，用钻削循环指令 LCYC60 加工图 3.26 所示的孔。孔深 20mm，孔间距 20mm，孔中心线与横坐标的夹角为 30°，孔底停留时间 2s，安全距离 3mm。

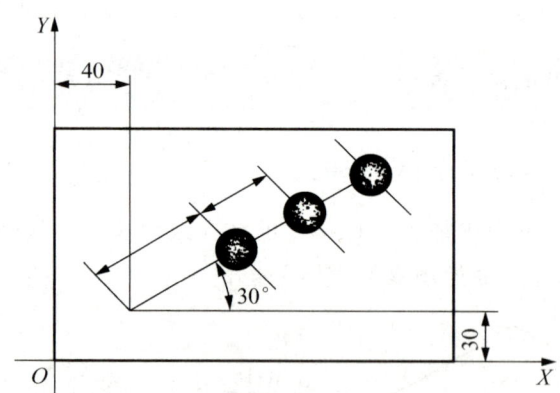

图 3.26 线性分布孔加工示意图

```
N10 G17 F200 T1 D1 S800 M3                    ;确定工艺参数
N20 G90 G0 X40 Y30 Z20                        ;到出发点
N30 R101=5 R102=3 R103=0 R104=-20             ;定义钻削循环参数
N40 R105=2 R115=82 R116=40 R117=30            ;定义孔排列循环参数
    R118=40 R119=3 R120=30 R121=30
N50 LCYC60                                    ;调用循环
N60 M2                                        ;程序结束
```

2. 圆周分布孔加工循环指令 LCY61

循环指令 LCY61 可以加工圆弧状排列的孔和螺纹，其指令加工循环如图 3.27 所示。

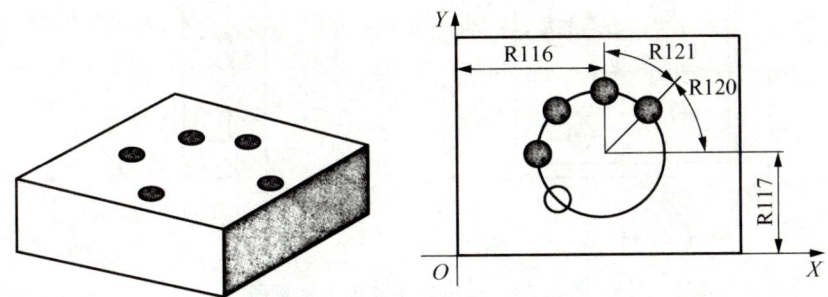

图 3.27　LCYC61 指令加工循环

调用 LCYC61 循环指令时应注意以下问题。
(1) 在调用该循环之前要对所选择的钻孔循环设定参数。
(2) 在调用该循环之前必须选择相应的带刀具补偿的刀具。
LCYC61 指令 R 参数见表 3-6。

表 3-6　LCYC61 指令 R 参数

参　　数	含　　义
R115	含义与 LCYC60 指令 R115 相同
R116	圆弧圆心横坐标（绝对值）。加工平面中圆弧孔位置通过圆心坐标
R117	圆弧圆心纵坐标（绝对值）。加工平面中圆弧孔位置通过圆心坐标
R118	圆弧半径。半径值只能为正
R119	钻孔的个数。确定钻的个数
R120	起始角，数值范围 $-180<R120<180$。确定圆弧上钻孔的排列位置。给出横坐标正方向与第一个钻孔之间的夹角
R121	角度增量。规定孔与孔之间的夹角。如果 $R121=0$，则在循环内部将这些孔均匀地分布在圆弧上，从而根据钻孔数量计算出孔与孔之间的夹角

编程举例，使用循环指令 LCYC61 加工图 3.28 所示的 4 个深度为 25mm 的孔。圆通过 XY 平面，已知圆心坐标（80，65）和半径 R45mm。起始角为 30°。Z 轴上安全距离为 2mm。主轴转速和方向及进给率在调用循环中确定。

```
N10 G17 F400 M3 S600 T1 D1                              ;确定工艺参数
N20 G90 G0 X50 Y50 Z5                                   ;到出发点
N30 R101=5 R102=2 R103=0 R104=25 R105=1                 ;定义钻削循环参数
N40 R115=82 R116=80 R117=65 R118=45 R119=4              ;定义圆弧孔排列循环参数
N50 R120=30 R121=0                                      ;定义圆弧孔排列循环参数
```

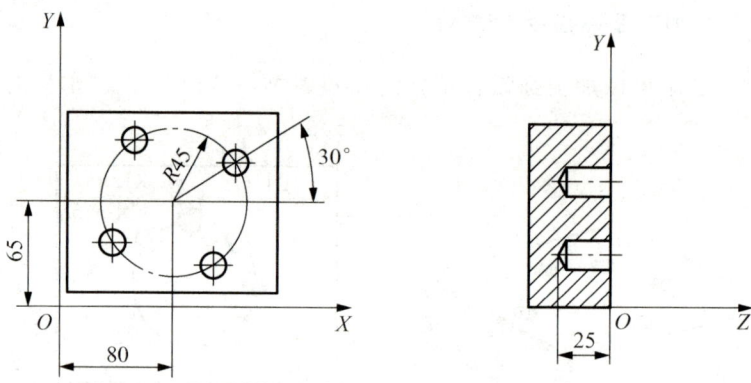

图 3.28　圆周分布孔加工示意图

N60 LCYC61   ;调用循环
N70 M5
N80 M2   ;程序结束

3.2.4　铣槽加工循环指令

LCYC75 指令为铣槽加工循环指令。利用此循环，通过设定相应的参数可以铣削一个与轴平行的矩形槽、键槽，或者一个圆形凹槽。循环加工分为粗加工和精加工。通过参数设定凹槽长度＝凹槽宽度＝两倍的圆角半径，可以铣削一个直径为凹槽长度或凹槽宽度的圆形凹槽。LCYC75 指令加工循环如图 3.29 所示。

【LCYC75 铣槽指令】

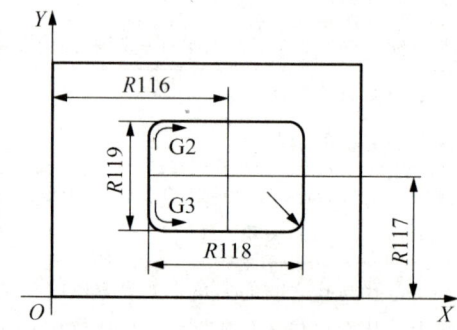

图 3.29　LCYC75 指令加工循环

如果凹槽宽度等同于两倍的圆角半径，则铣削一个键槽。加工时总是在第 3 轴方向从中心处开始进刀。这样在有导向孔的情况下就可以使用不能切中心孔的铣刀。

调用 LCYC75 循环指令时应注意以下问题。

(1) 如果没有钻底孔，则该循环要求使用带端面齿的铣刀，从而可以切削中心孔。

(2) 在调用程序中规定主轴的转速和方向。

(3) 在调用循环之前必须选择相应的带刀具补偿的刀具。

LCYC75 指令 R 参数见表 3-7。

表 3-7 LCYC75 指令 R 参数

参　数	含　义
R101～R103	含义与 LCYC82 指令 R101～R103 相同
R104	凹槽深度（绝对坐标）。在此参数下设置参考面和凹槽槽底之间的距离（深度）
R116	凹槽圆心横坐标。确定凹槽中心点的横坐标
R117	凹槽圆心纵坐标。确定凹槽中心点的纵坐标
R118	凹槽长度。确定平面上凹槽的形状
R119	凹槽宽度。确定平面上凹槽的形状
R120	拐角半径
R121	最大进刀深度。确定最大的进刀深度。R121＝0，则立即以凹槽深度进刀。进刀从提前了一个安全距离的参考平面处开始
R122	深度进刀的进给率。进刀时的进给率，方向垂直于加工平面
R123	加工表面的进给率。确定平面上粗加工和精加工的进给率
R124	表面加工的进给率。设置粗加工时留出的轮廓加工余量
R125	深度加工的精加工余量
R126	铣削方向。数值范围：2（G2），3（G3）
R127	铣削类型。1：粗加工；2：精加工

编程举例，加工图 3.30 所示的槽。

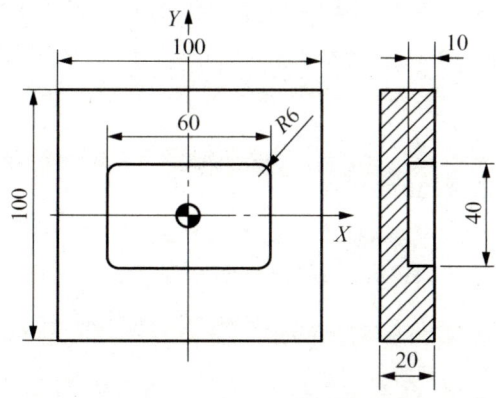

图 3.30 循环铣槽加工

```
N10 G56 G90 G17            ;工件坐标系选择
N20 T1D1                   ;刀具补偿
N30 M6
N40 G0 Z50
```

```
N50 M3 S1200
N60 M8
N70 R101=50 R102=2                    ;设定参数
    R103=0 R104=-10
    R116=0 R117=0
    R118=60 R119=40
    R120=6 R121=3
    R122=200 R123=500
    R124=0 R125=0
    R126=3 R127=1
N80 LCYC75                             ;调用循环
N90 G0 Z100
N100 M5 M9
N110 M2                                ;程序结束
```

3.3 铣削加工实例

实例 1

铣削图 3.31 所示零件外轮廓,要求有刀具半径补偿功能,切削深度为 10mm。该零件已粗加工过,编写精加工程序。各基点坐标为 P_1(67.831,64.518),P_2(72.169,64.518)。

```
T1 周铣刀 φ10mm
XX0001
N10 G54
N20 G90 G0 X0 Y0 M3 S600
N30 Z50
N40 G1 Z-10 F100                      ;下刀
N50 G41 D1 X25 Y35                    ;刀具半径左补偿
N60 G1 Y90
N70 X40
N80 G3 X45 Y95 CR=5
N85 G1 Y130
N90 G2 X95 CR=25
N95 G1 Y95
N100 G3 X100 Y90 CR=5
N110 G1 X115
```

```
N120 Y55
N130 X72.169 Y64.518
N135 G3 X67.831 Y64.518 CR=10
N140 G1 X25 Y55
N150 Y35 G40                    ;刀具半径补偿取消
N160 G0 Z100
N165 M5
N170 M2
```

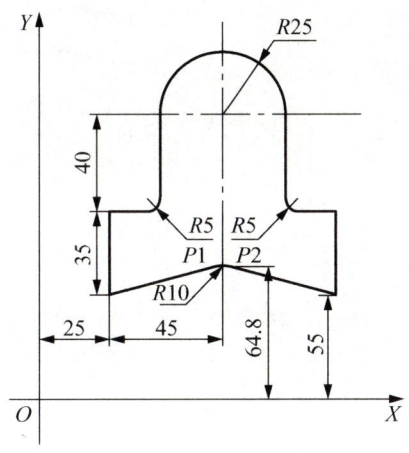

图 3.31　铣削零件外轮廓

实例 2

铣削图 3.32 所示零件，要求采用旋转功能编程，有刀具半径补偿功能，各部分切削深度为 4mm。该零件已粗加工过，编写精加工程序。各基点坐标为 $A(40, 0)$，$B(60, 0)$，$C(41.86, -42.298)$，$D(28.284, -28.284)$。

```
XC0001(主程序)
N10 G54
N20 G90 G0 X0 Y0 Z50
N25 M3 S600
N30 G41 X80 Y0 D1
N40 Z10
N50 G1 Z-4 F100
N60 G2 X80 Y0 I-80 J0
N70 G1 Z10
N80 G0 X0 Y0
N90 XC0002
N100 G258 RPL=120
```

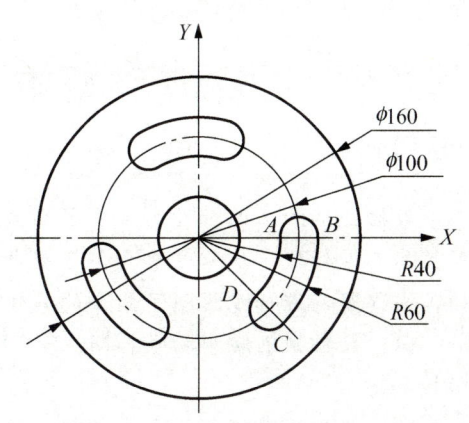

图 3.32　旋转铣削加工

N110 XC0002

N130 G258 RPL=240

N140 XC0002

N150 G258

N160 G0 X0 Y10 G41 D1

N170 Y20

N180 G1 Z-4

N190 G3 Y20 I0 J-20

N200 G0 Z50

N210 G40 X0 Y0

N220 M5

N230 M30

XC0002(子程序)

N300 G0 X20 Y0 G42 D1

N310 G1 X40

N320 G1 Z-4

N330 G2 X60 CR=10

N340 G2 X41.86 Y-42.298 CR=60

N350 G2 X28.284 Y-28.284 CR=10

N360 G3 X40 Y0 CR=40

N370 G0 Z10

N380 G40 X0 Y0

N390 RET

本章小结

　　数控铣削加工是数控加工中最常见的加工方法之一，广泛应用于机械设备制造、模具加工等领域。本章主要介绍了数控铣削常用指令、常用固定循环指令，通过铣削加工编程实例进一步说明了指令的具体应用。

　　(1) 数控铣削常用指令：M、S、T 指令，尺寸系统指令，运动控制指令，刀具补偿指令等。

　　(2) 常用固定循环指令：钻削、螺纹切削、钻孔、铣槽等循环指令。

　　(3) 铣削加工实例：铣削零件外轮廓和旋转铣削加工。

思 考 题

1. 刀具半径补偿指令有哪几种？其含义是什么？使用时应注意哪些问题？
2. 什么是绝对坐标指令、增量坐标指令？编程时如何表示？
3. 固定循环编程有何意义？西门子 SINUMERIK 802C 钻孔循环的基本格式是什么？铣槽加工循环的基本格式是什么？
4. 数控铣削编程与数控车削编程的特点有何不同？
5. 什么是刀具半径补偿？为什么要进行刀具半径补偿？说明刀具半径补偿的使用及指令。
6. 图 3.33 所示的零件，已经完成内外轮廓的粗加工。现要求完成外轮廓面（高度 10mm）和凸台轮廓面（高度 5mm）的精铣加工，采用 10mm 立铣刀，其他参数合理自定。具体要求如下：

（1）根据已经建立的工件坐标系，计算基点 A、B、C、D 的 X、Y 坐标。

（2）根据西门子 SINUMERIK 802C 数控系统编程要求，编写铣削精加工程序，要求考虑刀具半径补偿，对关键程序段写出注释说明。

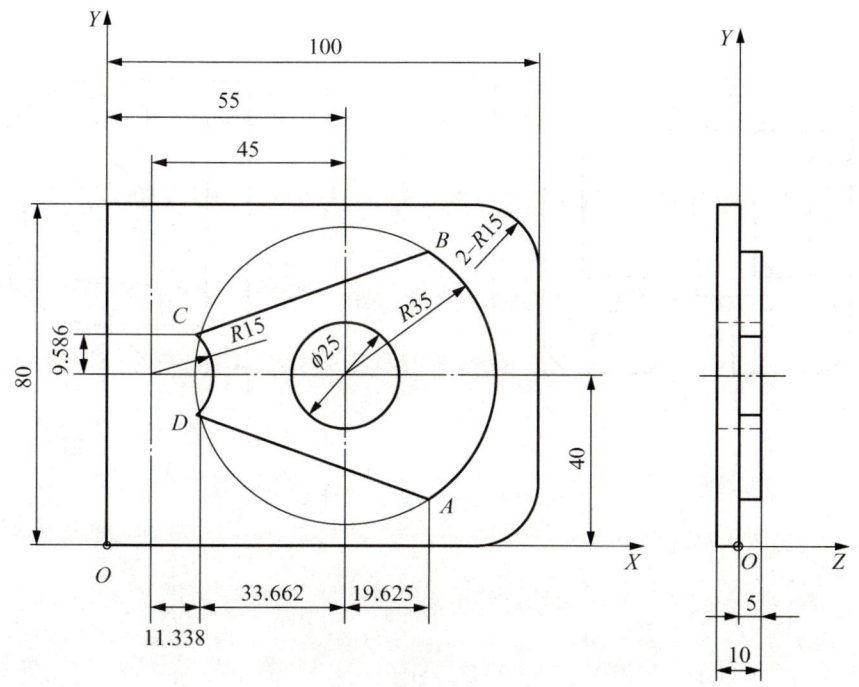

图 3.33 铣削加工零件 1

7. 编制图 3.34 所示零件的铣削精加工程序。

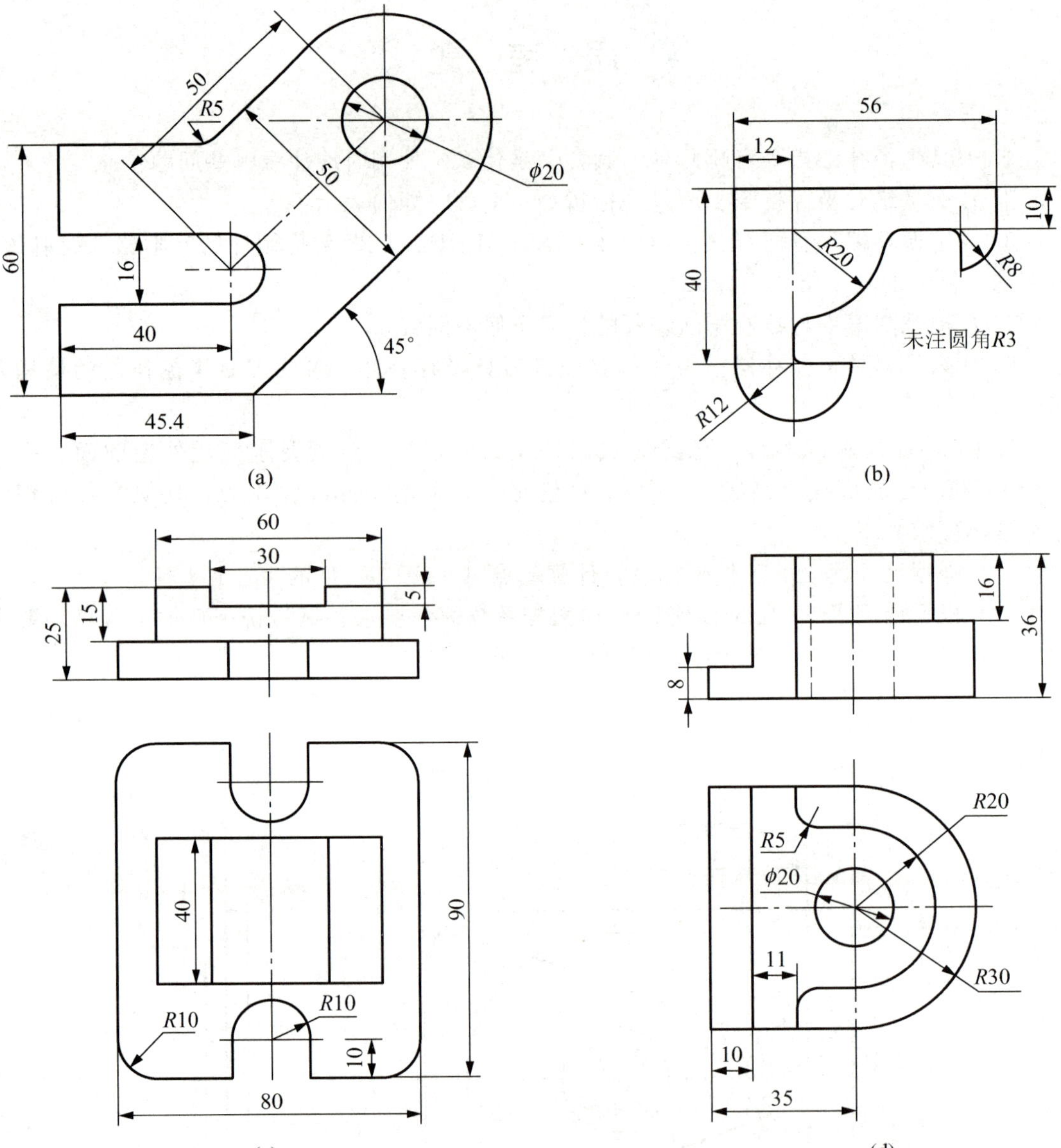

图 3.34 铣削加工零件 2

第4章
自动编程基础

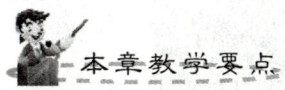 本章教学要点

知识要点	掌握程度	相关知识
自动编程概述	了解自动编程基本概念； 熟悉常用自动编程软件	常用自动编程软件的基本情况； 自动编程的一般步骤
Mastercam 自动编程技术	掌握 Mastercam 的基本操作； 掌握二维、三维零件加工； 熟悉多轴铣削加工	Mastercam X8 的基本操作； 二维零件加工； 三维零件加工； 定面加工； 联动加工

导入案例

数控机床一开始就选定具有复杂型面的飞机零件作为加工对象,解决普通加工方法难以解决的关键问题。1952年,美国麻省理工学院研制出三坐标数控铣床。20世纪60年代,数控系统和程序编制工作日益成熟和完善,数控机床已被用于各个工业部门,但航空航天工业始终是数控机床的最大用户。数控机床加工的零件有飞机和火箭的整体壁板、大梁、蒙皮、隔框、螺旋桨及航空发动机的机匣、轴、盘、叶片的模具型腔和液体火箭发动机燃烧室的特型腔面等。图4.01所示为涡扇磨削加工。

图 4.01 涡扇磨削加工

计算机数控系统编程提供了两种编程模式:一种是手动输入,另一种是借助计算机辅助编程。对于一个工件,其完整的加工程序,涉及的程序段多则上万段,这种工作量靠人工不仅费事费力而且出错率极高。随着计算机应用技术的发展,目前CAD/CAM图形交互式自动编程已得到较多的应用。它是利用CAD软件绘制零件加工图样,以人机对话的方式,对加工零件图样进行定义处理,生成刀具路径,形成刀位数据文件,经后置处理转换为适合特定机床数控系统的加工程序,进行零件加工,实现CAD与CAM的集成。随着计算机集成制造技术的发展,出现了CAD/CAPP(计算机辅助工艺过程设计)/CAM集成的全自动编程方式。它与CAD/CAM编程的最大区别是其编程所需的加工工艺参数不必由人工参与,直接从系统内的CAPP数据库获得。

4.1 自动编程概述

自动编程系统大致可分为两类。一类是程序语言系统,以美国的APT语言为代表,通过特定的数控语言描述机床在加工中的各种运动信息和加工信息,经过编译程序处理后,得到特定机床数控系统的加工程序(图4.1)。这是早期的自动编程方式,现已弃之不用。另一类是图形交互式系统，以人机对话的方式，对加工零件图样进行定义处理，生成刀具路径，形成刀位数据文件，经后置处理转换为适合特定机床数控系统的加工程序（图4.2），进行零件加工。这是一种CAD与CAM高度集成的自动编程系统，由于其直观性好、速度快、精度高、使用简便、便于校验，在生产中得到越来越广泛的应用，是当今主流的自动编程方式。

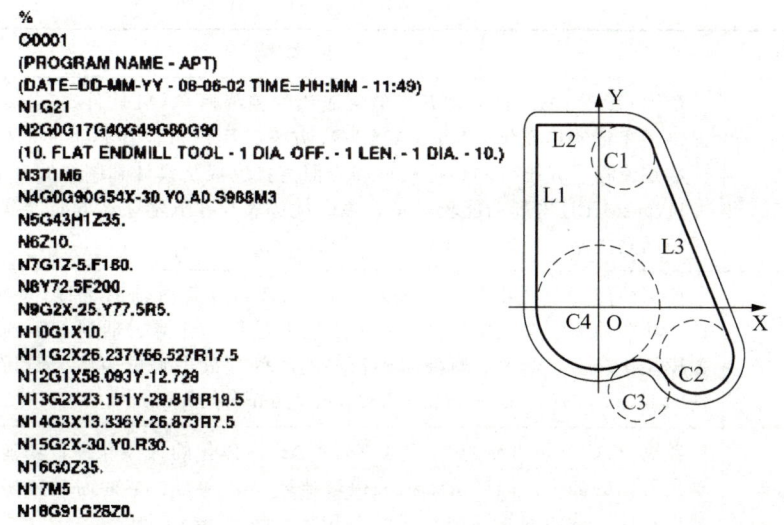

```
PARTNO/ADAPT EXAMPLE
$ $ PART GEOMETRY DEFINITIONS
C1=CIRCLE/10,60,12.5
C2=CIRCLE/40,-20,14.5
C4=CIRCLE/0,0,25
C3=CIRCLE/TANTO,OUT,C4,OUT,C2,
    YSMALL,RADIUS,12.5
L1=LINE/XSMALL,TANTO,C4,ATANGL,90
L2=LINE/-25,72.5,10,72.5
L3=LINE/RIGHT,TANTO,C2,RIGHT,TANTO,C1
$ $ DEFINE CUTTER AND TOLERANCES
CUTTER/10
INTOL/0.005
OUTTOL/0.001
$ $ DEFINE DATUME AND MACHINING
FROM/0,0,30
GODLTA/-50,0,0
PSIS/(PLANE/0,0,1,-2)
GO/PAST,L2
TLLFT,GORGT/L2
GOFWD/C1
GOFWD/L3
GOFWD/C2,TANTO,C3
GOFWD/C3,TANTO,C4
GOFWD/C4
GOFWD/L1,PAST,L2
GODLTA/0,0,32
GOTO/0,0,30
CLPRNT
NOPOST
FINI
(共30行)
```

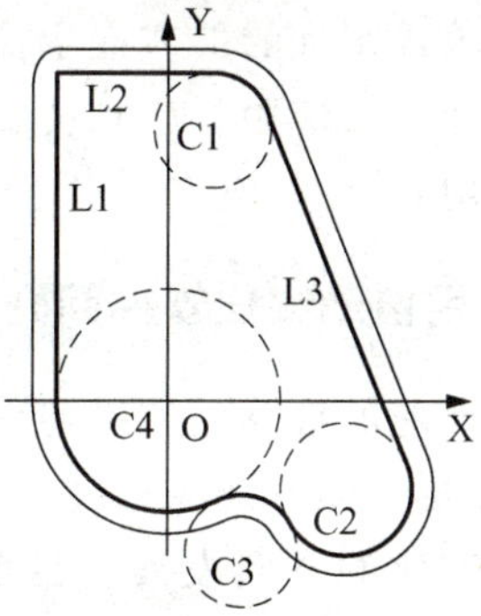

图 4.1　APT 源程序

```
%
O0001
(PROGRAM NAME - APT)
(DATE=DD-MM-YY - 08-06-02 TIME=HH:MM - 11:49)
N1G21
N2G0G17G40G49G80G90
(10. FLAT ENDMILL TOOL - 1 DIA. OFF. - 1 LEN. - 1 DIA. -10.)
N3T1M6
N4G0G90G54X-30.Y0.A0.S988M3
N5G43H1Z35.
N6Z10.
N7G1Z-5.F180.
N8Y72.5F200.
N9G2X-25.Y77.5R5.
N10G1X10.
N11G2X26.237Y66.527R17.5
N12G1X58.093Y-12.728
N13G2X23.151Y-29.816R19.5
N14G3X13.336Y-26.873R7.5
N15G2X-30.Y0.R30.
N16G0Z35.
N17M5
N18G91G28Z0.
```

图 4.2　图形交互式系统生成的程序

CAD/CAM是指以计算机作为主要技术手段，帮助人们处理各种信息，进行产品的设计与制造。它能够将传统的设计与制造彼此相对独立的工作作为一个整体来考虑，实现信息处理的高度一体化。

　　CAD 可以帮助设计人员完成诸如数值计算、产品性能分析、实验数据处理、计算机辅助绘图、仿真及动态模拟等工作。它将改变传统的经验设计方法，由静态和线性分析、可行性设计向动态和非线性分析、优化设计过渡，并极大地提高生产效率。

　　CAM 是指使用计算机系统进行规划、管理和控制产品制造的全过程，既包括与加工过程直接联系的计算机监测与控制，又包括使用计算机来管理生产经营，提供计划、进度表等。

　　由于制造中所需的信息和数据许多来自设计阶段，因此对制造和设计来说这些数据和信息是共享的。实践证明，将计算机设计和制造作为一个整体来规划和开发，可以取得更明显的效益，这就是所谓的"CAD/CAM 一体化技术"。

　　CAD/CAM 系统按运行方式可分为交互式系统和自动系统。以目前的技术水平，计算机难以自动完成全部设计、制造工作。绝大多数 CAD/CAM 系统都属于交互式系统。交互系统也称会话型系统，以交互方式运行。在这种方式下，计算机用图形或数据显示数据，用文本、菜单或图标的形式提示操作者输入数据，操作者用键盘或鼠标输入参数、选择方案、修改设计等。使用者应具备相关的专业知识及软、硬件知识，才能使 CAD/CAM 系统有效发挥作用。

4.1.1　常用自动编程软件简介

　　随着计算机性能的提高、网络通信的普及化、信息处理的智能化、多媒体技术的实用化及 CAD/CAM 技术的普及应用越来越广泛和深入，CAD/CAM 技术正向着开放、集成、智能、网络和标准化的方向发展。目前，商品化的 CAD/CAM 软件比较多，应用情况也各有不同。表 4-1 列出了国内应用比较广泛的 CAM 软件的基本情况。

表 4-1　国内应用比较广泛的 CAM 软件

软 件 名 称	基 本 情 况
HyperMILL	德国 OPEN MIND 公司开发的集成化数控编程 CAM 软件。HyperMILL 向用户提供了完整的集成化 CAD/CAM 解决方案。用户可以在熟悉的 CAD 界面直接进行数控编程，在统一的数据模型和界面直接完成从设计到制造的全部工作。HyperMILL 铣削功能较完备，最大优势表现在五轴联动方面。欲了解更多情况请访问其网站，网址为 http://www.openmind-tech.com
unigraphics（UG）	德国西门子公司出品的 CAD/CAM/CAE（计算机辅助工程）一体化的大型软件，功能强大，在大型软件中，加工能力最强，支持三轴到五轴的加工，由于相关模块比较多，学习、掌握需要较多的时间。欲了解更多情况请访问其网站，网址为 http://www.eds.com/products/plm/unigraphics_nx/
Pro/Engineer	美国 PTC 公司出品的 CAD/CAM/CAE 一体化的大型软件，功能强大，支持三轴到五轴的加工，同样由于相关模块比较多，学习、掌握需要较多的时间。欲了解更多情况请访问其网站，网址为 http://www.ptc.com
CATIA	法国 Dassault 公司出品的 CAD/CAM/CAE 一体化的大型软件，功能强大，支持三轴到五轴的加工，支持高速加工，由于相关模块比较多，学习、掌握的时间也较长。欲了解更多情况请访问其网站，网址为 http://www.3ds.com/products-services/catia

(续)

软件名称	基 本 情 况
Cimatron	以色列的 Cimatron 公司出品的 CAD/CAM 集成软件，相对于前面的大型软件来说，是一个中端的专业加工软件，支持三轴到五轴的加工，支持高速加工，在模具行业应用广泛。欲了解更多情况请访问其网站，网址为 http://www.cimatron.com
PowerMILL	英国的 Delcam Plc 出品的专业 CAM 软件，是目前唯一一个与 CAD 系统相分离的 CAM 软件，其功能强大，是加工策略非常丰富的数控加工编程软件，目前，支持三轴到五轴的铣削加工，支持高速加工。欲了解更多情况请访问其网站，网址为 http://www.delcam.com
Mastercam	美国 CNC Software 公司开发的 CAD/CAM 系统，是最早在微型计算机上开发应用的 CAD/CAM 软件，含车、铣、车铣复合、线切割、雕刻、设计等模块，用户数量最多，许多企业和学校都广泛使用此软件作为机械制造及数控程序编制的范例软件。欲了解更多情况请访问其网站，网址为 http://www.mastercam.com
Edgecam	英国 Planit 公司开发的一个中端的 CAD/CAM 系统。欲了解更多情况请访问其网站，网址为 http://www.edgecam.com
CAXA	中国数码大方科技股份有限公司出品的数控加工软件，与前面介绍的软件相比，其功能稍差一些，但价格便宜。欲了解更多情况请访问其网站，网址为 http://www.caxa.com

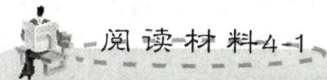

Mastercam 装机量连续 23 年蝉联 CAM 软件装机量榜首

截至 2017 年 8 月，CIMdata 的 CAM 软件装机量研究报告中显示，美国 CNC Software 公司的 Mastercam 连续 23 年成为世界使用最广泛的 CAM 软件，全球装机量超过 236000 台（图 4.3），遥遥领先排名第二的竞争者。CIMdata 的报告中还显示 Mastercam 拥有全球最大的 CAM 服务支持网络。

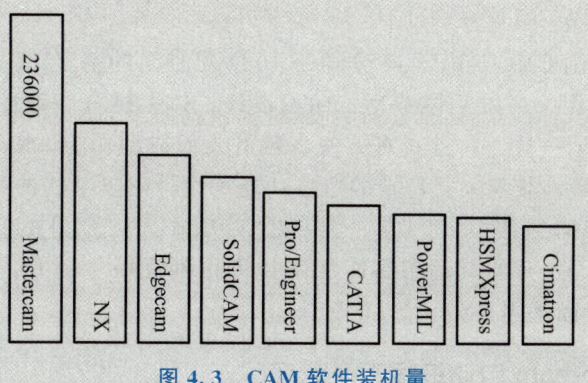

图 4.3　CAM 软件装机量

4.1.2 数控加工自动编程步骤

虽然国内外图形交互式自动编程软件的种类很多,但是软件功能、接口方式不尽相同,所以编程的具体过程及编程过程中所使用的指令也不尽相同。但从总体上讲,其编程的基本原理和步骤大体上是一致的。自动编程通常可分为以下几个步骤。

(1) 零件图样及加工工艺分析。零件图样及加工工艺分析是数控编程的基础理论,无论是手工编程还是自动编程,都要首先进行这项工作,为后续工作打下基础。

(2) 几何造型。几何造型就是利用图形交互式自动编程软件包的 CAD 功能,即图形绘制、编辑修改、曲线曲面造型和实体造型功能,将零件被加工部位的几何图形准确地绘制在计算机屏幕上。同时在计算机内自动生成零件的图形文件。作为下一步刀具轨迹计算的依据。自动编程过程中,软件将根据加工要求自动利用这些数据,进行分析、判断和必要的数学处理,以形成加工的刀位轨迹数据。

(3) 刀具路径的生成。路径的生成是面向屏幕上的图形交互进行的。首先在加工策略生成菜单中选择所需的菜单项并输入参数,然后根据对话框的提示,输入刀具路径文件名,用光标选择相应的图形目标,输入所需的各种参数。软件将自动从图形文件中提取编程所需的信息,进行分析、判断,计算节点数据,并将其转换为刀具位置数据,存入指定的刀位文件中,同时进行刀具路径模拟和加工过程动态模拟,并在屏幕上显示刀具轨迹图形。

(4) 后置处理。后置处理的目的是生成数控加工文件。由于各种数控机床使用的控制系统不同,其编程指令代码及格式也有所不同,为此应从后置处理程序文件中选取与所用机床的数控系统相适应的后置处理程序,进行后置处理,这样才能生成符合数控加工格式要求的数控加工程序。在 CAD/CAM 集成软件系统或专用后置处理程序中生成数控加工程序后,需将加工程序传输到数控机床。早期的数控系统多采用穿孔纸带进行转换和输入,目前已广泛采用手动输入、RS-232 串行通信方式、磁盘或 DNC 网络通信方式进行程序输入。

4.2 Mastercam 自动编程技术

Mastercam 是美国 CNC Software 公司于 1984 年推出的基于 PC 平台的 CAD/CAM 集成软件。它集二维绘图、三维实体造型、曲面设计、体素拼合、数控编程、刀具路径模拟及真实感模拟等功能于一身,并且具有方便直观的几何造型功能。Mastercam 提供了设计零件外形所需的理想环境,其强大、稳定的造型功能可设计出复杂的曲线、曲面零件,是较早进入中国的 CAD/CAM 系统。2005 年 7 月,CNC Software 公司在中国推出 Mastercam X 系列版本。特别是从 X4 开始其动态高速加工技术得到进一步提升,X 系列的最高版本是 X9,X 系列的操作界面基本一致。

4.2.1 Mastercam 自动编程工作流程

Mastercam 作为一款 CAD/CAM 集成化的编程软件,其工作流程与其他编程软件有许多相似之处，基本流程如下。

第一步，按图样或设计要求利用 Mastercam 软件的设计功能绘制模型，若是其他 CAD 系统格式的模型则直接导入。该模型可以由二维、三维线架构或曲面或实体组成，主要利用 CAD 模块，模型存档后生成以 Mastercam 系列版本为后缀的图形文件，如 *.MCX-8 等。

第二步，根据不同的加工设备选取对应的加工模组，选择不同的加工策略为 CAD 模型铺设加工刀具路径，生成过渡文件，该过渡文件是以 nci 为后缀名的刀尖轨迹文本文件，其文件格式为 Mastercam 特有。

第三步，通过选取不同的后置处理器，将刀具路径文件自动转换为特定机床和特定数控系统的数控程序文件，该文件一般是以 nc 为后缀名的文本文件。

第二步和第三步合在一起就是 Mastercam 的 CAM 部分。

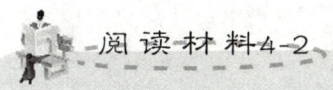

阅读材料4-2

Mastercam 软件

美国 CNC Software 公司成立于 1983 年，是历史最悠久的 CAD/CAM 软件公司之一。公司成立的初衷是开发一款基于 PC 平台，价格合理的 CAM 系统。其研发的 Mastercam 是最早将 CAD/CAM 两种理念整合于 PC 平台，并提供实际解决方案的软件之一。将软件编程技术与实际的车间经验相结合，CNC Software 公司对 Mastercam 不断"进化"，获得了用户的普遍认可。Dynamic Motion™ 动态加工技术的问世就是一个很好的例子。在 20 世纪末，随着现代数控技术的飞速发展，相关的机床、刀具等性能大幅提升，当时的 CAM 软件已不能再充分利用机床的有效速度、精度及刀具的新特性，于是 CNC Software 公司开始研发基于前沿新理念的 Dynamic 动态刀路。为了创造最流畅、最高效的刀具路径，Dynamic 动态技术不仅改进了刀具移动路径，同时通过一系列算法分析刀具切入及坯料移除的过程，根据加工中刀具的运动变化不断调整切削，并借助稳定的排屑迅速带走加工中产生的热量，从而有效延长刀具的使用寿命，减少机床的磨损。自 2010 年起，动态加工技术开始出现在 Mastercam 软件中。经过全球 Mastercam 软件用户多年来的使用反馈，Mastercam 软件不断地改进和优化动态加工技术。现今 Dynamic 动态刀路已在各种复杂的加工环境中被验证和使用。

【Mastercam 动态加工实例】

Mastercam 软件不仅被广泛应用于实际生产领域，而且深受研发和科教用户的青睐。在中国，Mastercam 软件被用于各类院校的数控加工教育，多次作为全国院校职业技能竞赛、全国数控技能大赛和全国职工职业技能大赛等全国性数控加工类比赛用 CAM 软件。同时，Mastercam 软件已连续十几年被指定为世界技能大赛（World Skills）数控相关赛项唯一指定比赛用 CAM 软件。

【世界技能大赛】

4.2.2　Mastercam 自动编程基本操作

编程软件的操作思路基本一致，故以编制直径 100mm、深 1.5mm 的圆外轮廓加工程序为例介绍 Mastercam X8 的基本操作，重点讲解 CAM 部分。

【Mastercam 自动编程基本操作】

1. 工艺分析

本例仅仅说明使用 Mastercam 软件编制程序的一般步骤，不考虑具体使用的机床设备、刀具、工件材料等，故加工参数一般取软件默认值，并且默认参数相对而言比较安全。

2. CAD 部分

打开 Mastercam 软件，启动已知圆心点绘制圆命令，如图 4.4 所示，在绘图区的原点绘制直径 100 的圆，圆所在的平面默认是 XY 平面，即立式铣床的 G17 加工面，圆心 X、Y、Z 坐标默认均为 0，即为工件坐标系的原点。

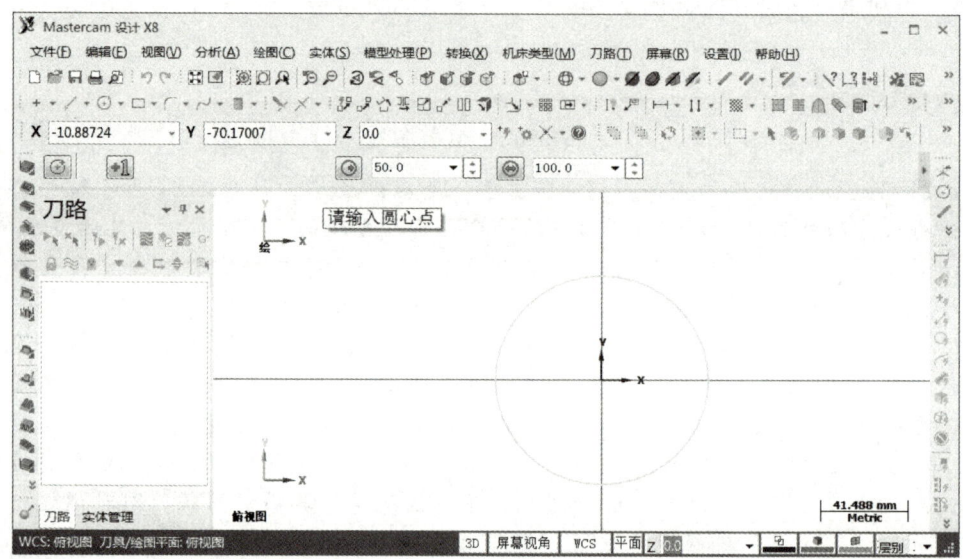

图 4.4 绘制圆

3. CAM 部分

（1）从菜单栏选择【机床类型】→【铣床】→【默认】选项，即加工设备为默认的三轴铣床，屏幕左侧自动出现刀路的加工群组，展开属性栏，选择【毛坯设置】选项卡，按图 4.5 所示进行设置。毛坯的作用在于实体验证刀路，可有可无，其尺寸一般以实际毛坯尺寸为准或者大于加工图素的尺寸。

（2）从菜单栏选择【刀路】→【外形铣削】选项，在弹出的对话框中输入符合数控系统要求的数控文件名称并确定，系统弹出【串连选项】对话框，直接在圆的右上部单击选取圆，确保圆上的箭头向上以确定加工起点方向，如图 4.6 所示，在【串连选项】对话框按【确定】按钮后弹出图 4.7 所示的【2D 刀路-外形铣削】对话框，加工参数主要在此对话框中设置。

2D 刀路-外形铣削对话框与其他的刀路参数对话框基本一致，其左侧为树形菜单并提供快速查看设置，中间以图形的形式直观显示相应的刀路类型，右侧为加工图素的选取按钮。

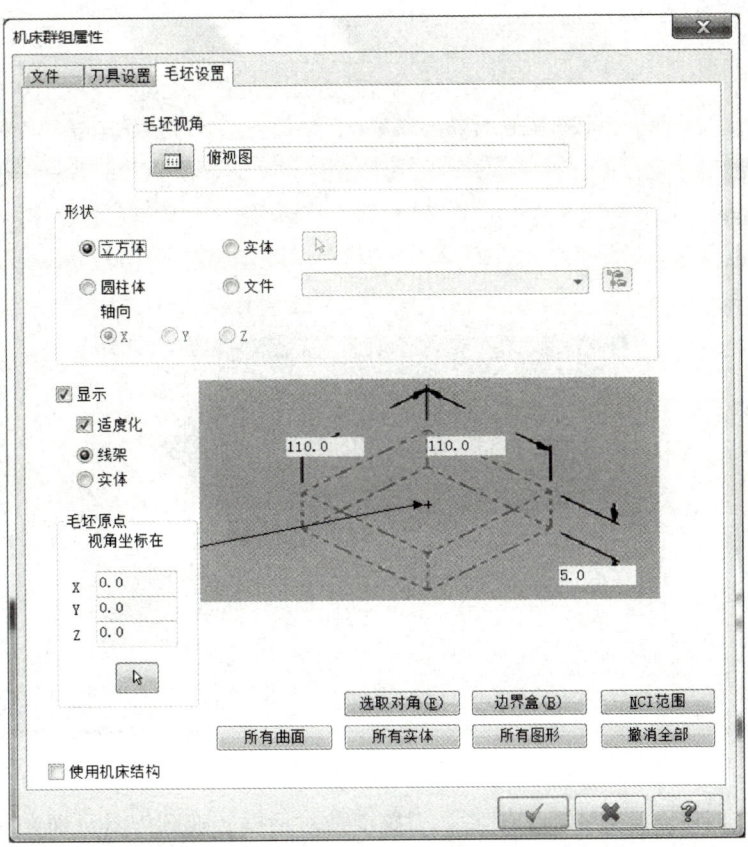

图 4.5 设置毛坯

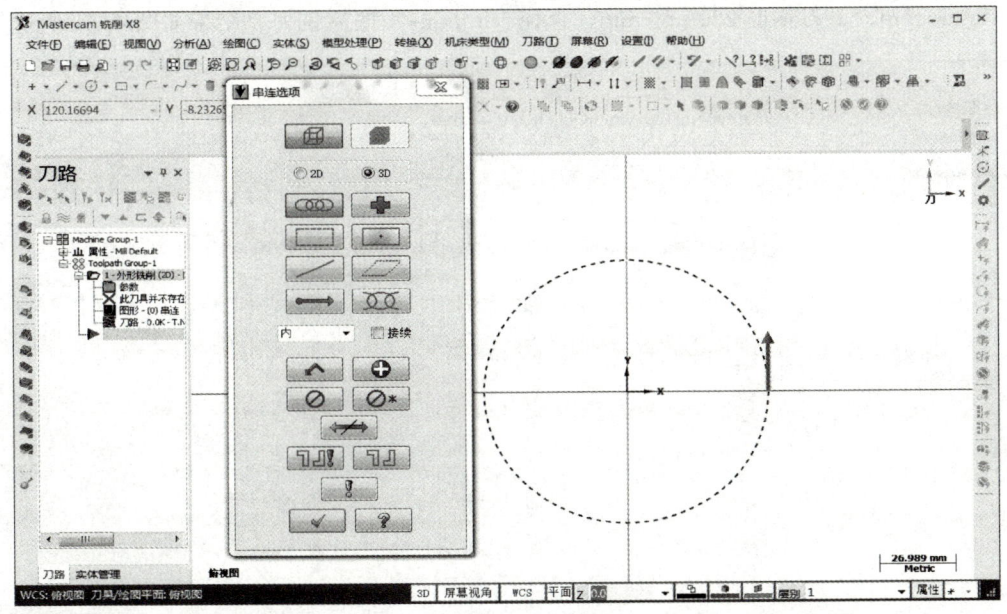

图 4.6 串连选择圆

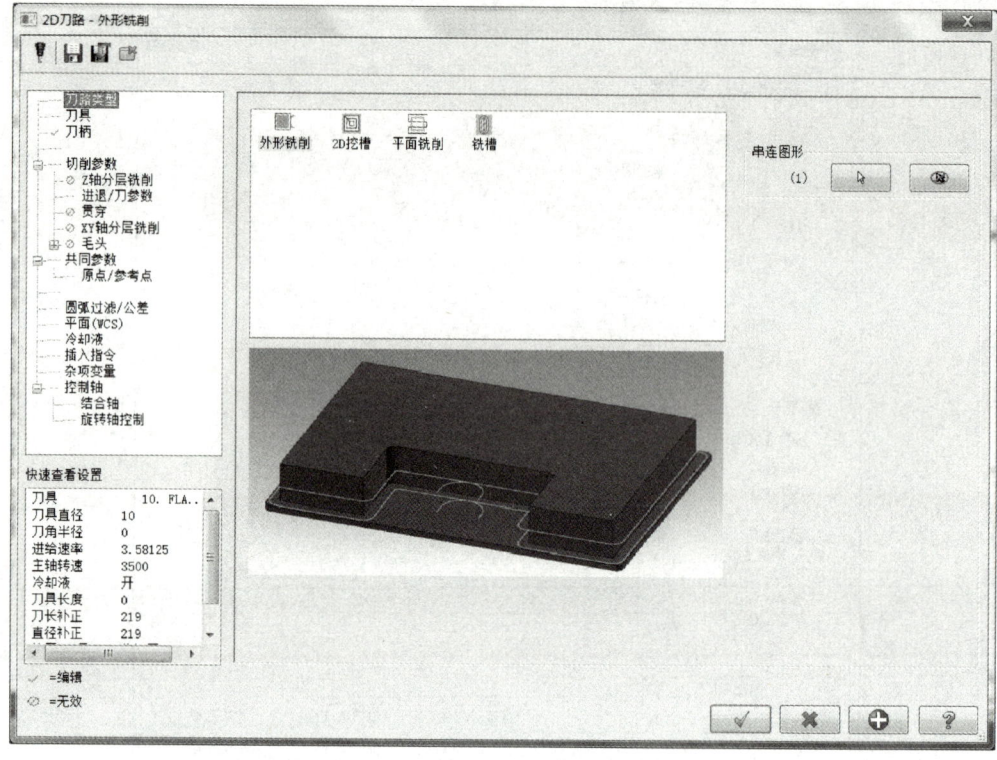

图 4.7　外形铣削对话框

（3）单击左侧树形菜单中的刀具栏，刀路参数对话框转换到刀具页面，在此可从已有刀库中选择一把刀具或创建新刀具，比较常用的是创建新刀具，为此在刀具列表中右击，在关联菜单中选择创建新刀具，按图 4.8～图 4.10 所示创建一把 4 刃、转速 1000r/min、进给速度 125mm/min、下刀速度 200mm/min、直径 10mm 的平底立铣刀，结果如图 4.11 所示。

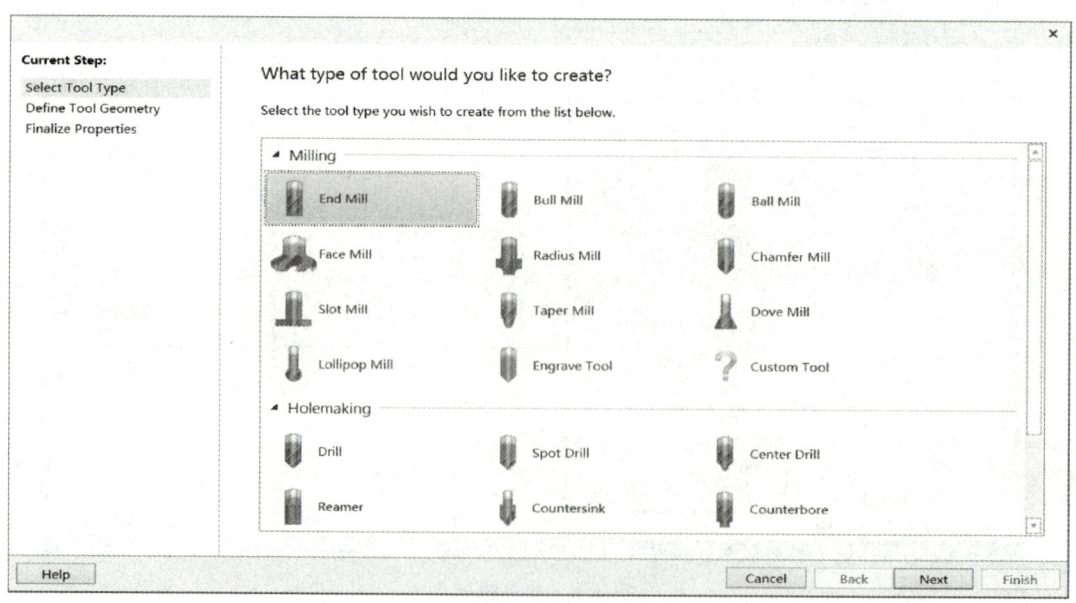

图 4.8　选择刀具类型

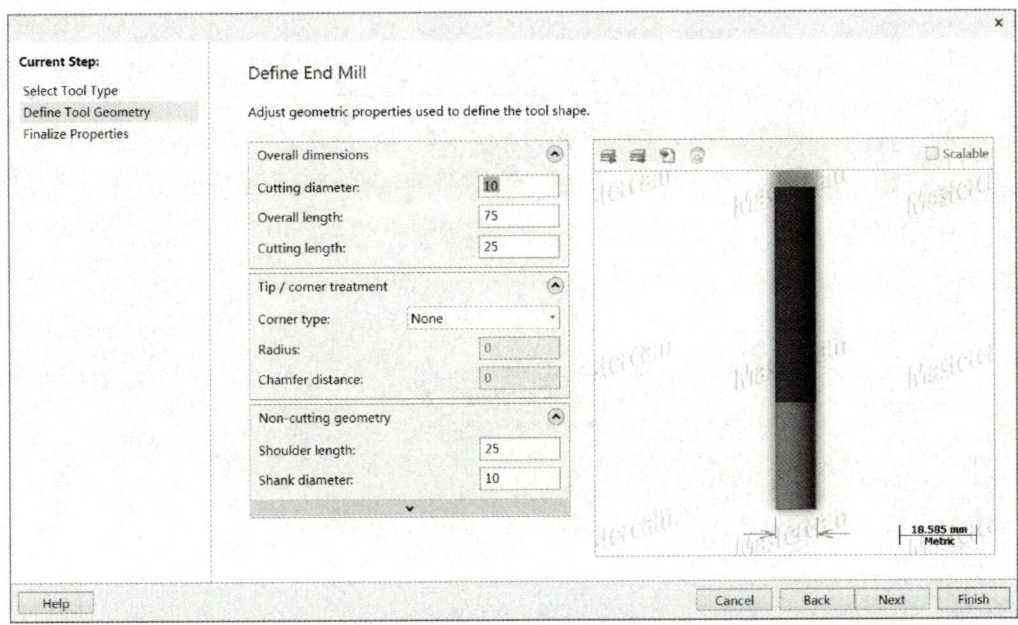

图 4.9　选择刀具直径

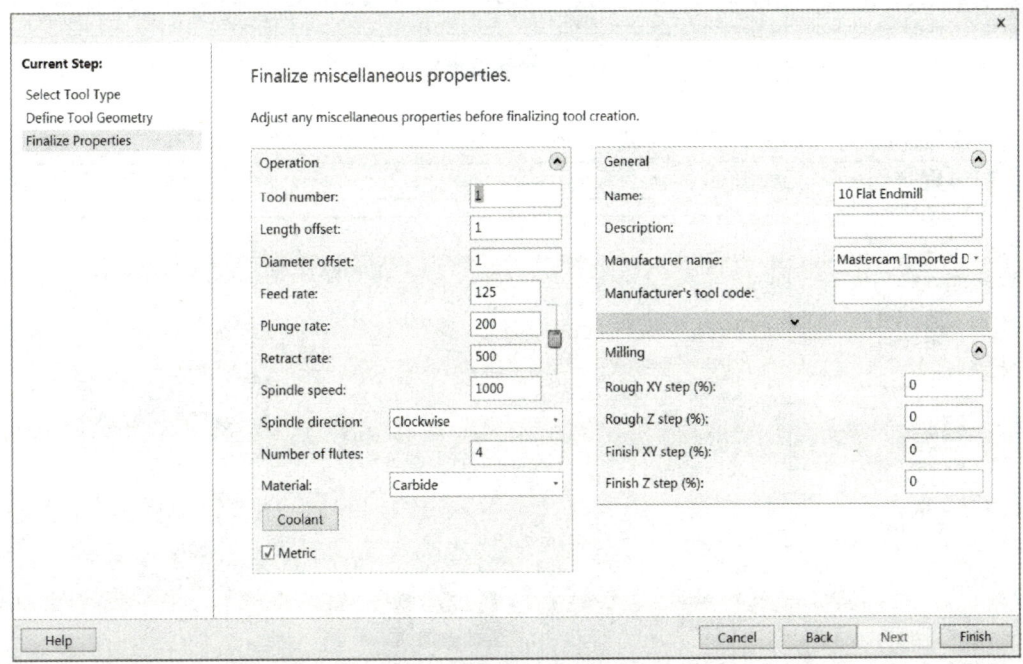

图 4.10　选择刀具名称

（4）树形菜单中的刀柄栏用于设置刀柄尺寸参数，主要模拟刀柄的干涉，一般不需设置。

（5）选择【切削参数】选项，按图 4.12 所示进行设置。其中补正方式共有 5 种，一般采用电脑补正，即按设定的刀具半径、图素的串连方向、补正方向和预留量由软件计算出补正后的刀具路径，生成的程序中无补偿指令。校刀位置指刀长的补正位置为刀具的中心还是刀具的刀尖。刀具在转角处走圆角指在刀具路径的转角位置是否插入圆弧轨迹。寻

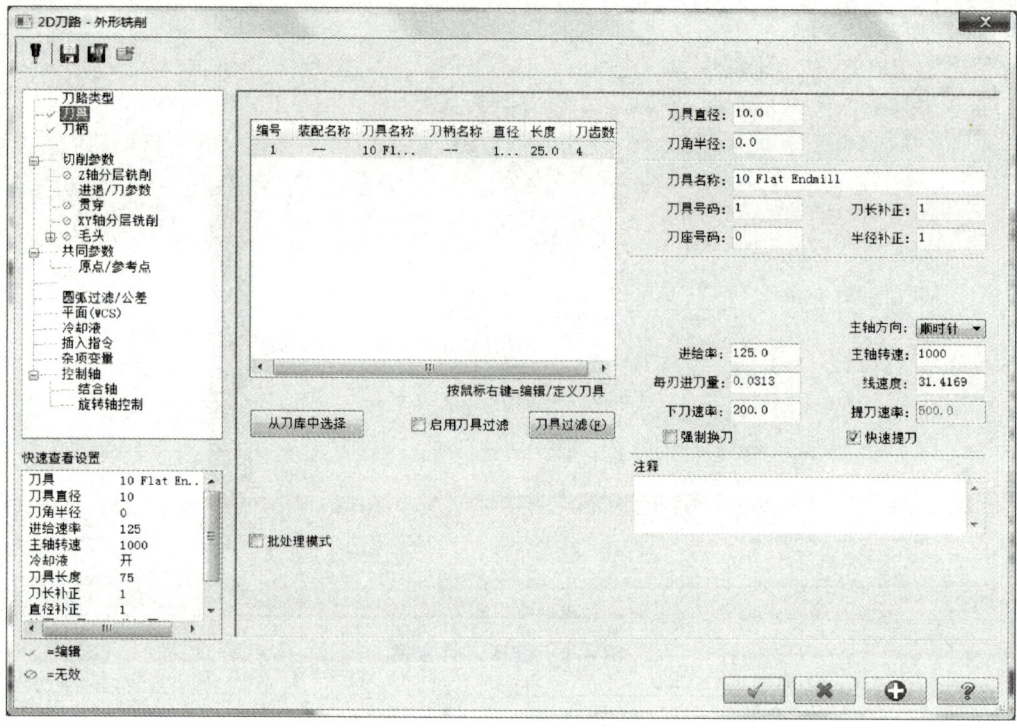

图 4.11　刀具参数页面

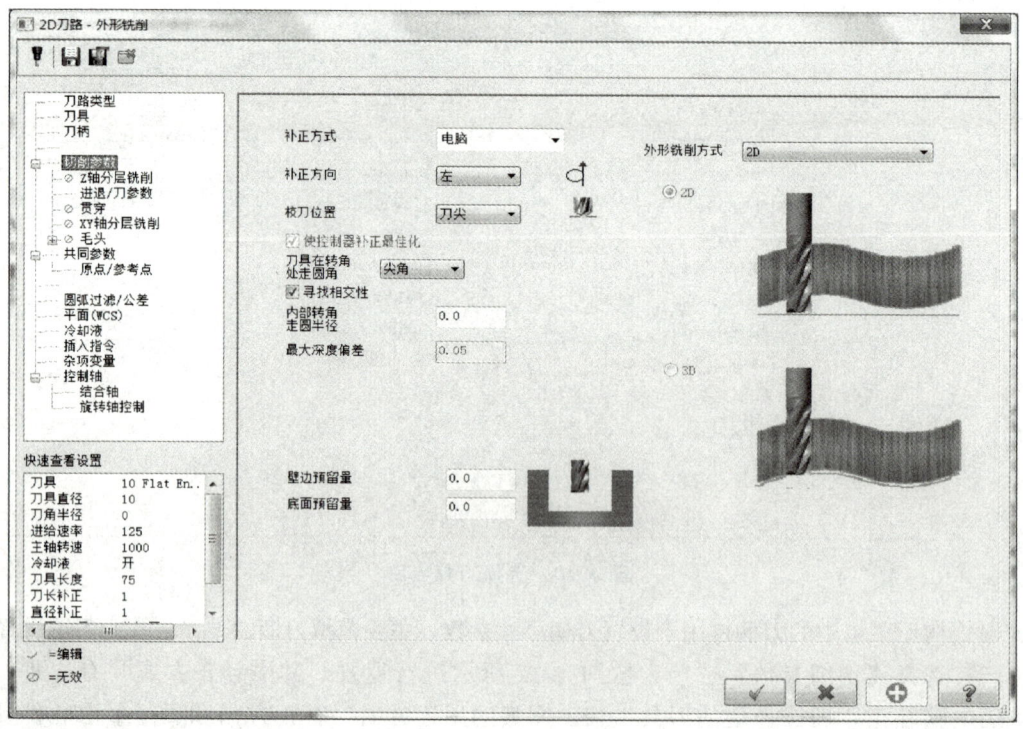

图 4.12　切削参数设置

找相交性指不允许刀路相交。内部转角走圆半径指刀路在小的转角处都生成指定半径的圆角轨迹。最大深度偏差仅在串连空间曲线时启用。外形铣削方式可按实际需要选择。

选择【Z轴分层铣削】选项，按图4.13所示进行设置。如果外形铣削的深度太深，启用此功能，将深度分层加工。

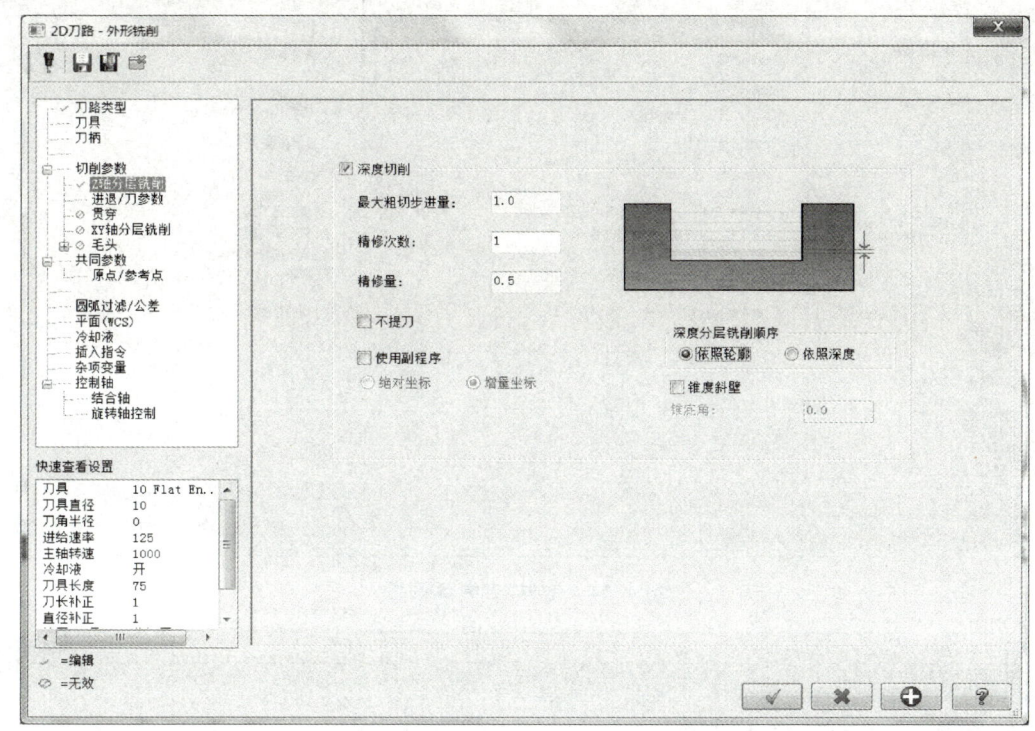

图4.13 深度分层

选择【进退/刀参数】选项，按图4.14所示进行设置。在刀具路径的起点和终点增加一条直线和（或）圆弧组成的进、退刀路径，使之与轮廓顺利过渡，获得良好的加工效果。

【贯穿】选项，贯穿指深度方向加深切除的长度，一般不需设置，而是在共同参数中设置加工深度。

【XY轴分层铣削】选项，类似于深度铣削，设置在XY方向进行多刀铣削。本例不启用。

【毛头】选项，一般在工件用压板夹紧，加工时需避让夹具时设置。本例不启用。

（6）选择【共同参数】选项，按图4.15所示进行设置。共同参数主要设置高度方向的参数，分绝对坐标和增量坐标两种。绝对坐标数值是相对于当前坐标系的，增量坐标数值一般是相对于选择加工的图素的。

【原点/参考点】选项，用于设置参考点的位置，指在换刀后刀具先移动到某一位置再移动到进刀点，或者加工后刀具先移动到某位置后再提刀、换刀。本例不启用。

【圆弧过滤/公差】选项，用于将刀路中的细小路径在公差范围内用直线或圆弧取代，达到路径光顺的目的，一般在曲面加工中常用。本例不启用。

【平面(WCS)】选项，用于设置生成刀路所在的坐标系、刀具的加工平面及补偿平面。在2D和3D加工中一般都将其设置为俯视图。

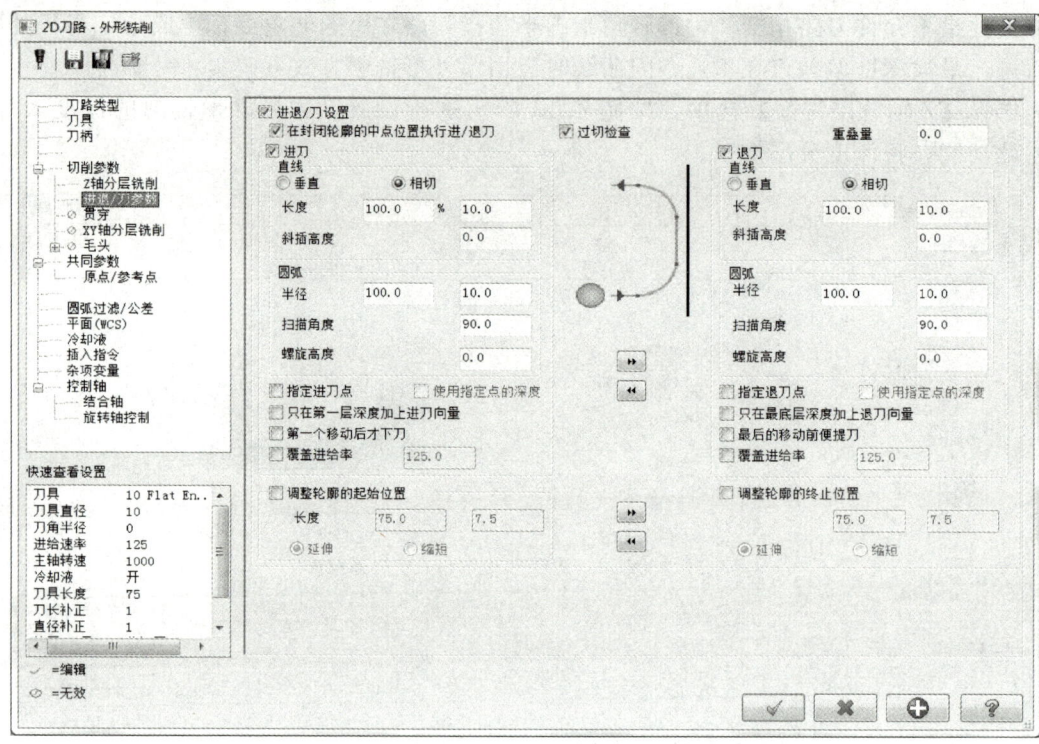

图 4.14 进退/刀参数设置

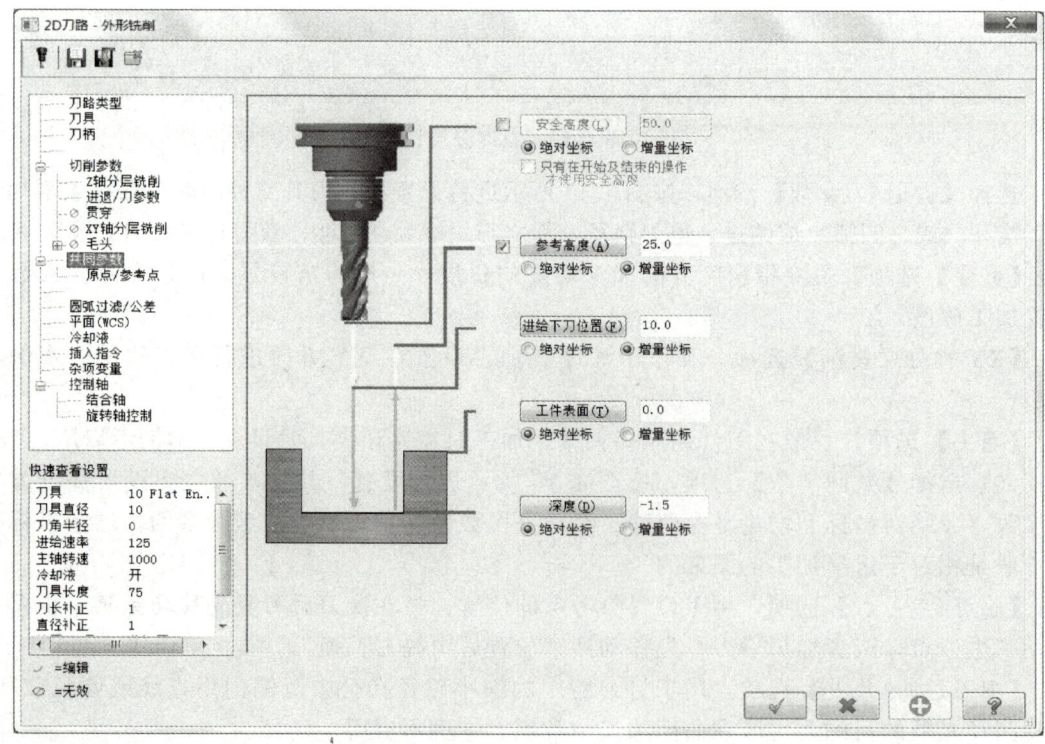

图 4.15 共同参数

【冷却液】选项，用于设置生成开、关冷却液的指令。

【插入指令】选项，可将部分控制代码插入程序中。

【杂项变量】选项，指当执行后置处理时杂项变量中每一栏位的值将会连接到后处理中的相应变量。

（7）【控制轴】中的【结合轴】选项，用于显示机床定义中轴的具体配置。

【旋转轴控制】选项，常用于设置四轴机床加工。

以上各项参数设置完毕按【确定】按钮，系统生成图4.16所示的刀路。在需要时可在刀路管理区单击相应操作下的参数按钮进行更改。

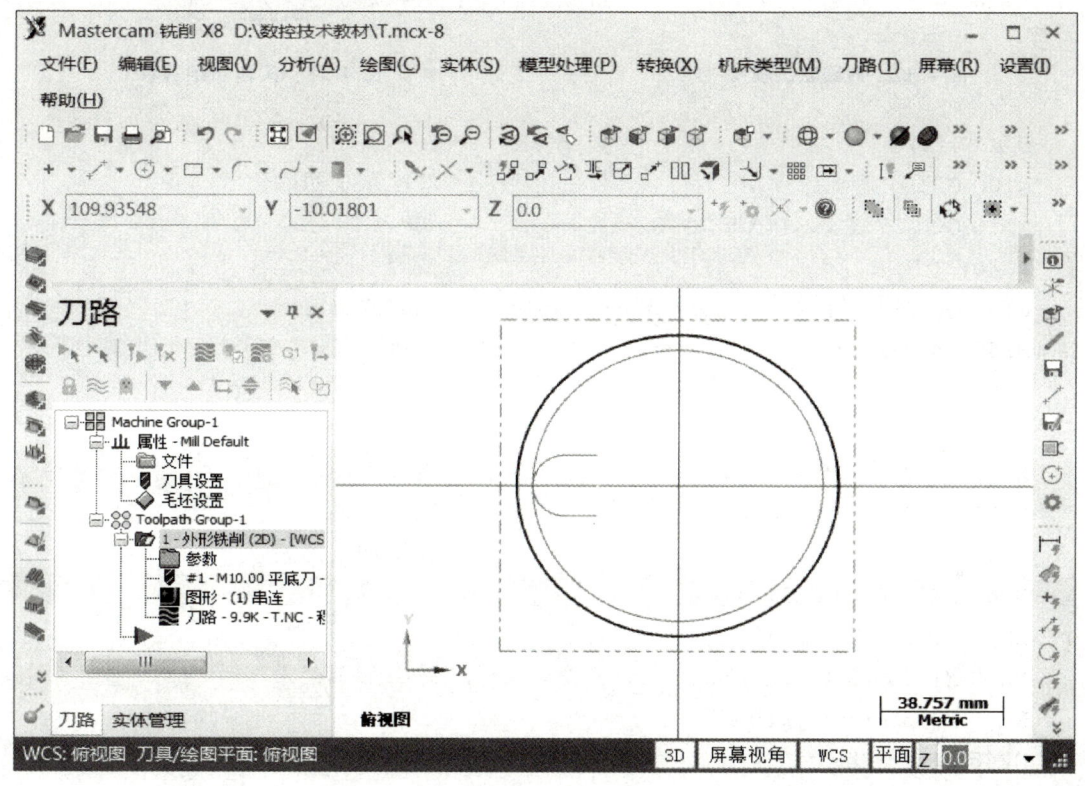

图4.16 外形刀路

4. 路径模拟

Mastercam软件的刀路模拟有3种，分别是刀路轨迹模拟、实体切削验证和机床模拟。刀路轨迹模拟（图4.17）重点观察刀路轨迹是否正确，实体切削验证（图4.18）主要观察是否过切，机床模拟需要定义机床组件，观察是否与机床碰撞。

5. 程序分析

单击刀路管理区的【G1】按钮，系统打开后处理程序对话框，进行相应设置，单击【确定】按钮，生成的数控加工程序在相应的编辑器中打开，下面对生成的ISO代码进行简单分析。

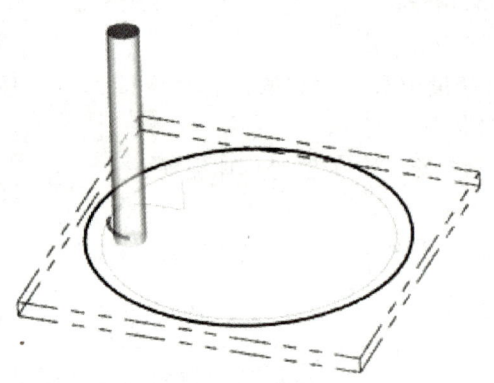

图 4.17 刀路轨迹模拟

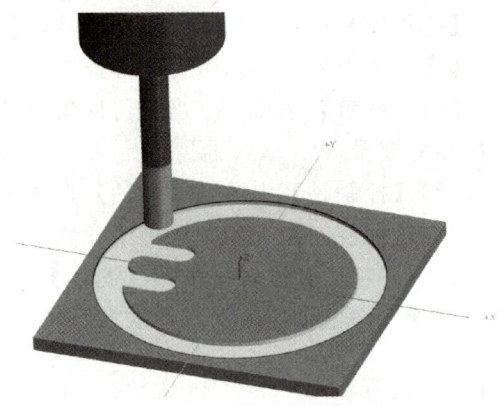

图 4.18 实体切削验证

O 0000(T)   ;程序名
N100 G21   ;数控系统初始化
N110 G0 G17 G40 G49 G80 G90
N120 T1 M6   ;换刀
N130 G0 G90 G54 X-25.Y10.A0.S1000 M3   ;平面内定位
N140 G43 H1 Z25   ;安全高度
N150 Z10   ;进给高度
N160 G1 Z-1.F200   ;下刀切入
N170 X-35 F125   ;直线进刀
N180 G3 X-45 Y0 I0 J-10   ;圆弧进刀
N190 X0 Y-45 I45 J0   ;轮廓加工开始
N200 X45 Y0 I0 J45
N210 X0 Y45 I-45 J0
N220 X-45 Y0 I0 J-45   ;轮廓加工结束
N230 X-35 Y-10 I10 J0   ;圆弧退刀
N240 G1 X-25   ;直线退刀
N250 G0 Z24   ;提刀,深度粗加工结束
N260 Y10
N270 Z9
N280 G1 Z-1.5 F200   ;下刀,精加工开始
N290 X-35 F125
N300 G3 X-45 Y0 I0 J-10
N310 X0 Y-45 I45 J0
N320 X45 Y0 I0 J45
N330 X0 Y45 I-45 J0
N340 X-45 Y0 I0 J-45
N350 X-35 Y-10 I10 J0
N360 G1 X-25

```
N370 G0 Z25                ;精加工结束
N380 M5                    ;主轴停
N390 G91 G28 Z0            ;回参考点
N400 G28 X0.Y0.A0
N410 M30                   ;程序结束
```

4.3　Mastercam 三维传统铣削加工

　　Mastercam 软件能从曲面、实体或 STL 格式文件中产生铣削刀具路径。一般的三维模型使用 Mastercam 软件加工时有传统的两类铣削加工刀具路径，分别是 8 种粗加工和 11 种精加工，粗加工是分层快速切除大量材料，精加工用于得到模型的精确形状。图 4.19 所示为生产中的常规机械零件，曲面较多，材料为 45 钢，比较适合数控铣削加工。在零件设计时要求绘制的实体图符合平面图样的尺寸，工件的上表面已经过粗加工，但留有 0.2mm 的加工余量，其余五个面已加工到位，采用台虎钳装夹，加工刀具路径要求尽量优化，避免过切或刀具干涉夹具等不良情况。

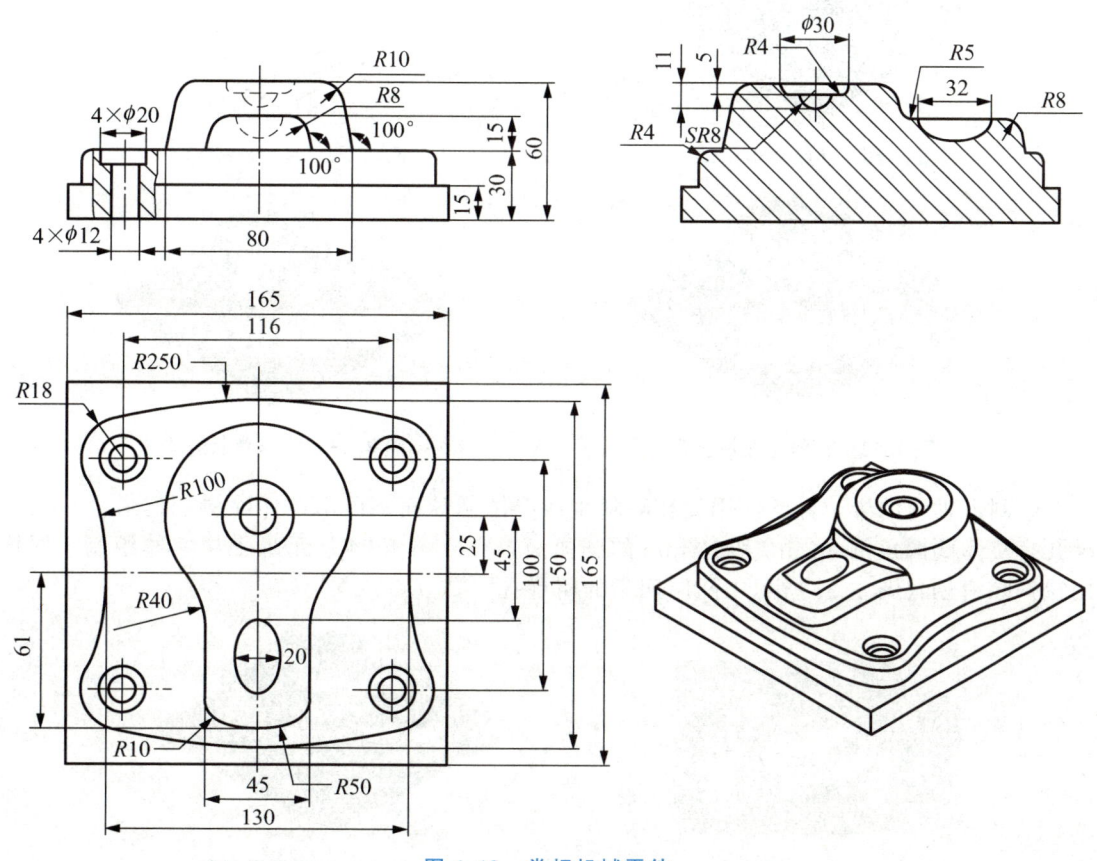

图 4.19　常规机械零件

4.3.1 零件设计

为了便于绘图，首先利用形体分析法将零件拆分为底层方形底座、中间层部分、两处带拔模角度的最上层凸台及凹坑圆角等细节部分，绘图时先绘制主要部分，再绘制局部细节，本例宜采用由下而上的顺序绘制。

将图层 1 名称改为实体，以原点为中心在 Z 深度 −60mm 的顶平面内绘制 165mm× 165mm 的矩形，沿 Z 轴正向实体拉伸增料 15mm，完成底座绘制。为了便于观察，可利用着色设置将实体赋予深颜色材质。

在底座的上表面即 Z 深度 −45mm 的顶平面内绘制 R250mm 和 R100mm 的对称四段圆弧，Z 深度值的输入常用鼠标右键操作得到，倒圆角后得到 R18mm 的四个圆角，沿 Z 轴正向实体拉伸增料 15mm，完成中间部分绘制，如图 4.20 所示。

在中间层部分的上表面即 Z 深度 −30mm 的顶平面内绘制最上层凸台图 4.21 所示的圆和方形的两个轮廓，分别带拔模角度拉伸，再对全部实体进行布尔加运算，得到图 4.22 所示实体。最后按 R40mm、R10mm、R8mm、R5mm、R4mm 由大到小的顺序倒圆角，结果如图 4.23 所示。

图 4.20　底座和中间体

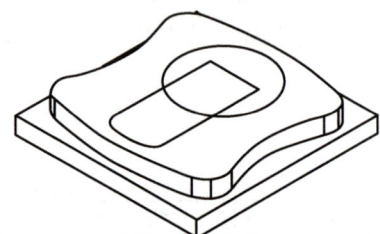

图 4.21　最上层轮廓

图 4.22　拉伸生成最上层

图 4.23　倒圆角后效果

绘制带轴线的半个椭圆使用旋转除料生成半个椭球面，再用拉伸除料创建最上层的阶梯孔，实体倒圆角倒 R4mm 和 R8mm 的圆弧面，完成图 4.24 所示最上层实体绘制。同样用拉伸除料创建图 4.25 所示中间层四角的阶梯孔。

图 4.24　最上层局部结构

图 4.25　拉伸除料创建四角阶梯孔

最后用快速选线、快速选弧、快速选曲线将所有线条移动到图层2并将其隐藏或使其不可见。至此零件设计完毕。

4.3.2 零件加工

对该零件采用如下的加工策略。

第一步，用面铣刀加工上表面，采用平面铣削刀路加工，一步加工到位。

第二步，用曲面粗加工挖槽刀路整体开粗，为提高效率选用圆鼻刀。

第三步，采用二维外形铣削或挖槽刀路精加工内外台阶面。

第四步，采用曲面精加工中的流线加工方式对所有外圆角进行精加工。

第五步，分别对顶部凹槽和椭圆球槽粗、精加工。

第六步，加工下部的四个阶梯孔。

第七步，清角加工。

1. 加工准备

选择铣削系统中默认的机床定义，选择【机器群组属性】→【材料设置】选项卡，用边界盒方式设置图4.26所示的毛坯。

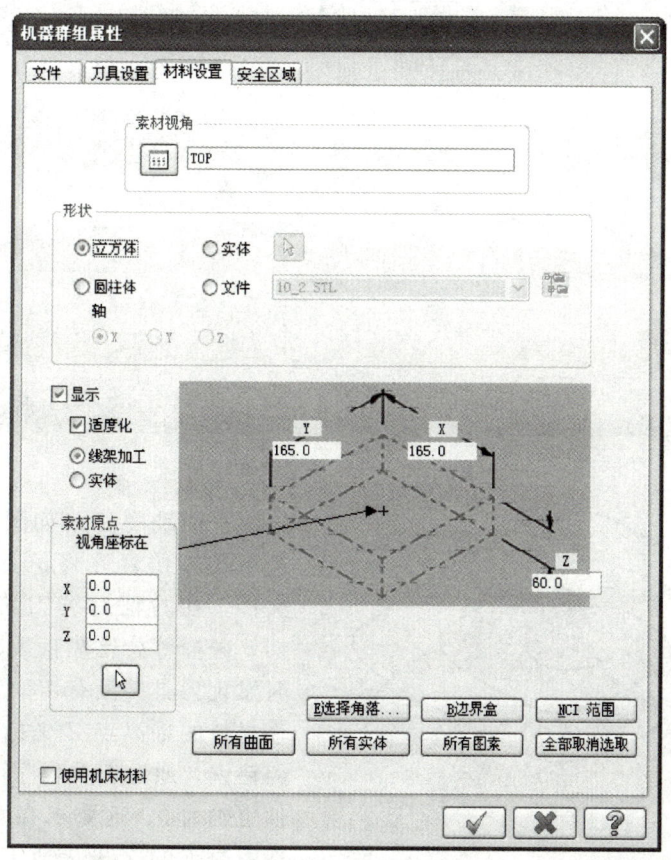

图 4.26 毛坯设置

2. 平面加工

因为工件只有上表面留有 0.2mm 余量，使用平面铣削加工方式将其加工到位。为提高效率，使用 φ50mm 的面铣刀，由于 45 钢属中碳钢，加工性能较好，主轴转速可稍高，零件的顶部平面较小，在此步中需加工到位，因此进给不可太快。平面铣削参数设置如图 4.27 所示。首先确认工件表面和加工深度都为 0，参考高度取 25mm 左右，安全高度不必设置，即采用参考高度，进给下刀位置取 3～5mm 即可，较大的值会浪费加工时间。Z 方向无预留量也无需分层加工，考虑到面铣刀具的尺寸及使用要求，为提高效率采用动态顺铣切削，进退刀引线的长度取 25% 左右即可。

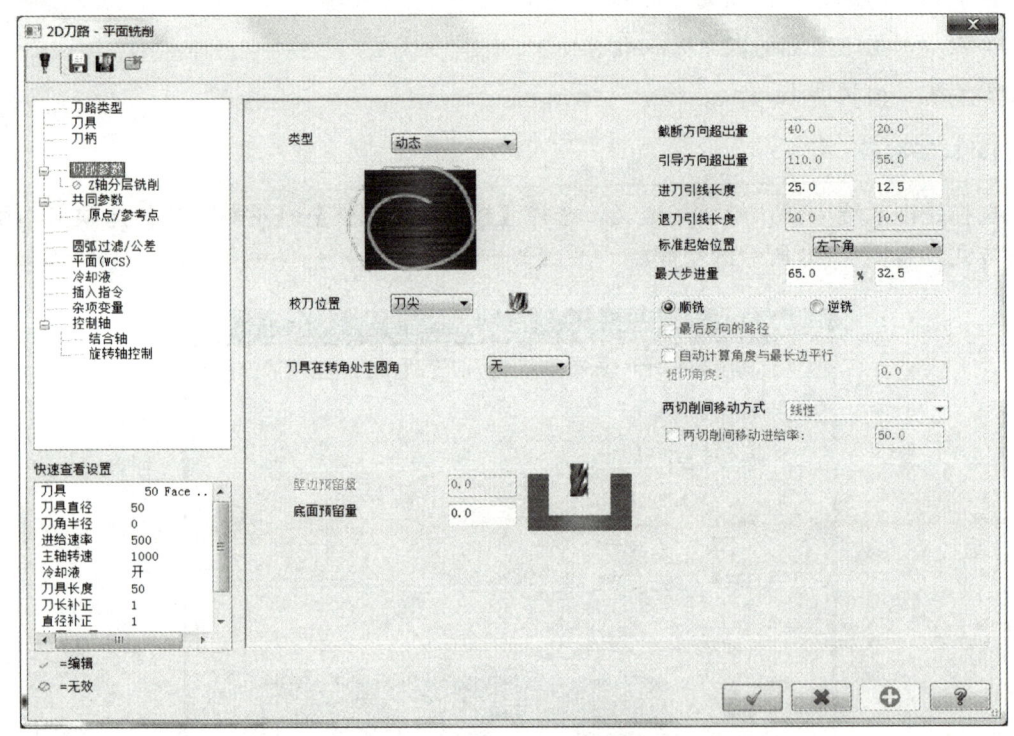

图 4.27　平面铣削参数设置

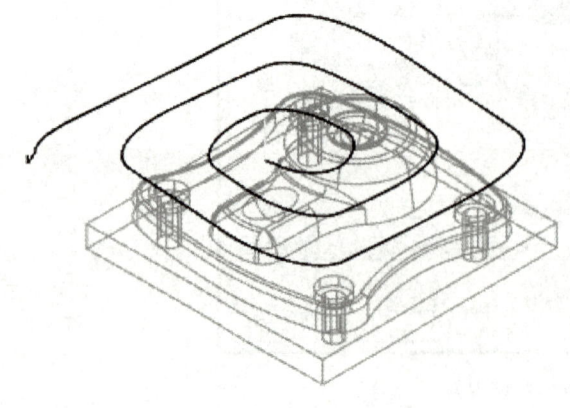

图 4.28　平面铣削刀路

平面铣削刀路如图 4.28 所示，也可进行实体仿真并将仿真结果另存为 STL 文件，在验证后续刀路时判断过切、欠切、碰撞等会比较直观、方便。实体仿真时发现刀具并没有切削到材料，是因为工件材料的最高点 Z 坐标值为 0，并不是刀路错误。通过查看程序可知切削时 Z 坐标值也确为 0，这要求在对刀时需将工件坐标系原点的 Z 坐标值下移 0.2，为防止车间操作人员误操作，也可以在模型设计时就将模型下移 0.2，并将切削深度定为 -0.2。如需在实体仿真时使刀具切削到材料，仅在设置工件材料时将坐标原点 Z 坐标值上移 0.2 即可。

3. 整体开粗

采用曲面粗加工挖槽方式，此方式在挖槽开粗中常用，框选所有实体，挖槽加工必须要有加工范围，选取外框为加工范围，不必选取加工起始点。45 钢可以用白钢刀加工，用硬质合金（镶嵌或整体）刀具更好，这里选用两刃刀粒、刀角半径 0.8mm、刀具直径 16mm 的圆鼻刀，转速取 2000～2500r/mim，切深在 0.8～1mm 时进给速度取 800mm/mim 左右，下刀速度取 50～100mm/mim 较安全。如果需启用冷却则单击 Coolant... 按钮，选择适当的冷却方式，也可不设置，加工时用手动控制冷却。在曲面参数选项卡中，若前面没有设置参考点选项，则必须设置安全高度且通常采用绝对坐标，但数值太大也会超程或浪费时间，太小则留给机床操作人员的反应时间太短，不安全。考虑到工件的凹凸部位较多，刀路的抬下刀次数必然也会较多，为节省时间，参考高度和进给下刀位置都采用增量坐标。参考高度采用增量坐标，当零件有多个复杂凹凸区域时，往往会因抬刀不当引起过切，此时就必须设置绝对坐标。该零件不存在此种担忧。粗加工必须留加工余量，余量过大，精加工切削量大，零件表面质量不好，太小可能导致局部因弹刀而过切。余量的设定与机床精度也有关系，一般留 0.2～0.3mm，机床精度高、加工要求高时可取更小的值。加工范围的轮廓在前面已经设定了，但须确定刀具在封闭轮廓的内、中还是外部运动，该步主要以外轮廓加工为主，应在刀具切削范围刀具位置选择外，否则会因范围轮廓与零件外形间距小于刀具直径导致欠切，并且通常也较有利于下刀。曲面粗加工挖槽曲面参数设置如图 4.29 所示。

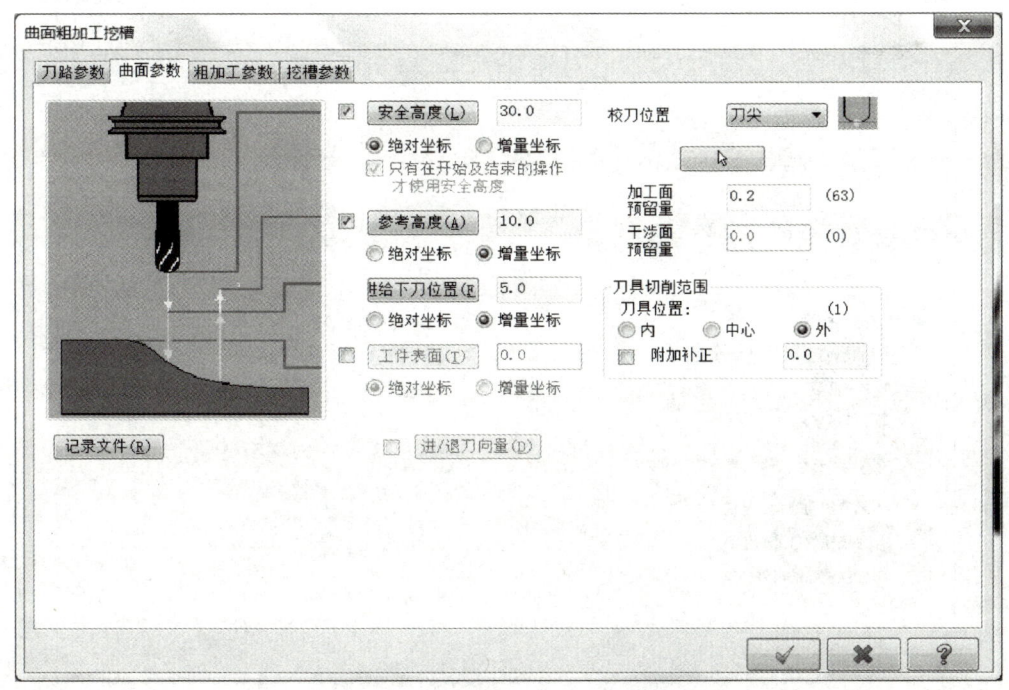

图 4.29 曲面粗加工挖槽曲面参数设置

按图 4.30 所示设置【粗加工参数】选项卡，其中 Z 轴最大进给量因是粗加工可以取大点，此处取 0.8。

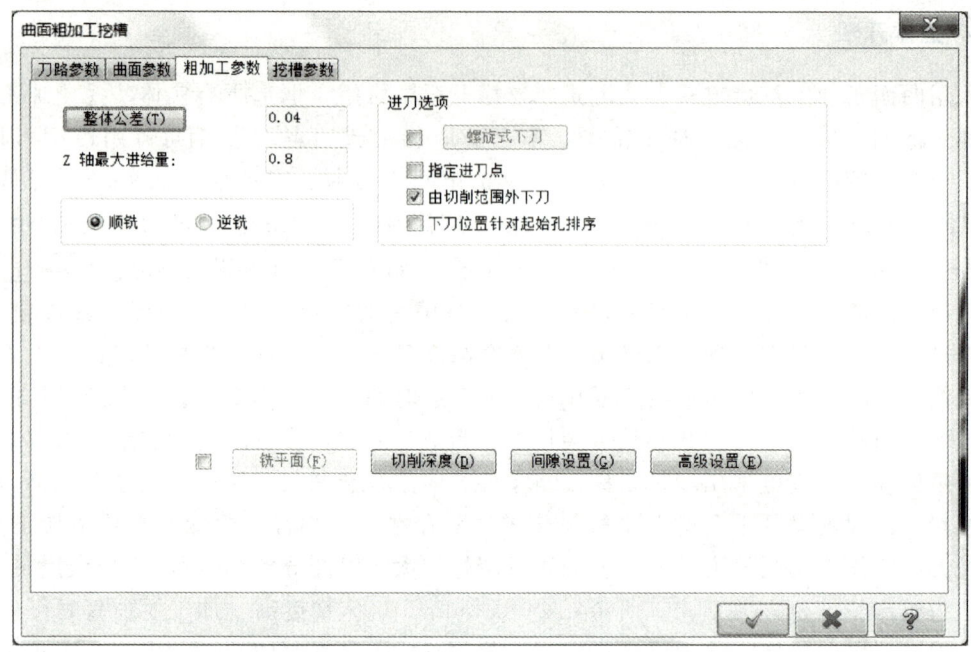

图 4.30　曲面粗加工挖槽粗加工参数设置

单击选项卡中的【整体公差】按钮，弹出图 4.31 所示【圆弧过滤公差】对话框，系

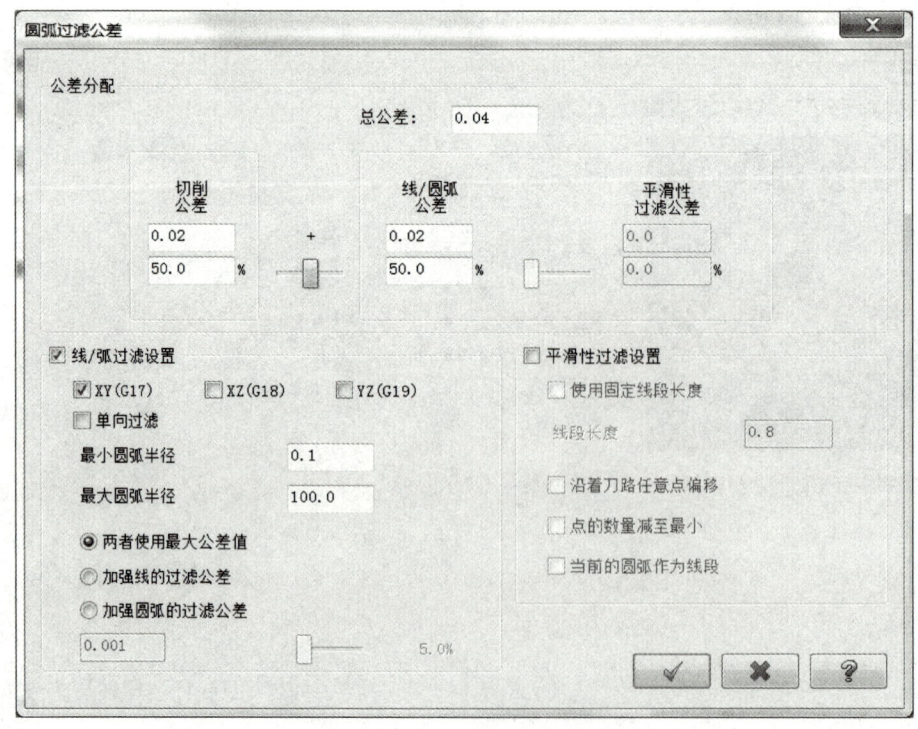

图 4.31　圆弧过滤公差参数设置

统推荐的比率为 2：1，实际设置 1：1 较安全，整体公差在粗加工时不要太小，否则程序太长，考虑到加工余量，此处取 0.04，最小圆弧半径太小也无意义，此处取 0.1 足够，最大圆弧半径一般需考虑机床的行程和刀路中可能出现的圆弧半径而定。若机床精度较高、工件加工性能较好，则选顺铣；否则粗加工时就需选逆铣。此处选顺铣。

在【粗加工参数】选项卡中选中【螺旋式下刀】按钮前的复选框并单击粗加工参数选项卡中的【螺旋式下刀】按钮，按图 4.32 所示设置螺旋式下刀参数。螺旋的最小半径与刀具有无中心刃有关，因选用直径 16mm 的圆鼻刀端部中心无切削刃处的直径为 4mm，在此直接输入即可。务必选中【以圆弧进给（G2/G3）输出】复选框，否则下刀程序太长。螺旋方向选逆时针，因为零件是开放轮廓，在控制刀具的切削范围区域中已经选择由切削范围外下刀，实际下刀是螺旋和切削范围外下刀的结合，不必选取【沿边界斜降下刀】项，但一定要选中【中断程序】单选框，否则在局部直插下刀时，机床抖动较大，对刀具本体和刀粒损伤极大。一般螺旋式下刀优于斜插下刀，而直插下刀在受到诸多限制时才采用。

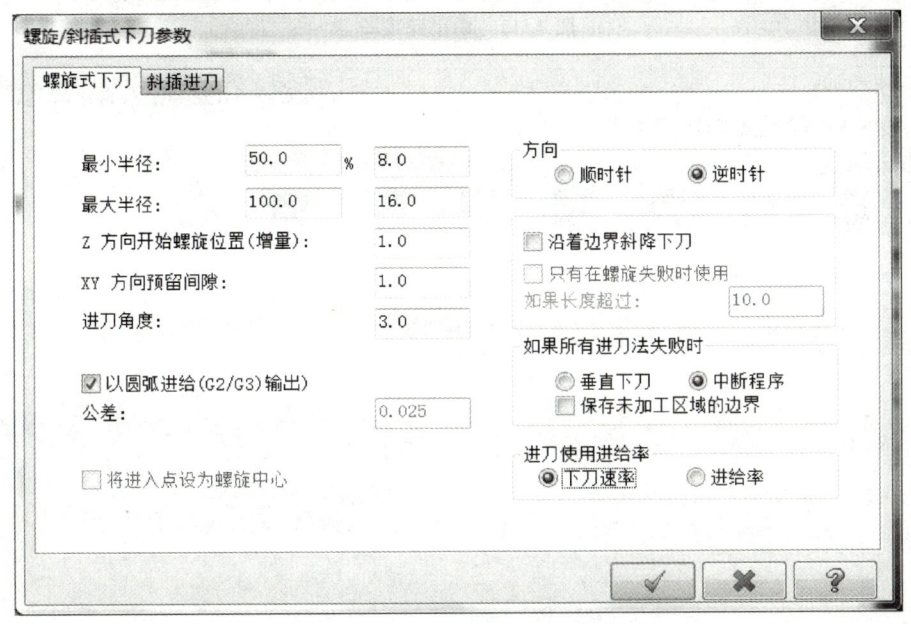

图 4.32　螺旋式下刀参数设置

单击【粗加工参数】选项卡中的【切削深度】按钮，弹出图 4.33 所示的【切削深度设置】对话框，可采用绝对坐标或增量坐标设置，采用增量坐标较省事，但粗、精加工设置应不同；绝对坐标较灵活，常用于较深部位加工，在不同深度可以使用不同刀具分次加工，也比较安全。在此选择绝对坐标。因在挖槽区域存在几个平面，须单击【侦查平面】按钮并选中【自动调整加工面的预留量】复选框，以便在高度方向获得一致的余量。

在图 4.34 所示的【挖槽参数】选项卡中粗加工方式选择【等距环切】。等距环切是常用的粗加工方式，切削间距选刀尖平面的 70%，因是粗加工，已留有 0.2mm 余量，不必进行精加工以缩短加工时间。

图 4.35 和图 4.36 所示分别为整体开粗刀路和仿真结果。进行实体仿真时，可用上步仿真结果 STL 文件作为本步的仿真材料使用，这样模拟仿真的过程更直观。

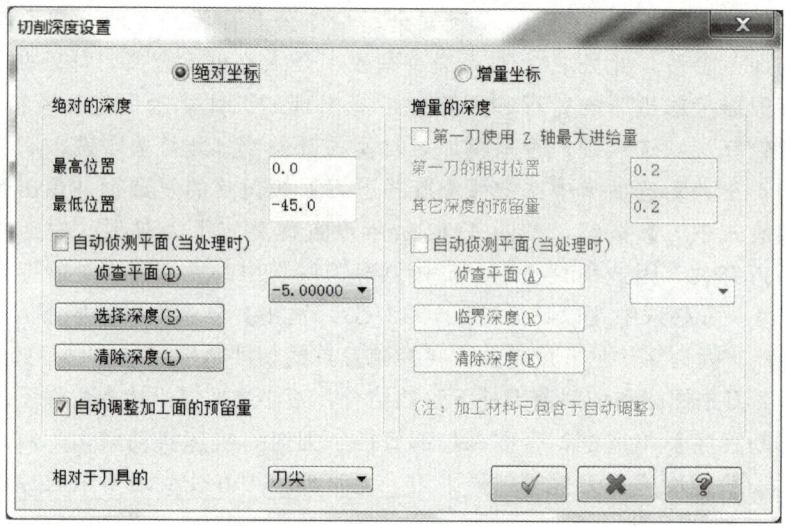

图 4.33 切削深度设置

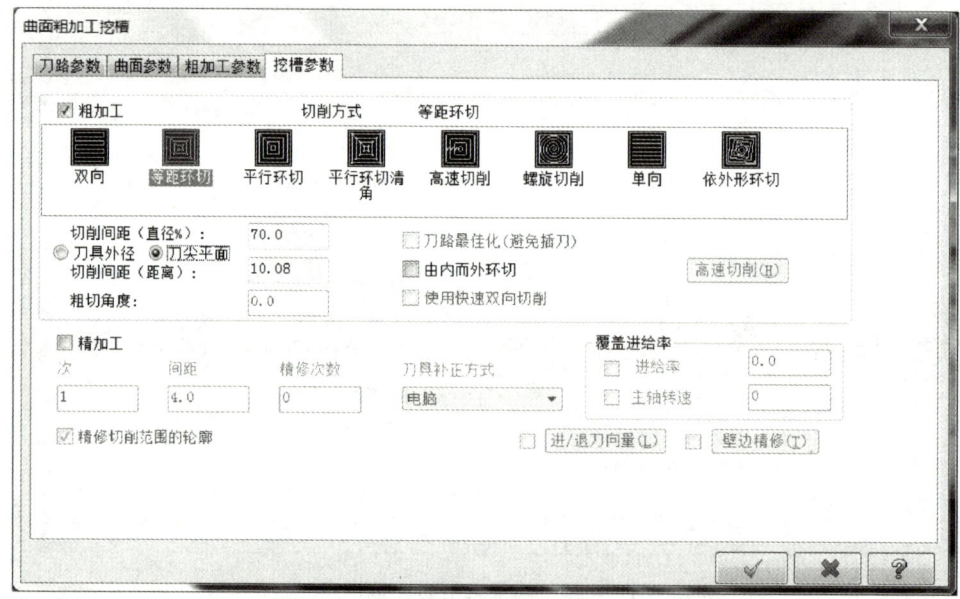

图 4.34 挖槽参数设置

图 4.35 整体开粗刀路

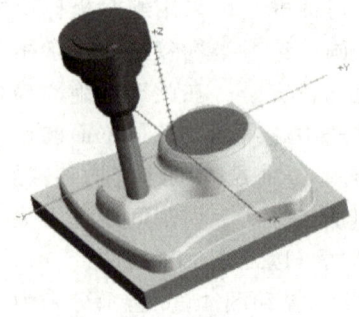

图 4.36 仿真结果

4. 内外台阶面精加工

对于平的台阶面加工选择二维刀路即可，加工方法可选择二维外形铣削。串连选择下层部分大的外轮廓曲线，因要顺铣采用左补偿，应注意串连方向和起始点。仍然使用上把刀具。若此圆鼻刀为刀粒式则不太适合精加工，若是整体式就可直接用来精加工，但使用整体式刀具不太经济。此处认为使用的是整体式圆鼻刀，进给速度取 150～300mm/min，主轴转速取 2000～2500r/min，余量为 0。选择【外形铣削】→【XY 轴分层切削】选项，进行如图 4.37 所示的设置以加工-45 处的平台和中间部分的侧面，进退刀可采用默认设置。因轮廓曲线由规则的圆弧和直线组成，不必使用过滤选项，生成的刀路如图 4.38 所示。

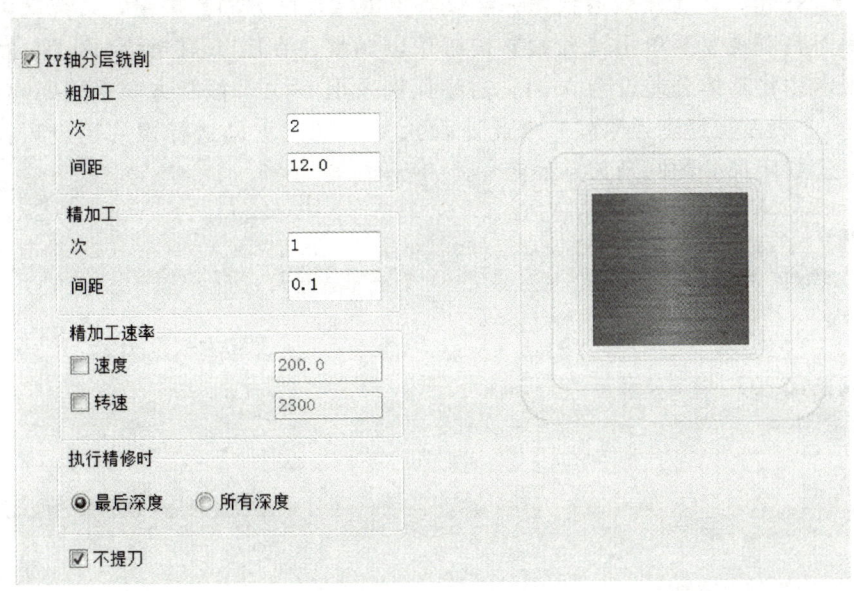

图 4.37 平面分层

采用同样的方法加工中间部分的平面，因零件上部有斜度，在平面分次铣削设置中无需设定精修选项，只需将平面多次铣削设置为 4 次即可，刀路如图 4.39 所示。

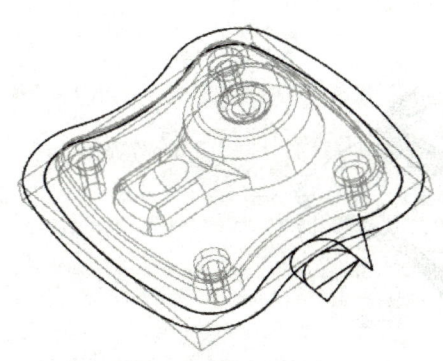

图 4.38 外台阶外形铣削刀路

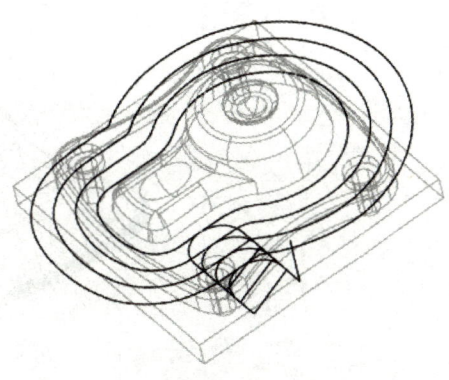

图 4.39 内台阶外形铣削刀路

通过对以上两刀路模拟分析可知加工时间较长，原因是有部分刀路进行空切削，但优点是刀路简单，加工安全。如需得到更高效的刀路，可采用二维挖槽中的平面加工方式、二维高速刀路等，加工时间会明显缩短。

5. 外圆角精加工

该零件凸台上的外圆角有两类，分别是封闭式的和开放式的，将其分开加工，封闭外圆角有两个闭合曲面使用一个刀路，开放式外圆角有两个非闭合曲面需使用两个刀路。

圆角加工可以采用3D等距环切刀路，但该刀路对机床要求比较苛刻；采用等高加工，圆角曲面包含浅平面，也不太适合。此处采用曲面精加工中的流线加工方式，可获得较顺畅的刀路。继续使用上把刀具，刀具参数可不改变，在曲面流线刀具路径的曲面选取对话框，单击 按钮，设置流线参数，一般只需单击【切削方向】按钮，系统就可自动正确设置，如果不是顺铣需要单击【开始】按钮予以调整。在图4.40所示的【曲面流线精修参数】选项卡中将整体公差设为0.01，过滤比例采用1∶1，截断方向采用距离控制方式，值取0.2~0.3表面粗糙度效果较好（此处取0.3），切削方向选择螺旋比较顺畅，加工表面质量较好。封闭部分的圆角刀路如图4.41所示。

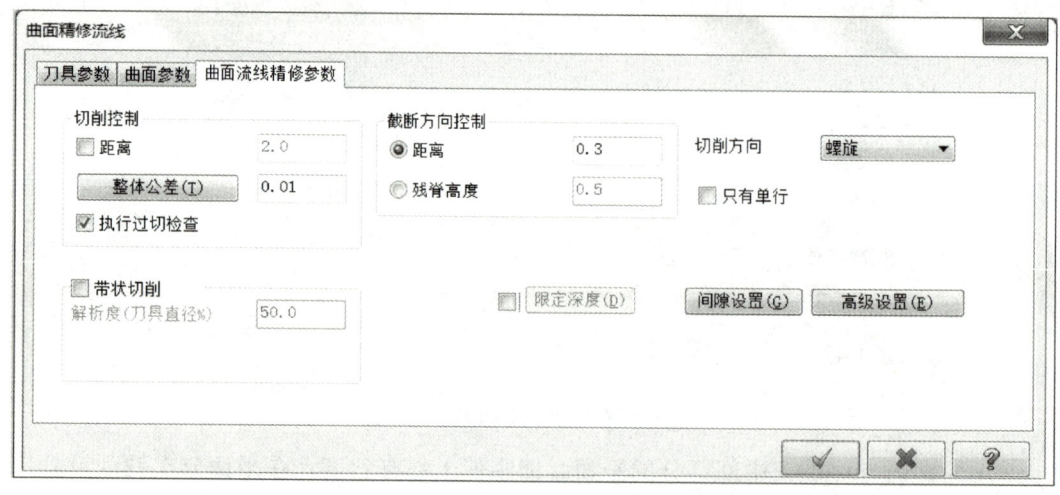

图4.40 曲面流线精修参数设置

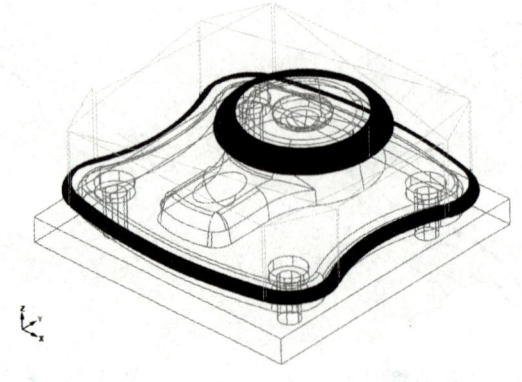

图4.41 封闭部分的圆角刀路

同样对另外两处不闭合的圆角生成两个单独刀路，但切削方式应选择双向，以减少抬刀，其他参数不做改变，为避免过切，最好选择与其相邻的曲面为干涉面。其刀路如图 4.42 所示。

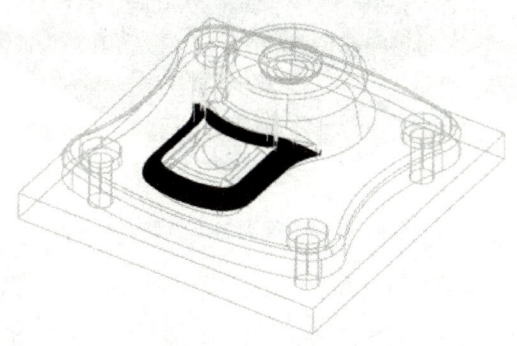

图 4.42　两处非闭合圆角刀路

6. 凸台和斜面精加工

本步主要加工中间平台和斜面，椭球面和上部的凹槽留待后续加工，为此在椭圆部分和最上部的凹槽部分构造两平面予以遮挡，加工方式最好使用曲面精加工等高外形，刀具仍然采用上把刀具，刀具参数不变。框选所有曲面，因为选择的是全部曲面，系统具有自动识别功能，不会因干涉导致过切发生，故无需选择干涉面。加工范围为凸台下部的闭合轮廓，选择刀具的位置为加工范围外，否则因切削范围的限制，斜面底部会加工不到，如果启用了绝对切削深度，加工范围也可不设置。

因为是等高外形精加工，表面质量主要取决于高度方向的步进量，可设置 Z 轴最大进给为 0.2~0.3。为将凸台上的平面一并加工不再另创建刀路，需单击【平面区域】按钮，采用默认设置即可。顶部圆角已加工到位，为节省部分刀路，可单击【切削深度】按钮，进行图 4.43 所示的设置，生成的刀路如图 4.44 所示。

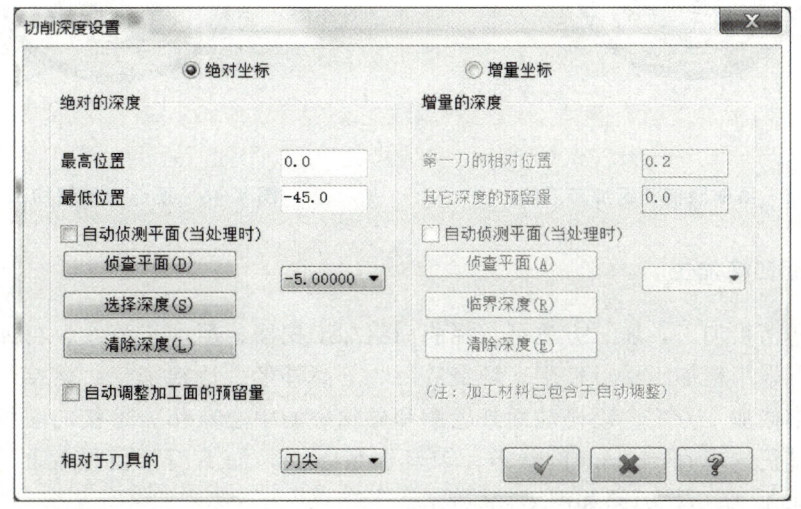

图 4.43　限定切削深度

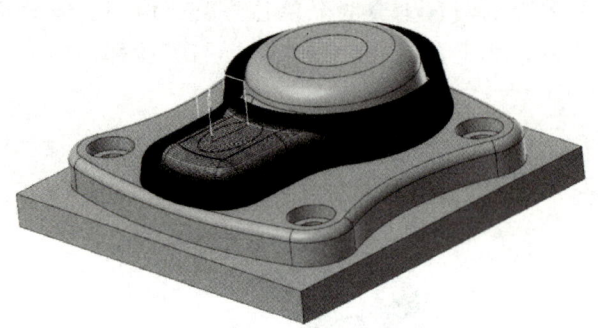

图 4.44 等高加工刀路

7. 顶部凹槽加工

在整体挖槽开粗时，因刀具直径的限制，顶部的凹槽没有加工完毕，为此首先对球面粗加工，隐藏上步绘制的辅助遮挡平面使其不可见，采用曲面粗加工挖槽刀路，使用直径小一点的平刀，进给速度 300mm/min 左右，主轴转速 3000r/min 以上，余量留 0.2mm。对于顶部凹槽的环形平面可用简单的二维外形刀路加工，此处不详述。

对整个顶部凹槽精加工，精加工方法可选精加工等高外形，顶部外轮廓为加工范围，换直径 6mm 左右的球刀，进给速度 200mm/mim 左右，主轴转速 3500r/min 左右，刀具位置选在加工范围内，最大切削间距取 0.2～0.3mm，如需获得较高的表面质量取 0.1mm 也可以。图 4.45、图 4.46 所示为顶部凹槽粗、精加工刀路。

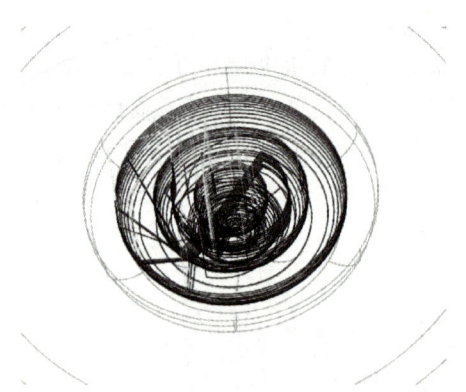

图 4.45 顶部凹槽开粗加工刀路

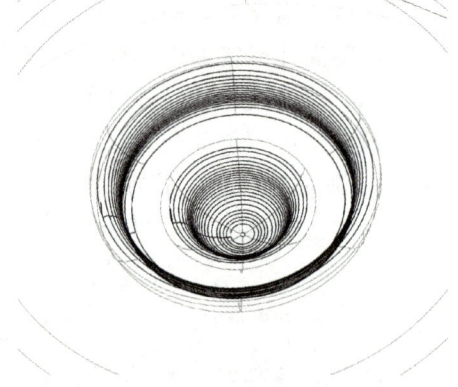

图 4.46 顶部凹槽精加工刀路

8. 椭球面凹槽加工

椭球面凹槽粗加工，加工方法可选择曲面粗加工挖槽、粗加工流线、粗加工等高外形等，精加工可采用精加工平行铣削、环绕等距、等高外形、流线加工、熔接加工等。在此精加工选择熔接加工方式。以椭球面外轮廓和外轮廓的中心点作为熔接的曲线，加工面为椭球面，刀具仍选用直径 6mm 的球刀，刀具参数不变，加工面预留量取 0。熔接精修参数设置如图 4.47 所示，刀路如图 4.48 所示。

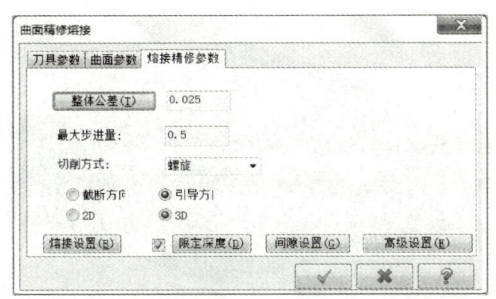
图 4.47　熔接精修参数设置

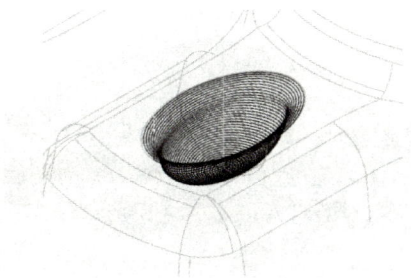
图 4.48　熔接刀路

9. 底部四个阶梯孔加工

孔加工一般采用钻孔固定循环，也可采用铣削加工，如二维轮廓刀路、全圆刀路等，这里对直径 12mm 的孔采用钻孔固定循环方式，对直径 20mm 孔采用铣削加工方式。需要注意的是数控系统的固定循环指令格式不尽相同，一般需对后置处理器进行开发，此处不详述。

至此零件的全部刀路创建完毕。由于采用的是默认机床定义，实际加工时根据机床的配置情况在刀路操作管理器中单击属性前的"＋"，再单击该分支下的 文件 按钮，在系统随后弹出的机床群组属性对话框的文件选项卡中单击 替换 按钮，替换与机床相适应的机床定义，最后选中欲输出的刀路使其出现 ，单击【G1】按钮以生成数控程序。程序传输时，可以使用 Mastercam 软件自带的传输软件也可以使用商品化的传输软件，根据数控系统的要求将机床侧和计算机侧的传输参数设置一致后即可传入数控系统。

4.4　Mastercam 多轴铣削加工

常见的多轴机床为四轴、五轴或车铣中心，其加工方式可分为定面加工和联动加工。定面加工指机床旋转轴旋转到某一位置后固定不动，仅直线轴运动进行加工，典型应用为在倾斜面上钻斜孔和加工倾斜轮廓，多轴联动加工指直线轴和旋转轴同时运动，一般要求数控系统具有刀具中心点管理功能，否则会极大地增加编程难度。

【五轴机床 RTCP 技术】

【五轴机床运动模式】

4.4.1　定面加工

图 4.49 所示的实体倾斜平面若使用三轴机床加工其质量和效率都很低，使用五轴机床定面加工会取得很好的效果。

在图 4.49 中可见零件的坐标系、刀具的补偿平面等均在上表面，若将刀具的轴向垂直或平行于四个倾斜平面，利用刀具的底刃或侧刃铣削，都能使加工效果良好，这需要机床的刀具轴或工作台摆动旋转一定角度定位后加工。启用 Mastercam 软件的坐标系功能，使用实体定面的方式将坐标系建立在欲加工的倾斜面上（图 4.50），在此坐标系下创建刀路即可。图 4.51、图 4.52 所示为模拟结果。

【底刃铣削】　【侧刃铣削】

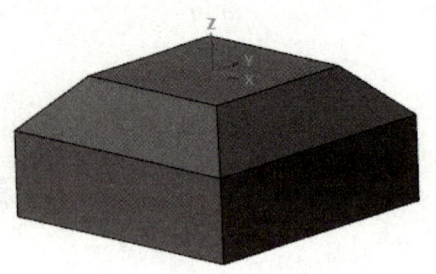

图 4.49　零件倾斜面　　　　　　　　　　图 4.50　建立坐标系

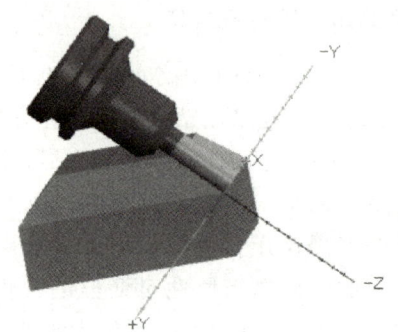

图 4.51　刀轴垂直于倾斜面　　　　　　　图 4.52　刀轴平行于倾斜面

heidenhain 数控系统刀轴垂直于倾斜面的五轴加工程序如下。

```
0 BEGIN PGM T MM
1 PLANE RESET TURN FMAX                         ;倾斜面功能复位
2 TOOL CALL 1 Z S1000                           ;调用刀具
3 CYCL DEF 7.0 DATUM SHIFT                      ;坐标系偏移复位
4 CYCL DEF 7.1 X+32.5
5 CYCL DEF 7.2 Y+0
6 CYCL DEF 7.3 Z-7.5
7 PLANE SPATIAL SPA+45 SPB+0 SPC+90 TURN FMAX SEQ- TABLE ROT
                                                ;旋转轴倾斜面定位
8 L X-40 Y-5.6066 FMAX M3                       ;主轴转,加工开始
9 L Z+25 FMAX
10 L Z+10 FMAX
11 L Z+0 F200
12 L X+40 F125
13 L Z+25 FMAX
14 M5                                           ;主轴停,加工结束
15 M140 MB MAX                                  ;刀具运动至安全位置
16 CYCL DEF 7.0 DATUM SHIFT                     ;坐标系偏移复位
17 CYCL DEF 7.1 X+0
```

```
18 CYCL DEF 7.2 Y+0
19 CYCL DEF 7.3 Z+0
20 PLANE RESET STAY                              ;平面功能复位
21 L A+0 C+0 R0 FMAX M126                        ;旋转轴复位
22 M30
23 END PGM T MM                                  ;程序结束
```

4.4.2 联动加工

图 4.19 所示零件上部凸台外表面与底面有一定的斜度,该曲面为直纹面,精加工使用三轴刀路需要比较小的步距,导致加工时间延长,用多轴联动加工的沿面加工策略,刀轴矢量始终与直纹面的素线平行,一条刀路就可将曲面加工完毕,不但提高了质量,而且提高了效率。图 4.53、图 4.54 分别为五轴联动刀轴矢量刀路和模拟结果。

【五轴加工模拟】

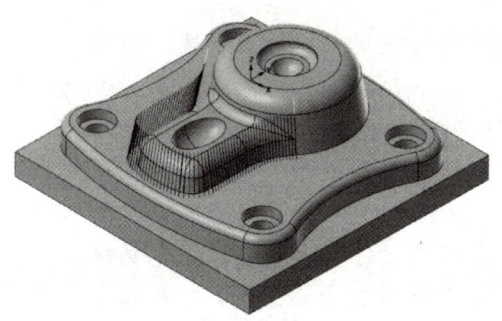

图 4.53 联动刀路

图 4.54 联动模拟结果

heidenhain 数控系统的五轴联动加工程序如下。

```
0 BEGIN PGM T MM
1 PLANE RESET TURN FMAX                          ;倾斜面功能复位
2 TOOL CALL 10 Z S1909                           ;调用刀具
3 CYCL DEF 7.0 DATUM SHIFT                       ;坐标系偏移复位
4 CYCL DEF 7.1 X+0
5 CYCL DEF 7.2 Y+0
6 CYCL DEF 7.3 Z+0
7 L A+10.2022 C+242.7318 FMAX                    ;旋转轴旋转至加工位置
8 M128                                           ;刀具中心点管理功能开启
9 L X+19.3364 Y+5.0541 FMAX M3                   ;主轴转,加工开始
10 L Z+69.2903 FMAX
11 L X+33.738 Y-2.3691 Z-20.7378 A+10.2022 C+242.7318 FMAX
12 L X+35.0803 Y-3.061 Z-29.1286 A+10.2022 C+242.7318 F190.9
13 L X+34.0019 Y-4.478 Z-29.1168 A+10.2986 C+242.7181 F381.8
```

```
14 L X-34.0014 Y-4.4765 Z-29.1196 A+10.2701 C+117.1442
15 L X-35.076 Y-3.0666 Z-29.1288 A+10.1783 C+118.0223
16 L X-33.7462 Y-2.3589 Z-20.7386 A+10.1783 C+118.0223 FMAX
17 L X-19.4764 Y+5.2356 Z+69.2975 A+10.1783 C+118.0223 FMAX
18 M5                                        ;主轴停,加工结束
19 M129                                      ;刀具中心点管理功能关闭
20 M140 MB MAX                               ;刀具运动至安全位置
21 L A+0 C+0 R0 FMAX M126                    ;旋转轴复位
22 M30
23 END PGM T MM                              ;程序结束
```

阅读材料 4-3

Mastercam 叶轮加工实例

叶轮是动力机械的关键零件,被广泛应用于航空航天等高精尖领域。为获得理想的动力学特性及处于长期高速旋转环境下的耐用性,叶轮的加工一直是高端制造业中的重要课题。叶轮叶片类薄壁零件刚性差、强度弱、曲面质量要求高、轮廓尺寸要求严格,刀轴波动频繁,加工极易出现受力、受热变形,使零件误差增大,影响加工质量。如图4.55所示,此叶轮的刀路编程及加工中针对薄壁铣削的特点采用了独特的动态加工技术进行加工,有效地减少了刀具的切削时间,减少了冲击和偏斜,改善了材料的受力变形,并有效降低了加工中热量的累积,从而改善了材料的受热变形。在编程中进行了平滑过滤设置,在保证加工精度的情况下最大限度地使刀路更加光顺平滑。编程中还使用了节点加密技术,可避免刀轴剧烈摆动,保证曲面质量的高要求,满足轮廓尺寸的高精度,达到航空航天领域的加工需求。成形叶轮产品如图4.56所示。

图 4.55 五轴联动粗加工

图 4.56 成形叶轮产品

本章小结

　　自动编程是借助计算机及其外围设备装置自动完成从零件图绘制、零件加工程序编制到控制介质制作等工作的一种编程方法。对于简单的二维零件，自动编程具有速度快和准确度高的优点。对于三维曲面类零件特别是需多轴联动加工的零件，手工编程几乎是不可能的。随着计算机的普及，编程软件正在大幅度地替代手工编程。本章主要讲解了自动编程的基本概念，并以实例的形式以 Mastercam 软件为例讲解了 CAM 软件的编程基本思路和操作流程，包括二维、三维直至多轴编程，因篇幅所限，Mastercam 软件的动态加工刀路未讲解。至于数控车削、线切割等因其程序简单易于手工编程，本章亦未涉及。

思 考 题

1. 简述自动编程的基本概念。
2. 数控加工自动编程的基本步骤是什么？
3. 使用 Mastercam 软件编程的基本操作流程是什么？
4. 完成图 4.57～图 4.59 所示零件的图形绘制和程序编制。

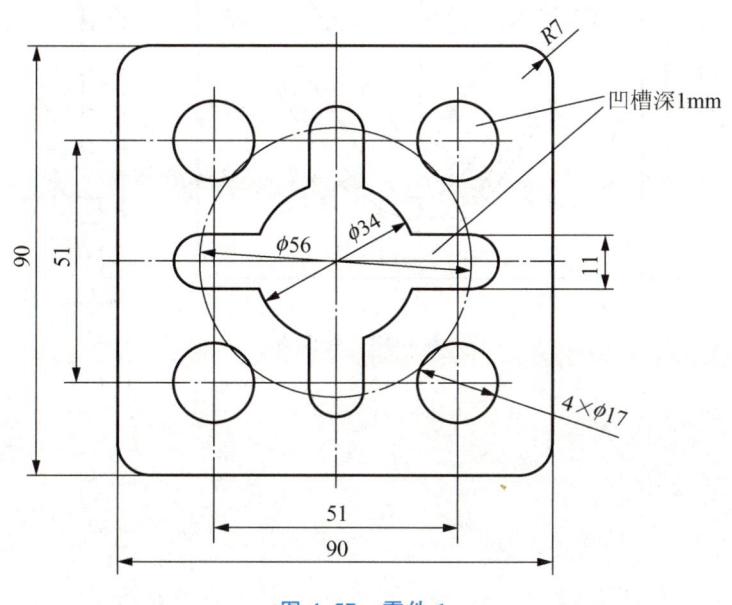

图 4.57　零件 1

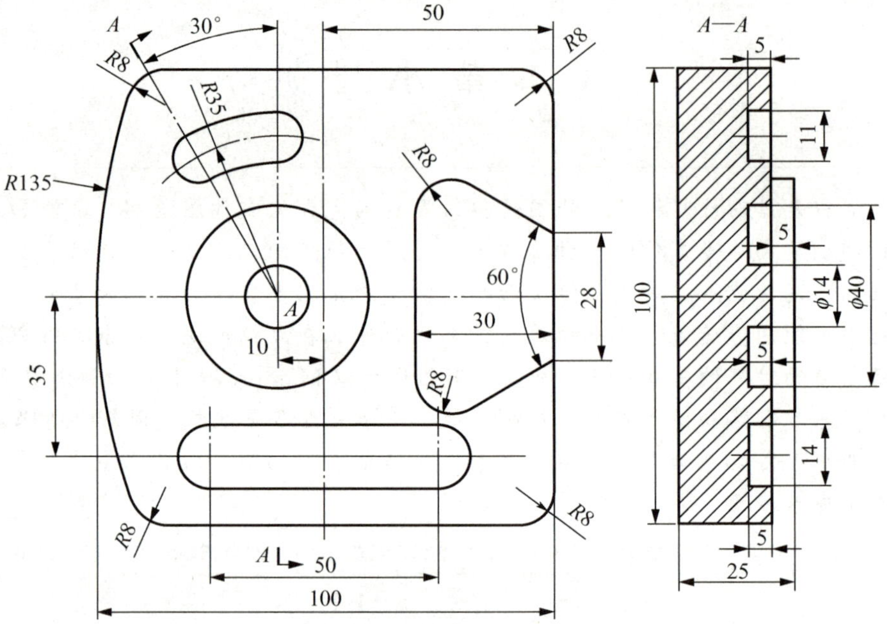

图 4.58 零件 2

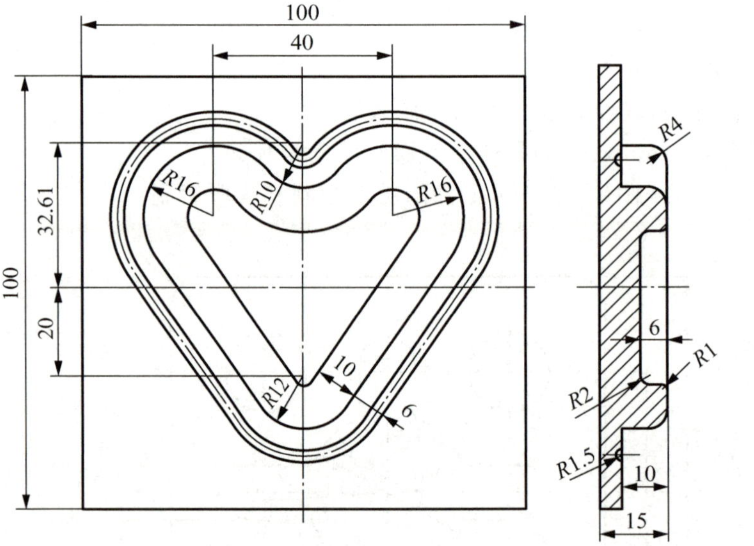

图 4.59 零件 3

第 5 章 数控系统的插补原理

 本章教学要点

知识要点	掌握程度	相关知识
插补	了解插补的基本作用	插补在数控机床中的作用
逐点比较法	了解逐点比较法的基本原理； 熟悉直线插补和圆弧插补的算法； 掌握插补的计算过程	逐点比较法的插补步骤； 直线插补和圆弧插补的算法； 插补的计算
数字积分法	了解数字积分法的基本原理； 熟悉直线插补和圆弧插补的算法； 掌握插补的计算过程	直线插补和圆弧插补的算法； 插补的计算
插补实现	了解逐点比较法直线插补的硬件实现方法； 掌握逐点比较法直线插补的软件实现方法	比较法直线插补的硬件实现； 比较法直线插补的软件实现

> **导入案例**
>
> 插补运算是数控轨迹运动控制的关键技术之一。插补算法的运算速度直接影响系统的控制速度，而插补计算的精度又影响整个数控系统的工作精度。
>
> （1）新华网北京2006年6月16日电，一款具有样条和小线段插补功能，适用于三轴、四轴、五轴联动各类加工中心的高档数控系统已在北京交通大学研制成功。研究人员解决了特有的小线段与样条相结合的智能调度插补算法、多轴联动条件下保持工件表面恒进给速度的技术和加速度钳位等技术难题，大幅度提高了零件表面的加工质量和加工效率。(http://www.sina.com.cn)
>
> （2）2011年5月14日，由东方电气集团东方汽轮机有限公司、武汉华中数控股份有限公司和华中科技大学承担的"高档数控机床及基础制造装备"国家科技重大专项课题所研制的"大型叶片型面加工六坐标联动数控砂带磨床"，通过了由中国机械工业联合会组织的科技成果鉴定。实现了三回转、三直线的六轴联动数控插补控制，以及小线段样条拟合，双驱同步控制和磨削压力控制，系统运行稳定可靠，满足了复杂叶片的多轴联动控制要求。(http://www.mei.net.cn)

5.1 插补的基本概念

数控系统的核心问题，就是如何控制刀具或工件的运动。通常在零件程序中提供运动轨迹的参数有直线的起点坐标及终点坐标，圆弧的起点坐标、终点坐标及圆弧走向（顺时针走向或逆时针走向）和圆心相对于起点的偏移量或圆弧半径。除了上述几何信息外，零件程序中还有所要求的轮廓进给速度和刀具参数等工艺信息。插补就是根据编程进给速度的要求，由数控系统实时地计算出从轮廓起点到终点的各个中间点的坐标，即需要"插入、补上"运动轨迹各个中间点的坐标，这个过程称为"插补"。插补结果输出运动轨迹的中间点坐标值，伺服系统根据此坐标值控制各坐标轴协调运动，走出预定轨迹。

插补是实时性很高的工作，中间点坐标的计算时间直接影响系统的控制速度，计算精度也会影响整个机床的精度。因此，插补算法对整个数控系统的性能指标至关重要，寻求一种简便有效的插补算法一直是科研人员的努力目标。常用的插补算法可分为脉冲增量插补和数据采样插补两种。本书只介绍脉冲增量插补中的逐点比较法和数字积分法。

5.2 逐点比较法

逐点比较法的基本思想是被控制对象在按要求的轨迹运动时，每走一步都要和规定轨迹比较一下，由比较结果决定下一步的移动方向，走步方向总是向着逼近给定轨迹的方向，每次只在一个方向上进给。

逐点比较法既可以作直线插补又可以作圆弧插补。逐点比较法的特点是运算直观，插补误差小于一个脉冲当量，输出脉冲均匀，而且输出脉冲的速度变化小，调节方便，因此在二坐标数控机床中应用较普遍。

图 5.1 所示的被加工零件轮廓上有一条线段 OE，利用逐点比较法对之进行插补。X 轴和 Y 轴上的每一段是伺服系统可能进给的最小距离（也即分辨率，步进电动机伺服系统中就是一个脉冲当量）。

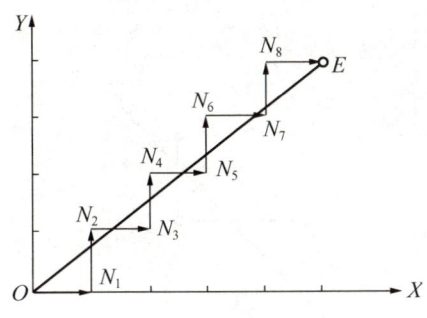

图 5.1　逐点比较法插补轨迹

起点坐标为原点，根据逐点比较法插补的原理，先在 X 方向进给一步到 N_1 点；将实际轨迹同规定的轨迹比较可见，下一步应该 Y 方向进给一步，即向逼近给定轨迹的方向移动，实际坐标在 N_2 点；依此方法运动，直到终点坐标 E 点，坐标运动（插补）结束。

由上可见，每进给一步都要经过以下四个工作步骤。

（1）偏差判别：判别加工点的当前位置与给定轮廓的偏离情况，决定刀具进给方向。

（2）坐标进给：根据偏差判别结果，控制刀具相对于工件轮廓进给一步，即向给定的轮廓靠拢，减小偏差。

（3）偏差计算：进给一步后，加工点的位置已改变，计算出新加工点的偏差，作为下次偏差判别的依据。

（4）终点判别：进给一步后，应判别加工点是否已运动到轮廓线段的终点，若到达终点，则停止插补；若还未到达终点，再继续插补；直至到达终点。

由上述可见，当加工点不在直线上时，插补使加工点向靠近直线的方向移动，从而减小插补误差；当加工点正好处于直线上时，插补使加工点离开直线。插补一次，加工点最多沿坐标轴走一步，所以逐点比较法插补是根据加工点与被加工轨迹之间的相对位置来确定运动方向的。

直线和圆弧是构成工件轮廓的基本线条，数控装置都具有直线和圆弧的插补功能，档次较高的数控装置还具有抛物线和螺旋线插补功能。这里只讨论直线和圆弧的插补算法。

5.2.1　直线插补

由前述可知，坐标进给取决于加工点位置与实际轮廓曲线之间偏离位置的判别，即偏差判别。偏差判别是依据偏差计算的结果进行的，因此，问题的关键是选取什么计算参数作为能反映偏离位置情况的偏差，以及如何进行偏差计算。

【直线插补】

1. 偏差判别函数

设在零件上加工一条位于 XOY 平面的第一象限内的线段 OE。起点为坐标原点，终点为 $E(X_e, Y_e)$，如图 5.2 所示。线段 OE 与 X 轴的夹角为 α，设某一时刻的动点为 $A(X_a, Y_a)$，直线起点到动点的连线 OA 与 X 轴的夹角为 β。

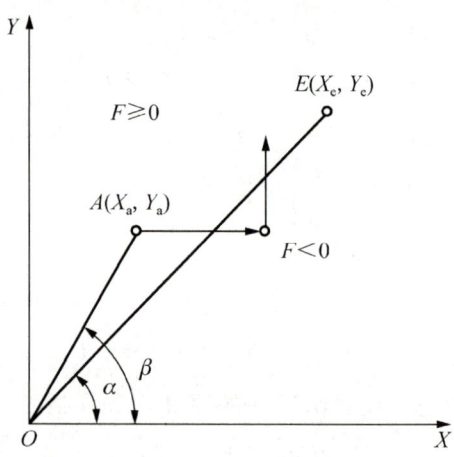

图 5.2　直线插补偏差判别区域

若动点 A 位于直线 OE 上，根据直线方程应满足关系 $Y_a/X_a = Y_e/X_e$，即 $X_e Y_a - Y_e X_a = 0$。
若动点 A 位于直线 OE 的上方，则 $\alpha < \beta$，即 $Y_a/X_a > Y_e/X_e$，也即 $X_e Y_a - Y_e X_a > 0$。
若动点 A 位于直线 OE 的下方，则 $\alpha > \beta$，即 $Y_a/X_a < Y_e/X_e$，也即 $X_e Y_a - Y_e X_a < 0$。
选择偏差判别函数 F 为

$$F = X_e Y - Y_e X \tag{5-1}$$

其中，X 和 Y 为第一象限内任一动点坐标。根据动点所在区域，有以下三种情况。
(1) $F = 0$，表示加工点在直线上。
(2) $F > 0$，表示加工点位于直线上方。
(3) $F < 0$，表示加工点位于直线下方。

2. 进给方向

当 $F \neq 0$ 时，说明加工点不在规定的直线上，出现了偏差，为了消除偏差，下一步必须向逼近直线的方向进给一步。当 $F = 0$ 时，若加工还未到达终点，也应继续进给，故对于第一象限的直线插补可做如下规定。
当 $F \geq 0$ 时，向 X 轴正方向进给一步。
当 $F < 0$ 时，向 Y 轴正方向进给一步。

3. 偏差计算

插补过程中每走一步都要计算一次新的偏差，如按 $F = X_e Y - Y_e X$ 直接进行计算，不仅要进行乘法运算，还要计算新的坐标值，不够简单。为了使插补计算更容易实现，可将偏差判别函数进行适当换算，将乘法化为加减法运算。为此，可采用递推法。

设经第 i 次插补后,动点 (X_i, Y_i) 的 F 值为 F_i。
$$F_i = X_e Y_i - Y_e X_i$$

若向 $+X$ 方向进给一步,则

$$X_{i+1} = X_i + 1, Y_{i+1} = Y_i$$
$$F_{i+1} = X_e Y_{i+1} - X_{i+1} Y_e = X_e Y_i - (X_i + 1) Y_e = F_i - Y_e \tag{5-2}$$

若向 $+Y$ 方向进给一步,则

$$X_{i+1} = X_i, \quad Y_{i+1} = Y_i + 1$$
$$F_{i+1} = X_e Y_{i+1} - X_{i+1} Y_e = X_e (Y_i + 1) - X_i Y_e = F_i + X_e \tag{5-3}$$

式(5-2)和式(5-3)中只有加减运算,而且不必计算坐标值。由于加工起点位于坐标原点,因此起点的偏差为零,即 $F_0 = 0$。这样,随着加工点的前进,每一个新加工点的偏差 F_{i+1} 都可由前一点的偏差 F_i 和终点坐标相加或相减得到。

4. 终点判别

每进给一步都要进行终点判别,以确定是否到达终点。常采用以下两种方法。

(1) 总步长法:求出直线段在 X 和 Y 两个坐标方向应走的总步数 $\Sigma = |X_e| + |Y_e|$,每进给一步均在 Σ 中减 1,当减至零时,停止插补,到达终点。

(2) 终点坐标法:设置 Σ_1、Σ_2 两个减法计数器,在加工开始前,在 Σ_1、Σ_2 计数器中分别存入终点坐标值 X_e 和 Y_e。X 或 Y 坐标方向每进给一步时,就在相应的计数器中减去 1,直到两个计数器中的数都减为零时,停止插补,到达终点。

5. 直线插补的计算流程

逐点比较法第一象限直线插补的计算流程可归纳为如图 5.3 所示。

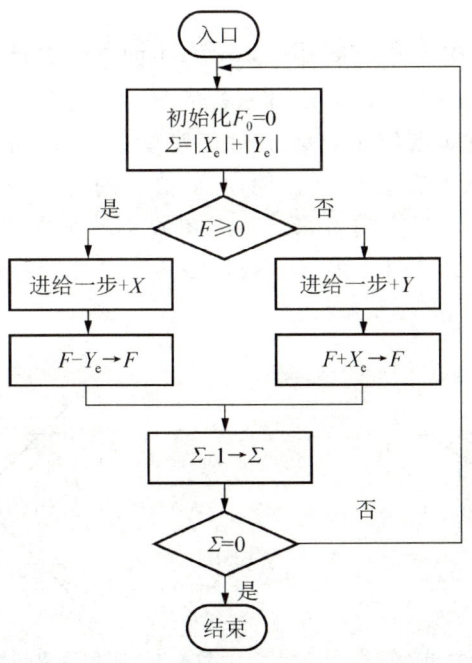

图 5.3 第一象限直线插补的计算流程

【例 5.1】 设欲加工第一象限线段 OE,起点坐标为原点,终点坐标为 $X_e=5$,$Y_e=3$,试进行插补计算并画出轨迹图。

解:开始时刀具的起点坐标位于直线上,故 $F_0=0$。终点判别采用总步长法,故初始时 $\Sigma=|X_e|+|Y_e|=5+3=8$。

计算过程见表 5-1,每进给一步 Σ 减 1,直到 $\Sigma=0$,停止插补。插补轨迹如图 5.4 所示。

表 5-1 直线插补计算过程

步数	插补步骤			
	偏差判别	进给方向	偏差计算	终点判别
1	$F_0=0$	$+X$	$F_1=F_0-Y_e=0-3=-3$	$\Sigma_1=\Sigma_0-1=8-1=7\neq0$
2	$F_1=-3<0$	$+Y$	$F_2=F_1+X_e=-3+5=2$	$\Sigma_2=\Sigma_1-1=7-1=6\neq0$
3	$F_2=2>0$	$+X$	$F_3=F_2-Y_e=2-3=-1$	$\Sigma_3=\Sigma_2-1=6-1=5\neq0$
4	$F_3=-1<0$	$+Y$	$F_4=F_3+X_e=-1+5=4$	$\Sigma_4=\Sigma_3-1=5-1=4\neq0$
5	$F_4=4>0$	$+X$	$F_5=F_4-Y_e=4-3=1$	$\Sigma_5=\Sigma_4-1=4-1=3\neq0$
6	$F_5=1>0$	$+X$	$F_6=F_5-Y_e=1-3=-2$	$\Sigma_6=\Sigma_5-1=3-1=2\neq0$
7	$F_6=-2<0$	$+Y$	$F_7=F_6+X_e=-2+5=3$	$\Sigma_7=\Sigma_6-1=2-1=1\neq0$
8	$F_7=3>0$	$+X$	$F_8=F_7-Y_e=3-3=0$	$\Sigma_8=\Sigma_7-1=1-1=0$,结束

6. 象限处理

前面讨论的为第一象限直线的插补方法。对于四个象限的直线插补,我们规定在计算偏差时,无论哪个象限的直线,都用其坐标的绝对值计算。由此,可得偏差符号和进给方向如图 5.5 所示。当动点位于直线上时,偏差 $F=0$;当动点不在直线上且偏向 Y 轴一侧时,$F>0$;当动点不在直线上且偏向 X 轴一侧时,$F<0$。当 $F\geq0$ 时,应沿 X 轴走步,第一、四象限走 $+X$ 方向,第二、三象限走 $-X$ 方向;当 $F<0$ 时,应沿 Y 轴走步,第一、二象限走 $+Y$ 方向,第三、四象限走 $-Y$ 方向。终点判别也应用终点坐标的绝对值作为计数初值。

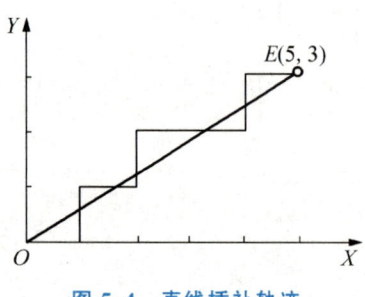

图 5.4 直线插补轨迹   图 5.5 四象限直线插补偏差符号和进给方向

5.2.2 圆弧插补

1. 偏差计算公式

【圆弧插补】

逐点比较插补法进行圆弧加工时，一般以圆心为原点，给出圆弧起点坐标和终点坐标。下面以第一象限逆圆为例，讨论圆弧插补的偏差计算公式。图 5.6 中，已知圆弧的起点 $A(X_a, Y_a)$，终点 $B(X_b, Y_b)$，圆弧半径为 R。

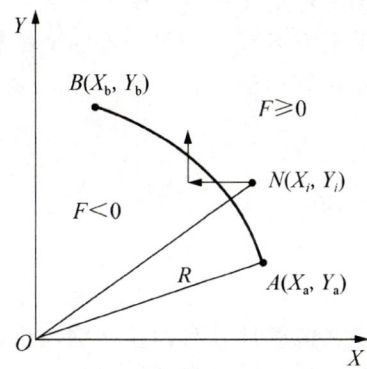

图 5.6 逆圆插补偏差判别区域

设任一动点 N 的坐标为 (X_i, Y_i)，若其位于圆弧上，则下式成立。

$$(X_i^2 + Y_i^2) - R^2 = 0$$

选择判别函数 F 为

$$F = (X^2 + Y^2) - R^2 \tag{5-4}$$

其中，X 和 Y 为第一象限内任一动点坐标。根据动点所在区域，有下列三种情况。

(1) $F > 0$，表示动点在圆弧外。
(2) $F = 0$，表示动点在圆弧上。
(3) $F < 0$，表示动点在圆弧内。

2. 进给方向

为了使加工点逼近圆弧，对第一象限逆圆的圆弧插补进给方向规定如下。

当 $F \geqslant 0$ 时，动点在圆上或圆外，向 $-X$ 方向进给一步。
当 $F < 0$ 时，动点在圆内，向 $+Y$ 方向进给一步。
每走一步后，计算一次判别函数，作为下一步进给的依据，就可以实现第一象限逆时针方向的圆弧插补。

由于偏差判别函数中有平方计算，采用递推方法进行简化。经第 i 次插补后动点 $N(X_i, Y_i)$ 的 F 值为 F_i，则

$$F_i = (X_i^2 + Y_i^2) - R^2$$

若 $F \geqslant 0$，应沿 $-X$ 方向进给一步，则有

$$X_{i+1}=X_i-1, Y_{i+1}=Y_i$$
$$F_{i+1}=(X_{i+1}^2+Y_{i+1}^2)-R^2=(X_i-1)^2+Y_i^2-R^2 \qquad (5-5)$$
$$=F_i-2X_i+1$$

若 $F<0$，应向 $+Y$ 方向进给一步，则有
$$X_{i+1}=X_i, Y_{i+1}=Y_i+1$$
$$F_{i+1}=(X_{i+1}^2+Y_{i+1}^2)-R^2=X_i^2+(Y_i+1)^2-R^2 \qquad (5-6)$$
$$=F_i+2Y_i+1$$

由此可看出，新加工点的偏差可由前一点的偏差及前一点的坐标计算得到，式中只有乘以 2 运算和加减运算，避免了平方运算。而起始点的坐标和加工偏差是已知的，所以新加工点的偏差总可以根据前一点计算得到。

3. 终点判别

终点判别可采用与直线插补相同的方法。

4. 插补计算过程

由上述可见，圆弧插补也存在偏差计算和偏差判别，只是其偏差计算不仅与前一点偏差有关，还与前一点的坐标相关；故在计算偏差的同时，还应算出该点的坐标，以便计算下一点偏差。

【例 5.2】 设 AB 为第一象限逆圆弧，起点坐标为 $A(4,3)$，终点坐标为 $B(0,5)$，用逐点比较法进行插补计算，并给出轨迹图。

解： 开始时刀具的起点坐标位于圆弧上，故 $F_0=0$。终点判别采用总步长法，故初始时 $\Sigma=|4-0|+|5-3|=4+2=6$。

计算过程见表 5-2，每进给一步 Σ 减 1，直到 $\Sigma=0$，停止插补。插补轨迹如图 5.7 所示。

表 5-2 圆弧插补计算过程

步数	插补步骤				
	偏差判别	进给	偏差计算	坐标计算	终点判别
1	$F_0=0$	$-X$	$F_1=F_0-2X_0+1$ $=0-2\times4+1=-7$	$X_1=4-1=3$ $Y_1=3$	$\Sigma_1=\Sigma_0-1=6-1=5\neq0$
2	$F_1=-7<0$	$+Y$	$F_2=F_1+2Y_1+1$ $=-7+2\times3+1=0$	$X_2=3$ $Y_2=3+1=4$	$\Sigma_2=\Sigma_1-1=5-1=4\neq0$
3	$F_2=0$	$-X$	$F_3=F_2-2X_2+1$ $=0-2\times3+1=-5$	$X_3=3-1=2$ $Y_3=4$	$\Sigma_3=\Sigma_2-1=4-1=3\neq0$
4	$F_3=-5<0$	$+Y$	$F_4=F_3+2Y_3+1$ $=-5+2\times4+1=4$	$X_4=2$ $Y_4=4+1=5$	$\Sigma_4=\Sigma_3-1=3-1=2\neq0$

(续)

步数	插补步骤				
	偏差判别	进给	偏差计算	坐标计算	终点判别
5	$F_4=4>0$	$-X$	$F_5=F_4-2X_4+1$ $=4-2\times2+1=1$	$X_5=2-1=1$ $Y_5=5$	$\Sigma_5=\Sigma_4-1=2-1=1\neq0$
6	$F_5=1>0$	$-X$	$F_6=F_5-2X_5+1$ $=1-2\times1+1=0$	$X_6=1-1=0$ $Y_6=5$	$\Sigma_6=\Sigma_5-1=1-1=0$

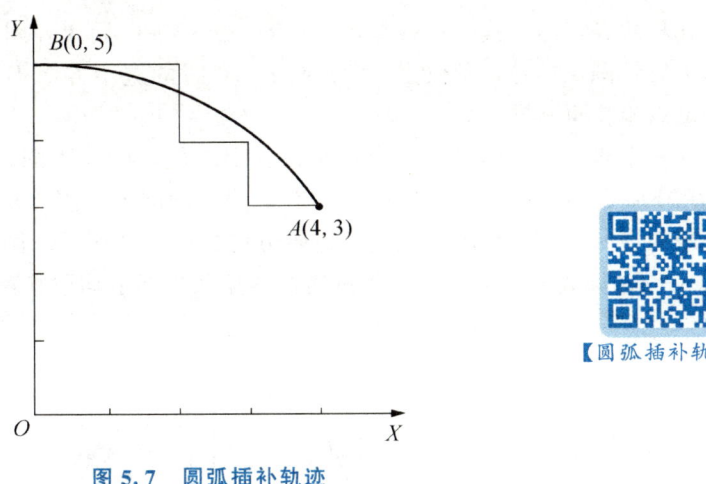

图 5.7　圆弧插补轨迹

【圆弧插补轨迹】

5. 象限处理

以上是第一象限逆圆弧插补的偏差计算函数和进给方向。对于不同象限及不同圆弧走向的圆弧插补，其偏差计算公式和进给方向都不同。例如，用逐点比较法对图 5.8 所示的顺时针圆弧进行插补。圆弧起点为 A，终点为 B，显然当动点在圆弧外侧时，即 $F\geq0$ 应向圆内进给一步 $-Y$；若动点在圆弧内侧，则应向圆外进给一步 $+X$。故得第一象限顺时针圆弧偏差判别函数。

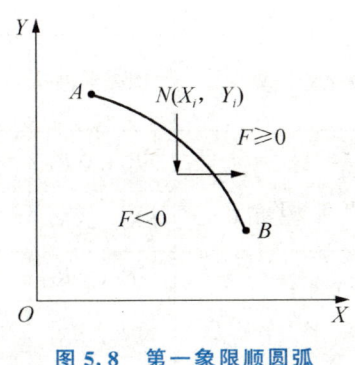

图 5.8　第一象限顺圆弧

若 $F \geqslant 0$,进给一步 $-Y$

$$Y_{i+1} = Y_i - 1, X_{i+1} = X_i$$
$$F_{i+1} = (X_{i+1}^2 + Y_{i+1}^2) - R^2 = (Y_i - 1)^2 + X_i^2 - R^2 \quad (5-7)$$
$$= F_i - 2Y_i + 1$$

若 $F < 0$,进给一步 $+X$

$$X_{i+1} = X_i + 1, Y_{i+1} = Y_i$$
$$F_{i+1} = (X_{i+1}^2 + Y_{i+1}^2) - R^2 = (X_i + 1)^2 + Y_i^2 - R^2 \quad (5-8)$$
$$= F_i + 2X_i + 1$$

比较式(5-7)、式(5-8)与式(5-5)、式(5-6)可见,对于第一象限的顺时针圆弧插补和逆时针圆弧插补,不仅当 $F \geqslant 0$ 或 $F < 0$ 时的进给方向不同,而且插补偏差计算公式中的动点坐标也不同。

在一个坐标平面内,由于圆弧所在象限不同,顺逆不同,圆弧插补可分成 8 种情况。分别用 SR_1、SR_2、SR_3、SR_4 表示四个象限的顺圆弧,用 NR_1、NR_2、NR_3、NR_4 表示四个象限的逆圆弧。四象限圆弧插补进给方向如图 5.9 所示。圆弧插补计算公式和进给方向见表 5-3。同直线插补一样,圆弧插补各象限坐标值均取绝对值。

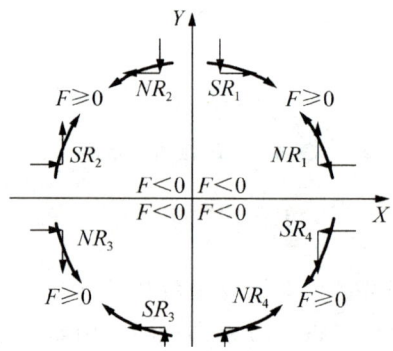

图 5.9 四象限圆弧插补进给方向

表 5-3 圆弧插补计算公式和进给方向

圆弧线型	偏差符号 $F \geqslant 0$		圆弧线型	偏差符号 $F < 0$	
	进给方向	偏差及坐标计算		进给方向	偏差及坐标计算
SR_1、NR_2	$-Y$	$F_{i+1} = F_i - 2Y_i + 1$	SR_1、NR_4	$+X$	$F_{i+1} = F_i + 2X_i + 1$
SR_3、NR_4	$+Y$	$X_{i+1} = X_i, Y_{i+1} = Y_i - 1$	SR_3、NR_2	$-X$	$X_{i+1} = X_i + 1, Y_{i+1} = Y_i$
NR_1、SR_4	$-X$	$F_{i+1} = F_i - 2X_i + 1$	NR_1、SR_2	$+Y$	$F_{i+1} = F_i + 2Y_i + 1$
NR_3、SR_2	$+X$	$X_{i+1} = X_i - 1, Y_{i+1} = Y_i$	NR_3、SR_4	$-Y$	$X_{i+1} = X_i, Y_{i+1} = Y_i + 1$

5.2.3 逐点比较法的合成进给速度

从前面的讨论可知,插补器向各个坐标分配进给脉冲,这些脉冲控制坐标的移动。因此,对于某一坐标而言,进给脉冲的频率就决定了进给速度。以 X 坐标为例,设 f_X 为以"每秒脉冲个数"表示的脉冲频率,v_X 为以"mm/min"表示的进给速度,它们有如下的比例关系。

$$v_X = 60\delta f_X \tag{5-9}$$

式中 δ——脉冲当量,以"mm/脉冲"表示。

各个坐标进给速度的合成线速度称为合成进给速度或插补速度。对三坐标系统来说,合成进给速度 v 为

$$v = \sqrt{v_X^2 + v_Y^2 + v_Z^2} \tag{5-10}$$

式中 v_X、v_Y、v_Z——X、Y、Z 三个方向的进给速度。

合成进给速度直接决定了加工时的粗糙度和精度。我们希望在插补过程中,合成进给速度恒等于指令进给速度或只在允许的范围内变化。但是实际上,合成进给速度 v 与插补计算方法、脉冲源频率及程序段的形式和尺寸都有关系。也就是说,不同的脉冲分配方式,指令进给速度 F 和合成进给速度 v 之间的换算关系各不相同。

现在,我们来计算逐点比较法的合成进给速度。

我们知道,逐点比较法的特点是脉冲源每产生一个脉冲,不是发向 X 轴(ΔX),就是发向 Y 轴(ΔY)。令 f_g 为脉冲源频率,单位为"每秒脉冲个数",则有

$$f_g = f_X + f_Y \tag{5-11}$$

从而 X 和 Y 方向的进给速度 v_X 和 v_Y(单位为 mm/min)分别为

$$v_X = 60\delta f_X, \quad v_Y = 60\delta f_Y \tag{5-12}$$

合成进给速度 v 为

$$v = \sqrt{v_X^2 + v_Y^2} = 60\delta\sqrt{f_X^2 + f_Y^2} \tag{5-13}$$

当 $f_X = 0$(或 $f_Y = 0$)时,也就是进给脉冲按平行于坐标轴的方向分配时有最大速度,这个速度由脉冲源频率决定,所以称其为脉冲源速度 v_g(实质是指循环节拍的频率,单位为 mm/min)。

$$v_g = 60\delta f_g \tag{5-14}$$

合成进给速度 v 与 v_g 之比为

$$\frac{v}{v_g} = \frac{\sqrt{v_X^2 + v_Y^2}}{v_X + v_Y} = \frac{\sqrt{\dfrac{v_X^2}{v^2} + \dfrac{v_Y^2}{v^2}}}{\dfrac{v_X + v_Y}{v}} = \frac{1}{\sin\alpha + \cos\alpha} \tag{5-15}$$

由式(5-15)可见,编程进给速度确定脉冲源频率 f_g,合成进给速度 v 并不总等于脉冲源速度 v_g,而与角 α 有关。插补直线时,α 为加工直线与 X 轴的夹角;插补圆弧时,为圆心与动点连线和 X 轴的夹角。如图 5.10 所示,$v/v_g = 0.707 \sim 1$,最大合成进给速度与最小合成进给速度之比为 $v_{\max}/v_{\min} = 1.414$。这样的速度变化范围,对一般机床来说可满足要求,所以逐点比较法的进给速度是较平稳的。

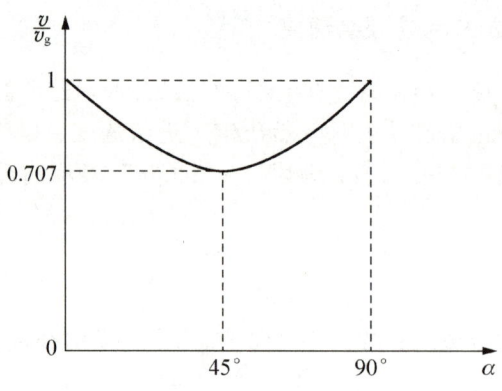

图 5.10　比较法进给速度

阅读材料 5-1

基准脉冲插补

基准脉冲插补法是数控装置在每次插补结束时向各个运动坐标轴输出一个基准脉冲序列，控制机床坐标轴做相互协调的运动，从而加工出具有一定形状的零件轮廓的算法。每个脉冲代表了刀具或工件的最小位移，脉冲的数量代表了刀具或工件移动的位移量。基准脉冲插补算法输出的是脉冲形式，并且每次仅产生一个单位的行程增量，故又称脉冲增量插补算法。而每个单位脉冲对应坐标轴的位移大小，称为脉冲当量。脉冲当量是脉冲分配的基本单位，对应于内部数据处理的一个二进制位，决定了数控机床的加工精度。基准脉冲插补算法比较简单，通常仅需几次加法和移位操作就可完成，比较容易用硬件实现，这也正是硬件数控系统较多采用这种算法的主要原因。当然，也可用软件来模拟硬件实现这类插补运算。属于这类插补算法的有数字脉冲乘法器、逐点比较法、数字积分法及一些相应的改进算法等。一般来讲，此类插补算法适合于中等精度（如 0.1mm）和中等速度（如 1~3m/min）的机床数控系统。

5.3　数字积分法

5.3.1　数字积分法的基本原理

数字积分法又称数字微分分析法。这种插补方法可以实现一次、二次，甚至高次曲线的插补，也可以实现多坐标联动控制。只要输入不多的几个数据，就能加工出圆弧等形状较复杂的轮廓曲线。进行直线插补时，脉冲分配也较均匀。

如图 5.11 所示，设有一函数 $y=f(t)$，求此函数在 $t_0 \sim t_n$ 区间的积分，就是求出此函数曲线与横坐标 t 在区间 (t_0, t_n) 所围成的面积。

$$S = \int_0^t y\,dt \tag{5-16}$$

此面积可以看作许多长方形小面积之和,长方形的宽为自变量 Δt,高为纵坐标 y_i。

$$S = \int_0^t y\,dt = \sum_{i=0}^n y_i \Delta t \tag{5-17}$$

这种近似积分法称为矩形积分法,该公式称为矩形公式。数学运算时,如果取 $\Delta t = 1$,即一个脉冲当量,式(5-17) 可以简化为

$$S = \sum_{i=0}^n y_i \tag{5-18}$$

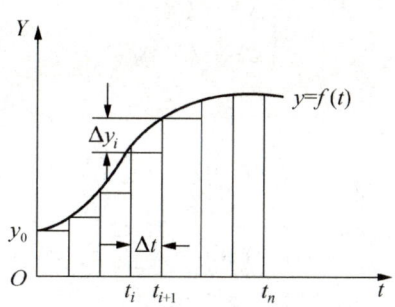

图 5.11 函数 $y = f(t)$ 的积分

由此,函数的积分运算变成了变量求和运算。如果选取的脉冲当量足够小,则用求和运算来代替积分运算引起的误差一般不会超过允许的数值。

5.3.2 数字积分法直线插补

1. 数字积分法直线插补原理

设 XOY 平面内线段 OE,起点为 $(0, 0)$,终点为 (X_e, Y_e),如图 5.12 所示。若以匀速 v 沿 OE 位移,则 v 可分为动点在 X 轴和 Y 轴方向的两个速度 v_X、v_Y,根据前述积分原理计算公式,在 X 轴和 Y 轴方向上微小的位移增量 ΔX、ΔY 应为

$$\begin{cases} \Delta X = v_X \Delta t \\ \Delta Y = v_Y \Delta t \end{cases} \tag{5-19}$$

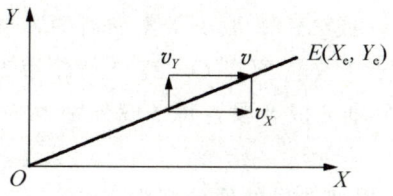

图 5.12 DDA 直线插补

对于直线函数来说，v_X、v_Y 与 v 和 L 满足下式

$$\begin{cases} \dfrac{v_X}{v} = \dfrac{X_e}{L} \\ \dfrac{v_Y}{v} = \dfrac{Y_e}{L} \end{cases}$$

从而有

$$\begin{cases} v_X = k X_e \\ v_Y = k Y_e \end{cases} \tag{5-20}$$

式中 $k = \dfrac{v}{L}$。因此沿坐标轴的位移增量为

$$\begin{cases} \Delta X = k X_e \Delta t \\ \Delta Y = k Y_e \Delta t \end{cases} \tag{5-21}$$

各坐标轴的位移增量为

$$\begin{cases} X = \displaystyle\int_0^t k X_e \mathrm{d}t = k \sum_{i=1}^{n} X_e \Delta t \\ Y = \displaystyle\int_0^t k Y_e \mathrm{d}t = k \sum_{i=1}^{n} Y_e \Delta t \end{cases} \tag{5-22}$$

所以，动点从原点走向终点的过程，可以看作各坐标轴每经过一个单位时间间隔 Δt，分别以增量 $k X_e$、$k Y_e$ 同时累加的过程。据此可以得出直线插补原理，如图 5.13 所示。

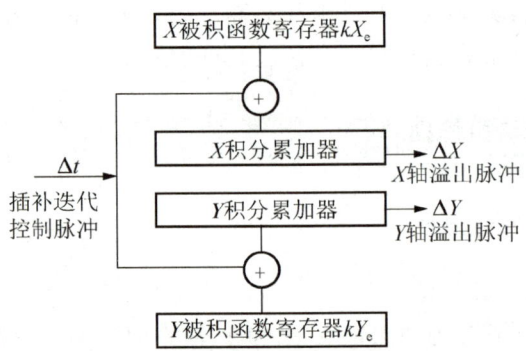

图 5.13　X、Y 平面直线插补原理

平面直线插补器由两个数字积分器组成，每个坐标的积分器由累加器和被积函数寄存器组成。终点坐标值存在被积函数寄存器中，Δt 相当于插补控制脉冲源发出的控制信号。累加的结果有无溢出脉冲 ΔX（或 ΔY），取决于累加器的容量和 $k X_e$（或 $k Y_e$）的大小。

若要产生线段 OE，其起点为坐标原点 O，终点坐标为 $E(7, 4)$。设寄存器和累加器容量为 1，将 $X_e = 7$、$Y_e = 4$ 分别分成 8 段，每一段分别为 7/8、4/8，将其存入 X 和 Y 函数寄存器中。

第一个时钟脉冲来到时，累加器里的值分别为 7/8、4/8，因为不大于累加器容量，所以没有溢出脉冲。

第二个时钟脉冲来到时，X 累加器累加结果为 $7/8 + 7/8 = 1 + 6/8$，因为累加器容量

为1，满1就溢出一个脉冲，所以往 X 方向发出一进给脉冲，余下的 6/8 仍寄存在累加器（故累加器又称余数寄存器）里。Y 累加器中累加为 4/8＋4/8，其结果等于1，Y 方向也进给一步。

第三个脉冲到来时，仍继续累加，X 累积器为 6/8＋7/8＞1，X 方向再走一步，Y 累加器中为 0＋4/8，其结果小于1，无溢出脉冲，Y 向不走步。

2. 累加次数 n 的取值

假设经过 n 次累加后（取 $\Delta t = 1$），X 和 Y 分别（或同时）到达终点 (X_e, Y_e)，则式(5-23)成立，即

$$\begin{cases} X = \sum_{i=1}^{n} kX_e \Delta t = kX_e n = X_e \\ Y = \sum_{i=1}^{n} kY_e \Delta t = kY_e n = Y_e \end{cases} \tag{5-23}$$

由此得到 $nk=1$，即

$$n = \frac{1}{k}$$

式(5-23)表明，比例常数 k 和累加（迭代）次数 n 的关系，由于 n 必须是整数，因此 k 一定是小数。

k 的选择主要考虑每次增量 ΔX 或 ΔY 不大于1，以保证坐标轴上每次分配的进给脉冲不超过一个，也就是说，要使式(5-24)成立，即

$$\begin{cases} \Delta X = kX_e < 1 \\ \Delta Y = kY_e < 1 \end{cases} \tag{5-24}$$

若取寄存器位数为 N 位，则 X_e 及 Y_e 的最大寄存器容量为 (2^N-1)，故有

$$\begin{cases} \Delta X = kX_e = k(2^N-1) < 1 \\ \Delta Y = kY_e = k(2^N-1) < 1 \end{cases} \tag{5-25}$$

所以

$$k < \frac{1}{2^N - 1}$$

一般取

$$k = \frac{1}{2^N}$$

可满足

$$\begin{cases} \Delta X = kX_e = \frac{2^N - 1}{2^N} < 1 \\ \Delta Y = kY_e = \frac{2^N - 1}{2^N} < 1 \end{cases} \tag{5-26}$$

因此，累加次数 n 为

$$n = \frac{1}{k} = 2^N$$

3. 数字积分法直线插补举例

【例 5.3】 设线段 OE，起点在坐标原点，终点的坐标为 (4, 6)。试用数字积分法直线插补此线段。

解：X、Y 被积函数寄存器 $J_{vX}=4$，$J_{vY}=6$，选寄存器位数 $N=3$，则累计次数 $n=2^3=8$，运算过程见表 5-4，插补轨迹如图 5.14 所示。

表 5-4 数字积分法直线插补运算过程

累计次数 n	X 积分器 $J_{RX}+J_{vX}$	溢出 ΔX	Y 积分器 $J_{RY}+J_{vY}$	溢出 ΔY	终点判断 J_E
0	0	0	0	0	0
1	0+4=4	0	0+6=6	0	1
2	4+4=8	1	6+6=8+4	1	2
3	0+4=4	0	4+6=8+2	1	3
4	4+4=8+0	1	2+6=8+0	1	4
5	0+4=4	0	0+6=6	0	5
6	4+4=8+0	1	6+6=8+4	1	6
7	0+4=4	0	4+6=8+2	1	7
8	4+4=8+0	1	2+6=8+0	1	8

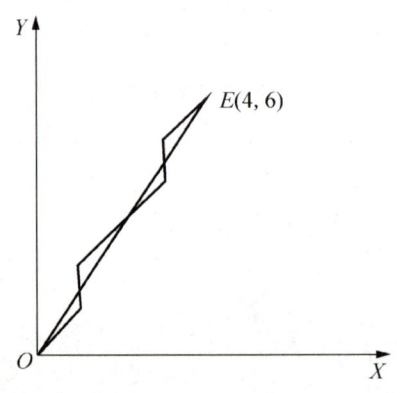

图 5.14 数字积分法直线插补轨迹

5.3.3 数字积分法圆弧插补

1. 数字积分法圆弧插补原理

从前面的叙述可知，数字积分法直线插补的物理意义是使动点沿矢量的方向前进，这同样适合于圆弧插补。

以第一象限为例，设圆弧 AE，半径为 R，起点 $A(X_0, Y_0)$，终点 $E(X_e, Y_e)$，$N(X_i, Y_i)$ 为圆弧上的任意动点，动点移动速度为 v，分速度为 v_X 和 v_Y，如图 5.15 所示。

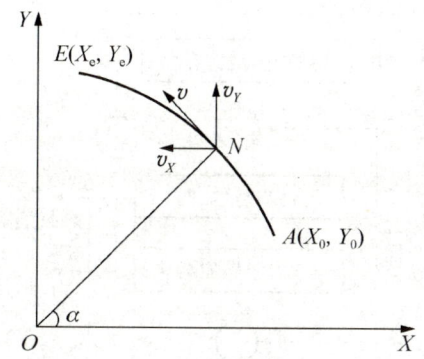

图 5.15　第一象限逆圆弧数字积分法插补

圆弧方程为

$$\begin{cases} X_i = R\cos\alpha \\ Y_i = R\sin\alpha \end{cases} \tag{5-27}$$

动点 N 的分速度为

$$\begin{cases} v_X = \dfrac{\mathrm{d}X_i}{\mathrm{d}t} = -v\sin\alpha = -v\dfrac{Y_i}{R} = -\left(\dfrac{v}{R}\right)Y_i \\ v_Y = \dfrac{\mathrm{d}Y_i}{\mathrm{d}t} = v\cos\alpha = v\dfrac{X_i}{R} = \left(\dfrac{v}{R}\right)X_i \end{cases} \tag{5-28}$$

在单位时间 Δt 内，X、Y 位移增量方程为

$$\begin{cases} \Delta X_i = v_X \Delta t = -\left(\dfrac{v}{R}\right)Y_i \Delta t \\ \Delta Y_i = v_Y \Delta t = \left(\dfrac{v}{R}\right)X_i \Delta t \end{cases} \tag{5-29}$$

当 v 恒定不变时，则有

$$\dfrac{v}{R} = k$$

式中　k——比例常数。故式(5-29)可写为

$$\begin{cases} \Delta X_i = -kY_i \Delta t \\ \Delta Y_i = kX_i \Delta t \end{cases} \tag{5-30}$$

与数字积分法直线插补一样，取累加器容量为 2^N，$k = 1/2^N$，N 为累加器、寄存器的位数，则各坐标的位移量为

$$\begin{cases} X = \int_0^t -kY\mathrm{d}t = -\dfrac{1}{2^N}\sum_{i=1}^n Y_i \Delta t \\ Y = \int_0^t kX\mathrm{d}t = \dfrac{1}{2^N}\sum_{i=1}^n X_i \Delta t \end{cases} \tag{5-31}$$

由此可构成图 5.16 所示的数字积分法圆弧插补原理。

数字积分法圆弧插补与直线插补的主要区别有两点：一是坐标值 X、Y 存入被积函数寄存器 J_{vX}、J_{vY} 的对应关系与直线不同，即 X 不是存入 J_{vX} 而是存入 J_{vY}，Y 不是存入 J_{vY} 而是存入 J_{vX}；二是 J_{vX}、J_{vY} 寄存器中寄存的数值与数字积分法直线插补有本质的区别，直线插补时，J_{vX}（或 J_{vY}）寄存的是终点坐标 X_e 或（Y_e），是常数，而在数字积分法圆弧插补时寄

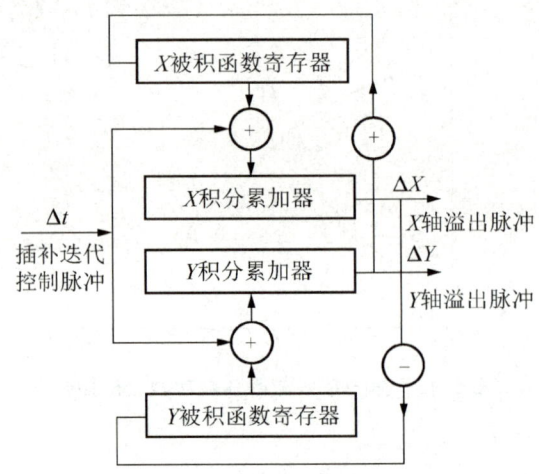

图 5.16 数字积分法圆弧插补原理

存的是动点坐标,是变量。因此在插补过程中,必须根据动点位置的变化来改变 J_{vX} 和 J_{vY} 中的内容。在起点时,J_{vX} 和 J_{vY} 分别寄存的是起点坐标 Y_0、X_0。对于第一象限逆圆来说,在插补过程中,J_{RY} 每溢出一个 ΔY 脉冲,J_{vX} 应该加 1;J_{RX} 每溢出一个 ΔX 脉冲,J_{vY} 应减 1。对于其他各种情况的数字积分法圆弧插补,J_{vX} 和 J_{vY} 是加 1 还是减 1,取决于动点坐标所在的象限及圆弧走向。

数字积分法圆弧插补时,由于 X、Y 方向到达终点的时间不同,需对 X、Y 两个坐标分别进行终点判断。实现这一点可利用两个终点计数器 J_{EX} 和 J_{EY},把 X、Y 坐标所需输出的脉冲数 $|X_0-X_e|$、$|Y_0-Y_e|$ 分别存入这两个计数器中,X 和 Y 积分累加器每输出一个脉冲,相应的减法计数器减 1,当某一个坐标的计数器为零时,说明该坐标已到达终点,停止该坐标的累加运算。当两个计数器均为零时,圆弧插补结束。

2. 数字积分法圆弧插补举例

【例 5.4】 设有第一象限逆圆弧 AE,起点 $A(5,0)$,终点 $E(0,5)$,设寄存器位数 N 为 3,试用数字积分法圆弧插补此圆弧。

解: X、Y 被积函数寄存器 $J_{vX}=0$,$J_{vY}=5$,寄存器位数 $N=3$,则累计次数 $n=2^3=8$,运算过程见表 5-5,插补轨迹如图 5.17 所示。

表 5-5 数字积分法圆弧插补运算过程

累计次数 n	X 积分器				Y 积分器			
	J_{vX}	J_{RX}	ΔX	J_{EX}	J_{vY}	J_{RY}	ΔY	J_{EY}
0	0	0	0	5	5	0	0	5
1	0	0	0	5	5	5	0	5
2	0	0	0	5	5	8+2	1	4
3	1	1	0	5	5	7	0	4

(续)

累计次数 n	X 积分器				Y 积分器			
	J_{vX}	J_{RX}	ΔX	J_{EX}	J_{vY}	J_{RY}	ΔY	J_{EY}
4	1	2	0	5	5	8+4	1	3
5	2	4	0	5	5	8+1	1	2
6	3	7	0	5	5	6	0	2
7	3	8+2	1	4	5	8+3	1	1
8	4	6	0	4	4	7	0	1
9	4	8+2	1	3	4	8+3	1	0
10	5	7	0	3	停		0	0
11	5	8+4	1	2	3			
12	5	8+1	1	1	2			
13	5	6	0	1	1			
14	5	8+3	1	0	1			
15	5	停	0	0	0			

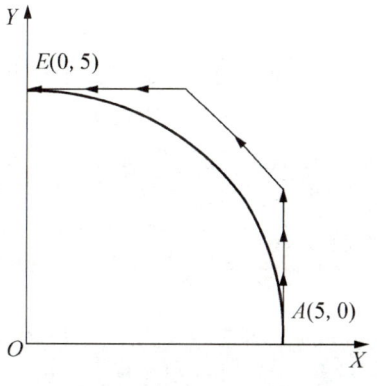

图 5.17 数字积分法圆弧插补轨迹

【数字积分法圆弧插补轨迹】

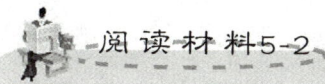

数据采样插补

数据采样插补又称时间增量插补或数字增量插补。这类算法插补结果输出的不是脉冲，而是标准二进制数字。根据编程中的进给速度，把轮廓曲线按插补周期分割为一系列微小线段，然后输出这些微小线段对应的位置增量数据，以控制伺服系统实现坐标轴的进给。由于这些线段是按一定的时间周期来进行分割的，因此此插补算法也称时间分割法。一般来说，分割后得到的这些小线段相对于系统精度来讲仍然是比较大的。为此，必须进一步进行数据点的密化工作。通常称微小线段的分割过程是粗插补，而后进一步密化的过程是精插补。通过两者的紧密配合即可实现高性能的轮廓插补。此插补算法主要用于交、直流伺服电动机驱动的闭环及半闭环数控系统，也可用于步进电动机开环数控系统。

数据采样插补算法的特点如下。

（1）插补程序以一定的时间间隔（插补周期）运行，在每个插补周期内，根据进给速度计算出各坐标轴在下一插补周期内的位移增量（数字量）。其基本思想是用直线段（内接弦线、内外均差弦线切线）来逼近曲线。

（2）插补运算速度与进给速度无严格的关系，可达到较高的进给速度。

（3）实现算法较基准脉冲插补复杂，对计算机运算速度有一定要求。

软件、硬件相配合的两级插补法如下。

（1）软件粗插补：在给定起点和终点的曲线之间插入若干个点，即用若干条微小线段来逼近给定曲线，粗插补在每个插补计算周期计算一次。

（2）硬件精插补：在粗插补计算处的每一条微小线段上再做数据点的密化工作，这一步相当于对直线的基准脉冲插补。

在早期的硬件数控系统中，插补过程是由一个专门完成脉冲分配计算（即插补运算）的计算装置——插补器完成的，而在计算机数控系统中，既可以全部由软件实现，也可以由软、硬件结合完成。显然，第一种方法速度快，但电路复杂，并且调整和修改都相当困难，缺乏柔性；第二种方法虽然比第一种方法速度慢，但调整方便，特别是计算机处理速度的不断提高，为缓和速度矛盾创造了有利条件。插补是实时性很强的工作，每个中间点的计算时间直接影响系统的控制速度，中间点坐标的计算精度又影响整个数控系统的精度。因此，插补算法对整个系统的指标至关重要。有关插补算法的问题，除了要保证插补计算的精度之外，还要求算法简单。所以，寻求一种简便、有效的插补算法一直是科研人员努力的方向。

5.4 插补的实现

插补算法可以采用硬件逻辑电路实现，也可以利用软件实现。下面以第一象限直线为例说明逐点比较法直线插补的硬件实现方法和软件实现方法。

5.4.1 硬件逻辑实现直线插补

硬件插补速度快，若采用大规模集成电路制作的插补器专用芯片，可靠性高，因此一些数控系统用硬件实现插补。

由硬件完成逐点比较法的四个节拍，至少需要四个移位寄存器参加运算，它们是偏差寄存器 J_F、坐标寄存器 J_X 和 J_Y、终点寄存器 J_Σ。偏差寄存器 J_F，存放寄存器每次偏差的结果，即 F_i 值；坐标寄存器 J_X 和 J_Y，分别存放终点坐标 X_e 和 Y_e；终点寄存器 J_Σ，寄存

X 和 Y 所需走的总步数 Σ，作为终点判别值。

逐点比较法直线插补的逻辑框图如图 5.18 所示。图中的三个移位寄存器 J_X、J_Y 和 J_F 与全加器 Q 及送数门 Y_5、Y_6 和 H_1 一起用来实现偏差运算。偏差判别由 T_F 触发器实现，产生的控制信号作为进给和计算的依据。终点减法计数器 J_Σ 对终判值减 1 计数，由终点判别触发器 T_Σ 判别是否到达终点。

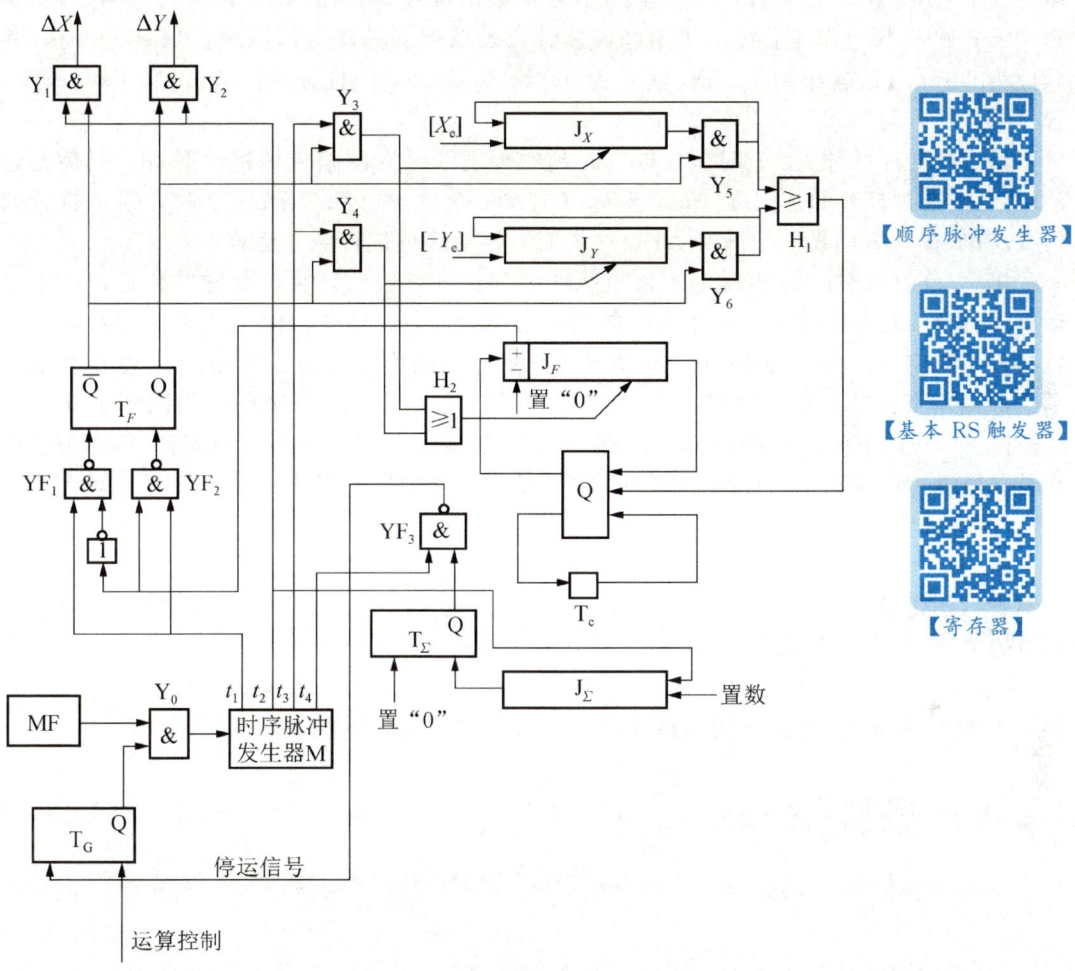

图 5.18　逐点比较法直线插补的逻辑框图

四个工作节拍的先后控制顺序由时序脉冲发生器 M 对脉冲源 MF 发出的进给脉冲进行转换后实现。MF 是控制进给速度的可变脉冲发生器，坐标轴进给速度 v(mm/min) 由 MF 的脉冲重复频率 f_{MF} 决定，即

$$v = 60 f_{MF} \delta$$

式中　δ——脉冲当量。

根据加工编程速度 F 的范围调整 MF，并决定 f_{MF} 的范围，从而正确控制进给速度。

加工开始时首先将插补所需步数送进相应的寄存器中，J_X 中置入 X_e，J_Y 中置入 $-Y_e$ 的补码，J_F 清"0"，J_Σ 中置入总步数 Σ。MF 每发出一个脉冲，应进行一次插补运算。插补开始的"运算控制"信号使运算开关 T_G 触发器置 1，打开了与门 Y_0。MF 发出的脉冲就到达时序脉冲发生器 M，经 M 转发为四个先后顺序的时序脉冲序列 t_1、t_2、t_3、t_4，按顺序完成一次插补运算过程的四个节拍，即分别对应于偏差判别、进给、偏差计算和终点判别。具体工作过程如下。

第一个脉冲时序 t_1：t_1 时刻完成偏差值函数 F 符号的判别，把 J_F 寄存器中 F 的符号位通过两个与非门（YF_1 或 YF_2）中的一个送到偏差符号触发器 T_F 中，从而根据 T_F 的状态判别出 F 的符号，作为后续的进给和偏差计算的依据。具体工作原理：当 $F \geq 0$ 时，其符号位为"0"，YF_1 输出为 1，YF_2 输出为 0，给 T_F 置"0"，打开与门 Y_1；当 $F < 0$ 时，T_F 置"1"，打开与门 Y_2。

第二个时序脉冲 t_2：t_2 时刻根据 t_1 时刻的判别结果发出相应的进给脉冲。具体是，当 $F \geq 0$ 时，通过打开的与门 Y_1 向 X 坐标方向发一个脉冲 ΔX；当 $F < 0$ 时，通过打开的与门 Y_2 向 Y 坐标方向发一个脉冲 ΔY。在 t_2 时刻还对终值进行减 1 运算。

第三个时序脉冲 t_3：t_3 是一个移位脉冲序列，进行偏差计算，其脉冲数目取决于参与运算的寄存器位数。当 $F \geq 0$ 时，T_F 的 $\overline{Q}=1$，将与门 Y_4 打开，使 t_3 送往 J_Y 寄存器，同时也打开了与门 Y_6，在移位脉冲的推动下，J_Y 和 J_F 中的内容逐位进入全加器 Q 中相加，结果送回偏差寄存器 J_F 中，同时从 J_Y 中移出的 $-Y_e$ 的补码值经自循环线仍回到 J_Y 中，完成 $J_F + J_Y \rightarrow J_F$（即 $F - Y_e$）的运算。同理，当 $F < 0$ 时，T_F 的 $Q=1$，将与门 Y_3 和 Y_5 打开，在移位脉冲 t_3 的推动下，J_X 和 J_F 中的内容逐位进入全加器 Q 中相加，结果送回偏差寄存器 J_F，J_X 中移出的内容 X_e 经自循环再回到 J_X 中，完成 $J_F + J_X \rightarrow J_F$（即 $F + X_e$）的运算。

第四个时序脉冲 t_4：在 t_4 时刻进行终点判别，终点判别值 Σ 寄存在 J_Σ 中，每发一个进给脉冲（不论是 ΔX 还是 ΔY），在 t_2 时刻已使 J_Σ 减 1，当 J_Σ 中存数为零时便插补到终点。J_Σ 中的"0"使终点触发器置 T_Σ 于"1"，待 t_4 到来时即发出触发完成信号，通过与非门 YF_3 使运算开关 T_G 触发器翻转为"0"状态，关闭时序脉冲，插补运算停止。如果未到终点，T_Σ 没有响应，t_4 不起作用，待到下一个 MF 的进给脉冲到来。

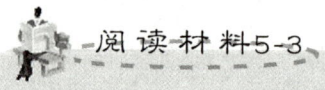

步进电动机

步进电动机是将电脉冲信号转变为角位移或线位移的开环控制元件。电动机的转速、停止的位置只取决于脉冲信号的频率和脉冲数，即给电动机加一个脉冲信号，电动机则转过一个步距角。这一线性关系的存在，加上步进电动机只有周期性的误差而无累积误差等特点，使得其在速度、位置等领域的控制变得非常简单。下面以三相励磁绕组、转子为四个齿的步进电动机简述其工作原理（图 5.19）。

A 相通电，转子 1、3 齿和 A 相轴线对齐；同理，B 相通电，转子 2、4 齿和 B 相轴线对齐，相对 A 相通电位置转了 30°；C 相通电再转 30°。步进电动机的工作方式可分为：三相单三拍（正转时 A→B→C→A，反转时 A→C→B→A）、三相单双六拍（正转时 A→AB→B→BC→C→CA→A，反转时 A→AC→C→CB→B→BA→A）、三相双三拍（正转时 AB→BC→CA→AB，反转时 AC→CB→BA→AC）等。"单"是指三相绕组中每次只有一相通电。"拍"是指从一种通电状态转换为另一种通电状态，如从 A 相通电转为 B 相通电称为一拍。

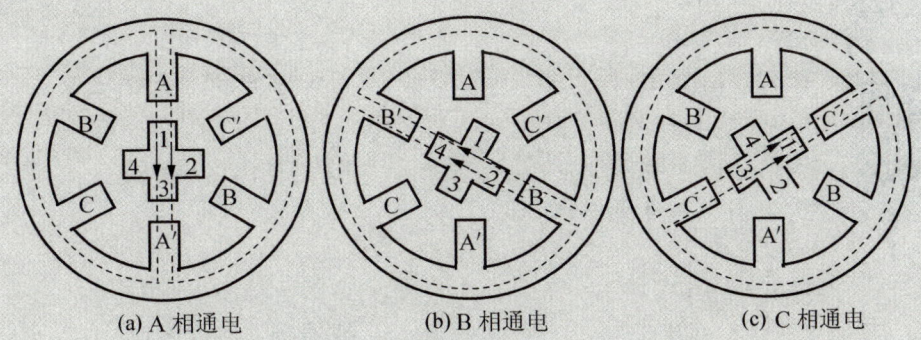

(a) A 相通电　　　　　(b) B 相通电　　　　　(c) C 相通电

图 5.19　三相步进电动机工作原理

图 5.20 为步进电动机控制系统框图。

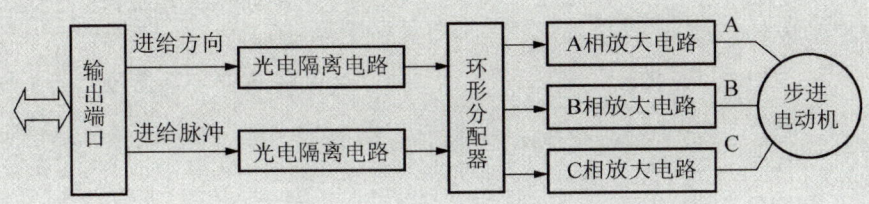

图 5.20　步进电动机控制系统框图

5.4.2　软件实现直线插补

软件实现插补，灵活方便，但相比硬件插补速度较慢。下面根据第一象限直线插补的计算框图（图 5.3）分析插补程序。

程序用 MCS-51 单片机汇编语言编写，插补用到的各寄存器在内部 RAM 中的分配如下：4FH50H——终判值，4DH4EH——X_e，4BH4CH——Y_e，49H4AH——偏差值 F，47H——Y 电动机状态字，48H——X 电动机状态字。其中，终判值为绝对值，X_e、Y_e 和 F 为二进制补码，以大地址格式（低字节地址单元存放高位数据）存放各种数据。

插补程序如下。

```
LP:     MOV     SP,#60H         ;定义堆栈指针
        MOV     4AH,#00H        ;偏差单元清零
        MOV     49H,#00H
        MOV     48H,#01H        ;初始化 XY 电动机
        MOV     47H,#02H
```

【指令格式和寻址方式】

【数据传送类指令】

【运算类指令】

【控制转移类指令】

```
            MOV   A,4EH           ;计算终点判别,X_e+Y_e的低位
            ADD   A,4CH
            MOV   50H,A
            MOV   A,4DH           ;X_e+Y_e的高位
            ADDC  A,4BH           ;低位相加,可能产生进位
            MOV   4FH,A
            MOV   A,#03H          ;XY电动机上电
            MOV   DPTR,#0030H
            MOVX  @DPTR,A
    LP2:    ACALL DL0             ;延时子程序
            MOV   A,49H           ;取偏差F的高8位
            JB    ACC.7,LP4       ;偏差F<0,去LP4
            ACALL XMP             ;F≥0,调X电动机正转子程序
            CLR   C               ;计算新偏差F值,F=F-Y_e
            MOV   A,4AH
            SUBB  A,4CH           ;可向高位字节借位
            MOV   4AH,A
            MOV   A,49H
            SUBB  A,4BH
            MOV   49H,A
    LP3:    CLR   C               ;终判值减1
            MOV   A,50H
            SUBB  A,#01H          ;可向高位字节借位
            MOV   50H,A
            MOV   A,4FH
            SUBB  A,#00H          ;考虑低位字节借位
            MOV   4FH,A           ;终判值判零
            ORL   A,50H
            JNZ   LP2             ;终判值不为零,去LP2,
            LJMP  0000H           ;插补结束返回
    LP4:    ACALL YMP             ;Y电动机正转子程序
            MOV   A,4AH           ;算新偏差F值,F=F+X_e
            ADD   A,4EH
            MOV   4AH,A
            MOV   A,49H
            ADDC  A,4DH
            MOV   49H,A
            SJMP  LP3
```

阅读材料5-4

软件环形分配器（X 电动机正转）

口地址 0030H 与 XY 三相步进电动机相线关系见表 5-6。

表 5-6　口地址 0030H 与 XY 三相步进电动机相线关系

P7	P6	P5	P4	P3	P2	P1	P0
Yc	Xc		Yb	Xb		Ya	Xa

X 电动机正转程序如下。

```
XMP:   MOV   A,48H           ;取 X 电动机当前状态字(0000 0001B)
       CLR   C                ;0→(CY)
       RRC   A                ;带进位右移,(CY)和(A)中数据为(1 0000 0000)
       RRC   A                ;(CY)和(A)中数据为(0 1000 0000)
       RRC   A                ;(CY)和(A)中数据为(0 0100 0000)
XMP2:  CPL   A                ;(A)取反,数据为(1011 1111)
       ANL   A,#49H           ;(1011 1111 和 0100 1001 相与为(0000 1001)
       MOV   48H,A            ;保存 X 电动机状态字,作为下次转动的基准
XMP4:  MOV   DPTR,#0030H
       MOVX  @DPTR,A
       RET
XMM:   MOV   A,48H
       CLR
       RLC   A
       RLC   A
       RLC   A
       SJMP  XMP2
```

Y 电动机正转程序可参照以上程序编写。

【累加器循环移位指令】

本章小结

本章关于数控系统的插补原理中，介绍了逐点比较法和数字积分法的基本理论，以及逐点比较法直线插补的实现方法。

(1) 插补：插补的概念。

(2) 逐点比较法插补：逐点比较法的基本概念，插补的四个节拍，逐点比较法直线插补和圆弧插补的基本原理及计算过程。

(3) 数字积分法插补：数字积分法的基本概念，数字积分法直线插补和圆弧插补的基本原理及计算过程。

(4) 数控插补的实现：逐点比较法直线插补的硬件实现方法和软件实现方法。

思 考 题

1. 何谓插补？有哪两类插补算法？
2. 逐点比较法插补包括哪几个步骤？
3. 欲加工第一象限线段 OE，起点为原点，终点坐标为（5，7），用逐点比较法进行插补计算，并画出轨迹图。
4. 欲加工第一象限逆时针圆弧 AB，已知起点 $A(4,0)$，终点 $B(0,4)$，用逐点比较法进行插补计算，并画出轨迹图。
5. 用熟悉的计算机语言编写第一象限逐点比较法直线插补程序。
6. 试述数字积分法插补的原理。
7. 设线段 OA，起点在坐标原点，终点 A 的坐标为（3，5），试用数字积分法插补此线段。
8. 欲加工第一象限逆时针圆弧 AE，起点 $A(7,0)$，终点 $E(0,7)$，设寄存器位数为 4，用数字积分法插补此圆弧。
9. 根据阅读材料 5-4，编写 Y 电动机脉冲软件环形分配的程序。

第 6 章 计算机数控装置

 本章教学要点

知识要点	掌握程度	相关知识
计算机数控系统的组成及工作过程	了解计算机数控系统的组成； 掌握计算机数控系统的工作过程	计算机数控系统的组成； 计算机数控系统的功能； 计算机数控系统的工作过程
计算机数控装置的硬件结构	了解计算机数控装置的硬件结构； 掌握单微处理器结构和多微处理器结构的组成与特点； 了解开放式数控系统	计算机数控装置的硬件结构； 单微处理器结构的特点； 多微处理器结构的特点； 开放式数控系统的类型及特点
计算机数控装置的软件结构	了解计算机数控装置的软硬件界面； 熟悉计算机数控装置的软件结构特点； 掌握计算机数控装置的软件结构模式； 掌握计算机数控装置的软件工作过程	计算机数控装置的软硬件界面； 多任务与并行处理； 前后台型结构模式； 计算机数控装置的软件工作过程
数控装置接口	掌握西门子 SINUMERIK 802C base line 数控系统接口定义及作用； 掌握华中世纪星 HNC-21 数控系统接口定义及作用	SINUMERIK 802C base line 数控系统与外部设备的连接，接口种类与信号定义； 华中世纪星 HNC-21 数控系统与外部设备的连接，接口种类与信号定义

导入案例

《〈中国制造2025〉重点领域技术路线图（2015版）》已发布。路线图围绕经济社会发展和国家安全重大需求，选择十大战略产业实现重点突破，力争到2025年处于国际领先地位或国际先进水平。作为十大领域之一，高档数控机床和机器人的发展目标、方向及重点领域明晰。

在高档数控系统方面，重点开发多轴、多通道，高精度插补、动态补偿和智能化编程，具有自监控、维护、优化、重组等功能的智能型数控系统；提供标准化基础平台，允许开发商、不同软硬件模块介入，具有标准接口、模块化、可移植性、可扩展性及可互换性等功能的开放型数控系统。

国内企业机器人控制器产品已经较成熟，控制系统的开发涉及较多的核心技术，包括硬件设计、底层软件技术、上层功能应用软件等，随着技术和应用经验的积累，国内机器人控制器所采用的硬件平台和国外产品相比，差距主要体现在控制算法和二次开发平台的易用性方面。

图6.01所示为武汉华中数控股份有限公司生产的产品。

图6.01 华中数控产品

6.1 计算机数控系统的组成及工作过程

6.1.1 计算机数控系统的组成

计算机数控系统是用计算机通过执行其存储器内的程序来完成数控要求的部分或全部功能，并配有接口电路、伺服驱动的一种专用计算机系统。它根据输入的加工程序

（或指令），由计算机进行插补运算，形成理想的运动轨迹，而插补计算出的位置和运行速度数据输出到伺服单元，控制电动机带动执行机构，加工出所需要的零件。

计算机数控系统是在硬件数控系统的基础上发展起来的，部分或全部控制功能是通过软件实现的，只需更改相应的控制程序，即可改变其控制功能，而无需改变硬件电路。因而，计算机数控系统有很好的通用性和灵活性，即所谓的"柔性"。

计算机数控系统通常由操作面板、输入/输出设备、计算机数控装置、PLC、主轴驱动装置和进给驱动装置等组成，如图 6.1 所示。

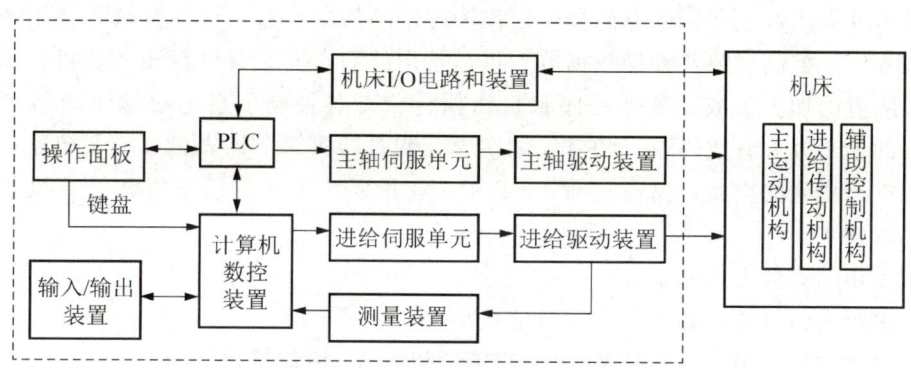

图 6.1 计算机数控系统的组成

1. 操作面板

操作面板是操作人员与机床数控系统进行信息交流的工具，由按钮、状态灯、按键阵列（功能与计算机键盘类似）和显示器组成。数控系统一般采用集成式操作面板，分为三大区域，即显示区、数控键盘区和机床控制面板区，如图 6.2 所示。

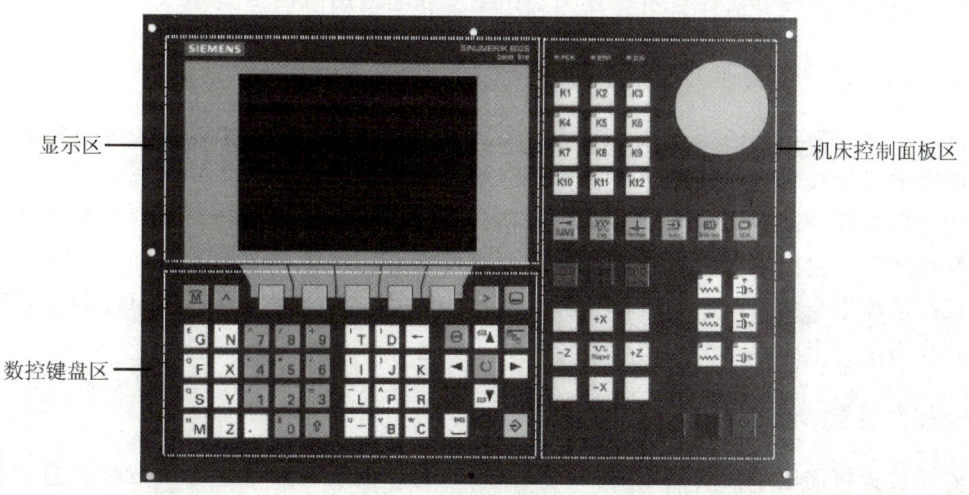

图 6.2 数控系统操作面板

显示器一般位于操作面板的左上部，用于菜单、系统状态、故障报警的显示和加工轨迹的图形仿真。较简单的显示器只有若干个数码管，显示信息也很有限，较高级的系统一般配有 LCD 显示器或点阵式液晶显示器，显示的信息较丰富。经济型和普及型的数控系统的显示器只能显示字符，高性能的数控系统的显示器能显示图形。

数控键盘包括标准化的字母数字式 MDI 键盘和一些功能键，用于零件程序的编制、参数输入、手动数据输入和系统管理操作等。

2. 输入/输出装置

计算机数控系统对机床进行自动控制所需的各种外部控制信息及加工数据都是通过输入设备送入计算机数控装置的存储器中，作为控制的依据。输入计算机数控装置的信息有零件加工程序、控制参数及补偿数据等。目前常用的输入方式有键盘输入和接口输入。计算机数控装置的加工参数、零件程序和机床执行状态等控制信息通过输出设备打印和显示。常用的输出方式有数码管、CRT、液晶单元和打印机等。计算机数控系统还可以用通信的方式进行信息的交换，这是实现 CAD/CAM 集成、柔性制造系统和计算机集成制造系统的基本技术。

通常采用的通信方式如下。

（1）串行通信（RS-232 等串行通信接口）。

（2）自动控制专用接口和规范（DNC 接口和 MAP 通信接口等）。

（3）网络技术（Internet 和 LAN 等）。

3. 数控机床用可编程控制器

数控机床的控制在数控侧有各坐标轴的运动控制和机床侧各种执行机构的逻辑顺序控制。PLC 处于两者之间，对它们的输入、输出信息进行处理，用软件实现机床侧的控制逻辑，即用 PLC 程序代替以往用继电器实现 M、S、T 功能的控制及译码。采用 PLC 提高了计算机数控系统的灵活性、可靠性和利用率，并使结构更加紧凑。

4. 伺服单元

伺服单元分为主轴伺服单元和进给伺服单元，分别用来控制主轴电动机和进给电动机。伺服单元接收来自计算机数控装置的进给指令，这些指令经变换和放大后通过驱动装置转变为执行部件进给的速度、方向和位移。因此，伺服单元是计算机数控装置与机床本体的联系环节，它把来自计算机数控装置的微弱指令信号放大成控制驱动装置的大功率信号。根据接收指令的不同，伺服单元有脉冲单元和模拟单元之分。伺服单元就其系统而言又有开环系统、半闭环系统和闭环系统之分，其工作原理也有差别。

5. 驱动装置

驱动装置将伺服单元的输出变为机械运动，它和伺服单元是计算机数控装置和机床传动部件间的联系环节，它们有的带动工作台，有的带动刀具，通过几个轴的联动，使刀具相对于工件产生各种复杂的机械运动，加工出形状、尺寸与精度符合要求的零件。与伺服单元相对应，驱动装置有步进电动机、直流伺服电动机和交流伺服电动机等。伺服单元和进给驱动装置合称为进给伺服驱动系统，是数控机床的重要组成部分。

6. 计算机数控装置

计算机数控装置由硬件和软件组成。硬件由微处理器、存储器、位置控制、输入/输出接口组成。软件则由系统软件和应用软件组成。软件在硬件的支持下运行，离开软件，硬件便无法工作。在系统软件的控制下，计算机数控装置对输入的加工程序自动进行处理并发出相应的控制指令及驱动控制信号。

6.1.2 计算机数控系统的功能和工作过程

1. 计算机数控系统的功能

现在的计算机数控系统由于普遍采用了微处理器，通过软件可以实现很多功能。不同厂家生产及用在不同设备中的计算机数控系统，功能各异。计算机数控系统的功能通常包括基本功能和选择功能。基本功能是计算机数控系统必备的功能，选择功能是供用户根据机床特点和用途进行选择的功能。计算机数控系统的功能主要有 G 功能和 M 功能。根据计算机数控系统的类型、用途、档次的不同，系统的功能有很大的差别。下面介绍其主要功能。

1）控制功能

计算机数控系统能控制的轴数和能同时控制（联动）的轴数是其主要性能之一。控制轴有移动轴和回转轴。通过轴的联动可以完成轮廓轨迹的加工。一般情况下，数控车床只需二轴控制，二轴联动；数控铣床需要三轴控制、三轴联动或二轴半联动；而加工中心一般为多轴控制，三轴联动。控制轴数越多，特别是同时控制的轴数越多，要求计算机数控系统的功能就越强，同时计算机数控系统就越复杂，编制程序也越困难。

2）G 功能

G 功能用来指定机床的运动方式，包括基本移动、平面选择、坐标设定、刀具补偿、固定循环等。对于点位式的数控机床，如数控钻床、数控冲床等，需要点位移动控制系统。对于轮廓控制的数控机床，如数控车床、数控铣床、加工中心等，需要控制系统有两个或两个以上的进给坐标具有联动功能。

3）插补功能

计算机数控系统是通过软件插补来实现刀具运动轨迹控制的。由于轮廓控制的实时性很强，软件插补的计算速度难以满足数控机床对进给速度和分辨率的要求，同时由于计算机数控系统不断扩展其他方面的功能也要求减少插补计算占用 CPU 的时间。因此，计算机数控系统的插补功能实际上被分为粗插补和精插补。插补软件每次插补一个轮廓步长的数据为粗插补，伺服系统根据粗插补的结果，将轮廓步长分成单个脉冲的输出称为精插补。有的数控机床采用硬件进行精插补。

4）进给功能

根据加工工艺要求，计算机数控系统的进给功能用 F 指令代码直接指定数控机床加工的进给速度。

（1）切削进给速度。切削进给速度指刀具每分钟进给的距离（毫米），如 100mm/min。对于回转轴，以每分钟旋转的角度指定刀具的进给速度。

(2) 同步进给速度。同步进给速度指刀具主轴每转进给的距离（毫米），如 0.02mm/r。只有主轴上装有位置编码器的数控机床才能指定同步进给速度，用于切削螺纹的编程。

(3) 进给倍率。操作面板上设置了进给倍率开关，倍率可以在 0～200% 变化，每挡间隔为 10%。使用倍率开关不用修改程序就可以改变进给速度，并可以在加工工件时随时改变进给速度或在发生意外时随时停止进给。

5) 主轴功能

主轴功能就是指定主轴转速的功能。

(1) 转速的编码方式。一般用 S 指令代码指定，用地址符 S 后加两位或四位数字表示，单位分别为 r/min 和 mm/min。

(2) 指定恒线速。该功能可以保证车床和磨床加工工件端面的质量和在加工不同直径外圆时具有相同的切削速度。

(3) 主轴定向准停。该功能使主轴在径向的某一位置准确停止，有自动换刀功能的机床必须选取有这一功能的计算机数控装置。

6) M 功能

M 功能用来指定主轴的启、停和转向；切削液的开和关；刀库的启和停等，属开关量的控制。它用 M 指令代码表示。现代数控机床一般用 PLC 控制。各种型号的计算机数控装置具有的 M 功能差别很大，而且有许多是自定义的。

7) 刀具功能

刀具功能用来选择所需的刀具。刀具功能字以地址符 T 为首，后面跟两位或四位数字，代表刀具的编号。

8) 补偿功能

补偿功能通过输入到计算机数控系统存储器的补偿量，根据编程轨迹重新计算刀具的运动轨迹和坐标尺寸，从而加工出符合要求的工件。补偿功能主要有以下几种。

(1) 刀具的尺寸补偿，如刀具长度补偿、刀具半径补偿和刀尖圆弧半径补偿。这些功能可以补偿刀具的磨损量，以便换刀时对准正确位置，简化编程。

(2) 丝杠的螺距误差补偿、反向间隙补偿和热变形补偿。通过事先检测出丝杠的螺距误差和反向间隙，并输入到计算机数控系统中，在实际加工中进行补偿，从而提高数控机床的加工精度。

9) 字符、图形显示功能

计算机数控装置可以配置 LED 显示器、单色或彩色 CRT 显示器或 LCD 显示器，通过软件和硬件接口实现字符和图形的显示。通常可以显示程序、参数、各种补偿量、坐标位置、故障信息、人机对话编程菜单、零件图形及刀具实际运动轨迹的坐标等。

10) 自诊断功能

为了防止故障的发生或在发生故障后可以迅速查明故障的类型和部位，以减少停机时间，计算机数控系统中设置了各种诊断程序。不同的计算机数控系统设置的诊断程序是不同的，诊断的水平也不同。诊断程序一般可以包含在系统程序中，在系统运行过程中进行检查和诊断；也可以作为服务性程序，在系统运行前或故障停机后进行诊断，查找故障的部位。有的计算机数控系统可以进行远程通信诊断。

11) 通信功能

为了适应柔性制造系统和计算机集成制造系统的需求,计算机数控装置通常具有 RS-232C 通信接口,有的还备有 DNC 接口,也有的计算机数控装置可以通过 MAP 通信接口接入工厂的通信网络。

12) 人机交互图形编程功能

为了进一步提高数控机床的编程效率,尤其是利用图形进行自动编程来提高编程效率,一般要求现代计算机数控系统具有人机交互图形编程功能。有这种功能的计算机数控系统可以根据零件图直接编制程序,即编程人员只需输入图样上简单表示的几何尺寸就能自动地计算出全部交点、切点和圆心坐标,生成加工程序。

2. 计算机数控系统的一般工作过程

1) 输入

输入计算机数控系统的通常有零件加工程序、机床参数和刀具补偿参数。机床参数一般在机床出厂时或在用户安装调试时已经设定好,所以输入计算机数控系统的主要是零件加工程序和刀具补偿参数。计算机数控系统输入工作方式有存储方式和数控方式。存储方式是将整个零件程序一次全部输入到计算机数控系统的内部存储器中,加工时再从存储器中将一个一个程序调出,该方式应用较多。数控方式是计算机数控系统一边输入一边加工的方式,即在前一程序段加工时,输入后一个程序段的内容。

2) 译码

译码以零件程序的一个程序段为单位进行处理,把其中零件的轮廓信息(起点、终点、直线或圆弧等),F、S、T、M 等信息按一定的语法规则解释(编译)为计算机能够识别的数据形式,并以一定的数据格式存放在指定的内存专用区域。编译过程中还要进行语法检查,发现错误立即报警。

3) 刀具补偿

刀具补偿包括刀具半径补偿和刀具长度补偿。为了方便编程人员编制零件加工程序,以零件轮廓轨迹来编程,与刀具尺寸无关。程序输入和刀具参数输入分别进行。刀具补偿的作用是把零件轮廓轨迹按系统存储的刀具尺寸数据自动转换为刀具中心(刀位点)相对于工件的移动轨迹。

刀具半径补偿包括 B 机能刀具补偿和 C 机能刀具补偿。B 机能刀具补偿一般用在简单、要求不高的计算机数控系统中。在较高档次的计算机数控系统中一般应用 C 机能刀具补偿。C 机能刀具补偿能够实现程序段之间的自动转接和过切削判断等功能。

4) 进给速度处理

数控加工程序给定的刀具相对于工件的移动速度是在各个坐标合成运动方向上的速度,即 F 代码的指令值。速度处理首先要进行的工作是将各坐标合成运动方向上的速度分解为各进给运动坐标方向的分速度,为插补时计算各进给坐标的行程做准备;另外对于机床允许的最低速度和最高速度限制也在这里处理。有的数控机床的计算机数控系统软件的自动加速和减速也放在这里处理。

5) 插补

零件加工程序段中的指令行程信息是有限的。例如,对于加工直线的程序段仅给定起点坐标、终点坐标；对于加工圆弧的程序段除了给定其起点坐标、终点坐标外，还给定其圆心坐标或圆弧半径。要进行轨迹加工，计算机数控系统必须从一条已知起点和终点的曲线上自动进行"数据点密化"的工作，这就是插补。

6）位置控制

位置控制装置位于伺服系统的位置环上，它的主要工作是在每个采样周期内，将插补计算出的理论位置值与实际反馈位置值进行比较，用其差值控制进给电动机。位置控制可由软件完成，也可由硬件完成。

7）I/O 处理

计算机数控系统的 I/O 处理是计算机数控系统与机床之间的信息传递和变换的通道。其作用一方面是将机床运动过程中的有关参数输入计算机数控系统中；另一方面是将计算机数控系统的输出命令（如换刀、主轴变速换挡、加切削液等）变为执行机构的控制信号，实现对机床的控制。

8）显示

计算机数控系统的显示主要是为操作者提供方便，显示装置有 LED 显示器、CRT 显示器和 LCD 显示器，一般位于机床的控制面板上。通常有零件程序的显示、参数的显示、刀具位置显示、机床状态显示、报警信息显示等。有的计算机数控系统还有刀具加工轨迹的静态和动态模拟加工图形显示。

综上所述，计算机数控系统的工作过程如图 6.3 所示。

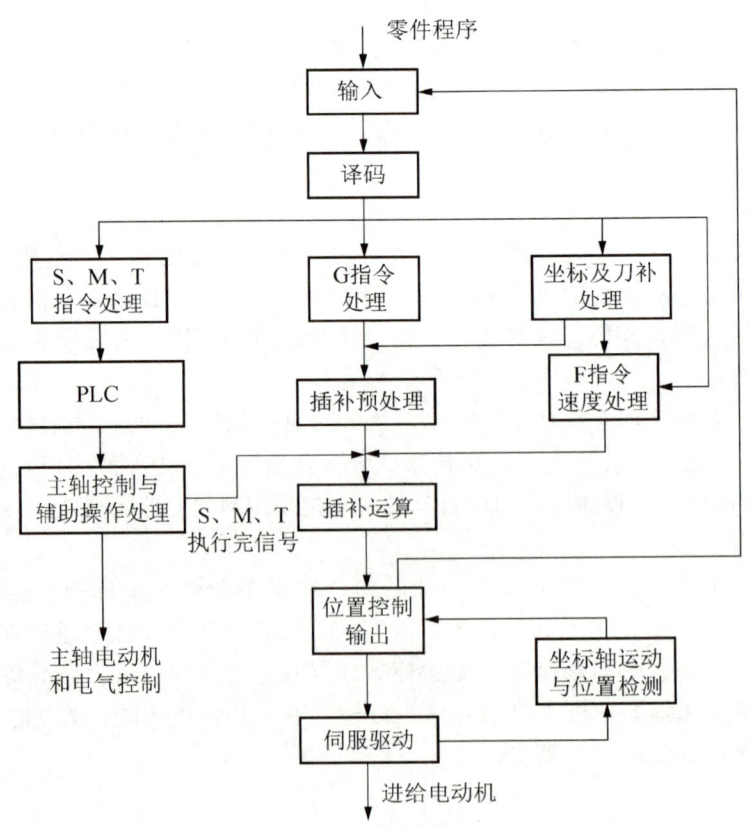

图 6.3　计算机数控系统的工作过程

6.2 计算机数控装置的硬件结构

计算机数控装置的硬件结构一般分为单微处理器结构和多微处理器结构两大类。

从硬件结构上看，最初的计算机数控装置和某些经济型计算机数控装置采用单微处理器系统，随着微机技术的飞速发展，现在生产的标准型数控系统几乎全是多微处理器系统。这是因为机械制造技术的发展，对数控机床提出了复杂功能、高进给速度和高加工精度的要求，以及要适应柔性制造系统、计算机集成制造系统等更高层次的要求，单微处理器系统很难满足这样高的要求。因此，多微处理器结构得到迅速发展，是当今数控系统的主流。

6.2.1 单微处理器数控系统的结构

单微处理器数控系统的特点：以一个 CPU 为核心，CPU 通过总线与存储器及各种接口相连接，采取集中控制，分时处理的工作方式，完成数控加工中各个任务。某些计算机数控系统虽然有两个以上的微处理器（如做浮点运算的协处理器，以及管理键盘的 CPU 等），但只有一个微处理器能控制总线，其他的 CPU 只是附属的专用智能部件，不能控制总线和访问主存储器，它们组成主从结构，仍被归类为单微处理器结构。

单微处理器数控系统具有结构简单，易于实现的特点；但由于只有一个 CPU 控制，功能受字长、数据宽度、寻址能力和运算速度等因素的限制。

单微处理器结构的计算机数控装置由微型计算机系统、位置控制部分、数据的输入/输出及各种接口和外围设备等组成。微型计算机系统的基本结构包括微处理器、总线、I/O 接口、存储器、串行接口等。微处理器通过 I/O 接口和各个功能模块相连。此外数控系统还必须有控制单元部件和接口电路，如位置控制单元、PLC、主轴控制单元、MDI/CRT 接口，以及其他部件接口等。图 6.4 为单微处理器结构的计算机数控装置框图。

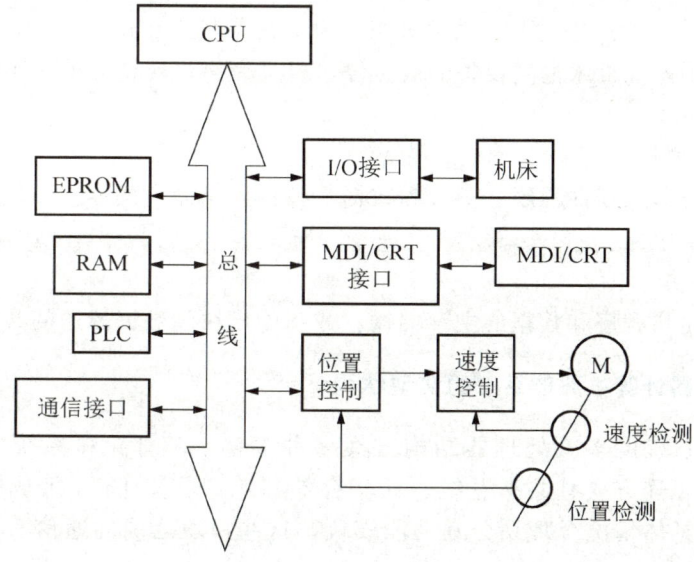

图 6.4　单微处理器结构的计算机数控装置框图

6.2.2 多微处理器数控系统的结构

多微处理器计算机数控系统是把数字控制的任务划分为多个子任务。在硬件方面以多个微处理器配以机床的接口,形成多个子系统,把划分的子任务分配给不同的子系统,由各子系统协调完成数控任务。应注意的是,有的计算机数控系统虽然有两个以上的CPU,但只有一个CPU具有总线控制权,其他的CPU不能控制总线,也不能访问主存储器,它们组成了主从结构。

多微处理器结构的计算机数控装置中,由两个或两个以上的微处理器来构成处理部件和功能模块,处理部件、功能模块之间有紧耦合和松耦合两种方式。采用紧耦合方式,各微处理器构成的处理部件和功能模块有集中的操作系统,资源共享;采用松耦合方式,功能模块间有多重操作系统,能有效地实现并行处理。

1. 多微处理器计算机数控系统的基本功能模块

所有主、从模块都插在配有总线的插座上,系统结构设计常采用模块化技术,可根据具体情况合理划分功能模块,一般包括以下几种模块。

1)计算机数控管理模块

计算机数控管理模块是执行管理和组织整个计算机数控系统工作的功能模块,如系统的初始化、中断管理、总线裁决、系统出错的识别和处理、系统软硬件诊断等。

2)计算机数控插补模块

计算机数控插补模块完成零件程序译码、刀具半径补偿、坐标位移量计算和进给速度处理等插补前的预处理,然后进行插补计算,为各坐标轴提供位置给定值。

3)位置控制模块

位置控制模块对插补后的坐标位置给定值与位置检测元件测量的实际值进行比较,并进行自动加减速和回基准点等处理,最后得到速度控制的模拟电压,去驱动进给电动机。

4)PLC模块

PLC模块对零件程序中的开关功能和来自机床的信号进行逻辑处理,实现各功能和操作方式之间的连锁,如机床电气设备的启、停,刀具交换,转台分度,工件数量和运转时间的计数等。

5)人机接口模块

人机接口模块包括零件程序、参数和数据,各种操作命令的输入、输出、打印、显示所需要的各种接口电路。

6)存储器模块

存储器模块是指程序和数据的主存储器,或功能模块间数据传送的共享存储器。

2. 多微处理器计算机数控系统的典型结构

计算机数控系统的多微处理器结构方案多种多样,随计算机系统结构的发展而变化。多微处理器互连方式有共享总线、共享存储器等。在多CPU组成的计算机数控系统中,可以根据具体情况合理划分其功能模块,这些模块之间的通信有共享总线和共享存储器两种结构。

1) 共享总线结构

以系统总线为中心的多 CPU 计算机数控系统，把组成计算机数控系统的各个功能部分划分为带 CPU 或 DMA（直接内存存取）器件的主模块和不带 CPU 或 DMA 器件的从模块（如各种 RAM 模块、ROM 模块、I/O 模块等）两大类。所有主、从模块都插在配有总线的插座上，共享系统总线。系统总线的作用是把各个模块有效地连接在一起，构成完整的系统，实现计算机数控系统的各种功能。多 CPU 共享总线结构如图 6.5 所示。

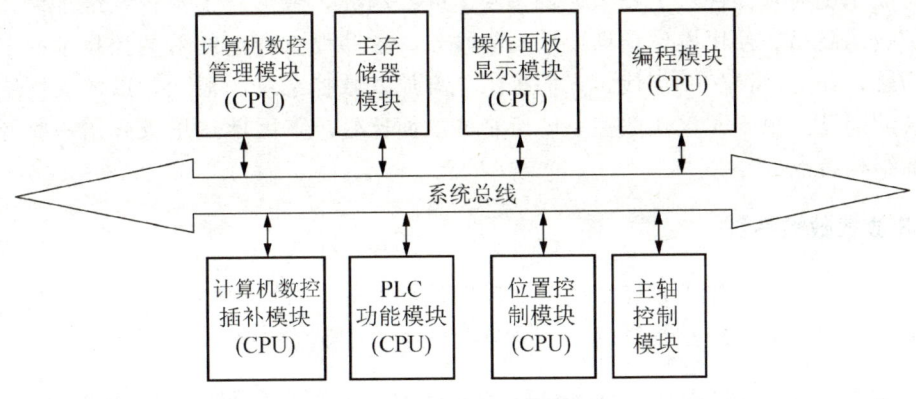

图 6.5　多 CPU 共享总线结构

这种结构中只有主模块有权控制使用系统总线，由于有多个主模块，系统设有总线仲裁电路来裁决多个主模块同时请求使用总线而造成的竞争，以解决某一时刻只能由一个主模块占有总线的矛盾。每个主模块按其负担任务的重要程度，已经预先安排好优先级别。

这种结构中的各主模块共享总线时，会引起竞争，使信息传输效率降低，而且总线一旦出现故障，会影响全局；但由于其结构简单，系统配置灵活，实现容易，无源总线造价低等优点而被广泛运用。

2) 共享存储器结构

在这种结构中，通常采用多端口存储器来实现各 CPU 之间的互联和通信，每个端口都配有一套数据、地址、控制线，以解决端口访问问题。由多端控制逻辑电路解决访问冲突。共享存储器结构如图 6.6 所示。

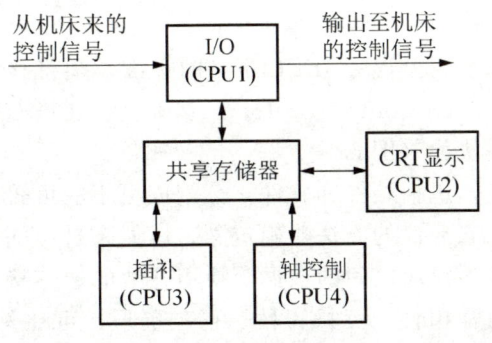

图 6.6　共享存储器结构

当计算机数控系统功能复杂，要求 CPU 多时，会因争用共享存储器而造成传输阻塞，降低系统的运行效率，而且功能复杂，扩展功能较困难。

6.2.3 开放式数控系统的结构

传统的数控系统在过去的几十年里已取得了很大的发展，对制造系统自动化发挥了巨大的作用。但是，传统的数控系统采用了专用的计算机系统，各个厂家的产品互不兼容，这样，构成系统的软硬件对用户来说都是封闭的。因此，就形成了数控系统维修、升级困难，维护费用高昂，使用操作培训要求高等缺点。这些严重地制约着数控技术的发展，基于上述问题，在 20 世纪 90 年代，人们提出了开放式数控系统的概念，以解决传统数控系统所出现的问题。由于开放式数控系统所牵涉的面比较广，因此这里仅介绍一些开放式数控系统的结构特点。

1. 开放式数控系统

从图 6.7 可见，开放式数控系统是面向软件配置的，可以由用户自行定义接口和软件平台，不断将功能集成到控制系统中。

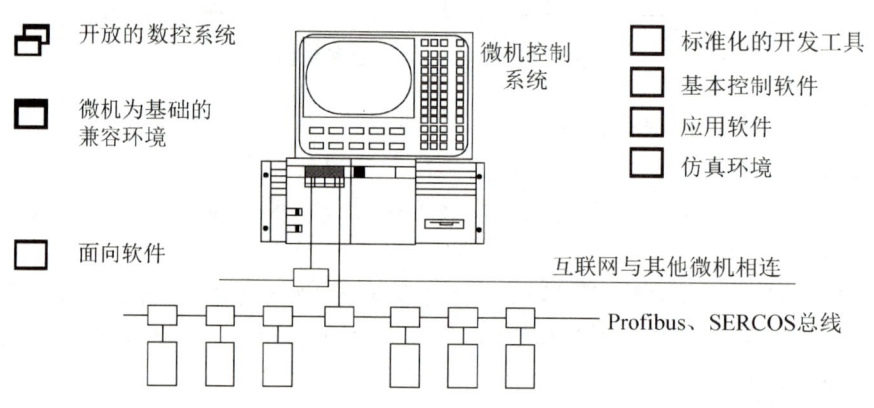

图 6.7 开放式数控系统

初期的开放式数控系统，大部分是基于微机总线开放的系统，但系统结构仍然是面向装置、硬件和软件的，就如当前的工控系统一样，并没有很好地考虑系统的开放性。虽然采用微机的中央处理器和母板，但仍与系统软件、应用软件和硬件紧密相关，复杂又不灵活，如图 6.8 所示。

为了使开放式数控系统完全遵守 IEEE 定义的标准，须将整个系统建立在供应商中性结构（Vendor-Neutral Open Control System）基础上。在供应商中性的开放式数控系统结构后面的核心思想是模块化（图 6.9）。

模块化是把复杂系统（包括硬件和软件）分割成更小的可管理的单元，这些单元的特点是模块的接口需要以无二义性的方法明确定义，以便来自不同供应商的模块可以组合在一起完成一个规定的任务，模块之间的数据交换用开放的通信接口来处理。基于这种结构的开放式数控系统具有可移植性、互操作性、可扩展形、可比例换算、重用性好的特点，而且机床制造厂能够为其数控机床优化选配组件。

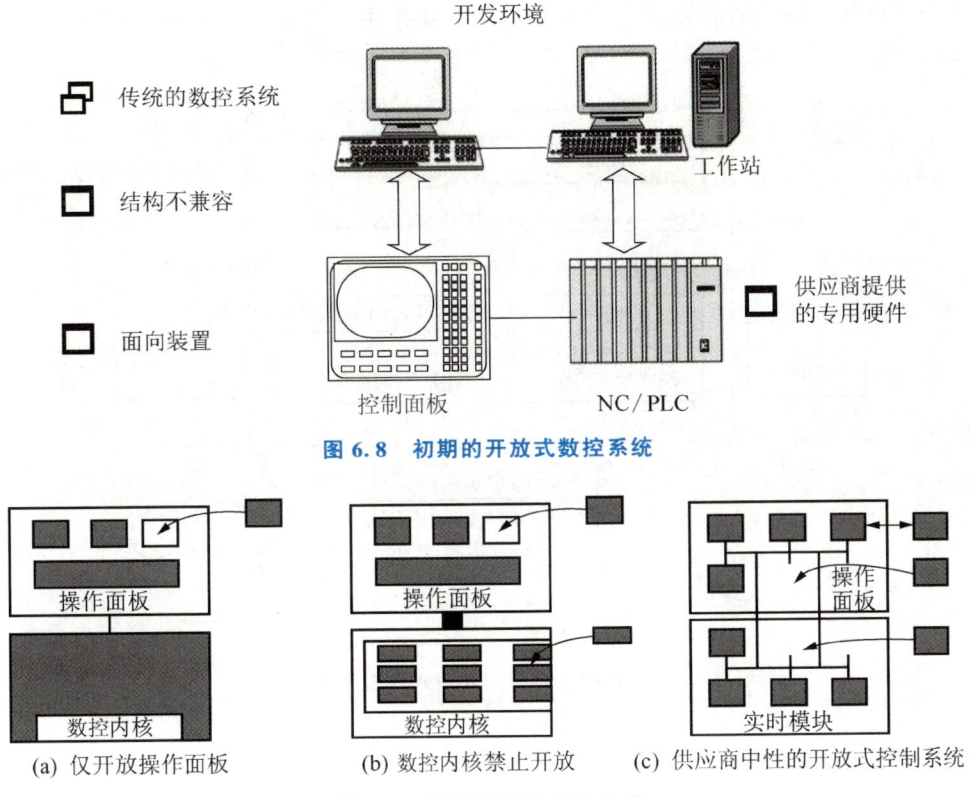

图 6.8 初期的开放式数控系统

(a) 仅开放操作面板　　(b) 数控内核禁止开放　　(c) 供应商中性的开放式控制系统

图 6.9 数控系统的开放分类

2. 开放的程度

数控系统的开放程度可以从以下四个方面加以评价。

(1) 可移植性。系统的应用模块无需经过任何改变就可以用于另一平台,仍然保持其原有性能。

(2) 可扩展性。不同应用模块可在同一平台上运行,相互不发生冲突。

(3) 可协同性。不同应用模块能够协同工作,并以确定的方式交换数据。

(4) 规模可变。应用模块的功能和性能及硬件的规模可按照需要调整。

一般的数控系统的开放程度可划分为以下三种。

(1) 开放人机界面。这种开放就是现在的数控系统对用户是封闭的,仅限于开放数控系统的非实时部分,以及对面向用户的应用做些调整,如 PLC 的编程窗口、键盘的开放等。

(2) 有限度开放数控系统的核心(NC/PLC)。虽然控制核心的拓扑结构是固定的,但可以嵌入包括实时功能的用户专用滤波器等。

(3) 开放控制系统。控制核心的拓扑结构取决于过程,内部可相互交换,规模可变,可移植和协调工作。

实际上,现在有商品化的开放数控系统,然而大多数是属于固定软件的拓扑结构,仍然不符合供应商中性原则,不能通过应用程序接口使第三方软件嵌入数控系统的核心部分，不是完全的开放式数控系统。完整的开放式数控系统还要与上层和下层进行连接，如图 6.10 所示。

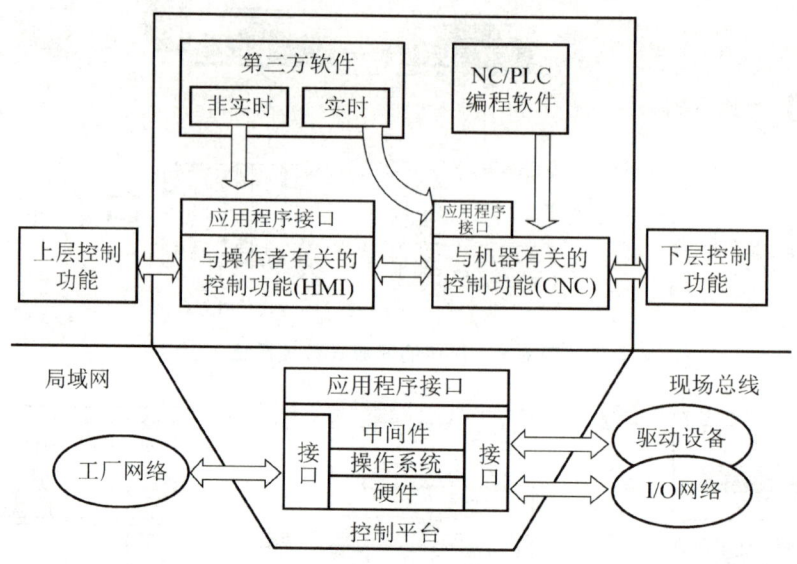

图 6.10　完整的开放式数控系统

3. 控制系统的接口

机床的数控系统是一个高实时性和可靠性要求较高的系统。为了能够控制这种复杂的系统，硬件和软件的接口具有非常重要的意义。开放式的数控系统的接口分为外部接口和内部接口。

外部接口的作用是将控制系统与上层和下层装置及用户连接，可分为编程接口和通信接口。NC/PLC 编程接口是标准化的，如采用 EIA RS-232 等。通信接口遵守有关标准，如现场总线系统可采用 PROFIBUS 等用于各种装置和 I/O 的接口，局域网通常采用互联网和 TCP/IP 协议作为与上层系统的接口。

为了达到可重构和适应性控制，这种控制系统的内部构造建立在平台的概念上。其主要目的是将与硬件有关的细节隐藏起来，以便于软件的开发，建立确定的且在软件模块之间通信的灵活系统。

4. 控制系统的模块化

开放式数控系统的特点是应用软件模块化，首先将传统的"暗箱"转变为逻辑分解的功能模块。在一个系统中将不同的模块以混合匹配的方式协调工作，需要一系列应用程序接口。为了实现供应商中性化的目标，接口需要标准统一。由于模块化的复杂性，首先应该定义系统的结构，即所谓系统平台，如图 6.11 所示。

从图 6.11 可以看出，这种模块化系统与计算机硬件、操作系统和通信方式的专有特征无关，以计算机硬件和系统软件作为平台，利用中间系统设备，可以将不同的应用软件模块组合在一起，在分布式的环境中协调工作。

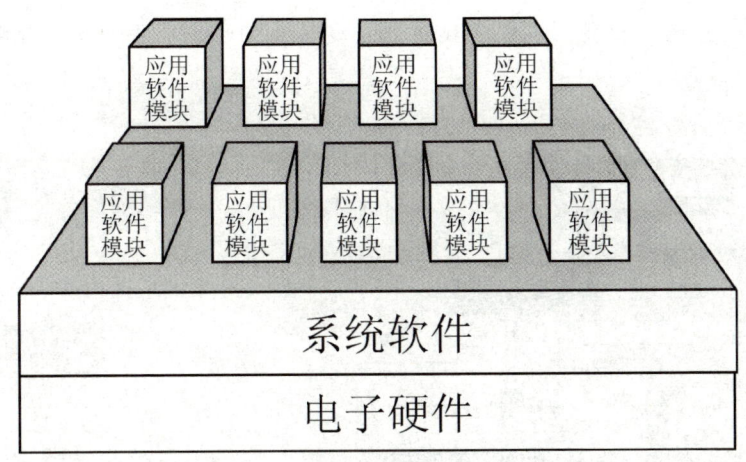

图 6.11 模块化开放式数控系统平台

5. 开放式数控系统的应用

开放式数控系统具有以下优势：①具有强大的适应性和灵活配置能力，能适应各种设备，可灵活配置，随意集成；②控制软件具有及时扩展和连接功能，可以顺应新技术的发展，加入各种新功能；③不仅能适应计算机技术和信息技术的快速发展及更新换代，而且能有效保护用户原有投资；④操作简单，维护方便；⑤遵循统一的标准体系结构规范，模块之间具有兼容性，部件具有互换性和互操作性。

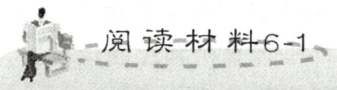阅读材料6-1

运动控制卡

运动控制卡通常是采用专业的运动控制芯片或高速数字信号处理来满足一系列运动控制需求的控制单元，可通过PCI、PC104等总线接口安装到计算机上，可与步进驱动器和伺服驱动器连接，驱动步进电动机和伺服电动机完成各种运动（单轴运动、多轴联动、多轴插补等）。它接收各种输入信号，可输出控制继电器、电磁阀、气缸等元件。用户可使用VC、VB等开发工具，调用运动控制卡函数库，快速开发出软件。运动控制卡因性价比高、功能强大、开发便利等优势已经广泛运用切割机、点胶机、激光打标机、电路板钻/铣机、超声波焊机、丝印机、激光焊接机、雕刻机、喷绘机、快速成型机等。

伺服电动机既可以选择交流伺服电动机也可以选择直流伺服电动机。控制伺服电动机时，通过选择不同的驱动器模式，运动控制器既可以输出±10V模拟电压控制信号也可以输出脉冲控制信号。选用伺服电动机时，应选配与其相应的伺服驱动器及配件。对于控制步进电动机，运动控制器提供两种不同的控制信号，即正脉冲/负脉冲、脉冲/方向。这样，控制器可以与目前任何类型的步进电动机驱动器配套使用。在控制步进电动机时,控制模式为开环控制,不需要编码器。图 6.12 所示为一种运动控制卡的系统组成方案。

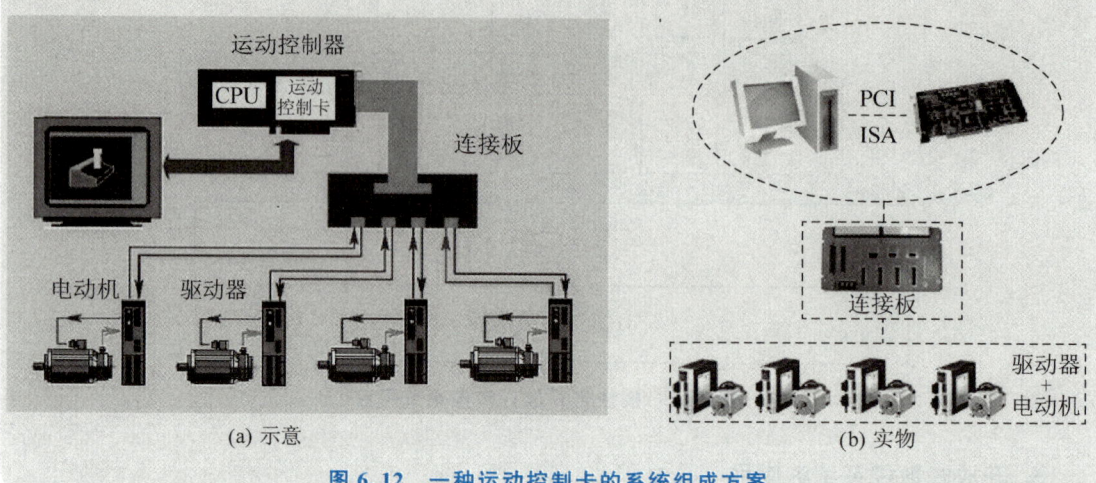

图 6.12 一种运动控制卡的系统组成方案

伴随着计算机软件取得的重大成果,开放式数控系统产生了以下三种结构类型。

(1) 专用 CNC+PC 型:在传统的专机数控系统中简单地嵌入 PC 技术,使得整个系统可以共享一些计算机的软、硬件资源,计算机主要起到辅助编程、分析、监控、指挥生产、编排工艺等工作。这种数控系统由于其开放性只在 PC 部分,其专业的数控部分仍处于瓶颈结构。

(2) 运动控制器+PC 型:完全采用以 PC 为硬件平台的数控系统。近年来这种系统的提法比较多,主要是基于 PC 或 PC Base 等,其中最主要的部件是计算机和控制运动的控制器。控制器本身具有 CPU,同时开放包括通信端口、结构在内的大部分地址空间,辅以通用的 DLL(动态链接库文件),同 PC 结合得更紧密。这种系统的特点是灵活性好、功能稳定、可共享计算机的所有资料,目前已达到远程控制等先进水平。

(3) 纯 PC 型:完全采用 PC 的全软件形式的数控系统,但由于在操作系统的实时性、标准统一性及系统稳定性等方面存在问题,这种系统目前正处于探求阶段,还没有大规模投入实际应用。

总体而言,基于 PC 和多轴运动控制器的开放式数控系统,是当前最理想的开放式数控系统。PC 处理非实时部分,实时控制由插入 PC 的多轴运动控制器来承担。

6.3 计算机数控装置的软件结构

计算机数控装置的软件是为完成计算机数控系统的各项功能而专门设计和编制的,是数控加工系统的一种专用软件,称为系统软件。计算机数控系统软件的管理作用类似于计算机操作系统的功能。不同的计算机数控装置,其功能和控制方案不同,因而各厂家的软件也不同。现代数控机床的功能大都利用软件实现,所以,计算机数控系统软件的设计及功能是计算机数控系统的关键。

系统软件由管理软件和控制软件两部分组成（图6.13）。管理软件一般又称为监控软件，其作用是进行系统状态监测，并提供基本的操作管理；控制软件的作用是根据用户编制的加工程序，控制机床运行。

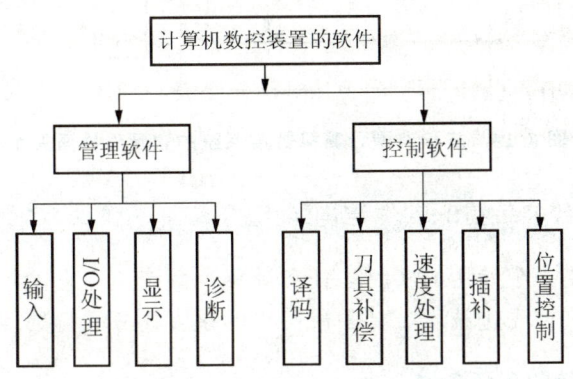

图6.13 计算机数控装置软件的组成

6.3.1 计算机数控装置的软硬件界面

计算机数控装置由硬件和软件组成，它们共同完成机床加工中所要求的各项功能。系统硬件是软件运行的基础，是必不可少的，应尽可能适应控制软件运行的需要。数控系统中的"软件、硬件界面"中的软件是指控制功能由计算机执行程序完成，而硬件是指控制功能由外围控制线路完成。在数字信号处理方面，软件和硬件在逻辑上是等价的，由硬件能完成的工作，原则上也可以由软件完成。软件设计灵活，适应性强，但处理速度相对较慢；硬件处理速度快，但造价高，线路复杂，实现复杂控制功能困难。因此在计算机数控系统中，软硬件的分工由性价比决定。

早期的数控装置中，数控系统的全部工作都是由硬件来完成的。随着数控系统中使用了计算机，构成了计算机数控系统，软件完成了许多数控功能。随着计算机性价比的进一步提高，计算机成为数控系统中信息处理的主角。

合理确定软硬件的功能分担是计算机数控装置结构设计的重要任务。这就是所谓软件和硬件的功能界面划分的概念。划分准则是系统的性价比。

计算机数控系统中实时性要求最高的任务就是插补和位置控制，即在一个采样周期中必须完成控制策略的计算，而且要留有一定的时间去做其他的事。计算机数控系统的插补器既可面向软件也可面向硬件。归结起来，主要有以下三种类型。

（1）不用软件插补器，插补完全硬件完成的计算机数控系统。

（2）由软件插补器完成粗插补，硬件插补器完成精插补的计算机数控系统。

（3）带有完全用软件实施的插补器的计算机数控系统。

图6.14所示为三种典型计算机数控系统的软硬件界面关系。第一种情况是由软件完成输入及插补前的准备，硬件完成插补和位置控制；第二种情况是由软件负责输入、插补前的准备及插补，硬件完成位置控制；第三种情况则是由软件完成输入、插补准备、插补及位置控制的全部工作。

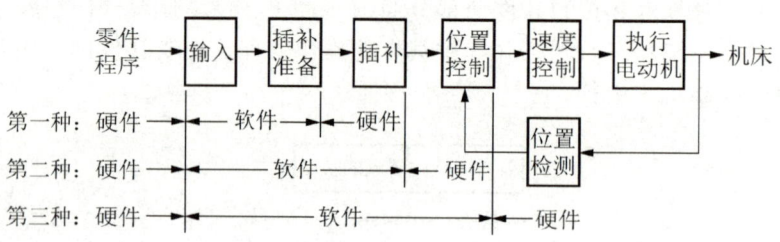

图 6.14 三种典型计算机数控系统的软硬件界面关系

6.3.2 计算机数控装置的软件结构特点

计算机数控系统是一个专用的实时多任务计算机系统,在它的控制软件中融合了当今计算机软件技术中的许多先进技术,其中最突出的是多任务并行处理和多重实时中断。

1. 计算机数控系统的多任务性

计算机数控系统通常作为一个独立的过程控制单元用于工业自动化生产中,因此它的系统软件必须完成管理和控制两大任务。系统的管理部分包括输入、I/O 处理、显示、诊断;系统的控制部分包括译码、刀具补偿、速度处理、插补和位置控制,如图 6.13 所示。

在许多情况下,管理和控制的某些工作又必须同时进行。例如,当计算机数控系统工作在加工控制状态时,为了使操作人员能及时地了解计算机数控系统的工作状态,管理软件中的显示模块必须与控制软件同时运行;当计算机数控系统工作在数控加工方式时,管理软件中的零件程序输入模块必须与控制软件同时运行。而当控制软件运行时,其本身的一些处理模块也必须同时运行。例如,为了保证加工过程的连续性,即刀具在各程序段之间不停刀,译码、刀具补偿和速度处理模块必须与插补模块同时运行,而插补又必须与位置控制同时进行。计算机数控系统的任务及其并行处理关系如图 6.15 所示。图 6.15 中,双向箭头表示两个模块之间有并行处理关系。

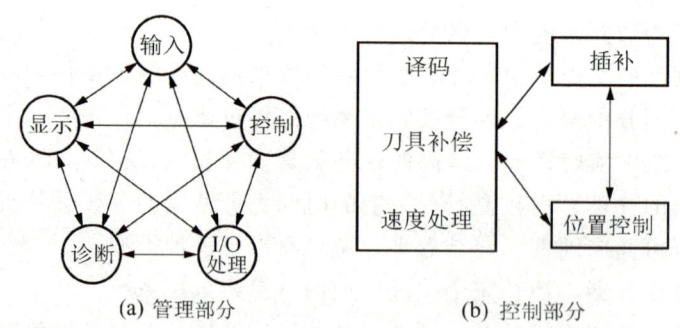

(a) 管理部分　　　　　　(b) 控制部分

图 6.15 计算机数控系统任务与并行处理的关系

2. 并行处理

并行处理是指计算机在同一时刻或同一时间间隔内完成两种或两种以上性质相同或不相同的工作。并行处理最显著的优点是提高了运算速度。拿 n 位串行运算和 n 位并行运算来比较，在元件处理速度相同的情况下，后者的运算速度几乎提高为前者的 n 倍。这是一种资源重复的并行处理方法，是根据以数量取胜的原则大幅度提高运算速度的。但是并行处理还不止于设备的简单重复，它还有更多的含义，如时间重叠和资源共享。所谓时间重叠是根据流水线处理技术，使多个处理过程在时间上相互错开，轮流使用同一套设备的几个部分。而资源共享则是根据分时共享的原则，使多个用户按时间顺序使用同一套设备。目前在计算机数控系统的硬件设计中，已广泛使用资源重复的并行处理方法，如采用多 CPU 的系统体系结构来提高系统的速度。而在计算机数控系统的软件设计中则主要采用资源分时共享的并行处理方法和时间重叠流水处理的并行处理方法。

1）资源分时共享的并行处理方法

在单 CPU 的计算机数控系统中，主要采用 CPU 分时共享的原则来解决多任务的同时运行。在使用分时共享并行处理的计算机系统中，首先要解决的问题是各任务占用 CPU 时间的分配原则，这里面有两方面的含义，其一是各任务何时占用 CPU，其二是允许各任务占用 CPU 的时间长短。在计算机数控系统中，对各任务使用 CPU 采用循环轮流和中断优先相结合的方法来解决。图 6.16 所示为一个典型计算机数控系统各任务分时共享 CPU 的并行处理模式。

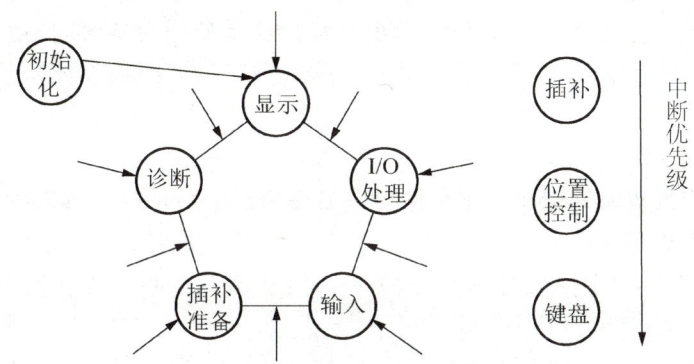

图 6.16　各任务分时共享 CPU 的并行处理模式

系统在完成初始化以后自动进入时间分配环中，在环中依次轮流处理各任务。而对于系统中一些实时性很强的任务则按优先级排队，分别放在不同中断优先级上，环外的任务可以随时中断环内各任务的执行。每个任务允许占有 CPU 的时间受到一定限制，通常是这样处理的，对于某些占有 CPU 时间比较多的任务，如插补准备，可以在其中的某些地方设置断点，当程序运行到断点处时，自动让出 CPU，待到下一个运行时间里自动跳到断点处继续执行。

2）时间重叠流水处理的并行处理方法

当计算机数控系统处在数控工作方式时，其数据的转换过程将由零件程序输入，插补准备（包括译码、刀具补偿和速度处理），插补，位置控制四个子过程组成。如果每个子过程的处理时间分别为 Δt_1、Δt_2、Δt_3、Δt_4，那么一个零件程序段的数据转换时间将是 $t = \Delta t_1 + \Delta t_2 + \Delta t_3 + \Delta t_4$。如果以顺序方式处理每个零件程序段，即第一个零件程序段处理完以后再处理第二个程序段，依此类推，这种顺序处理时的时间空间关系如图 6.17(a)

所示。从图上可以看出，如果等到第一个程序段处理完之后才开始对第二个程序段进行处理，那么在两个程序段的输出之间将有一个时间长度为 t 的间隔。同样在第二个程序段与第三个程序段的输出之间也会有时间间隔，依此类推。这种时间间隔反映在电动机上就是电动机的时转时停，反映在刀具上就是刀具的时走时停。消除这种间隔可采用流水处理技术。采用流水处理后的时间空间关系如图 6.17(b) 所示。

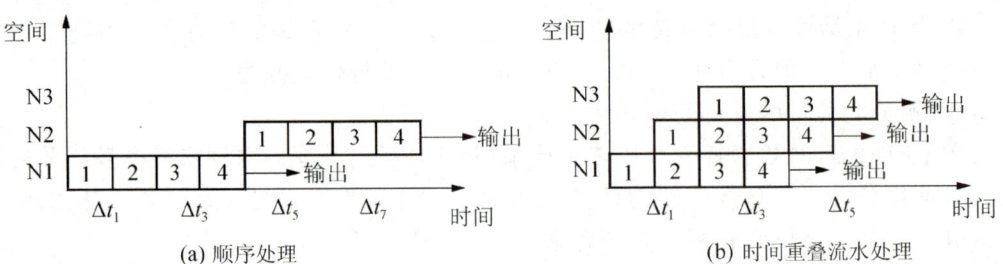

(a) 顺序处理　　　　　　　　　　　(b) 时间重叠流水处理

图 6.17　时间空间关系

流水处理的关键是时间重叠，即在一段时间间隔内不是处理一个子过程，而是处理两个或更多的子过程。从图 6.17(b) 可以看出，经过流水处理后从时间 Δt_4 开始，每个程序段的输出之间不再有间隔，从而保证了电动机转动和刀具移动的连续性。从图 6.17(b) 中还可以看出，流水处理每一个处理子程序的运算时间相等。而在计算机数控系统中每一个子程序所需的处理时间都是不相等的，解决的办法是取最长的子程序的处理时间为处理时间间隔。这样当处理时间较短的子程序时，处理完成之后就进入等待状态。

时间重叠流水处理在单 CPU 的计算机数控系统中，流水处理的时间重叠只有宏观意义，即在一段时间内，CPU 处理多个子程序，但从微观上看，各子程序分时占用 CPU 时间。

3. 实时中断处理

计算机数控系统控制软件的另一个重要特征是实时中断处理。计算机数控系统的多任务性和实时性决定了系统中断成为整个系统必不可少的重要组成部分。计算机数控系统的中断管理主要靠硬件完成，而系统的中断结构决定了系统软件的结构。其中断类型有外部中断、内部定时中断、硬件故障中断及程序性中断等。

(1) 外部中断：主要有外部监控中断（如紧急停、量仪到位等），键盘和操作面板输入中断。外部监控中断的实时性要求很高，通常把其放在较高的优先级上，而键盘和操作面板输入中断则放在较低的中断优先级上。

(2) 内部定时中断：主要有插补周期定时中断和位置采样定时中断。在有些系统中，这两种定时中断合二为一。但在处理时，总是先处理位置控制，然后处理插补运算。

(3) 硬件故障中断：各种硬件故障检测装置发出的中断，如存储器出错、定时器出错、插补运算超时等。

(4) 程序性中断：程序中出现的各种异常情况的报警中断，如各种溢出、清零等。

6.3.3 计算机数控装置的软件结构模式

结构模式是软件的组织管理方式，即任务的划分方式、任务调度机制、任务间的信息交换机制、系统集成方法。它要解决的问题是如何协调各任务的执行，以满足一定的时序配合要求和逻辑关系，满足计算机数控装置的各种控制要求。

1. 前后台型软件结构

在前后台型软件结构的计算机数控装置中，整个系统分为两大部分，即前台程序和后台程序。前台程序是实时中断服务程序，几乎承担了全部的实时功能（如插补、位置控制、机床相关逻辑和监控等），实现与机床动作直接相关的功能。后台程序是一个循环执行程序，一些实时性要求不高的功能，如输入、译码、数据处理等插补准备工作和管理程序等均由后台程序承担，后台程序又称背景程序。

在后台程序循环运行的过程中，前台的实时中断服务程序不断插入，二者密切配合，共同完成零件加工程序。如图 6.18 所示，程序一经启动，经过初始化程序后，便进入后台程序循环，依次轮流处理各项任务。对于系统中一些实时性很强的任务则按优先级排队，分别放在不同中断优先级上，环外的任务可以随时中断环内各任务的执行。执行完一次前台的实时中断服务程序后返回后台程序，如此循环往复，共同完成数控的全部功能。

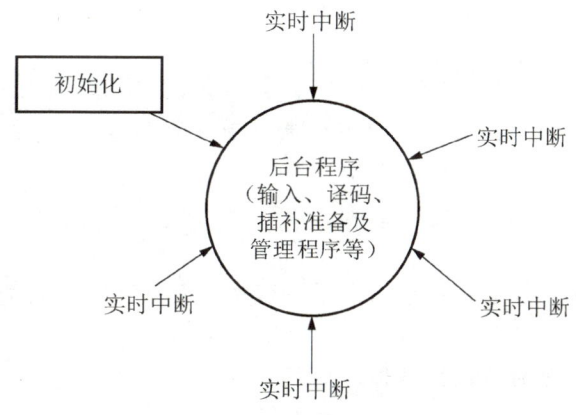

图 6.18 前后台型软件结构

前后台型软件结构中的信息流动过程如图 6.19 所示。零件程序段进入系统后，经过图中的流动处理，输出运动轨迹信息和辅助信息。

后台程序的主要功能是进行插补前的准备和任务的管理调度。加工工作方式在后台程序中处于主导地位。在操作前的准备工作（如由键盘方式调零件程序、由手动方式使刀架回到机床原点）完成后，一般便进入加工方式。在加工工作方式下，后台程序要完成程序段的读入、译码和数据处理（如刀具补偿）等插补前的准备工作，如此逐个程序段地进行处理，直到整个零件程序执行完毕为止。

前台程序是系统的核心，实时控制的任务包括位置伺服、面板扫描、PLC 控制、实时诊断和插补。在前台程序中，各种程序按优先级排队，按时间先后顺序执行。

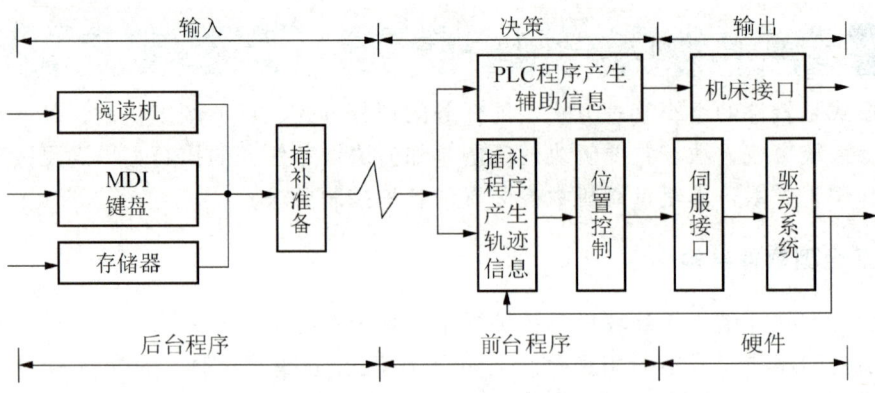

图 6.19　前后台型软件结构中的信息流动过程

2. 中断型软件结构模式

中断型结构的系统软件除初始化程序外，将计算机数控系统的各种功能模块分别安排在不同级别的中断服务程序中，然后由中断管理系统（由软件和硬件组成）对各级中断服务程序实施调度管理。也就是说，所有功能子程序均安排为级别不同的中断程序，整个软件就是一个大的中断系统，其管理功能通过各级中断程序之间的相互通信来解决。

各中断服务程序的优先级别与其作用和执行时间密切相关。级别高的中断程序可以打断级别低的中断程序。

6.3.4　计算机数控装置的软件工作过程

系统软件一般由输入、译码、数据预处理（预计算）、插补运算、输出、管理程序及诊断程序等部分构成。下面分别进行介绍。

1. 输入

计算机数控系统中一般通过键盘输入零件程序，而且其输入大都采用中断方式。在系统程序中有相应的中断服务程序。每按一个键则表示向主机申请一次中断，调出一次键盘服务程序，对相应的键盘命令进行处理。

从键盘输入的零件程序，一般是经过缓冲器以后才进入零件程序存储器的。零件程序存储器的规模由系统设计员确定。一般有几千字节，可以存放许多零件程序。键盘中断服务程序负责将键盘上打入的字符存入 MDI 缓冲器，按一下键就是向主机申请一次中断。链盘中断服务程序流程如图 6.20 所示。

2. 译码

经过输入系统的工作，将数据段送入零件程序存储器，然后由译码程序将输入的零件程序数据段翻译为本系统能识别的语言。一个数据段从输入到传送至插补工作寄存器需经过以下几个环节，如图 6.21 所示。

译码程序按次序将一个个字符和相应的数字进行比较，若相等，则说明已输入了该字符。它就像在硬件译码线路中，一个代码输入时只打开相应的某一个与门一样。所不同的是译码程序是串行工作的，即一个一个地比较，一直到相等为止。而硬件译码线路则是并

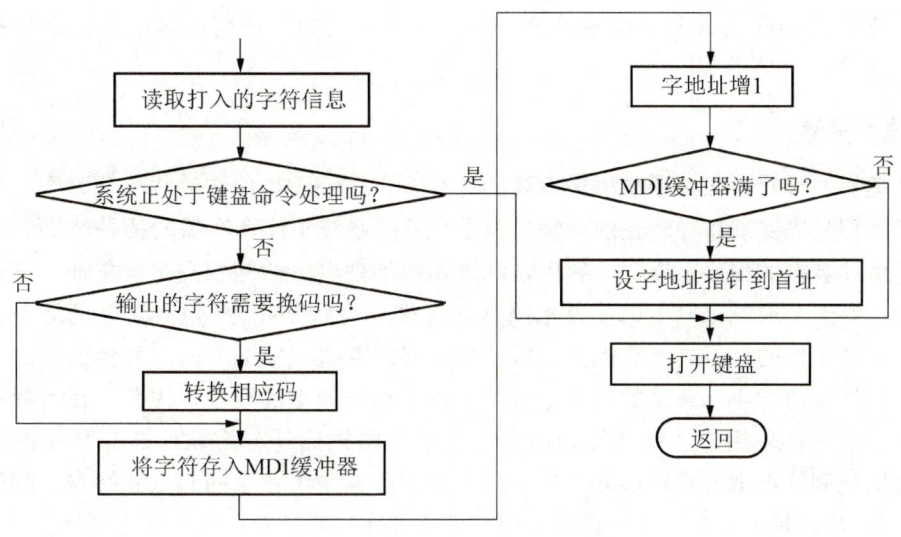

图 6.20 键盘中断服务程序流程

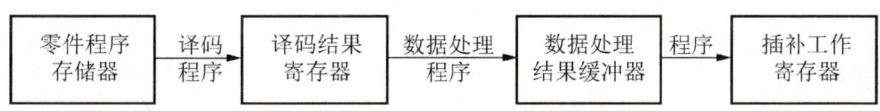

图 6.21 一个数据段经历的过程

行工作的,因而速度较快。以 ISO 码为例,M 为 $(01001101)_2$,即 M 为八进制的 $(115)_8$,S 为 $(123)_8$,T 为 $(124)_8$,F 为 $(106)_8$,……因此,在判定数据段中是否已编入 M、S、T 或 F 字时,就可以将输入的字符和这些八进制数相比较,若相等,则说明相应的字符已输入,立即设立相应的标志。

译码的结果存放在规定的存储区内,存放译码结果的地方叫作译码结果寄存器。译码结果寄存器以规定的次序存放各代码的值(二进制),并且包括一个程序格式标志单元,在该格式标志单元中某一位为 1,即表示指定的代码(如 F、S、M…)已经被编入。为了使用方便,有时对 G 码、M 码的每一个值或几个值单独建立标志字。例如,对关于插补方式的 G00、G01、G02、G03 建立一个标志字,该标志字为 0 时代表已编入了 G00,为 1 时代表编入了 G01……

3. 数据预处理(预计算)

为了减轻插补工作的负担,提高系统的实时处理能力,常常在插补运算前先进行数据的预处理。例如,确定圆弧平面、刀具半径补偿的计算等。当采用数字积分法时,可预先进行左移规格化的处理和积分次数的计算等,这样,可以把最直接、最方便形式的数据提供给插补运算。

数据预处理即预计算,通常包括刀具长度补偿计算、刀具半径补偿计算、象限及进给方向判断、进给速度换算和机床辅助功能判断等。

进给速度的控制方法与系统采用的插补算法有关,也因不同的伺服系统而有所不同。在开环系统中,常常采用基准脉冲插补法,其坐标轴的运动速度控制是通过控制插补运算的频率,进而控制向步进电动机输出脉冲的频率来实现的,速度计算的方法是根据编程 F 值来确定这个频率值的。

4. 插补运算

插补运算是计算机数控系统中最重要的计算工作之一。在传统的数控装置中,采用硬件电路(插补器)来实现各种轨迹的插补。为了在软件系统中计算所需的插补轨迹,这些数字电路必须由计算机的程序来模拟。利用软件来模拟硬件电路的问题在于:三轴或三轴以上的联动系统具有三个或三个以上的硬件电路(如每轴一个数字积分器)。计算机是用若干条指令来实现插补工作的,但是计算机执行每条指令都须花费一定的时间,而当前有的小型或微型计算机的计算速度难以满足数控机床对进给速度和分频率的要求。因此,在实际的计算机数控系统中,常常采用粗、精插补相结合的方法,即把插补分为软件插补和硬件插补两部分,计算机控制软件把刀具轨迹分为若干段,而硬件电路再在段的起点和终点之间进行数据的"密化",使刀具轨迹在允许的误差之内,即软件实现粗插补,硬件实现精插补。

5. 输出

输出程序的功能如下。

(1)进行伺服控制。

(2)当进给脉冲改变方向时,要进行反向间隙补偿处理。若某一轴由正向变成负向运动,则在反向前输出 Q 个正向脉冲;反之,若由负向变成正向运动,则在反向前输出 Q 个负向脉冲(Q 为反向间隙值,可由程序预置)。

(3)进行丝杠螺距补偿。当系统具有绝对零点时,软件可显示刀具在任意位置上的绝对坐标值。若预先对机床各点精度进行测量,作出其误差曲线,随后将各点修正量制成表格存入数控系统的存储器中。数控系统运行中就可对各点坐标位置自动进行补偿,从而提高了机床的精度。

(4) M、S、T 等辅助功能的输出。在某些程序段中须启动机床主轴、改变主轴速度、换刀等,因此要输出 M、S、T 代码,这些代码大多数是开、关控制,由机床强电执行。

6. 管理程序与诊断程序

一般计算机数控系统(微型计算机数控系统)中的管理软件只涉及两项,即 CPU 管理和外部设备管理。在实际系统中,通常多是采用一个主程序将整个加工过程串起来,主控程序对输入的数据分析、判断后,转入相应的子程序处理,处理完毕后再返回对数据的分析、判断、运算……在主控程序空闲时(如延时),可以安排 CPU 执行预防性诊断程序,或对尚未执行程序段的输入数据进行预处理等。

在计算机数控系统中,中断处理部分是重点,工作量也比较大。因为大部分实时性较强的控制步骤如插补运算、速度控制、故障处理等都要由中断处理来完成。有的机床将行程超程和报警、插补等分为多级中断,根据其优先级决定响应的次序。有的机床则只设一级中断,只是在中断请求同时存在时,才用硬件排队或软件询问的方法来定一个顺序。

能够方便地设置各种诊断程序是计算机数控系统和微型计算机数控系统的特点之一。有了较完善的诊断程序可以防止故障的发生或扩大。在故障出现后可以迅速查明故障的类型和部位，减少故障停机时间。各种计算机数控系统（微型计算机数控系统）设置诊断程序的情况差别很大，诊断程序可以包括在系统运行过程中进行检查和诊断，也可以作为服务性程序，在系统运行前或故障停机后进行诊断，查找故障的部位。

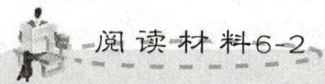
阅读材料6-2

西门子SINUMERIK 802D数控系统

西门子SINUMERIK 802D是基于PROFIBUS的数控系统。输入、输出信号是通过PROFIBUS传送的，位置调节（速度给定和位置反馈信号）也是通过PROFIBUS完成的。PCU为PROFIBUS的主设备，每个PROFIBUS从设备（如PP72/48、611UE）都具有自己的总线地址，因而从设备在PROFIBUS总线上的排列次序是任意的。西门子公司的数控产品主要有810、820、850、880、805、802、840系列。图6.22所示为802D数控系统的组成。

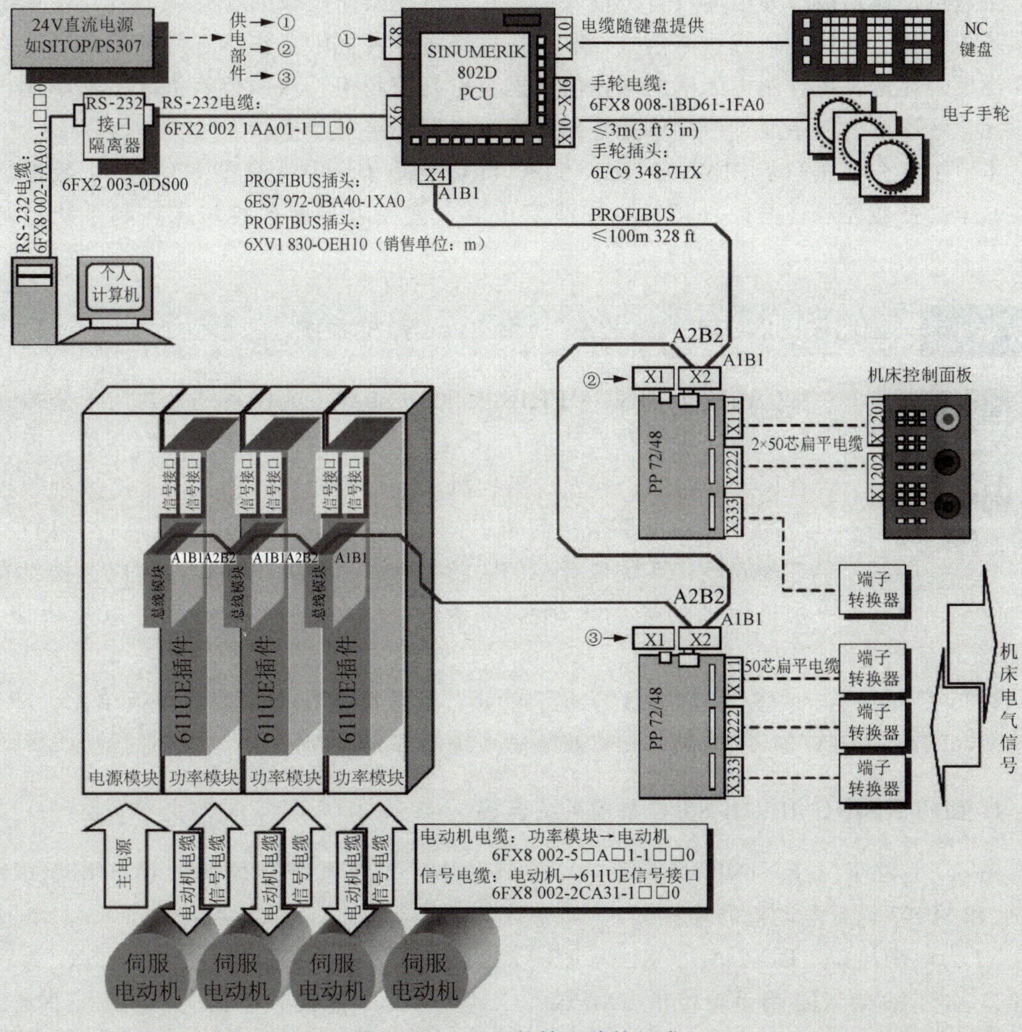

图6.22　802D数控系统的组成

6.4 数控系统的接口与连接

数控系统的接口是计算机数控装置与计算机数控系统的功能部件（主轴模块、进给伺服模块、PLC 模块等）和机床进行信息传递、交换和控制的端口。

接口电路的作用如下。

（1）电平转换和功率放大。计算机数控装置的信号是 TTL（逻辑门电路）产生的电平，而控制机床的信号则不一定是 TTL 电平，并且负载较大，因此，要进行必要的信号电平转换和功率放大。

【数控系统接口】

（2）提高数控装置的抗干扰性能，防止外界的电磁干扰噪声而引起误动作。

接口包括输入接口和输出接口。输入接口接收机床操作面板的各开关信号及计算机数控系统各个功能模块的运行状态信号；输出接口是将各种机床工作状态灯的信息送至机床操作面板上显示，将控制机床辅助动作信号送至电气控制柜，从而控制机床主轴单元、刀库单元、液压及气动单元、冷却单元等部件的继电器和接触器。

本节重点介绍西门子 SINUMERIK 802C base line 和华中世纪星 HNC-21 数控装置的接口定义及数控装置与外部部件的连线等内容，使读者了解数控机床控制系统的基本构成。

6.4.1 西门子 SINUMERIK 802C base line 数控系统

【802 系列数控系统】

西门子 SINUMERIK 802C base line 数控系统是西门子公司专为简易数控机床开发的集 CNC/PLC 于一体的经济型控制系统。近年来在国产经济型、普及型数控机床上得到使用。西门子 802 系列数控系统的共同特点是结构简单、体积小、可靠性高，可以进行三轴控制、三轴联动；系统带有±10V 的主轴模拟量输出接口，可以连接具有模拟量输入功能的主轴驱动系统。802S 系列采用步进电动机驱动，802C 系列采用交流伺服电动机驱动。

802S/C base line 数控系统由 LCD 显示单元、数控键盘、机床控制面板单元、NC 控制单元、DI/O（PLC 输入/输出单元）及驱动系统等部分组成。

1. 西门子 SINUMERIK 802C 数控系统连接

图 6.23 为西门子 SINUMERIK 802C base line 数控系统与伺服驱动 SIMODRIVE 611U 和 1FK7 伺服电动机的连接。

X1 为电源接口（DC 24V），X2 为 RS-232 接口，X3～X6 为编码器接口，X7 为驱动器接口（AXIS），X10 为手轮接口（MPG），X100～X105 连接数字输入，X200、X201 连接数字输出。

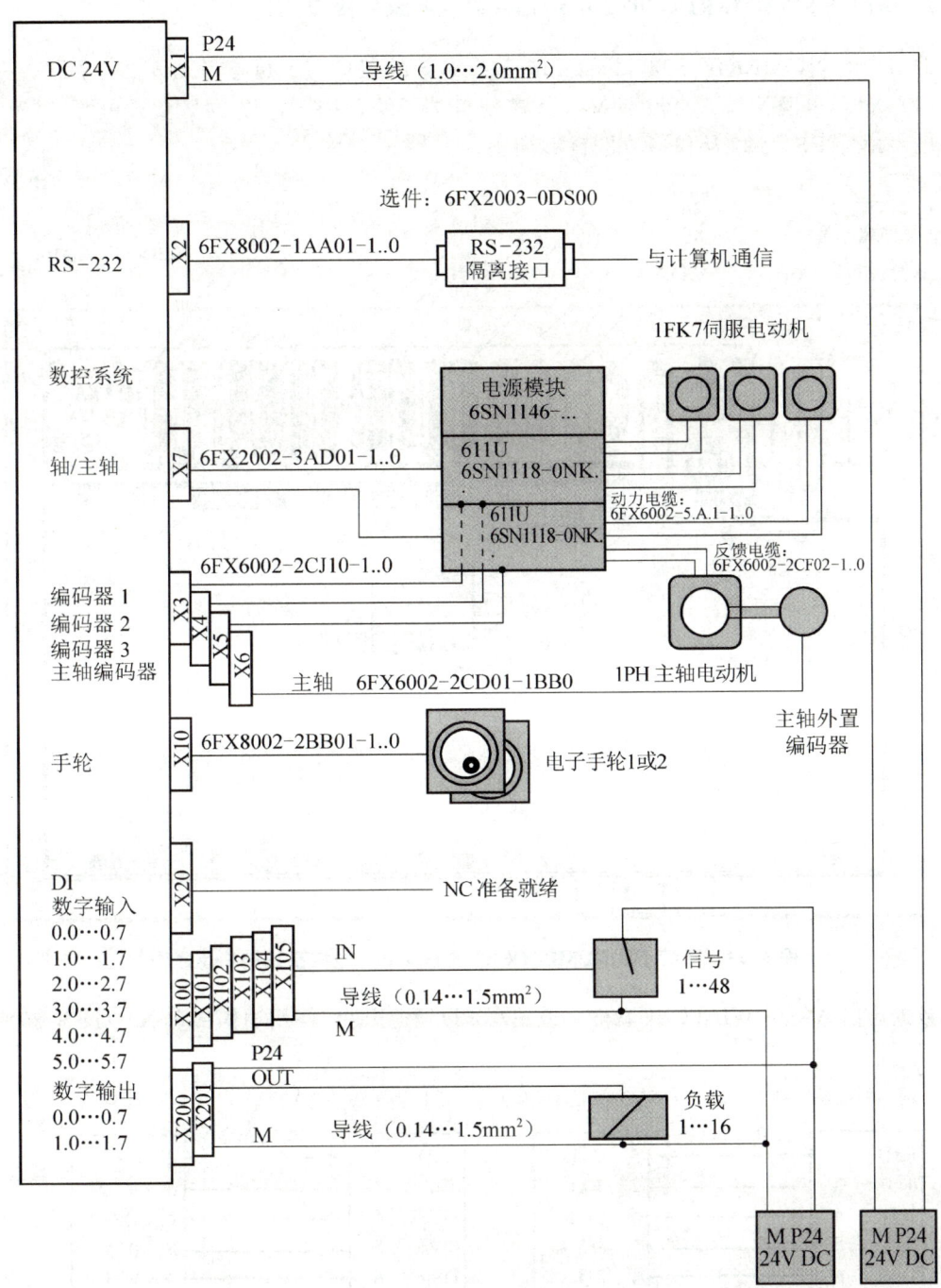

图 6.23 西门子 SINUMERIK 802C Base line 数控系统与伺服驱动器 SIMODRIVE 611 和 1FK7 伺服电动机的连接

2. 西门子 SINUMERIK 802C base line 数控系统的接口

西门子 SINUMERIK 802C base line 数控系统的接口布置可参考图 6.24 所示。
(1) X1：电源接口（直流 24V）。3 芯螺钉端子块，用于连接 24V 负载电源。
(2) X2：RS-232 接口。9 芯 D 型插座。

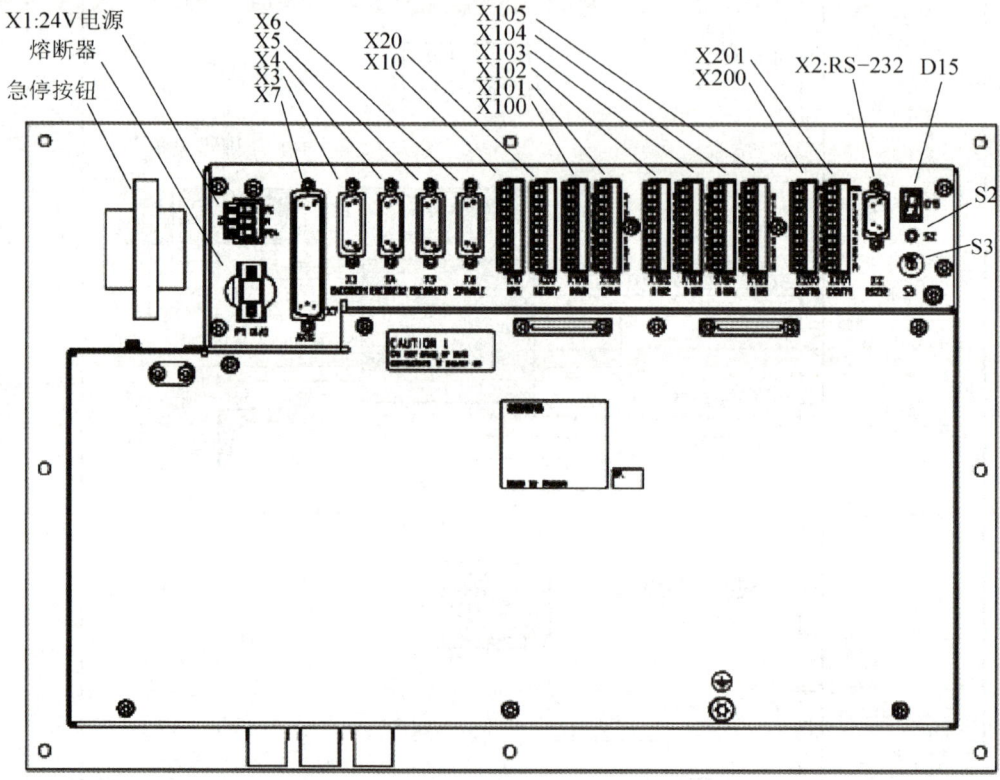

图 6.24 西门子 SINUMERIK 802C base line 数控系统接口示意图

数据通信（使用 WINPCIN 软件）或编写 PLC 程序时，使用通信接口 X2（图 6.25）。

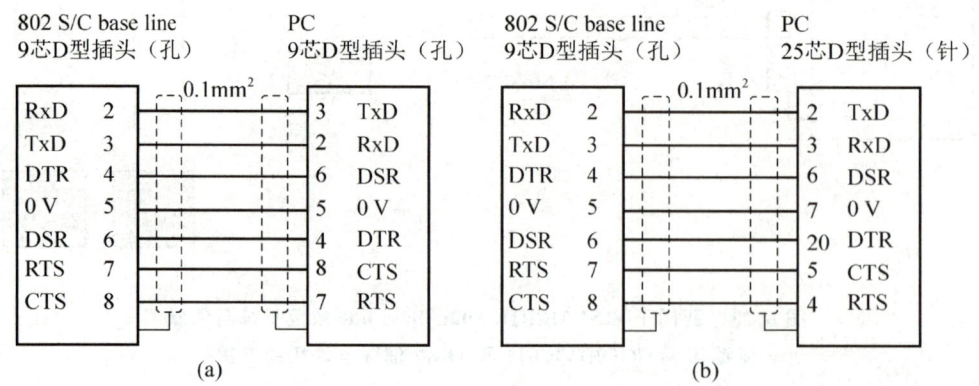

图 6.25 通信接口 X2

(3) 编码器接口 X3～X6。四个 15 芯 D 型孔插座，用于连接增量式编码器。X3～X5 仅用于 802C base line 编码器接口；X6 在 802C base line 中作为编码器 4 接口，在 802S base Line 中作为主轴编码器接口使用，见表 6-1。

表 6-1 编码器接口 X3 引脚分配（X4、X5、X6 相同）

引脚	信号	说明	引脚	信号	说明
1	n.c.		9	M	电压输出
2	n.c.		10	Z	输入信号
3	n.c.		11	Z_N	输入信号
4	P5EXT	电压输出	12	B_N	输入信号
5	n.c.		13	B	输入信号
6	P5EXT	电压输出	14	A_N	输入信号
7	M	电压输出	15	A	输入信号
8	n.c.				

(4) X10：手轮接口（MPG）。10 芯插头，用于连接手轮。表 6-2 列出了接口 X10 引脚分配。

表 6-2 手轮接口 X10 引脚分配

引脚	信号	说明	引脚	信号	说明
1	A1+	手轮 1 A 相+	6	GND	接地
2	A1-	手轮 1 A 相-	7	A2+	手轮 2 A 相+
3	B1+	手轮 1 B 相+	8	A2-	手轮 2 B 相-
4	B1-	手轮 1 B 相-	9	B2+	手轮 2 B 相+
5	P5V	直流 5V	10	B2-	手轮 2 B 相-

(5) X7：驱动器接口（AXIS）。50 芯 D 型针插座，用于连接具有包括主轴在内最多四个模拟驱动的功率模块。X7 在 802C base line 与 802S base line 系统中的引脚分配不一样。表 6-3 所列为 802C base line 驱动器接口 X7 引脚分配。

表 6-3 802C base line 驱动器接口 X7 引脚分配

引脚	信号	说明	引脚	信号	说明	引脚	信号	说明
1	AO1	AO	7	n.c.		13	n.c.	
2	AGND2	AO	8	n.c.		14	SE1.1	K
3	AO3	AO	9	n.c.		15	SE2.1	K
4	AGND4	AO	10	n.c.		16	SE3.1	K
5	n.c.		11	n.c.		17	SE4.1	K
6	n.c.		12	n.c.		18	n.c.	

(续)

引脚	信号	说明	引脚	信号	说明	引脚	信号	说明
19	n.c.		30	n.c.		41	n.c.	
20	n.c.		31	n.c.		42	n.c.	
21	n.c.		32	n.c.		43	n.c.	
22	M	VO	33	n.c.		44	n.c.	
23	M	VO	34	AGND1	AO	45	n.c.	
24	M	VO	35	AO2	AO	46	n.c.	
25	M	VO	36	AGND3	AO	47	SE1.2	K
26	n.c.		37	AO4	AO	48	SE2.2	K
27	n.c.		38	n.c.		49	SE3.2	K
28	n.c.		39	n.c.		50	SE4.2	K
29	n.c.		40	n.c.				

注：SE1.1/1.2～SE3.1/3.2 表示伺服轴 X、Y、Z 使能；SE4.1/4.2 表示伺服主轴使能。

（6）X20：数字输入（DI）。10 芯插头，通过 X20 可以连接四个接近开关，仅用于 802S base line 中。

（7）X100～X105：10 芯插头，用于连接数字输入，共有 48 个数字输入接线端子。表 6-4 所列为数字输入接口 X100～X105 引脚分配。

表 6-4　数字输入接口 X100～X105 引脚分配

引脚	信号	X100	X101	X102	X103	X104	X105
1	空						
2	输入	I0.0	I1.0	I2.0	I3.0	I4.0	I5.0
3	输入	I0.1	I1.1	I2.1	I3.1	I4.1	I5.1
4	输入	I0.2	I1.2	I2.2	I3.2	I4.2	I5.2
5	输入	I0.3	I1.3	I2.3	I3.3	I4.3	I5.3
6	输入	I0.4	I1.4	I2.4	I3.4	I4.4	I5.4
7	输入	I0.5	I1.5	I2.5	I3.5	I4.5	I5.5
8	输入	I0.6	I1.6	I2.6	I3.6	I4.6	I5.6
9	输入	I0.7	I1.7	I2.7	I3.7	I4.7	I5.7
10	M24						

（8）X200、X201：10 芯插头，用于连接数字输出，共有 16 个数字输出接线端子。表 6-5 所列为数字输出接口 X200、X201 引脚分配。

表 6-5 数字输出接口 X200、201 引脚分配

引 脚	信 号	X200	X201
1	L+		
2	输出	Q0.0	Q1.0
3	输出	Q0.1	Q1.1
4	输出	Q0.2	Q1.2
5	输出	Q0.3	Q1.3
6	输出	Q0.4	Q1.4
7	输出	Q0.5	Q1.5
8	输出	Q0.6	Q1.6
9	输出	Q0.7	Q1.7
10	M24		

6.4.2 华中世纪星 HNC-21 数控系统

华中世纪星 HNC-21 数控系统内置嵌入式工业计算机,配置彩色液晶显示屏和通用工程面板,集成进给轴接口、主轴接口、手持单元接口、内嵌式 PLC 接口,支持硬盘、电子盘等程序存储方式及 DNC、互联网等程序交换功能,主要应用于车、铣和小型加工中心等设备。

1. 华中世纪星 HNC-21 数控系统的连接

图 6.26 所示为华中世纪星 HNC-21 数控系统连接示例。图 6.27 所示为华中世纪星 HNC-21 数控装置组成。

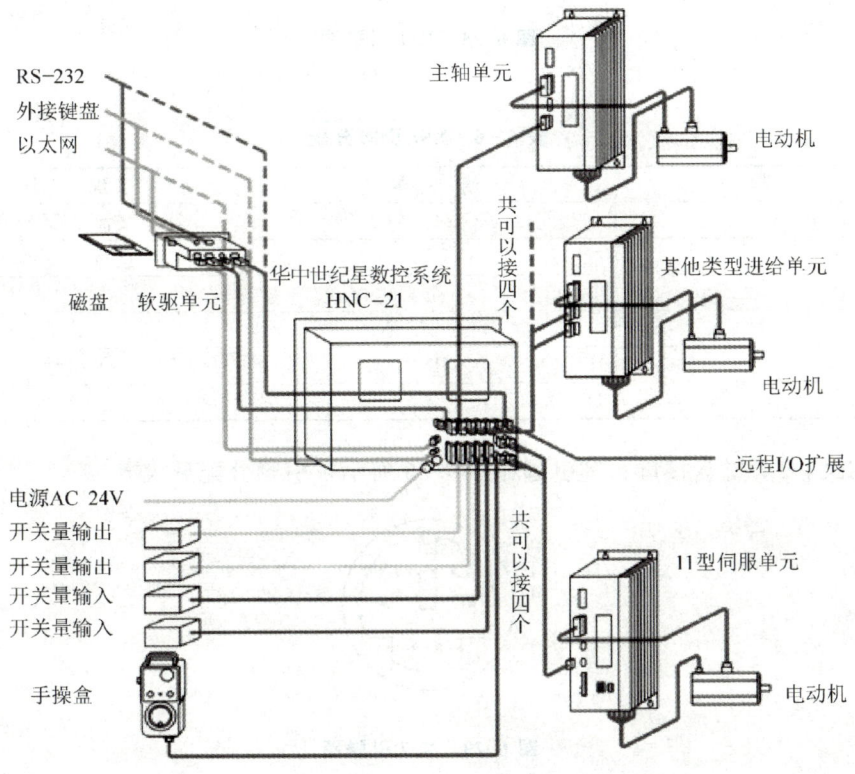

图 6.26 华中世纪星 HNC-21 数控系统连接示例

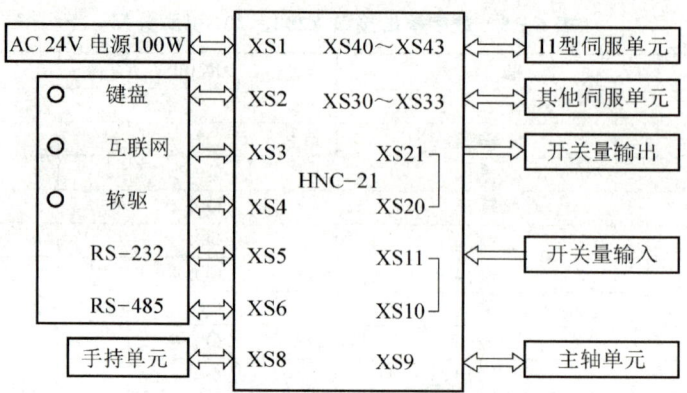

图 6.27 华中世纪星 HNC-21 数控装置组成

2. 华中世纪星 HNC-21 数控系统的接口

(1) XS1：电源接口。其引脚如图 6.28 所示，引脚分配见表 6-6。

【XS1 电源接口】

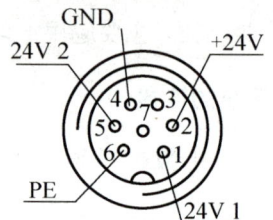

图 6.28 XS1 引脚图

1—AC 24V 1；2—DC 24V；3、7—空；4—DC 24V 地；5—AC 24V 2；6—PE

表 6-6 XS1 引脚分配

引　脚	信　号	说　明
1、5	AC 24V 1/2	交流 24V 电源
2	DC 24V	直流 24V 电源
3	空	
4	DC 24V 地	接地
6	PE	接地
7	空	

(2) XS2：PC 键盘接口。其引脚如图 6.29 所示，引脚分配见表 6-7。

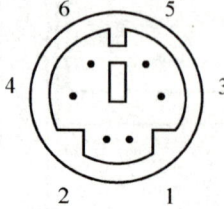

图 6.29 XS2 引脚图

1—DATA；2、6—空；3—GND；4—VCC；5—CLOCK

表 6-7　XS2 引脚分配

引　　脚	信　　号	说　　明
1	DATA	数据
2	空	
3	GND	电源地
4	VCC	电源
5	CLOCK	时钟
6	空	

（3）XS3：互联网接口。其引脚如图 6.30 所示，引脚分配见表 6-8。

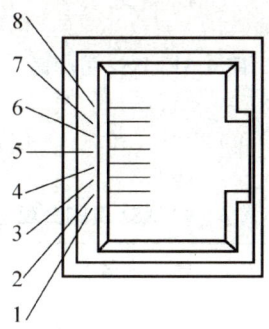

图 6.30　XS3 引脚图

1—TX_D1＋；2—TX_D1－；3—RX_D2＋；4—BI_D3＋；
5—BI_D3－；6—RX_D2－；7—BI_D4＋；8—BI_D4－

表 6-8　XS3 引脚分配

引　　脚	信　　号	说　　明
1	TX_D1＋	发送数据
2	TX_D1－	发送数据
3	RX_D2＋	接收数据
4	BI_D3＋	空置
5	BI_D3－	空置
6	RX_D2－	接收数据
7	BI_D4＋	空置
8	BI_D4－	空置

（4）XS4：软驱接口。其引脚如图 6.31 所示，引脚分配见表 6-9。

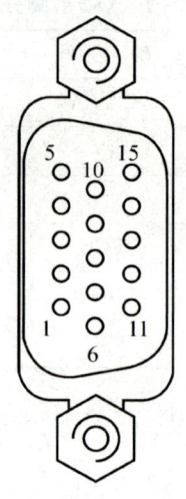

图 6.31 XS4 引脚图

1—L1；2—L2；3—L3；4—L4；5—+5V；6—L5；7—L6；8—L7；
9—L8；10—GND；11—L9；12—L10；13—L11；14—L12；15—L13

表 6-9 XS4 引脚分配

引 脚	信 号	说 明
1	L1	减小写电流
2	L2	驱动器选择 A
3	L3	写数据
4	L4	写保护
5	+5V	驱动器电源
6	L5	驱动器 A 允许
7	L6	步进
8	L7	0 磁道
9	L8	盘面选择
10	GND	驱动器电源地、信号地
11	L9	索引
12	L10	方向
13	L11	写允许
14	L12	读数据
15	L13	更换磁盘

（5）XS5：RS-232接口。其引脚如图6.32所示，引脚分配见表6-10。

表6-10　XS5引脚分配

引　脚	信　号	说　明
1	-DCD	载波检测
2	RXD	接收数据
3	TXD	发送数据
4	-DTR	数据终端准备好
5	GND	信号地
6	-DSR	数据装置准备好
7	-RTS	请求发送
8	-CTS	准许发送
9	-R1	振零指示

（6）XS6：远程I/O接口。其引脚如图6.33所示，引脚分配见表6-11。

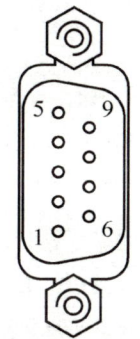

图6.32　XS5引脚图

1——DCD；2——RXD；3——TXD；
4——DTR；5——GND；6——DSR；7——RTS；
8——CTS；9——R1

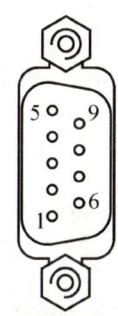

图6.33　XS6引脚图

1—EN+；2—SCK+；3—DOUT+；
4—DIN+；5—GND；6—EN-；
7—SCK-；8—DOUT-；9—DIN-

表6-11　XS6引脚分配

引　脚	信　号	说　明
1	EN+	使能
2	SCK+	时钟
3	DOUT+	数据输出
4	DIN+	数据输入
5	GND	地
6	EN-	使能
7	SCK-	时钟
8	DOUT-	数据输出
9	DIN-	数据输入

(7) XS8：手持单元接口。其引脚如图 6.34 所示，引脚分配见表 6 - 12。

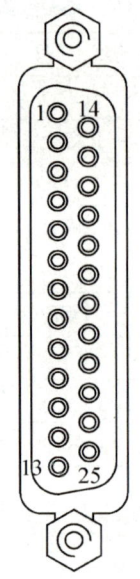

【XS8 手持单元接口】

图 6.34　XS8 引脚图

1、2、14、15—24V G；3、16—24V；4—ESTOP2；5—空；6—I38；7—I36；8—I34；9—I32；10—O30；11—O28；12—HB；13—5V G；17—ESTOP3；18—I39；19—I37；20—I35；21—I33；22—O31；23—O29；24—HA；25—+5V

表 6 - 12　XS8 引脚分配

信　　号	说　　明
24V、24V G	直流 24V 电源输出
ESTOP2、ESTOP3	手持单元急停按钮
I32～I39	手持单元输入开关量
O28～O31	手持单元输出开关量
HA	手摇 A 相
HB	手摇 B 相
+5V、5V G	手摇直流 5V 电源

(8) XS9：主轴控制接口。其引脚如图 6.35 所示，引脚分配见表 6 - 13。

表 6 - 13　XS9 引脚分配

信　　号	说　　明
SA+、SA-	主轴码盘 A 相位反馈信号
SB+、SB-	主轴码盘 B 相位反馈信号
SZ+、SZ-	主轴码盘 Z 脉冲反馈
+5V	直流 5V 电源
AOUT1、AOUT2	主轴模拟量指令输出
GND	模拟量输出地

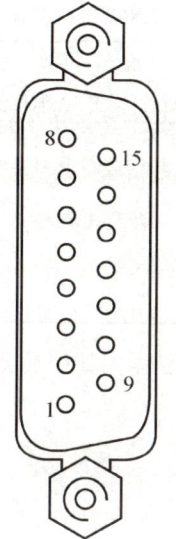

【XS9 主轴控制接口】

【HNC-21 数控装置与交流变频主轴连接实例】

图 6.35　XS9 引脚图

1—SA+；2—SB+；3—SZ+；4、12—+5V；5、7、8、13、15—GND；6—AOUT1；
9—SA-；10—SB-；11—SZ-；14—AOUT2

（9）XS10、XS11：开关量输入接口。其引脚如图 6.36 所示，其引脚分配及 I/O 地址定义见表 6-14。

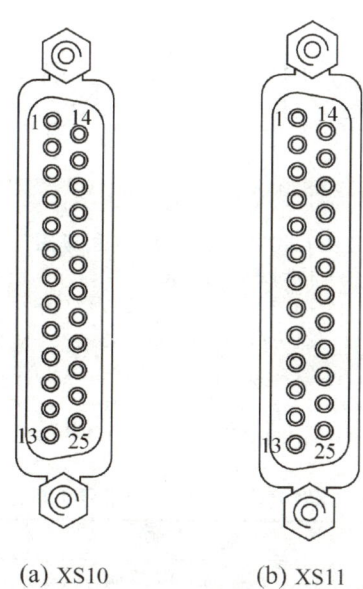

【XS10 开关量输入接口】

(a) XS10　　(b) XS11

图 6.36　XS10、XS11 引脚图

XS10：1、2、14、15—24V G；3—空；4—I18；5—I16；6—I14；7—I12；8—I10；9—I8；
10—I6；11—I4；12—I2；13—I0；16—I19；17—I17；18—I15；19—I13；
20—I11；21—I9；22—I7；23—I5；24—I3；25—I1
XS11：1、2、14、15—24V G；3—空；4—I38；5—I36；6—I34；7—I32；8—I30；
9—I28；10—I26；11—I24；12—I22；13—I20；16—I39；17—I37；18—I35；
19—I33；20—I31；21—I29；22—I27；23—I25；24—I23；25—I21

171

表 6-14 XS10、XS11 引脚分配及 I/O 地址定义

信 号	说 明	地 址 定 义
24V G	直流 24V 电源地	
I0～I7	输入开关量	X0.0～X0.7
I8～I15		X1.0～X1.7
I16～I23		X2.0～X2.7
I24～I31		X3.0～X3.7
I32～I39		X4.0～X4.7

（10）XS20、XS21：开关量输出接口。其引脚如图 6.37 所示，其引脚分配及 I/O 地址定义见表 6-15。

【XS20 开关量输出接口】

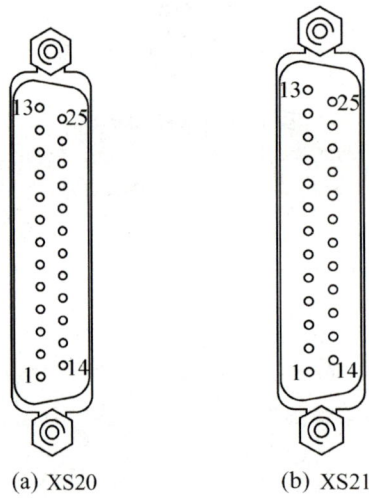

(a) XS20 (b) XS21

图 6.37 XS20、XS21 引脚图

XS20：1、2、14、15—24V G；3—OTBS1；4—ESTOP1；5—空；6—O14；7—O12；8—O10；9—O8；10—O6；11—O4；12—O2；13—O0；16—OTBS2；17—ESTOP3；18—O15；19—O13；20—O11；21—O9；22—O7；23—O5；24—O3；25—O1

XS21：1、2、14、15—24V G；3、4、5、16、17—空；6—O30；7—O28；8—O26；9—O24；10—O22；11—O20；12—O18；13—O16；18—O31；19—O29；20—O27；21—O25；22—O23；23—O21；24—O19；25—O17

表 6-15 XS20、XS21 引脚分配及 I/O 地址定义

信 号	说 明	地 址 定 义
24V G	直流 24V 电源地	
O0～O7	输入开关量	Y0.0～Y0.7
O8～O15		Y1.0～Y1.7
O16～O23		Y2.0～Y2.7
O24～O31		Y3.0～Y3.7
ESTOP1、ESTOP3	急停按钮	
OTBS1、OTBS2	超程解除按钮	

(11) XS30～XS33：进给轴控制接口，模拟式、脉冲式伺服和步进电动机驱动单元控制接口。其引脚如图6.38所示，引脚分配见表6-16。

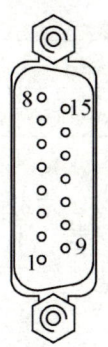

图 6.38　XS30～XS33 引脚图

1—A+；2—B+；3—Z+；4、12—+5V；5、13—GND；6—OUTA；7—CP−；
8—DIR−；9—A−；10—B−；11—Z−；14—CP+；15—DIR+

表 6-16　XS30-XS33 引脚分配

信　　号	说　　明
A+、A−	码盘 A 相位反馈信号
B+、B−	码盘 B 相位反馈信号
Z+、Z−	码盘 Z 脉冲反馈信号
+5V	直流 5V 电源
OUTA	模拟电压输出
CP+、CP−	输出指令脉冲
DIR+、DIR−	输出指令方向（+）
GND	信号地

(12) XS40～XS43：11 型（HSV-11D）伺服控制接口（RS-232 串口）。其引脚如图 6.39 所示，引脚分配见表 6-17。

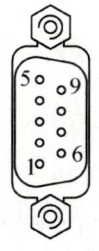

图 6.39　XS40～XS43 引脚图

1、4、6～9—空；2—RXD；3—TXD；5—GND

表 6-17 XS40～XS43 引脚分配

信 号	说 明
TXD	数据发送
RXD	数据接收
GND	信号地

本 章 小 结

数控机床是采用数控技术对机床的加工过程进行自动控制的机床，数控系统是实现数字控制的装置，计算机数控系统是用计算机通过执行其存储器内的程序来完成数控要求的部分或全部功能，并配有接口电路、伺服驱动的一种专用计算机系统。计算机数控系统由硬件和软件构成。

本章重点介绍了计算机数控系统的组成及工作过程、软硬件结构、典型系统的接口定义等内容。

（1）计算机数控系统的组成及工作过程：计算机数控系统的组成、计算机数控系统的功能及工作过程。

（2）计算机数控装置的硬件结构：单微处理器、多微处理器、开放式数控系统的结构及特点。

（3）计算机数控装置的软件结构：软硬件界面、软件结构特点、软件结构模式和计算机数控系统软件的工作过程。

（4）数控系统的接口与连接：西门子 SINUMERIK 802C 数控系统的接口定义、华中世纪星 HNC-21 数控系统的接口定义等内容。

思 考 题

1. 简述计算机数控系统的组成及其作用。
2. 计算机数控装置的主要功能有哪些？
3. 单 CPU 结构和多 CPU 结构各有何特点？
4. 简述开放式数控系统的结构及特点。
5. 常规的计算机数控系统软件有哪几种结构模式？
6. 数控系统 I/O 接口电路的作用是什么？
7. 简述西门子 SINUMERIK 802C 数控系统的接口 X7 的主要作用。
8. 简述华中世纪星 HNC-21 数控系统的接口 XS30 的主要作用。

第 7 章
数控机床的伺服系统

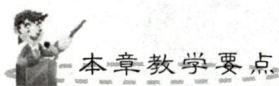 本章教学要点

知识要点	掌握程度	相关知识
伺服系统	了解伺服系统的基本作用； 熟悉数控机床伺服系统的分类	伺服系统在数控机床中的作用； 数控机床伺服系统的分类
步进电动机驱动系统	熟悉步进电动机绕组的通电方式； 熟悉步进电动机伺服系统脉冲分配； 掌握功率放大电路的工作原理	步进电动机的工作原理及运行特性； 软件脉冲分配方式； 单电压、双电压和恒流斩波功率放大电路
直流伺服电动机驱动系统	了解晶闸管调速的基本原理； 熟悉晶体管脉宽调制调速系统的工作原理	晶闸管调速； 脉宽调制器、三角波发生器、比较放大器、开关功率放大器
交流伺服电动机驱动系统	了解正弦脉宽调制的基本原理； 了解交-直-交变频器主电路的基本原理； 了解正弦脉宽调制调速系统的工作原理	正弦脉宽调制的基本原理； 交-直-交变频器主电路的分析； 典型正弦脉宽调制调速系统的分析
进给驱动器	了解进给驱动器的作用； 熟悉进给驱动器的接口； 掌握进给驱动器与计算机数控装置的连接	电源接口、指令接口、控制接口、反馈接口等； 脉冲指令的三种类型； 驱动器与计算机数控装置的连接
主轴变频器	了解主轴变频器的基本接口； 掌握变频器与计算机数控装置的连接	主轴变频器的基本接口； 变频器与西门子 SINUMERIK 802C 和华中世纪星 HNC-21 计算机数控系统的连接

数控技术

> **导入案例**
>
> 2017年1月20日由济南二机床集团有限公司自主研制的国产首条全伺服高速自动冲压线（图7.01）在上汽通用汽车武汉基地全线贯通、正式交付使用。该伺服冲压线由一台2000t多连杆伺服压力机、三台1000t多连杆伺服压力机及线首自动上料装置、双臂送料装置、线尾自动出料装置等组成，应用了伺服驱动、数控液压、同步控制等多项核心技术。与传统全自动冲压线相比，全伺服线生产节拍达到每分钟18次，效率提高20%，生产柔性也更加优越，可实现"绿色、智能、融合"的全伺服高速冲压生产。全伺服高速自动冲压线的贯通为促进我国冲压产业结构升级起到了示范作用，为社会带来了显著的经济效益。济南二机床集团有限公司以"打造国际一流机床制造企业，塑造世界知名品牌"为目标，凭借科技进步改写了中国不能制造全自动汽车冲压线的历史。（http://scitech.people.com.cn）

图7.01 济南二机床全伺服高速自动冲压线

7.1 概 述

7.1.1 伺服系统的概念

【进给运动】

伺服系统是数控机床的重要组成部分。它接收计算机发出的命令，完成机床运动部件（如工作台、主轴或刀具进给等）的位置和速度控制。伺服系统的性能直接影响数控机床的精度和工作台的速度等技术指标。数控机床伺服系统主要有两种：一种是位置伺服系统，它控制机床各坐标轴的切削进给运动，以直线运动为主；另一种是主轴伺服系统，它控制主轴的切削运动，以旋转运动为主。这里只介绍位置伺服系统。

计算机数控装置是数控机床发布命令的"大脑"；而伺服驱动及位置控制则为数控机床的"四肢"，是一种"执行机构"，能够准确地执行来自计算机数控装置的指令。伺服系统由驱动部件、速度控制单元和位置控制单元组成。驱动部件由执行电动机，位置检测元件（如旋转变压器、感应同步器、光栅等）及机械传动部件（滚珠丝杠副、齿轮副及工作台等）组成。

伺服系统有开环系统、半闭环系统和闭环系统之分。开环系统通常使用步进电动机进行驱动，半闭环、闭环系统通常使用直流伺服电动机或交流伺服电动机进行驱动。

7.1.2　开环、闭环、半闭环伺服系统

1. 开环伺服系统

开环伺服系统如图 7.1 所示。系统中无位置检测元件，驱动装置通常为步进电动机。计算机数控装置发出一个指令脉冲，经驱动电路功率放大后，驱动步进电动机旋转一个角度（步距角），并使工作台移动一个距离（脉冲当量）。旋转速度由脉冲频率控制，旋转角度正比于脉冲个数。加工时刀具相对于工件移动的距离等于脉冲当量乘以指令脉冲数。

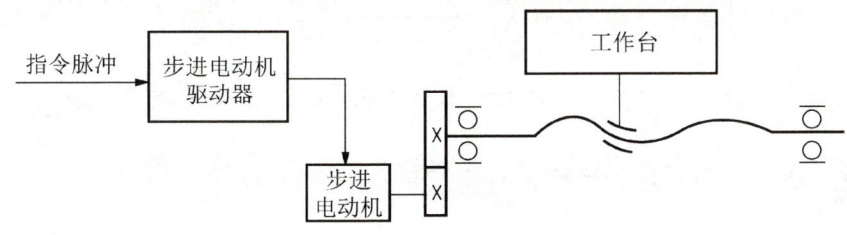

图 7.1　开环伺服系统

开环伺服系统的特点是结构简单、成本较低、技术容易掌握，但由于没有位置检测装置，机械传动件的间隙及运动件之间的阻力变化造成实际移动距离与指令脉冲存在误差，这个误差无法检测和消除，故一般适用于中小型经济型数控机床。

2. 半闭环伺服系统

半闭环伺服系统如图 7.2 所示。这类控制系统与闭环控制系统的区别在于采用角位移检测元件，并将其安装在电动机的轴上，通过测量电动机的转动圈数，而间接测量位移。由于从电动机到工作台还要经过齿轮和滚珠丝杠副传动，它们所产生的误差不能消除，因此半闭环伺服系统的控制精度不如闭环伺服系统。

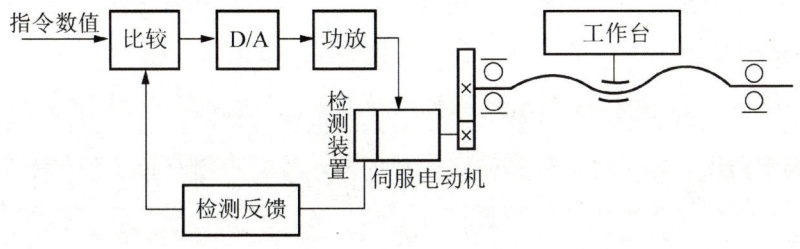

图 7.2　半闭环伺服系统

3. 闭环伺服系统

闭环伺服系统如图 7.3 所示。这类控制系统带有直线位移检测装置，直接对工作台的

实际位移量进行检测。伺服驱动装置通常采用直流伺服电动机或交流伺服电动机。指令值使伺服电动机转动,位置检测元件将移动件的实际位移反馈到计算机数控装置中,同位移指令值进行比较,用比较的差值进行位置控制,直至差值为零时止。该系统可以消除包括驱动电路、工作台传动链在内的系统误差,因而定位精度高。

闭环伺服系统的特点是定位精度高,但调试和维修都较困难、系统复杂、成本高,一般适用于精度要求较高的数控设备。

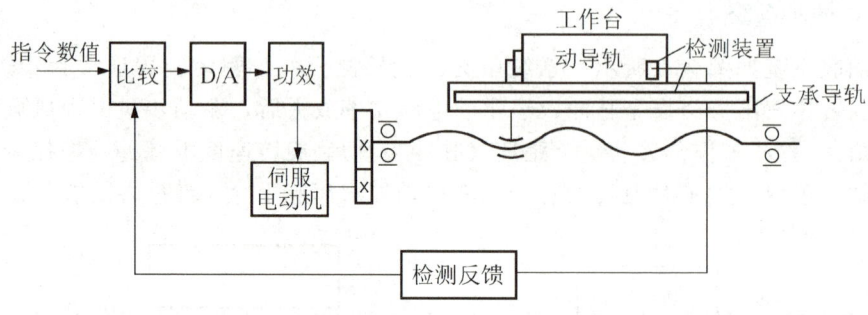

图 7.3 闭环伺服系统

7.1.3 数控机床对伺服系统的基本要求

数控机床对位置伺服系统的要求可概括为以下几点。

1. 精度高

伺服系统的精度是指输出量能复现输入量的精确程度。它直接影响机床的定位精度和重复定位精度,因而对零件的加工精度影响很大。随着数控机床的发展,其定位和轮廓切削精度越来越高。对位置伺服系统一般要求定位精度为 0.01~0.001mm,高档设备的定位精度要求达到 0.1 μm 以上。

2. 调速范围宽

为保证一定的加工精度,伺服系统应具有较宽的调速范围,并且能够均匀、稳定、无爬行地工作。对一般的数控机床而言,调速范围是 0~30m/min。

3. 响应快

快速响应是伺服系统的动态性能,反映了系统的跟踪精度。为了保证轮廓切削形状精度和加工表面粗糙度,除了保证较高的定位精度外,还要求跟踪指令信号响应快,一般在几十毫秒以内,同时要求很小的超调量。

4. 低速大转矩

机床在低速切削时,切削量和进给量都较大,对伺服系统要求低速大转矩,要求主轴电动机输出较大的转矩。具有这一特性的系统,可以简化传动链,使机械部分结构得到简化、刚性增加,使传动装置的动态性能和传动精度得到提高。

5. 高性能的伺服电动机

伺服电动机是伺服系统的重要驱动元件。为满足上述要求，对伺服电动机的要求是从最低速度到最高速度能平滑运转，具有大的、较长时间的过载能力，响应快，还能承受频繁的起动、制动和反转。

进给驱动用的伺服电动机主要有步进电动机、直流伺服电动机和交流伺服电动机。随着电力电子技术及交流调速技术的发展，交流调速电动机在数控机床进给驱动中得到了迅速的发展。可以预见，交流调速电动机将是最有发展前途的进给驱动装置。

7.2 步进电动机驱动系统

步进电动机驱动系统常用开环伺服系统。步进电动机将进给脉冲转换为一定方向、大小和速度的机械角位移，并由传动丝杠带动工作台移动。由于系统中无位置和速度检测环节，其精度主要取决于步进电动机和与之相联的丝杠等传动机构，速度也受到步进电动机性能的限制。但其控制结构简单、调整容易，在速度和精度要求不太高的场合有一定的使用价值。步进电动机细分技术的应用，使系统的定位精度明显提高，降低了步进电动机的低速振动，使步进电动机在中低速场合的开环伺服系统中得到更广泛的应用。

步进电动机驱动系统由控制电路、驱动电路、步进电动机及电源系统四部分组成，如图 7.4 所示。控制电路产生控制信号，经驱动电路变换、放大后驱动步进电动机。

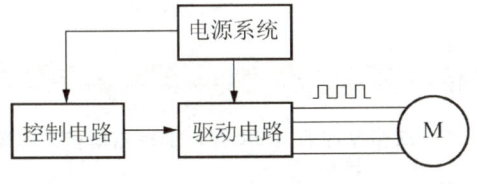

图 7.4 步进电动机驱动系统

7.2.1 步进电动机的工作原理与运行特性

1. 概述

步进电动机又称脉冲电动机，它能将输入的脉冲信号变成电动机轴的步进转动，每输入一个脉冲信号步进电动机就转动一步。例如，每一转为 200 个脉冲的步进电动机，每输入一个脉冲就转动 360°/200＝1.8°。对步进电动机的每一相来讲，输入的是一个脉冲列，改变此脉冲信号的频率及脉冲的宽度（或脉冲的幅值），即可调节步进电动机的转速与转矩的大小。步进电动机易于实现数字控制和微机控制，并且进行开环控制就能实现精确的转速控制或定位控制。当然，现代步进电动机控制技术已发展到采用失步检测系统，构成闭环控制方式。

【步进电动机】

2. 步进电动机的工作原理

图 7.5 所示为三相反应式（VR 型）步进电动机工作原理。定子上均匀地分布六个磁极，磁极上绕有绕组。相对的磁极组成一相，绕组的联法如图 7.5 所示。假定转子具有均匀分布的四个齿。根据各相绕组通电顺序（励磁方式）的不同，具有如下三种通电方式。

1）单三拍

最简单的运行方式为三相单三拍，简称三相三拍。"三相"是指定子三相绕组 A、B、C；"单"是指每次只有一相绕组通电；"拍"是指从一种通电状态转变为另一种通电状态，比如从 A 相通电切换到 B 相通电为一拍；经过三次切换，控制绕组的通电状态经过一个循环，接着重复第一拍的通电情况，故称为"三拍"。

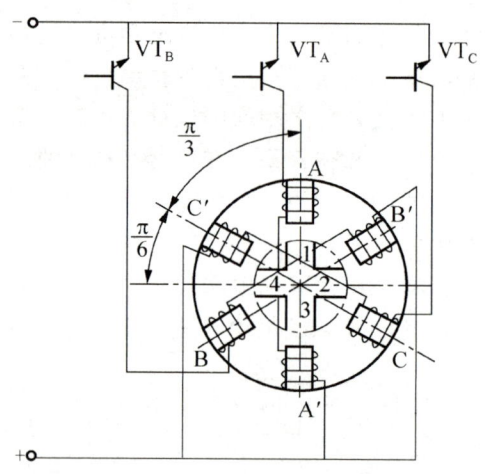

图 7.5　三相反应式（VR 型）步进电动机工作原理

设 A 相首先通电（B、C 两相不通电），产生 A—A′极轴线方向的磁通，磁场对 1—3 齿产生磁拉力，使转子齿 1—3 和定子 A—A′极对齐［图 7.6(a)］。当 B 相通电时（A、C 两相不通电），以 B—B′极为轴线的磁场使转子 2—4 齿与定子 B—B′极对齐，转子逆时针转过 30°角［图 7.6(b)］。当 C 相通电时（A、B 两相不通电），以 C—C′极为轴线的磁场使转子 1—3 齿和定子 C—C′极对齐［图 7.6(c)］。如此按 A—B—C—A 的顺序通电，转子就会不断地按逆时针方向转动。每一步的转角为 30°（称为步距角），电流切换三次，磁场旋转一周（电角度为 2π），转子前进一个齿距角 θ_t（θ_t = 360°/转子齿数，此处为 90°）。若按 A—C—B—A 的顺序通电，电动机就会顺时针方向转动，这种通电方式称为单三拍方式。图 7.5 中，开关器件 VT_A、VT_C、VT_B 按以上顺序导通和关断，转子每次就转过一个步距角。

单三拍通电方式中，由于单一控制绕组通电吸引转子，容易使转子在平衡位置附近产生振动，因而稳定性不好，实际中很少采用。

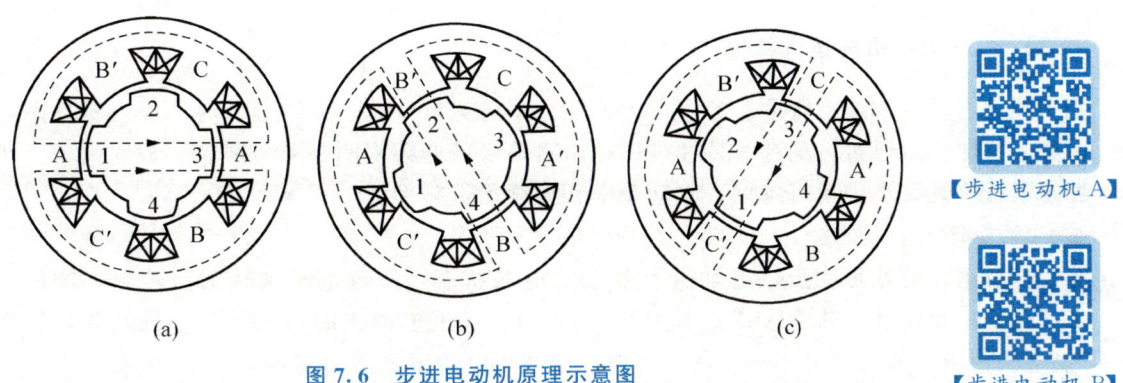

图 7.6 步进电动机原理示意图

【步进电动机 A】

【步进电动机 B】

2) 六拍

设 A 相首先通电,转子齿和定子 A—A′极对齐 [图 7.7(a)]。然后在 A 相继续通电的情况下接通 B 相。定子 B—B′极对转子齿 2—4 有磁拉力,使转子逆时针方向转动,但是 A—A′极继续拉住转子齿 1—3。因此,转子转到两个磁拉力平衡时为止。这时转子的位置如图 7.7(b) 所示,即转子从图 7.7(a) 的位置逆时针方向转过了 15°。接着 A 相断电,B 相继续通电。这时转子齿 2—4 和定子 B—B′极对齐 [图 7.7(c)],即转子从图 7.7(b) 的位置又转过了 15°。而后接通 C 相,B 相继续通电,这时转子又转过了 15°,其位置如图 7.7(d) 所示。这样,如果按 A—AB—B—BC—C—CA—A 的顺序通电,转子逆时针方向一步一步地转动,步距角为 15°。经过六次切换完成一个循环,因而称为六拍;在一个循环之内既有一相绕组通电,又有两相绕组同时通电,因此称为"单、双六拍"。

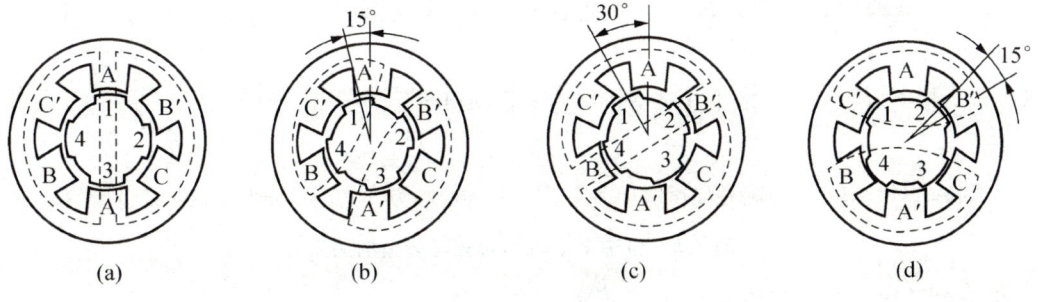

图 7.7 三相六拍运行方式

步进电动机还可用双三拍通电方式,导通的顺序依次为 AB—BC—CA—AB,每拍都由两相导通。它与单、双拍通电方式时两个绕组通电的情况相同,如图 7.7(b) 及图 7.7(d) 所示。

步距角可用式(7-1) 计算。

$$\theta = \frac{360°}{KZ_r m} \quad (7-1)$$

式中 Z_r——转子齿数;

m——步进电动机的相数;

K——通电方式系数,单相或双相通电方式,$K=1$,单双相轮流通电方式,$K=2$。

由式(7-1) 可知,转子齿数越多,步进电动机的步距角越小,位置精度就越高。

3. 步进电动机的运行特性

步进电动机的运行特性有静态运行特性、步进运行特性、连续运行时的动态特性及步进响应特性等。通过讨论这些特性可以提出对输入脉冲频率的要求与限制。下面简单介绍静态运行特性、步进运行特性、起动频率和连续运行频率。

1) 静态运行特性

静态运行特性是指步进电动机不改变通电的状态,步进电动机转矩与转角之间的关系,也称矩角特性,数学形式表示为 $T = f(\theta)$。步进电动机的转矩就是电磁转矩,转角(也叫失调角)就是通电相的定转子齿中心线间用电角度表示的夹角 θ。

图 7.8 表示在绕组通电后,步进电动机的转矩随转角的变化情况。在转子不受外力作用时,转子齿与通电相定子齿对准,这个位置叫作步进电动机的初始平衡位置[图 7.8(a)]。转子受外力作用后,偏离初始平衡位置,定转子之间产生的电磁转矩用以克服负载转矩,直到相互平衡,转子齿偏离初始位置一失调角 θ,偏离角度的大小与转矩的变化如图 7.8(b)~图 7.8(d) 所示。实践经验证明,反应式步进电动机的矩角特性接近正弦曲线,数学关系式为

$$T = -T_{\max}\sin\theta \qquad (7-2)$$

当 $\theta = \pm\pi/2$ 时,产生最大静转矩,表示步进电动机所能承受的最大静态转矩。

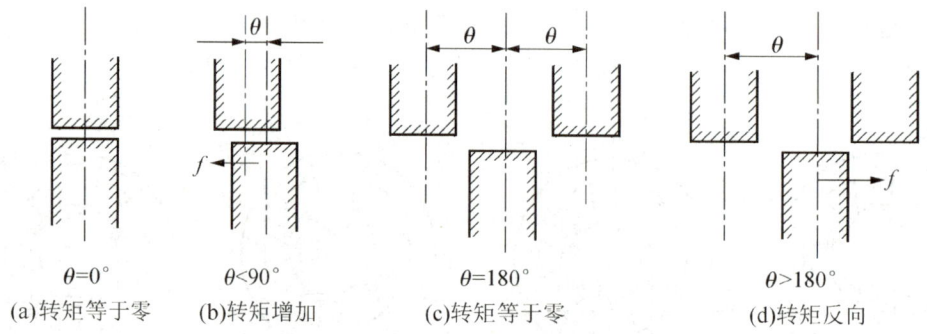

图 7.8 步进电动机的转矩与转角的关系

步进电动机的静态特性如图 7.9 所示。

2) 步进运行特性

输入脉冲的频率很低,转子走完一步停止以后,再输入下一个脉冲,这种运行状态称为步进运行。步进运行特性也称步进矩角特性。图 7.10 表示第一步 A 相通电、第二步 B 相通电时的情况。显然,步进运行所能带动的最大负载取决于静态特性曲线 A 与 B 的交点所对应的转矩 T_s。只有负载转矩 $T_L < T_s$,电动机才能带动负载步进运行,因而 T_s 被称为步进转矩或起动转矩。它代表步进电动机单相励磁时所能带动的极限负载。步距角 θ_s 越小,则 T_s 越接近 $T_{\max}$,即步进运行能带动的负载越大。

3) 起动频率

空载时,步进电动机由静止状态突然起动,并进入不丢步的正常运行的最高频率称为起动频率。加给步进电动机的指令脉冲频率如大于起动频率,就不能正常工作。在有负载的情况下,不失步起动所允许的最高频率将大大降低。

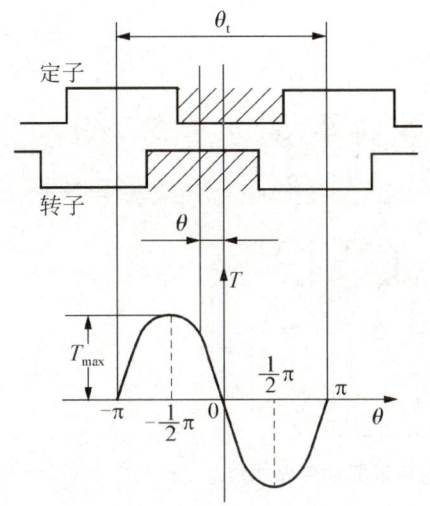
图 7.9 步进电动机的静态特性

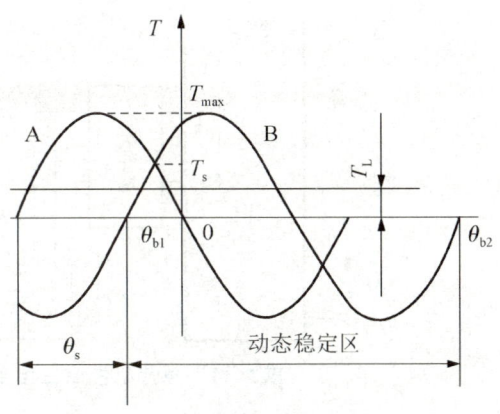
图 7.10 步进运行特性

4) 连续运行频率

步进电动机带负载起动后,连续缓慢提高脉冲频率到不丢步运行的最高频率称为连续运行频率,它比起动频率大得多。连续运行频率因电动机所带负载的性质和大小而异,与驱动电源也有很大的关系。步进电动机采用升降速控制,起停时频率降低;正常运行时,频率升高。

7.2.2 步进电动机的驱动

1. 脉冲分配

由步进电动机的工作原理可知,要使电动机正常的一步一步地运行,控制脉冲必须按一定的顺序分别供给电动机各相。给三相绕组轮流供电称为脉冲分配,也叫环形脉冲分配。实现脉冲分配的方法有硬件法和软件法两种。硬件分配法由环形脉冲分配器来实现,软件脉冲分配由程序从计算机接口直接控制输出脉冲的速度和顺序。

【步进电动机及驱动器应用】

1) 脉冲分配器

目前多使用专用集成电路来实现环形脉冲分配。已经有很多可靠性高、尺寸小、使用方便的集成脉冲分配器供选择。按其电路结构不同可分为 TTL 集成电路和 CMOS(互补金属氧化物半导体)集成电路。使用时只要按照一定的要求与电动机绕组和控制信号相连即可。除此之外,目前在数控机床中还使用带脉冲分配和驱动功能的 PLC,作为步进电动机的控制器,使数控机床的系统结构越来越紧凑。

2) 软件脉冲分配

计算机数控装置中常采用软件的方法实现环形脉冲分配。图 7.11 所示为单片机控制的三相步进电动机单极驱动电路原理。采用脉冲驱动型控制方式,即由控制电路向驱动电路发出脉冲。采用单双拍的通电方式,即正转时为 A—AB—B—BC—C—CA—A,反转时为 CA—C—BC—B—AB—A—CA。环形脉冲分配见表 7-1。

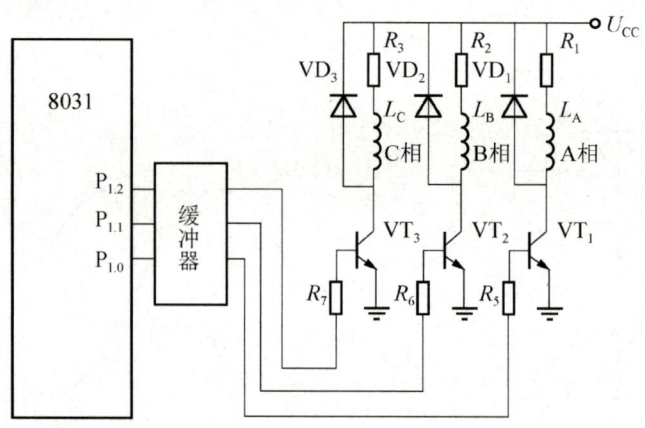

图 7.11　单片机控制三相步进电动机单极驱动电路原理

表 7－1　三相六拍环型分配表

方向		导电相	工作状态			二进制数	十六进制数	数据表
正转	反转		C	B	A			DATA
由上向下	由下向上	A	0	0	1	00000001	01H	$DATA_0$　DB01H
		A、B	0	1	1	00000011	03H	DB03H
		B	0	1	0	00000010	02H	DB02H
		B、C	1	1	0	00000110	06H	DB06H
		C	1	0	0	00000100	04H	DB04H
		C、A	1	0	1	00000101	05H	$DATA_5$　DB05H

软件实现脉冲分配常采用软件查表法，即将与通电方式相对应的控制状态字，按顺序存入内存中形成控制表。工作时，按顺序从内存控制表首址（表 7－1 中 $DATA_0$）开始取出状态字，通过输出端口［图 7.11 中的 P1 口（$P_{1.0}$、$P_{1.1}$、$P_{1.2}$）］输出脉冲，步进电动机就能一步一步地转动。当送完控制表末址（表 7－1 中的 $DATA_5$）的状态字时，再由程序控制返回控制表首址。如此一直循环，步进电动机就能均匀地转动。如若反转，只需按相反顺序取出控制表中的状态字即可。图 7.12 是实现环型脉冲分配子程序的框图。

其源程序如下。

```
START:  MOV   DPTR,#DATA        ;取数据表首址
        MOV   R2,#00H
LOOP:   MOV   A,R2
        MOVC  A,@A+DPTR         ;读表首数据
        MOV   P1,A              ;输出
        ACALL DY2               ;调延时子程序
        JB    P3.0,ZZ           ;正转,转 ZZ
        CJNE  R2,#00H,L1        ;未到表首转 L1
```

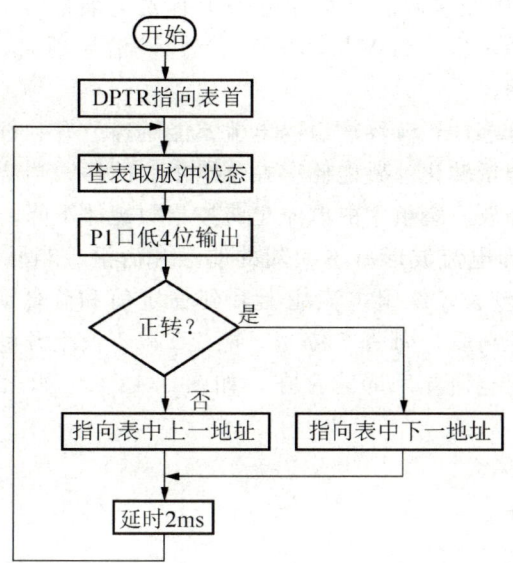

图 7.12 实现环型脉冲分配子程序的框图

```
        MOV    R2,#05H              ;回到表尾
        AJMP   LOOP
L1:     DEC    R2                   ;指针减 1
        AJMP   LOOP
ZZ:     CJNE   R2,#05H,L2           ;未到表尾转 L2
        MOV    R2,#00H              ;回到表首
        AJMP   LOOP
L2:     INC    R2                   ;指针加 1
        AJMP   LOOP
DY2:    MOV    R6,#03H
DY1:    MOV    R5,#166
DY2:    DJNZ   R5,DY2
        DJNZ   R6,DY1
        RET
        ORG    8100H
DATA:   DB     01H,03H,02H,06H,04H,05H
```

2. 功率放大电路

步进脉冲必须经过功率放大才能驱动步进电动机。功率放大驱动部件由以功率晶体管为核心的放大电路组成。

1) 单电压功率放大电路

图 7.11 所示为一基本的单电压功率放大电路。以 A 相绕组为例,电路中 VT_1 是晶体管。L_A 是步进电动机绕组,R_1 是外接限流电阻,VD_1 是续流二极管。

$P_{1.0}$ 端输出的脉冲信号经缓冲器（实际电路中有光电耦合器），驱动 VT_1 导通，L_A 上有电流流过，电动机转动一步。当 VT_1、VT_2、VT_3 轮流导通时，三相绕组有电流通过，使步进电动机一步步转动。

由于电动机绕组呈电感性，流经绕组的电流不能迅速上升到额定值。电流按指数规律上升，并将电源的部分能量转化为磁能储存在绕组中。同样，当绕组断电时，存于绕组中的磁能将通过放电回路释放，绕组中的电流也将按指数规律下降。电动机绕组中的电流只能缓慢地增加和下降，即电流波形有不太陡的前沿和后沿。当脉冲频率较低时，每相绕组通电和断电的周期 T 较长，绕组电流能上升到稳定值和降低到最小值（零值），如图 7.13（a）所示。当频率升高后，周期 T 缩短，电流 i 来不及上升到稳定值就开始下降，电流的幅值降低，各相绕组电流几乎同时存在，如图 7.13（b）所示，致使负载能力下降和失步，严重时不能起动。

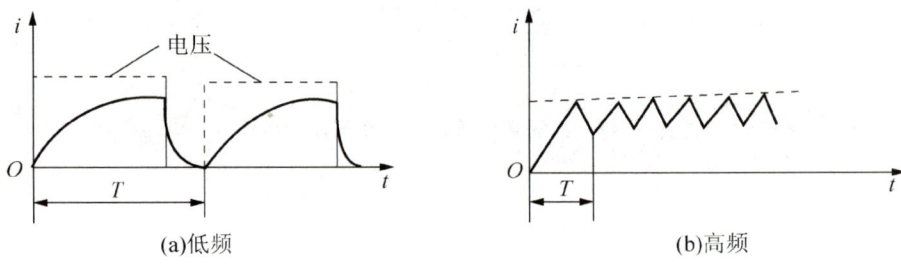

图 7.13 不同频率的电流波形

图 7.14 中，串联电阻 R_C，充电时间常数将减小，使电流上升的时间减小，步进电动机能得到较高的转换速度。但电阻 R_C 消耗了一部分功率，在电阻 R_C 两端并联电容 C，由于电容端电压不能突变，绕组通电瞬间，电源电压全部加在绕组上。VD 及 R_D 形成放电回路，保护晶体管 VT。这种驱动电路结构简单，功放元件少，成本低，但功耗大，只适用于驱动小功率的步进电动机。

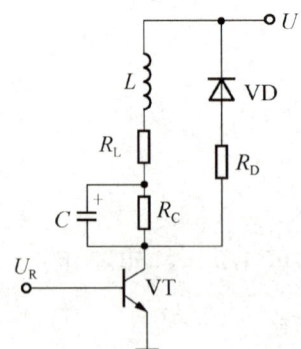

图 7.14 单电压功率放大电路

2) 双电压功率放大电路

双电压功率放大电路就是采用两组高低压电源的驱动电路。图 7.15 所示为双电压功率放大电路原理和波形。当输入控制信号，高压和低压控制回路分别产生与控制信号同步

的脉冲信号 V_H 和 V_L 时，VT_1 和 VT_2 同时导通，二极管 VD_1 承受反向电压而截止，绕组由高压电源 U_1 供电，绕组上的电流快速达到额定值。当绕组电流达到额定值后，V_H 转为低电平，VT_1 截止，低压电源 U_2 经二极管 VD_1 向绕组供电，保持额定电流，直到控制脉冲消失。通常高压为 80V，低压为几伏到十几伏。

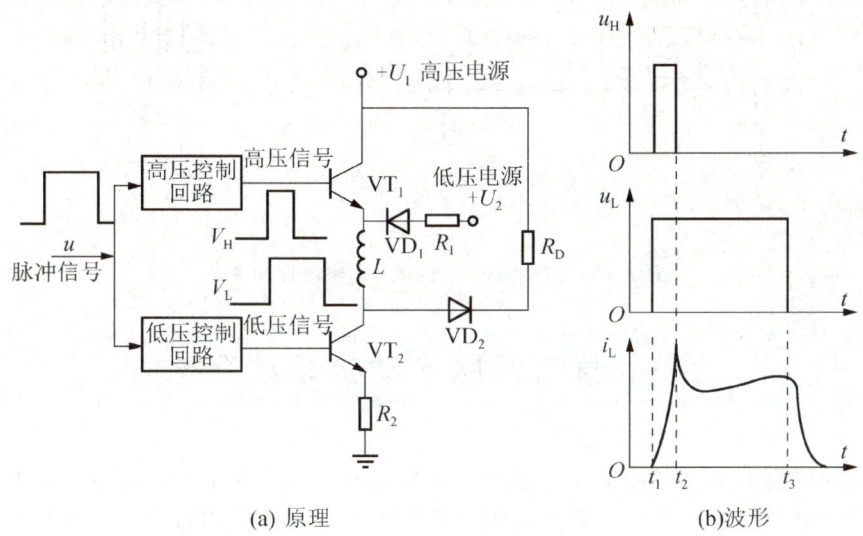

图 7.15 双电压功率放大电路原理和波形

由于采用高压驱动，电流增长加快，脉冲前沿变陡，电动机的转矩、起动及运行频率得到提高。额定电流由低电压维持，只需阻值较小的限流电阻，所以功放效率有所提高，该电路多用于中功率和大功率步进电动机中。虽然高低压方式改善了脉冲前沿，但是在高低压连接处会出现较大的电流波动，引起转矩波动。

3) 恒流斩波功率放大电路

恒流斩波型功率放大电路可克服双电压功率放大电路在高低压连接处出现的电流波动这一缺点，并可提高步进电动机的效率和转矩。

图 7.16 所示为一种恒流斩波功率放大电路原理和波形。控制脉冲信号 U_{in} 为"0"电平时，与门 N_2 输出"0"电平，功率放大晶体管 VT 截止，绕组 L 上无电流，采样电阻 R_3 上无反馈电压，N_1 放大器输出"1"电平；U_{in} 变为"1"电平后，N_2 输出"1"电平，功率放大晶体管 VT 导通，绕组 L 上有电流，并在采样电阻 R_3 上产生反馈电压 U_f。当 $U_f < U_{ref}$ 时，N_1 和 N_2 维持"1"电平，功率放大晶体管 VT 维持导通；当 $U_f > U_{ref}$ 时，N_1 输出"0"电平，N_2 的输出端也变为"0"电平，功率放大晶体管 VT 截止，绕组上为释放电流；当电阻 R_3 上电流减小到出现 $U_f < U_{ref}$ 时，N_1 又输出"1"电平，N_2 也输出"1"电平，功率放大晶体管 VT 又导通，如此往复。在一个控制脉冲内，功率放大晶体管多次通断，使绕组电流在设定值上下波动。这种方法无需外接电阻来限定额定电流和减少时间常数，提高了工作效率和电源效率。但电流的锯齿波形会产生较大的电磁噪声。

除了以上介绍的几种驱动电路外，还有很多驱动电路形式，在此不再叙述。

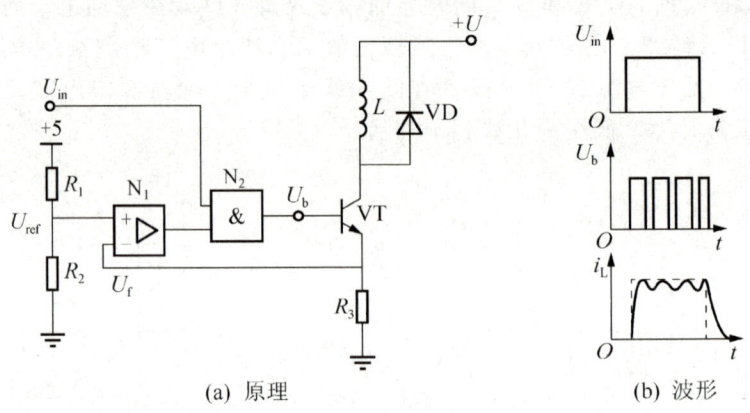

(a) 原理　　　　　　　　　(b) 波形

图 7.16　恒流斩波功率放大电路原理和波形

7.3　直流伺服电动机驱动系统

步进电动机驱动系统多用于开环系统，系统精度较低。对于高精度的数控机床，必须采用闭环伺服驱动系统。目前，数控机床闭环伺服驱动大都采用直流伺服电动机或交流伺服电动机驱动。直流伺服系统就是控制直流电动机的系统。直流电动机以其灵活、方便、性能稳定等特点曾是数控机床的主要驱动执行元件。但由于其换向器和电刷较容易发生故障，体积较大，维修不便等，目前正越来越多地被交流电动机代替。

7.3.1　常用的直流伺服电动机

直流电动机是伺服机构中常用的驱动元件，但一般的直流电动机不能满足数控机床的要求，近年来，开发了多种大功率直流伺服电动机。

1. 小惯量直流电动机

小惯量直流电动机是由一般直流电动机发展而来的。这类电动机又分为无槽圆柱体电枢结构和带印制绕组的盘形电枢结构两种。小惯量直流电动机转子长而细，最大限度地减少了电枢转动惯量，所以能获得最好的快速性；由于转子无槽，结构均衡性好，低速时稳定而均匀运转，无爬行现象。此外，小惯量直流电动机还具有换向性能好、过载能力强等特点。

2. 调速直流电动机

小惯量直流电动机是通过减少电动机转动惯量来改善工作特性的，但由于其惯量小，转速高，而机床惯量大，因此必须经过齿轮传动，而且电刷磨损较快。而宽调速直流电动机则是用提高转矩的方法来改善其性能的，使之在闭环伺服系统中得到较广泛的应用。

宽调速直流电动机按励磁方式分为电励磁和永久磁铁励磁两种。前者励磁大小易于调整，便于安排补偿绕组和换向器，因此电动机换向性能好，成本低，可在较宽的范围内实现恒转矩调速。后者一般无换向器和补偿绕组，其换向性能受到一定限制，但不消耗励磁功率，因此效率较高，低速时输出转矩大、温升低、尺寸小，因而此种结构用得较多。

宽调速直流电动机具有如下特点。

（1）输出转矩大。低速时能输出较大的转矩，使电动机可以不经减速齿轮而直接驱动丝杠，从而避免了齿轮传动中的间隙所引起的噪声、振动，以及齿轮间隙造成的误差。同时，也改善了电动机的加速性能和响应特性。

（2）过载能力强。由于转子热容量大，因此热时间常数大，又采用了耐高压的绝缘材料，故允许过载转矩 5~10 倍。

（3）动态响应好。电动机定子采用高矫顽力的电磁材料，电动机的抗去磁能力大大提高，起动时能产生 5~10 倍的瞬时转矩，而不出现退磁现象，从而使动态响应性能大大改善。

（4）调速范围宽。由于电动机具有线性的机械特性和调节性能，因此低速时能输出较大的转矩，调速范围宽，运转平稳。

3. 无刷直流电动机

无刷直流电动机又叫无整流子电动机。它没有换向器，由同步电动机和逆变器组成。逆变器由装在转子上的转子位置传感器控制，因此它实质上是交流调速电动机的一种。由于这种电动机的性能达到直流电动机的水平，又取消了换向器及电刷部件，使电动机寿命提高了一个数量级，因此引起了人们很大的兴趣。

7.3.2 直流电动机的调速

速度控制单元的任务就是控制电动机的转速。对于他励直流电动机，其转速表达式为

$$n = \frac{U_\mathrm{a} - I_\mathrm{a} \sum R_\mathrm{a}}{C_\mathrm{e} \Phi} \tag{7-3}$$

式中 U_a——外加电压；

R_a——电枢回路电阻；

I_a——电枢电流；

Φ——气隙磁通量；

C_e——电动势常数。

由式（7-3）可知，直流电动机调速的方法如下：①改变电枢回路电阻 R_a；②改变气隙磁通量 Φ；③改变外加电压 U_a。前两种方法的调速特性不能满足数控机床的要求。对于永磁式宽调速直流电动机，其磁场磁通是恒定的，只能按照第三种方法调速。

电压控制调速的机械特性如图 7.17 所示。这种调速方法具有恒转矩的调速特性，机械特性好，而且因为它是用减小输入功率来减小输出功率的，所以经济性能好。

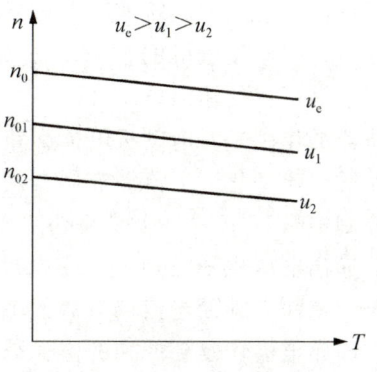

图 7.17 不同电压时的机械特性

对于电压控制方式调速，常用晶闸管调速方式和晶体管脉宽调制调速方式。

1. 晶闸管调速系统

1) 系统的组成

图 7.18 为晶闸管双闭环调速系统框图。该系统由内环——电流环、外环——速度环和晶闸管整流电路等组成。图 7.18 中 U_s 为设定参考电流的参考值，来自速度调节器的输出。U_i 为电枢电流的反馈值，由电流传感器取自晶闸管整流的主回路，即电动机的电枢回路。U_r 为来自数控装置经 D/A 转换后的模拟量参考值，该值也就是速度的指令信号，一般取 DC 0～10V。U_f 为反映电动机速度的反馈值。速度调节器和电流调节器都是由线性运算放大器和阻容元件组成的校正网络构成的。

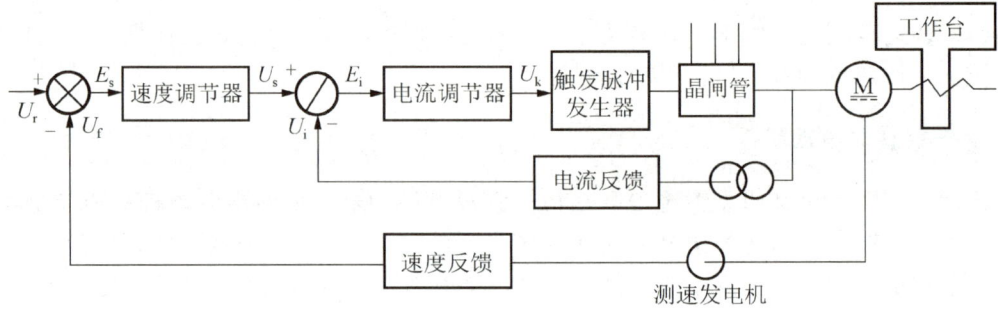

图 7.18　晶闸管双闭环调速系统框图

功率放大由晶闸管整流电路完成。它一方面将电网的交流变为直流；另一方面通过触发脉冲调节器产生合适的触发脉冲，将输入的速度控制信号进行功率放大。对于可逆调速系统，电动机制动时，晶闸管整流电路将电动机运转的惯性能转变为电能并回馈电网。

2) 系统的工作原理

图 7.18 中，就速度调节器而言，当指令信号 U_r 增大时，偏差信号 E_s 也将增大，从而使电流调节器的输出电压随之加大，触发脉冲发生器的脉冲前移（即减小 α 角）被触发，晶闸管的输出电压升高，电动机的转速相应上升。同时，测速发电机的输出电压也逐渐升高，并不断与给定信号进行比较，当它等于或接近给定值时，系统达到新的动态平衡，电动机以要求的较高转速稳定旋转。如果系统受到外界干扰，如负载增加，转速就要下降。此时，测速发电机的输出电压下降，偏差信号 E_s 增大，导致 U_s 和 U_k 增加，触发脉冲前移，晶闸管的输出电压升高，电动机的转速上升直至恢复到外界干扰前的转速值。电流调节器的作用是对电动机电枢回路引起滞后作用的某些时间常数进行补偿，使动态电流按所需的规律变化。电流调节器有两个输入信号：一个是由速度调节器输出的反映偏差大小的控制信号 U_s；另一个是反映主回路电流的反馈信号 U_i。当电网电压突然降低时，晶闸管的输出电压也随之降低。在电动机转速由于惯性尚未变化之前，首先引起主回路电流减小，从而立即使电流调节器的输出电压升高，触发脉冲前移，使晶闸管的输出电压升高，主回路电流恢复到原来的值，因而抑制了主回路电流的变化。当速度给定信号是阶跃函数时，电流调节器有一个很大的输入值，但其输出值已整定在最大的饱和值。此时的电枢电

流也在最大值（一般取额定值的2～4倍），从而使电动机在加速过程中始终保持在最大转矩和最大加速度状态，以使起动、制动过程最短。

具有速度外环、电流内环的双环调速系统具有良好的静态、动态指标，其起动过程很快，可最大限度地利用电动机的过载能力，使过渡过程最短。但在低速轻载时，存在电枢电流断续、机械特性变软、整流装置的外特性变陡、总放大倍数下降等缺点。

3) 主回路构成

晶闸管整流电路具有多种形式，如单向半控桥、单向全控桥、三相半波、三相半控桥、三相全控桥等。虽然单向半控桥及单向全控桥电路简单，但其输出波形差、容量有限，故较少采用。数控机床中，多采用三相全控桥反并联可逆整流电路，如图7.19所示。图中晶闸管分成两组（I和II），每组按三相桥式连接，两组反并联，分别实现正转和反转。

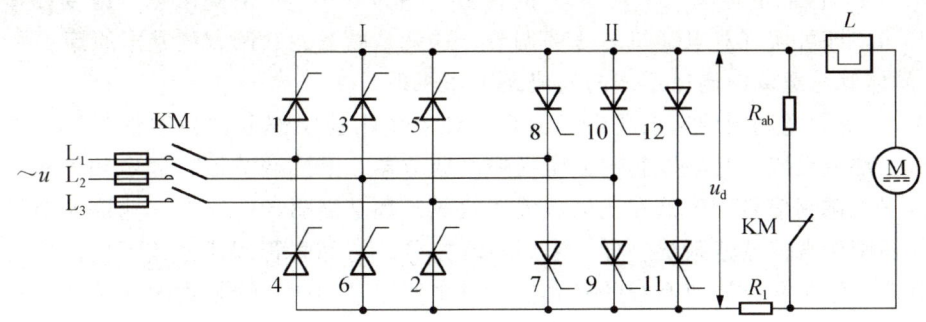

图 7.19　三相全控桥式反并联可逆整流电路

2. 晶体管脉宽调制调速系统

随着大功率晶体管制造工艺上的成熟和微电子技术的发展及高开关频率、高反压大电流功率晶体管模块的商品化，晶体管脉宽调制型直流伺服驱动系统得到了广泛应用。与晶闸管相比，大功率晶体管控制简单，开关特性好，克服了晶闸管调速系统的波形脉动，特别是轻载低速调速特性差的问题。

所谓脉宽调速，就是使功率放大器中的晶体管工作在开关状态下，通过控制晶体管的导通时间，将直流电压转变为某一频率的电压脉冲，加到电动机的电枢两端。脉宽的连续变化，使电枢电压的平均值也连续变化，因而使电动机的转速连续调整。

1) 概述

图7.20所示为脉宽调制斩波器原理电路及输出电压波形。图7.20(a)中，假定晶体管VT先导通T_1秒（忽略VT的管压降，电源电压全部加到电枢上），然后关断T_2秒（电枢端电压为零）。如此反复，则电枢端电压波形如图7.20(b)所示。

电枢端电压平均值U_o为

$$U_o = \frac{T_1}{T_1+T_2}U_d = \frac{T_1}{T}U_d = \alpha U_d \qquad (7-4)$$

式中

$$\alpha = \frac{T_1}{T_1+T_2} = \frac{T_1}{T}$$

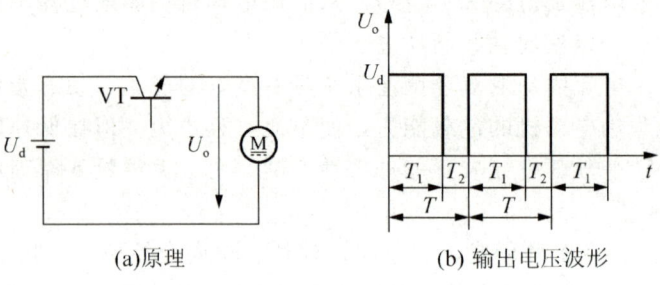

(a) 原理　　　　　　　(b) 输出电压波形

图 7.20　脉宽调制斩波器电路原理及输出电压波形

α 为一个周期 T 中，晶体管 VT 导通时间的比率，称为负载率或占空比。α 的变化范围为 $0\leqslant\alpha\leqslant 1$，因而电枢电压平均值 U_o 的调节范围为 $0 \sim U_d$。由此可见，改变晶体管开关的通断时间，即可实现对电动机转速的调节，这就是脉宽调制调速的基本原理。

2) 晶体管脉宽调制调速系统的构成及工作原理

图 7.21 为脉宽调制调速系统组成原理。该系统由控制部分、晶体管开关式放大器和功率整流三部分组成。其中控制部分包括速度调节器、电流调节器、固定频率振荡器、脉宽调制器（由调制信号发生器和比较放大器组成）和基极驱动电路等。速度调节器和电流调节器与晶闸管直流调速系统一样，采用双环控制。与晶闸管调速系统不同的部分，一是脉宽调制器，它是脉宽调速系统的核心；二是主回路，即脉宽调制式的开关放大器。

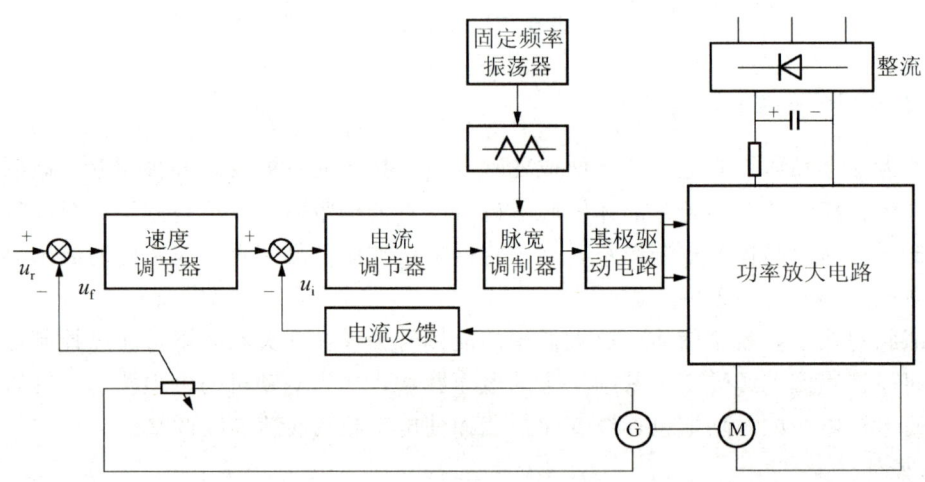

图 7.21　脉宽调制调速系统组成原理

（1）脉宽调制器。脉宽调制器的作用是将电流调节器输出的直流电压与固定频率振荡器产生的确定频率三角波叠加，形成宽度可变的矩形脉冲。数控系统中，电流调节器输出的直流电压量，是由插补器输出的速度指令转化而来的信号，经过脉宽调制器变为周期固定但脉冲宽度可调的脉冲信号，脉冲宽度随速度指令信号而变化。

脉宽调制器的种类很多，但从其构成看，都是由调制信号发生器和比较放大器组成的。调制信号发生器采用三角波发生器或锯齿波发生器。

① 三角波发生器。图 7.22(a) 所示为一种三角波发生器电路。放大器 N_1 构成方波发

生器，即多谐振荡器，输出端接上一个由运算放大器 N_2 构成的反相积分器，共同组成正反馈电路，形成自激振荡。

工作过程：设在电源接通瞬间 N_1 的输出电压 u_B 为 $-V_d$（负电源电压），被送到 N_2 的反相输入端。由于 N_2 的反相作用，电容 C_2 被正向充电，输出电压 $u_\triangle$ 逐渐升高，同时又被反馈至 N_1 的输入端与 u_A 进行叠加。当 $u_A>0$ 时，比较器 N_1 就立即翻转（因为 N_1 由 R_2 接成正反馈电路），u_B 电位由 $-V_d$ 变为 $+V_d$。此时，$t=t_1$，$u_\triangle=(R_5/R_2)V_d$。而在 $t_1<t<T$ 的区间，N_2 的输出电压 $u_\triangle$ 线性下降。当 $t=T$ 时，u_A 略小于零，N_1 再次翻转。此时 $u_B=-V_d$，而 $u_\triangle=-(R_5/R_2)V_d$。如此形成自激振荡，在 N_2 的输出端得到一串三角波电压，各点波形如图 7.22(b) 所示。

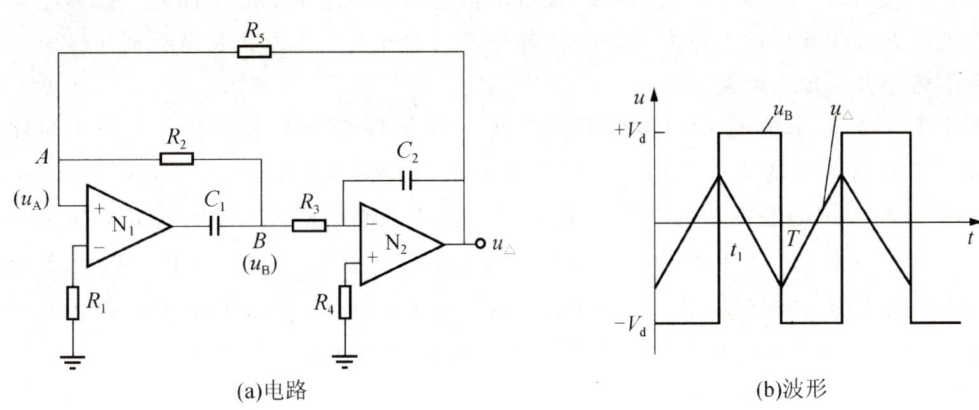

图 7.22 三角波发生器电路和波形

② 比较放大器。比较放大器的作用是将控制电压与三角波电压进行叠加，形成脉宽可调的脉冲信号。其电路如图 7.23 所示。三角波电压 $u_\triangle$ 与控制电压 u_{sr} 叠加后送入比较放大器 N 的输入端，当 $u_{sr}=0$ 时，比较放大器输出电压的正负半波脉宽相等，输出平均电压为零。当 $u_{sr}>0$ 时，三角波过零时间提前，输出脉冲正半波宽度大于负半波宽度，输出平均电压大于零。而当 $u_{sr}<0$ 时，三角波过零时间后移，输出脉冲正半波宽度小于负半波宽度，输出平均电压小于零。如果三角波线性度好，则输出脉冲宽度正比于控制电压 u_{sr}，如图 7.24 所示。

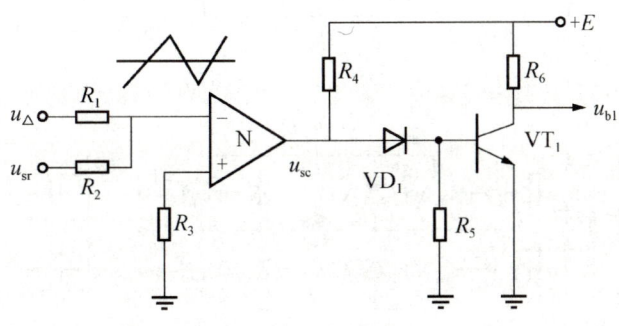

图 7.23 比较放大器电路

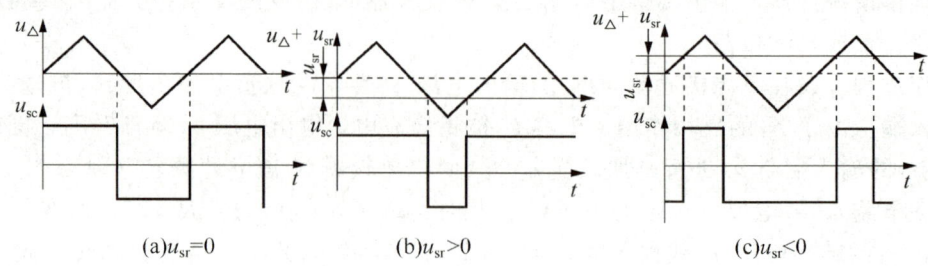

(a) $u_{sr}=0$　　　　(b) $u_{sr}>0$　　　　(c) $u_{sr}<0$

图 7.24　三角波脉宽调制器工作波形

（2）开关功率放大器。开关功率放大器是脉宽调制调速系统的主回路，总体上可分为单极性工作方式和双极性工作方式两种。各种不同的开关工作方式又可组成可逆开关放大电路和不可逆开关放大电路。

图 7.25（a）所示为 H 型单极性开关电路。所有 H 型开关电路都是由四个晶体管和四个续流二极管构成的桥式电路，形似英文字母 H。将两个相位相反的脉冲控制信号分别加在 VT_1 和 VT_2 的基极，而 VT_3 的基极施加截止控制信号，VT_4 的基极施加饱和导通的控制信号。在 $0 \leqslant t < t_1$ 区间内，VT_1 饱和导通，VT_2 截止，由于 VT_4 始终处于导通状态，因此在电动机电枢两端 BA 间的电压为 E_d。在 $t_1 \leqslant t < T$ 区间内，VT_1 截止而 VT_2 饱和导通，但由于 VT_3 始终处于截止状态，因此电动机处于无电源供电的状态，电枢电流靠 VT_4 和 VD_2 通道将电枢电感能量释放而继续流通，电动机只能产生一个方向的转动。如要电动机反转，只有将 VT_3 基极加上饱和导通的控制电压，VT_4 基极加上截止控制电压才行。

H 型双极性开关电路如图 7.25（b）所示。比较图 7.25（a）和图 7.25（b）可见，两图的构成是一样的，只是控制信号不同。VT_1 和 VT_4 的脉冲信号相同，VT_2 和 VT_3 的脉冲信

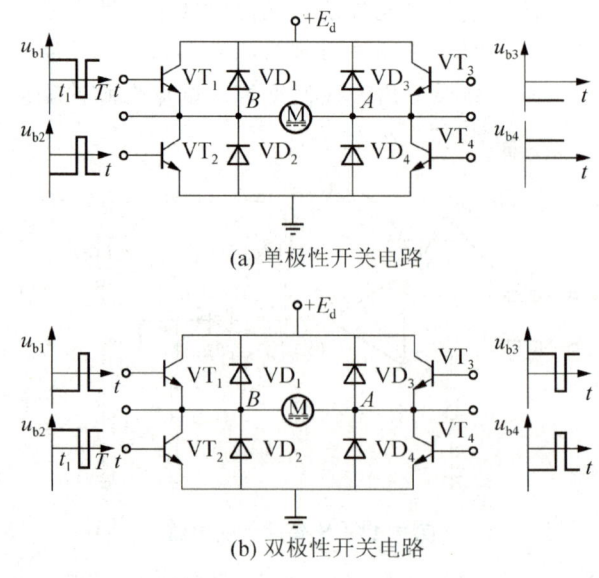

(a) 单极性开关电路

(b) 双极性开关电路

图 7.25　H 型开关电路

号同 VT_1 和 VT_4 的信号相位相反,在 $0 \leqslant t < t_1$ 区间内,VT_2 和 VT_3 导通,电源 $+E_d$ 加在电枢的 AB 两端,即 $U_{AB} = +E_d$;而在 $t_1 \leqslant t < T$ 区间内,VT_1 和 VT_4 导通,电源 $+E_d$ 加在 BA 两端(即 $U_{AB} = -E_d$)。而当调制器输出的脉宽满足 $t_1 > T/2$ 时,电枢两端平均电压 $U_{AB} > 0$,电动机正转;反之,当 $t_1 < T/2$ 时,平均电压 $U_{AB} < 0$,电动机反转;当 $t_1 = T/2$ 时,平均电压 $U_{AB} = 0$,电动机不转。

7.3.3　单片微机控制的脉宽调制直流可逆调速系统

图 7.26 所示为 8031 单片机控制的脉宽调制可逆直流脉宽调制调速系统的工作原理。主电路是由四个功率晶体管模块 $VT_1 \sim VT_4$ 构成 H 型双极性开关电路。主电路电源由三相不可控整流电路得到,并经电容 C_1、C_2 和电感 L 滤波,获得直流电压。R_0 为限流电阻,限制电源接通时电容的充电电流,充电完成后由 KM 闭合将 R_0 切除。R_1、R_2 为均压电阻。$VD_1 \sim VD_4$ 分别集成在晶体管模块 $VT_1 \sim VT_4$ 内部,起续流作用。$VT_1 \sim VT_4$ 上并联的 R、C、VD 电路为过电压吸收电路。$M_1 \sim M_4$ 分别为 $VT_1 \sim VT_4$ 的驱动模块,内部含有光电隔离电路与开关放大电路。BHL 为电流霍尔传感器,TG 为测速发电机。

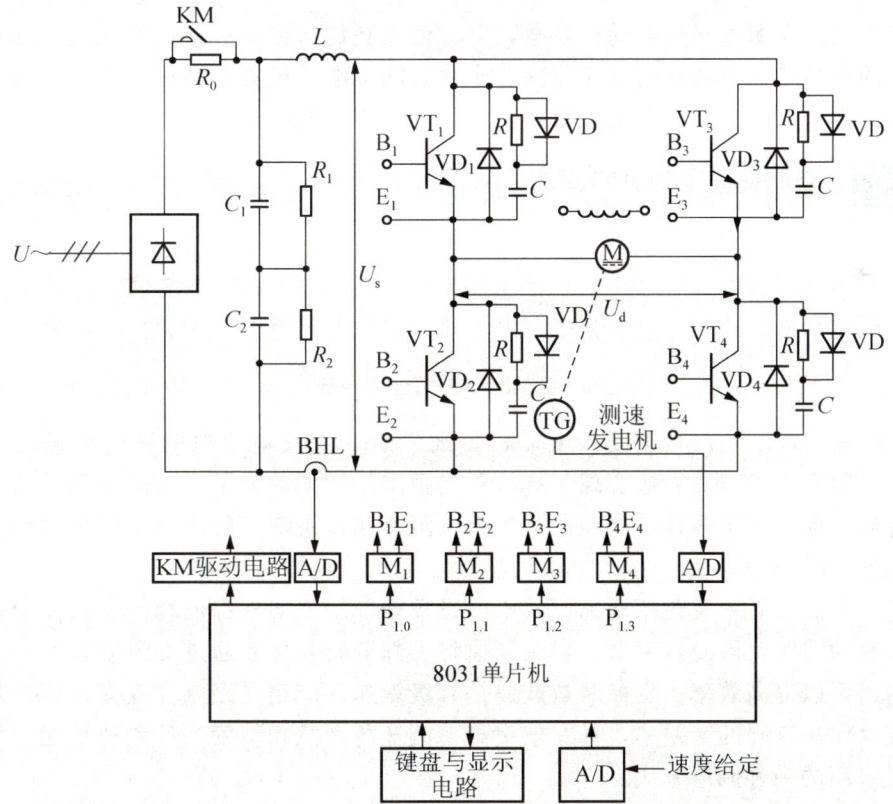

图 7.26　8031 单片机控制的脉宽调制可逆直流调速系统的工作原理

7.4 交流伺服电动机驱动系统

交流伺服系统是最新发展起来的新型伺服系统，这一方面是因为交流电动机具有结构简单、价格低廉、无电刷、动态响应好、输出功率大等优点；另一方面近年来新型功率开关器件、专用集成电路和新的控制算法等的发展带动了交流驱动电源的发展，使其调速性能更能适应数控机床伺服系统的要求。

7.4.1 常用交流伺服电动机及其特点

交流伺服系统中常用的执行元件有交流感应式伺服电动机和交流永磁式伺服电动机。

感应式伺服电动机相当于交流感应异步电动机，与同容量的直流电动机相比，具有结构简单、价格低廉、质量轻等优点。但其不能经济地实现范围较广的调速，必须从电网吸收滞后的励磁电流，因而使电网功率因素变坏。它常用于主轴伺服系统。

永磁式伺服电动机相当于交流同步电动机。与感应电动机不同，同步电动机的转速与所接电源的频率之间存在一种严格关系，即在电源频率固定不变时，它的转速是稳定不变的。若采用变频电源给同步电动机供电，可方便地获得与频率成正比的转速，同时，可获得非常硬的机械特性及较宽的调速范围。永磁式同步电动机具有结构简单、运行可靠、响应快速、效率较高的特点，多用于数控机床位置伺服系统中。

7.4.2 交流伺服电动机的调速

1. 概述

交流电动机的转速，与电源频率、电动机极对数及转差率之间的关系式为

$$n = n_0(1-s) = \frac{60f(1-s)}{p}$$

对于异步电动机，$s \neq 0$；对于同步电动机，则 $s = 0$。交流电动机的调速可通过改变转差率、变极对数及变频三类方法实现，具体种类很多，常见的如下：①降电压调速；②电磁转差离合器调速；③绕线转子异步电动机串电阻调速；④绕线转子电动机串级调速；⑤变极对数调速；⑥变频调速。

前四种方法均属于变转差调速，其中前三种全部转差功率都消耗掉了，靠消耗转差功率获得转速的降低，因而效率低。串级调速将大部分转差功率通过变流装置回馈电网或者予以利用，可以提高效率。变极对数调速是有级调速，应用受限制。变频调速，从高速到低速都可以保持有限的转差率，具有效率高、调速范围宽和精度高的调速性能，是数控机床中广泛采用的一种调速方式。

变频调速技术近年来发展很快，方法很多。变频调速的主要环节是为交流电动机提供变频电源的变频器。变频器可分为交-交变频器和交-直-交变频器两大类。交-交变频（图 7.27）是用整流器直接将工频交流电变成频率可调的交流电，正向组输出正脉冲，反向组输出负脉冲。由于无中间环节，变换效率高，但连续可调的频率范围窄，一般在额定

频率的一半以下，交流电波动较大。交-直-交变频（图7.28）是先把固定频率的交流电整流成直流电，再把直流电逆变成频率连续可调的三相交流电，具有频率调节范围宽、交流电波动小、线性度好的特性。下面介绍交-直-交变频器中较广泛使用的正弦脉宽调制（SPWM）方法。

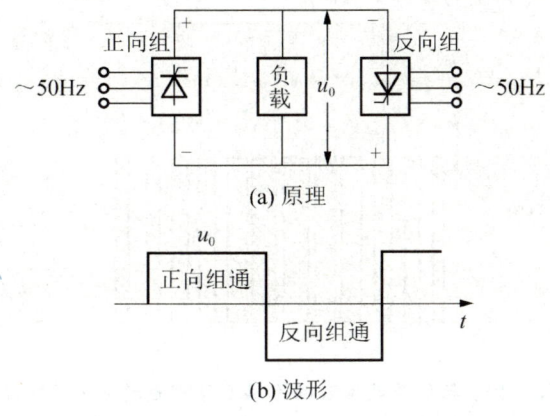

图 7.27　交-交变频装置

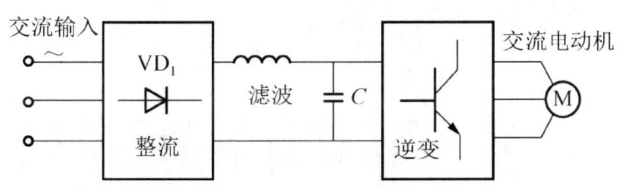

图 7.28　交-直-交变频装置

2. 正弦脉宽调制变频器

正弦脉宽调制变频器，即正弦波脉宽调制变频器，是脉宽调制型变频器的一种。正弦脉宽调制变频器适用于交流永磁式伺服电动机和交流感应式伺服电动机，具有功率因数高、输出波形好等优点，因而在交流调速系统中获得广泛应用。

1）正弦脉宽调制原理

如果把一个正弦半波进行 n 等分（图7.29中，$n=12$），然后把每一等份的正弦曲线与横轴所包围的面积都用一个与此面积相等的等幅矩形脉冲来代替，矩形脉冲的中点与正弦波每一等份的中点相重合。正弦值最大时，脉宽也最大；正弦值较小时，脉宽也小。这种由 n 个等幅不等宽的矩形脉冲所组成的波形就与正弦波的半周等效，称作正弦脉宽调制波形（等幅不等宽脉冲序列）。正弦波的负半周也可用同样的方法与一系列负脉冲等效。

三角波是上下宽度线性变化的波形，当一条光滑的曲线与三角波相交时，就会得到一组等幅的、脉宽正比于该函数值的矩形脉冲，如图7.30所示，正弦波与三角波经过比较可得到一组矩形脉冲，其幅值不变，而其脉宽是按正弦规律变化的。

如果用这种矩形脉冲作为逆变器开关元件的控制信号，逆变器的输出端可以获得一组类似的矩形脉冲。矩形脉冲的基波为 $U_\mathrm{d}\sin\omega t$，幅值为直流侧的整流电压 U_d，其宽度按正

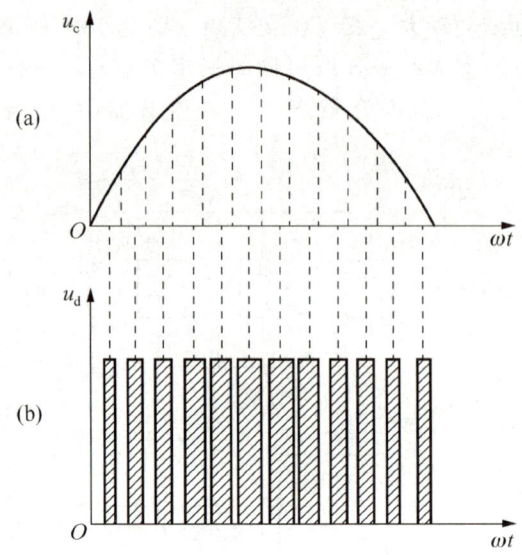

图 7.29　与正弦波等效的等幅不等宽矩形脉冲序列波

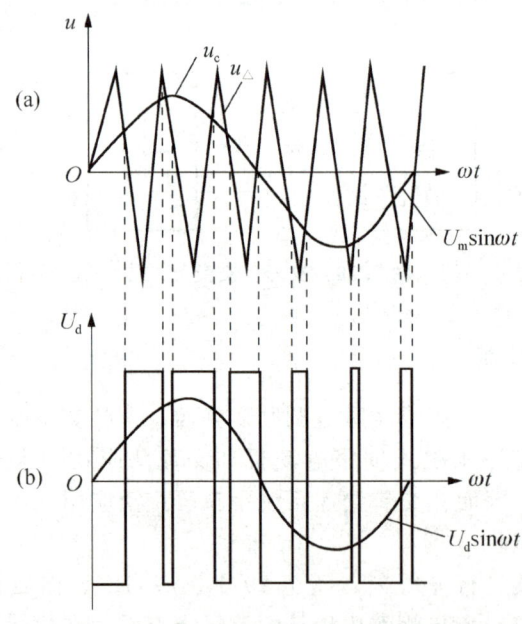

图 7.30　调制波形

弦规律变化。若要增加逆变器的输出，只要增加正弦波幅值，与三角波比较后，就可得到幅值不变、宽度变宽的脉冲序列，从而输出的正弦波的幅值变大。

改变基准正弦波的频率，就可改变输出信号的基波频率，从而靠改变频率进行调速。为了得到频率可调的基准正弦波，可采用数字频率发生器或模拟频率发生器，产生正弦基准波，还可由计算机软件来完成，不用基准正弦波与三角波，而直接计算出多少宽度产生多大电压、多高频率。

2) 交-直-交变频器的主电路

图 7.31 所示为交-直-交变频器的通用主电路。电路分成交-直部分和直-交部分。

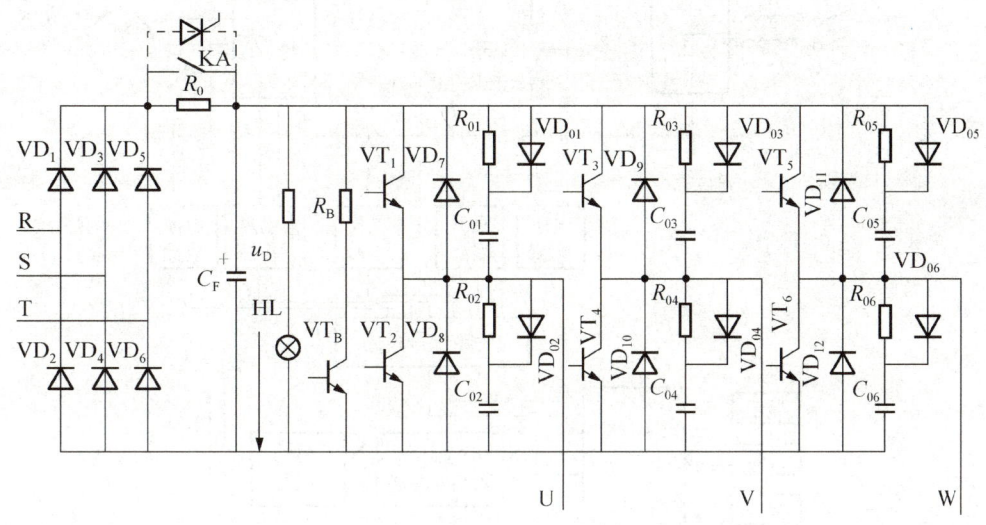

图 7.31 交-直-交变频器的通用主电路

（1）交-直部分。整流管 $VD_1 \sim VD_6$ 组成三相整流桥，将三相交流电全波整流成直流。滤波电容 C_F 的作用是滤除全波整流后的电压纹波，并在负载变化时，使直流电压保持平稳。限流电阻 R_0 用于限制电源合上的瞬间电容 C_F 的充电电流。C_F 充电到一定程度时，开关 KA 接通，将电阻 R_0 短路。

（2）直-交部分。晶体管 $VT_1 \sim VT_6$ 组成逆变桥，把 $VD_1 \sim VD_6$ 整流所得的直流电，变成频率可调的交流电。$VD_7 \sim VD_{12}$ 为续流二极管，其主要作用是保护逆变管，同时也为工作电流提供通路。$R_{01} \sim R_{06}$、$VD_{01} \sim VD_{06}$、$C_{01} \sim C_{06}$ 构成缓冲电路，其中 $C_{01} \sim C_{06}$ 的作用是防止 $VT_1 \sim VT_6$ 由导通转为截止时，端电压由近乎零上升至直流电压 U_D 的过高电压增长率；$R_{01} \sim R_{06}$ 的作用是限制 $VT_1 \sim VT_6$ 由截止转为导通时，$C_{01} \sim C_{06}$ 上所充的电压向 $VT_1 \sim VT_6$ 放电的电流；$VD_{01} \sim VD_{06}$ 的作用是在电容 $C_{01} \sim C_{06}$ 充电时将电阻 $R_{01} \sim R_{06}$ 旁路，放电时放电电流必须流经 $R_{01} \sim R_{06}$。

3. 正弦脉宽调制调速系统

图 7.32 所示为一种典型的数字控制正弦脉宽调制变频调速系统的工作原理。它包括主电路、驱动电路、控制电路、保护信号检测与处理电路，以及吸收电路和其他辅助电路（图中未画出）。

正弦脉宽调制变频调速系统的主电路由不可控整流器 UR、正弦脉宽逆变器 UI 和中间直流电路三部分组成，采用大电容 C 滤波，同时当负载变化时使直流电压保持平稳。由于电容容量较大，电源接通瞬间相当于短路，势必产生很大的充电电流，容易损坏整流二极管。为了限制充电电流，在整流器和滤波电容之间串入限流电阻（或电抗）R_0，并用开关延时短路。

由于二极管整流器不能为异步电动机的再生制动提供反向电流的通路，因此除特殊情

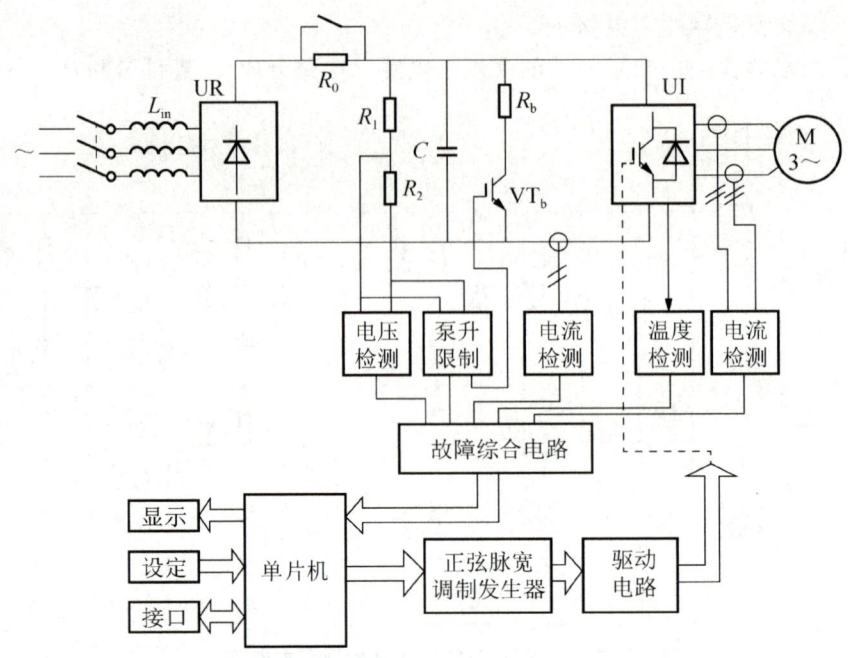

图 7.32 数字控制正弦脉宽调制变频调速系统的工作原理

况外,通用变频器一般都用电阻(如图 7.32 中的 R_b)吸收制动能量。制动时,异步电动机进入发电状态,首先通过逆变器的续流二极管向电容 C 充电,当中间直流回路电压(通称泵升电压)升高到一定限制值时,通过泵升限制电路使开关器件 VT_b 导通,将电动机释放的动能消耗在制动电阻 R_b 上。为了便于散热,制动电阻常作为附件单独装在变频器机箱外边。

7.5 进给驱动器的接口与连接

进给驱动器根据来自计算机数控系统的指令,按照一定规律控制电动机的运行,以满足数控机床工作的要求。因此驱动器至少应具有工作电源接口、接收计算机数控系统或其他设备指令信号的接口,以及控制电动机运行的接口,这些都是最基本的接口。此外,为了伺服系统的安全,驱动器一般还应具有输出工作状态信息和报警信号的接口;为了方便,有些驱动器还提供了通信接口等。本节重点介绍进给伺服驱动器的常用接口及与计算机数控装置的连接。图 7.33 所示为步进电动机驱动器(SH-50806A)与计算机数控装置的基本接线。

根据连接对象,可将接口分为 CNC 及 PLC 接口、电动机接口和外部设备接口等。

根据接口功能,可将接口分为指令接口、控制接口、状态接口、安全互锁接口、通信接口和显示接口等。

根据接口信号的电压高低,可将接口分为高压电源接口、低压电源接口和无源接口。

根据接口信号的类型,可将接口分为开关量接口和模拟量接口。

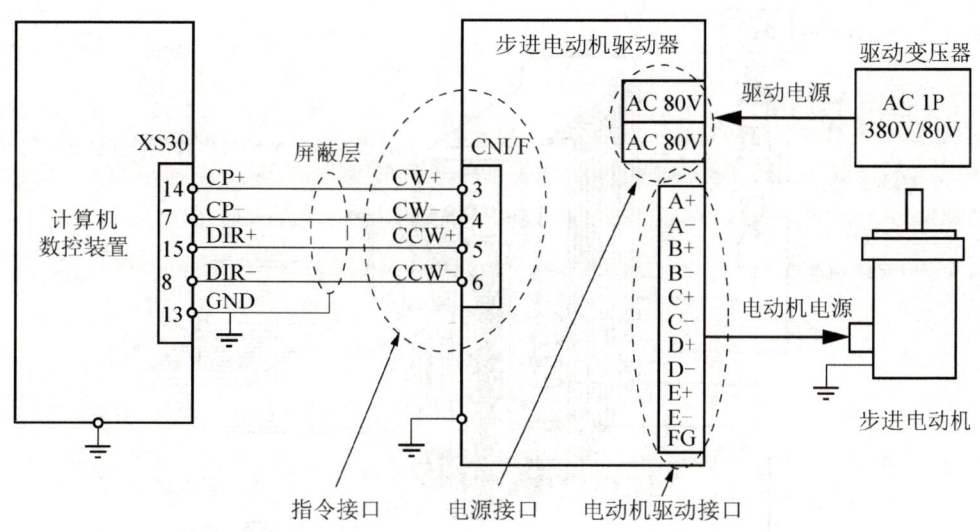

图 7.33　步进电动机驱动器与计算机数控装置的基本接线图

下面将按功能的不同对进给伺服驱动器的常用接口分别进行介绍。这些接口不是所有进给驱动器中都一定具备的。

7.5.1　电源接口

进给伺服驱动器的电源一般有动力电源和逻辑电路电源，对于交流伺服进给驱动器还需要控制电源。动力电源是指进给驱动器用于驱动电动机运转的电源；逻辑电路电源是指进给驱动器的开关量、模拟量等逻辑接口电路工作或电平匹配所需的电源，一般为直流24V，也有采用直流12V或5V；控制电源是指进给驱动器自身的控制板卡、面板显示等内部电路工作用的电源，一般为单相，对于步进驱动器，该部分电源与动力电源共用。

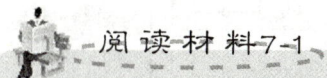阅读材料7-1

图7.34所示为松下A系列交流伺服驱动器的系统构成。电源部分由无熔丝断路器、噪声滤波器、电磁接触器供电，驱动器的内部参数可通过PC设置。驱动器与电动机和编码器通过专用电缆连接。交直流驱动器的接口通常要比步进电动机驱动器的接口多。

习惯上进给驱动器的电源是指其动力电源。进给驱动器的动力电源种类很多，从三相交流460V到直流24V甚至更低，交流伺服驱动器典型的供电方式是三相交流200V。步进电动机驱动器一般采用单相交流电源或直流电源，对于采用直流电源的步进电动机驱动器，允许的电源电压的范围都比较宽，步进电动机驱动器一般不推荐使用稳压电源和开关电源。伺服驱动器的电源一般允许在额定值的15%的范围内变化。

使用交流电源的进给驱动装置一般由隔离变压器供电，以提高抗干扰能力和减小对其他设备的干扰，有时还需要增加电抗器以减小电动机起动、停止时对电源和电源控制器件

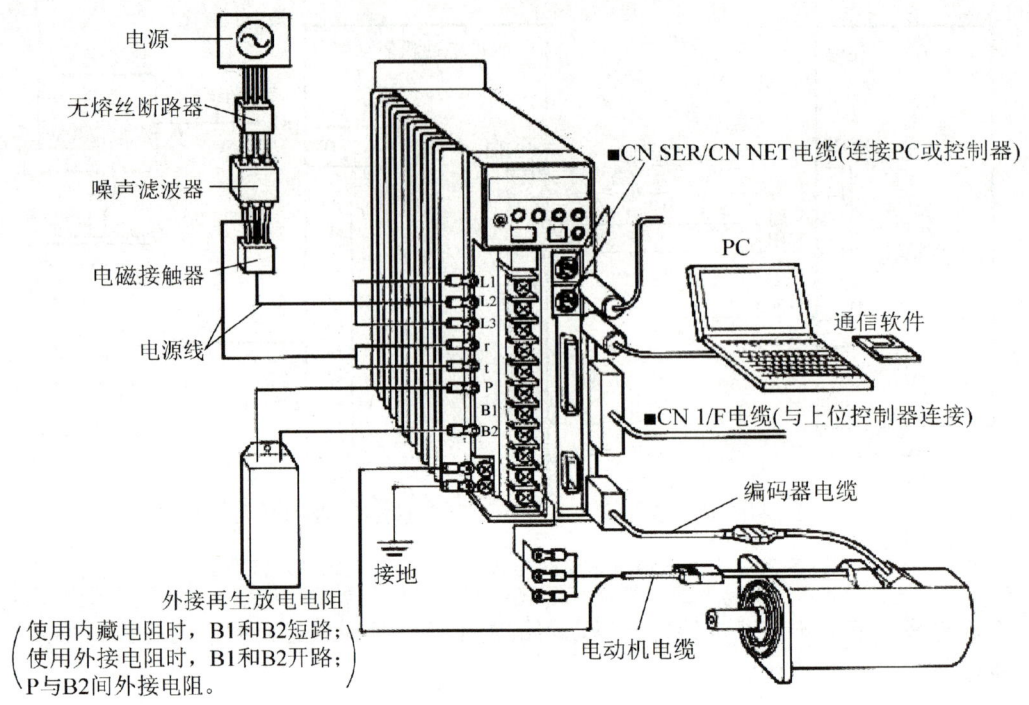

图 7.34　松下 A 系列交流伺服驱动器的系统构成

的冲击，电源干扰较强时还要增加高压瓷片电容、磁环、低通滤波器等。典型进给驱动器供电线路如图 7.35 所示。

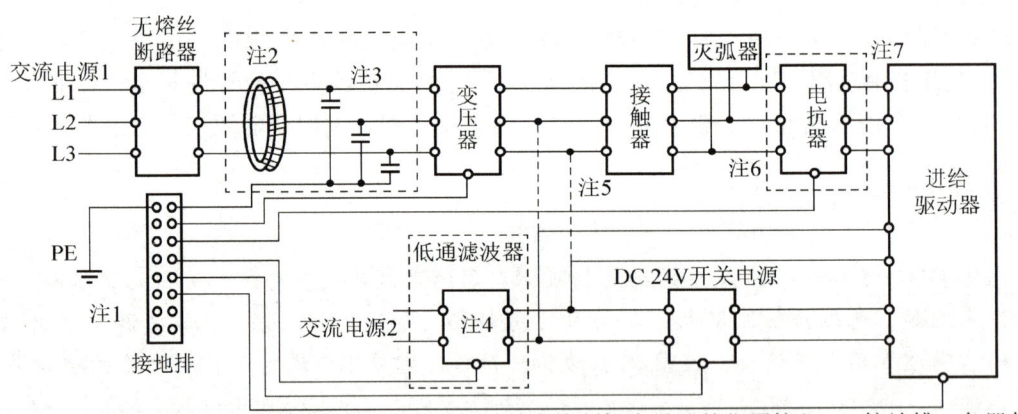

注 1：整机必须可靠接地，接地电阻小于 4 Ω，并在控制柜内最近的位置接入 PE 接地排；各器件的接地端应单独接到接地排端子上。

注 2：电源线在磁环上绕 3～5 圈。

注 3：电源线进入变压器之前，相线与地之间接入高压瓷片电容，可有效减少电源线上的干扰信号。

注 4：采用低通滤波器可有效减少电源中的高频干扰信号。

注 5：进给驱动器的控制电源可以由另外的隔离变压器供电，也可从伺服变压器取一相电源供电。

注 6：大电感负载(接触器线圈、电磁阀线圈等)要采用 RC 电路吸收因线圈断电而产生的高压反电动势，保护电子设备。

注 7：虚线框内为非必须的抗干扰措施。

图 7.35　进给驱动器供电线路示例

交流伺服驱动器具有电源模块和控制模块两部分,有些交流伺服驱动器的这两部分是集成在一起的[图7.36(a)],有些则采用分离的方式,即几个控制模块(有些产品还包括主轴控制模块)共用一个电源模块[图7.36(b)],此时也称控制模块为进给驱动器,这种方式对坐标轴数较多的数控设备要经济些。根据电源模块和电动机功率的不同,一个电源模块可以连接1~5个控制模块。

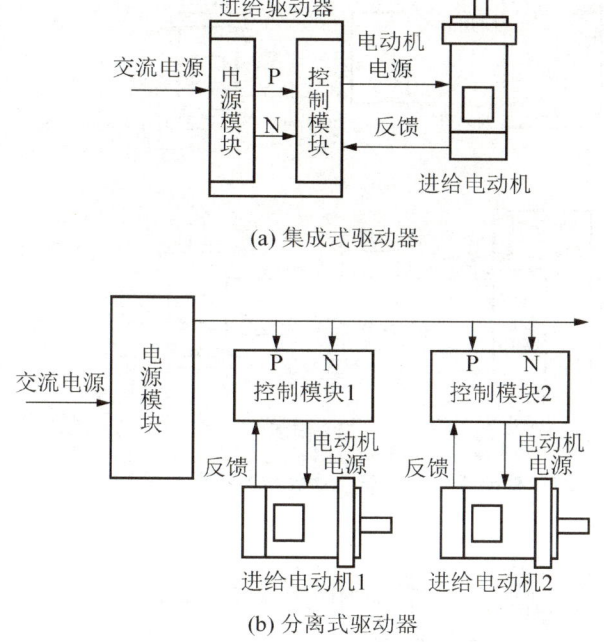

图7.36 进给驱动器电源与控制模块的关系

7.5.2 指令接口

进给驱动器一般采用脉冲接口或模拟量接口作为接收计算机数控系统指令信号的接口,有些还提供通信或总线的方式作为指令接口。

1. 模拟量指令接口

模拟量指令一般用于交流伺服进给驱动器。采用模拟量指令时,进给驱动器工作在速度模式下,由计算机数控装置和电动机(半闭环控制)或机床(全闭环拉制)上的位置检测元件组成位置闭环系统,系统的连接框图如图7.37所示。图7.38和图7.39所示为华中世纪星HNC-21数控系统和西门子SINUMERIK 802C base line数控系统与驱动器模拟量指令接口的连接。

模拟量指令分为模拟电压指令和模拟电流指令两种。模拟电压指令输入接口原理如图7.40所示。一般电压指令的范围是-10~+10V,电流指令的范围是-20~+20mA。电压指令在远距离传输时衰减比较明显,因此,若驱动器有两种指令可选,则推荐使用或设定模拟电流指令接口。

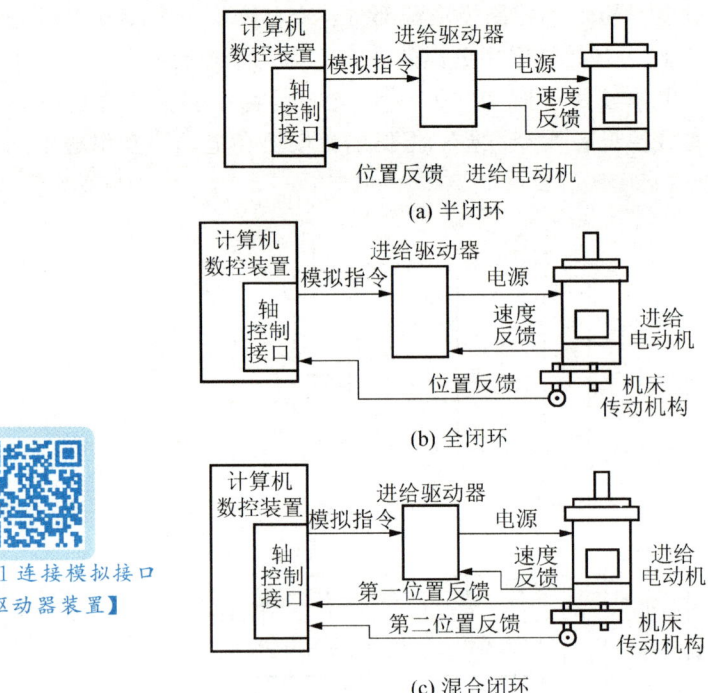

【HNC-21连接模拟接口伺服驱动器装置】

图7.37 模拟量指令接口与计算机数控装置的连接

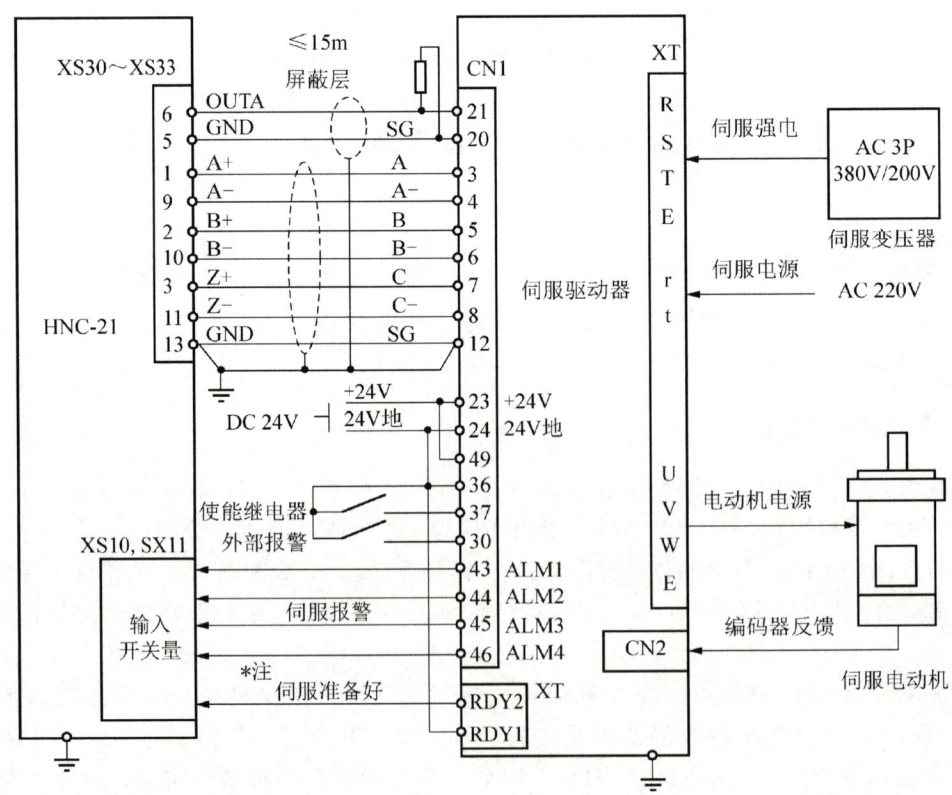

图7.38 华中世纪星HNC-21数控系统与驱动器模拟量指令接口的连线

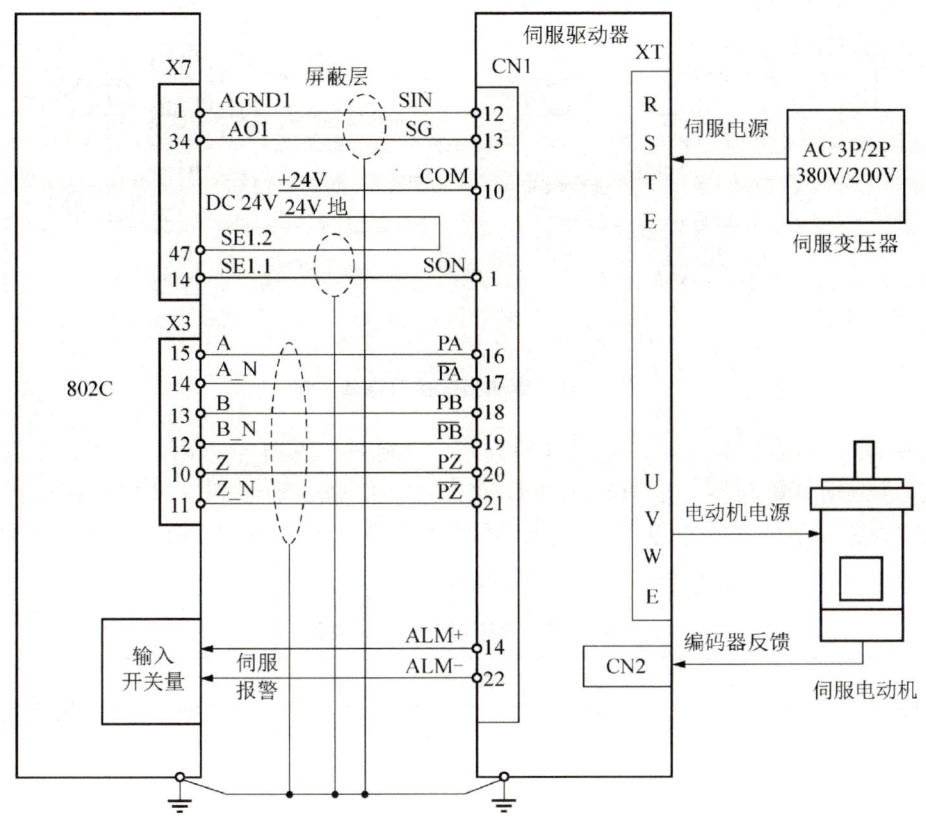

图 7.39 西门子 SINUMERIK 802C base line 数控系统与驱动器模拟量指令接口连线

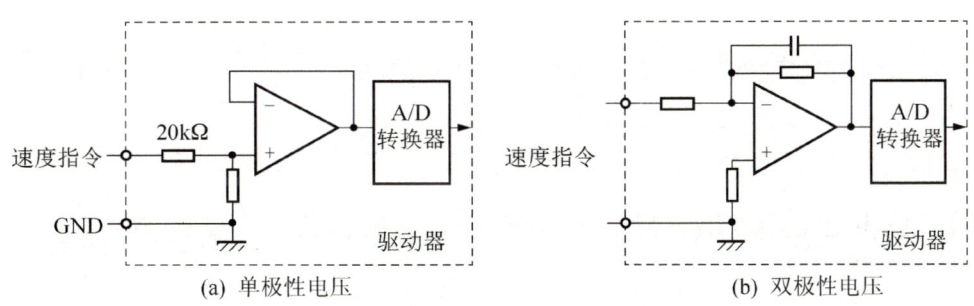

图 7.40 模拟电压指令输入接口原理

2. 脉冲指令接口

脉冲指令接口最初被用于步进电动机驱动器。目前，市场销售的通用交流伺服驱动器一般也都采用或提供脉冲指令接口，接口电路原理如图 7.41 所示。外部输入电路有长线驱动和集电极开路两种形式。

采用脉冲指令接口时，伺服驱动器一般工作在位置半闭环控制模式下，速度环和位置环的控制都由伺服驱动器完成。位置信息由伺服驱动器反馈给计算机数控系统做监控用，计算机数控系统也可以不读取位置反馈信息，此时与控制步进电动机进给驱动器相同。

【HNC-21 连接脉冲接口伺服驱动装置】

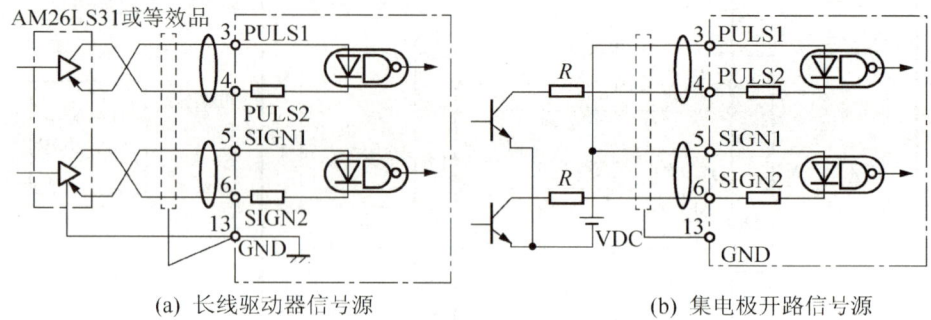

(a) 长线驱动器信号源　　　　　　　　(b) 集电极开路信号源

图 7.41　脉冲指令接口电路原理

脉冲指令接口有三种类型：正交脉冲方式，单脉冲（脉冲＋方向）方式，正反向脉冲方式。步进电动机驱动器一般只提供单脉冲方式，伺服驱动器则三种方式都提供。假设 CP、DIR 为驱动器的脉冲指令接口，则不同的工作模式下脉冲指令信号的含义见表 7-2。

图 7.42 所示为采用脉冲指令接口的连接图实例。

表 7-2　脉冲指令的三种类型

序号	电动机旋转方向		指令脉冲形式
	顺时针旋转	逆时针旋转	
1	CP ⊓⊔⊓⊔ DIR ⊓⊔⊓⊔	CP ⊓⊔⊓⊔ DIR ⊓⊔⊓⊔	正交脉冲①
2	CP ⊓⊔⊓⊔ DIR ___	CP ⊓⊔⊓⊔ DIR ‾‾‾	单脉冲② （脉冲＋方向）
3	CP ⊓⊔⊓⊔ DIR ___	CP ___ DIR ⊓⊔⊓⊔	正反向脉冲③

① 正交脉冲：CP 与 DIR 的相位差为脉冲信号，CP 与 DIR 的相位超前和滞后决定了电动机的旋转方向。

② 单脉冲：CP 为脉冲信号，DIR 为方向信号。

③ 正反相脉冲：CP 为顺时针旋转脉冲信号，DIR 为逆时针旋转脉冲信号。

3. 通信指令接口

在图 7.42 中，计算机数控系统通过内置式 PLC 的输入开关量接口可以获取进给驱动器"准备好"和"报警"两种状态，若要获得具体的报警内容等更多的信息，则需要占用更多的 PLC 输入接口。因此，为了增加计算机数控系统对进给驱动器的管理功能，以及其他一些特殊功能，有些进给驱动器提供了通信指令接口及相应的编程说明。常用的通信

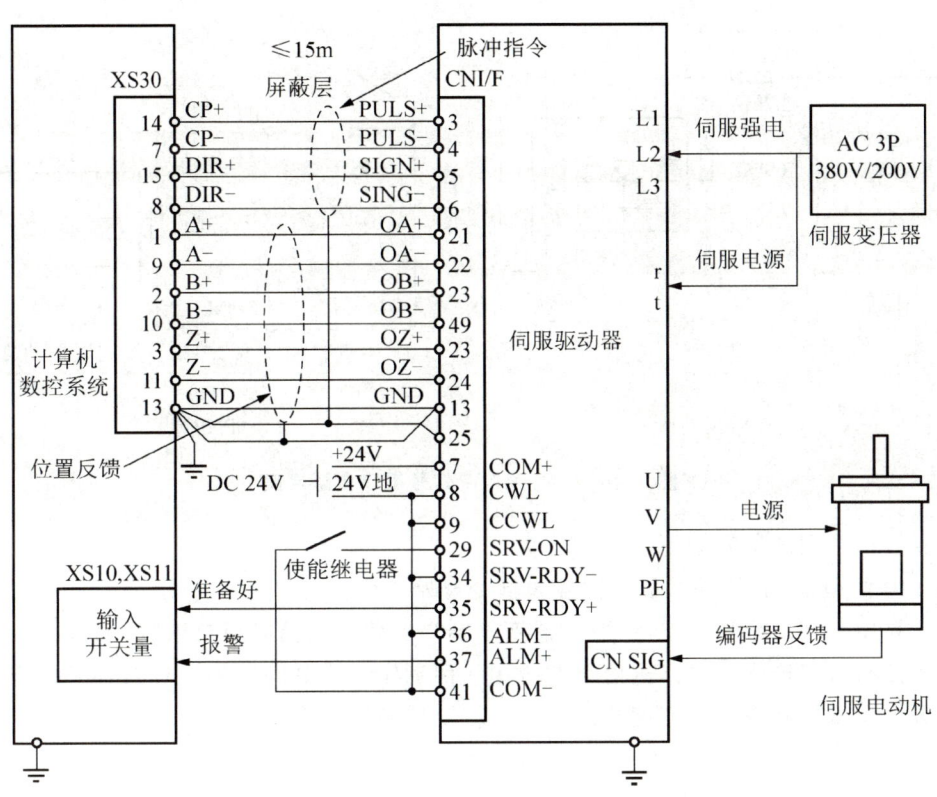

图 7.42 脉冲指令接口连接

指令接口有 RS-232C、RS-422、RS-485 等类型,采用该方式控制进给驱动器时,计算机数控装置和进给驱动器之间只要一根通信线即可完成对进给驱动器的所有控制,还可以获得驱动器的工作状态信息、电动机实际位置反馈信息、报警信息。

这种方式的使用难度较大,一般与进给驱动装置生产厂家的计算机数控装置结合使用。

4. 总线式指令接口

总线式指令接口采用串联的方式连接,在计算机数控装置侧只需一个总线即可,接线更加简单。总线指令接口有 PROFIBUS 总线、CAN 总线等。

7.5.3 控制接口

控制接口对进给驱动器而言是输入信号接口,用于接收计算机数控装置、PLC 及其他设备的控制指令,以便调整驱动器的工作状态、工作特性或对驱动器和电动机驱动的机床设备进行保护。控制接口有开关量信号接口和模拟电压信号接口两种,其中开关量信号接口典型电路如图 7.43 所示,输入、输出常采用光电隔离接口。信号源可以是开关、继电器触点(图 7.43 中的①)或集电极开路的晶体管(图 7.43 中的②)。

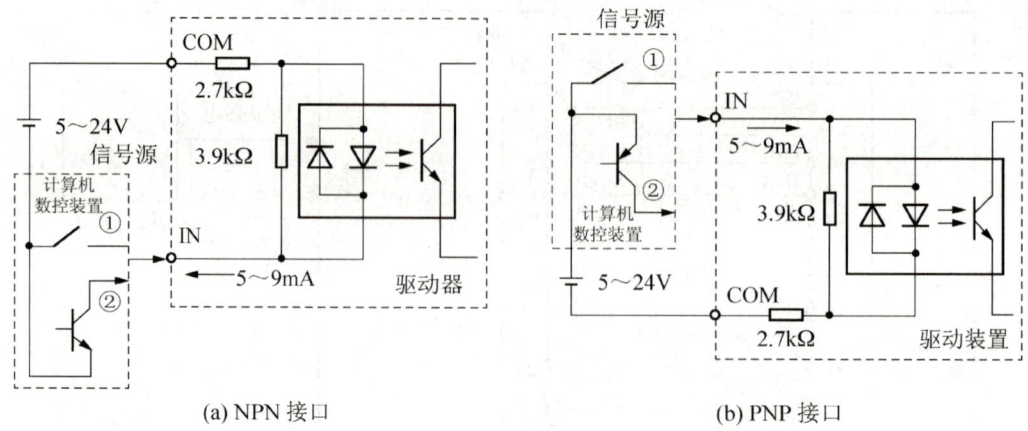

图 7.43　开关量控制信号接口典型电路

控制接口常用的信号如下。

（1）伺服 ON：允许进给驱动器接收指令开始工作。

（2）复位（清除报警）：进给驱动器恢复到初始状态（清除可自恢复性故障）。

（3）控制方式选择：允许进给驱动器在两种工作方式之间切换，这两种工作方式可以通过参数在位置控制模式、速度控制模式、转矩控制模式中任选两种。

（4）CCW 驱动禁止输入和 CW 驱动禁止输入：当机床的移动部分正、反向超程时，CCW 和 CW 信号与公共端断开，电动机不产生转矩，可以应用于机床的限位保护。

（5）CCW 转矩限制输入和 CW 转矩限制输入：CCW 端子输入正电压（0～+10V）可以限制电动机逆时针方向的电动机转矩，CW 端子输入负电压（−10～0V）可以限制电动机顺时针方向的电动机转矩。

在进给驱动器内，可以通过参数设置对控制接口的各位信号做如下设定。①设定某位控制接口信号是否有效；②设定某位控制接口信号是常闭有效还是常开有效；③修改某位控制接口信号的含义。因此这些接口又称多功能输入接口。

7.5.4　状态与安全报警接口

状态与安全报警接口对进给驱动器而言是输出信号接口，用于向计算机数控系统、PLC 及其他设备输出驱动器的工作状态。常用状态与安全报警接口有无源接点输出、集电极开路输出和模拟电压输出三种，典型电路如图 7.44 所示。当输出信号接口与外部接触器和继电器的控制线圈相连时，应注意连接保护电路（交流感性负载采用并接 RC 浪涌抑制器，直流感性负载采用并联续流二极管）。

状态与安全报警接口常用的信号如下。

（1）伺服准备好：驱动器工作正常。

（2）伺服报警、故障：驱动器、电动机、位置检测元件等工作不正常。

（3）位置到达：位置指令完成。

（4）零速检测：电动机速度为零。

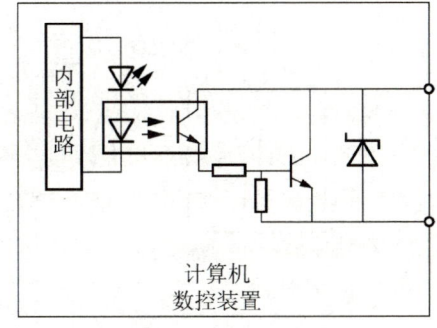

(a) 无源接点输出   (b) 晶体管电路输出

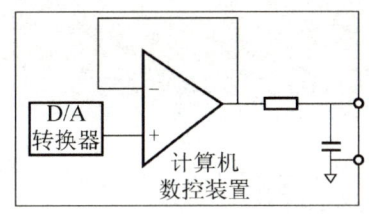

(c) 模拟信号输出

图 7.44 状态与安全报警输出接口电路

（5）速度到达：速度指令完成。
（6）速度监视：以与电动机速度线性对应的关系输出模拟电压。
（7）转矩监视：以与电动机转矩线性对应的关系输出模拟电压。

7.5.5 反馈接口

进给驱动器的反馈接口包括来自位置、速度检测元件的反馈接口和输出到计算机数控装置的反馈接口。

1. 来自位置、速度检测元件的反馈接口

检测元件一般有增量式光电编码器、旋转变压器、光栅、绝对式光电编码器等。图 7.45 所示为外部反馈装置与驱动器的连接。对于增置式光电编码器、旋转变压器和光栅一般采用直接连接的方式，进给驱动器提供给检测元件的电源电压，通常为 +5V，额定电流小于 500mA，若超过此电流值或距离太远，应采用外置电源。有闭环功能的驱动器具备两个反馈输入接口，如驱动器分别采用电动机轴上的绝对式编码器和机床上的光栅，构成混合闭环控制。

2. 输出到计算机数控装置的反馈接口

一般将来自检测元件的信号分频或倍频后用长线驱动器（差分）电路输出。

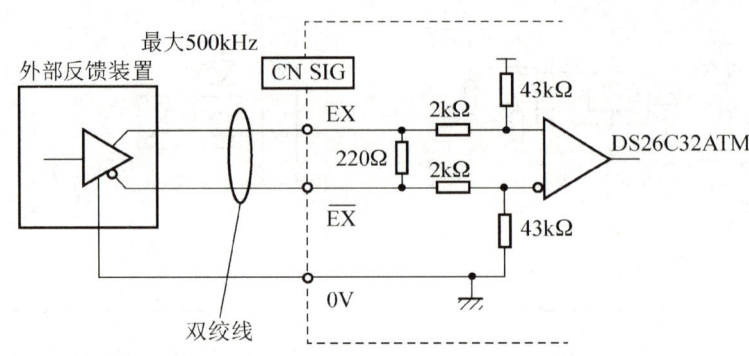

图 7.45 外部反馈装置置与驱动器的连接

7.5.6　通信接口

常用的通信接口有 RS-232C、RS-422、RS-485、互联网接口及厂家自定义接口等。利用通信接口可以实现如下功能。

(1) 查看和设置驱动器的参数及运行方式。
(2) 监视驱动器的运行状态,包括端子状态、电流波形、电压波形、速度波形等。
(3) 实现网络化远程监控和远程调试功能。

7.5.7　电动机电源接口

电动机电源接口一般采用端子的形式,小功率电动机也会采用插接件的形式。伺服电动机输出线号一般为 U、V、W;步进电动机为 A+、A-、B+、B-(两相电动机)、A+、A-、B+、B-、C+、C-(三相电动机),A、B、C、D、E(五相电动机)等。

阅读材料7-2

步进电动机驱动器与控制器的连接

1. 控制信号定义

PUL+:步进脉冲信号输入正端或正向步进脉冲信号输入正端。
PUL-:步进脉冲信号输入负端或正向步进脉冲信号输入负端。
DIR+:步进方向信号输入正端或反向步进脉冲信号输入正端。
DIR-:步进方向信号输入负端或反向步进脉冲信号输入负端。
ENA+:使能信号输入正端。
ENA-:使能信号输入负端。

2. 控制信号连接

上位机的控制信号可以高电平有效,也可以低电平有效。当高电平有效时,把所有控制信号的负端连在一起作为信号地;当低电平有效时,把所有控制信号的正端连在一起作为信号公共端。以集电极开路和 PNP 输出为例,接口电路如图 7.46 所示。

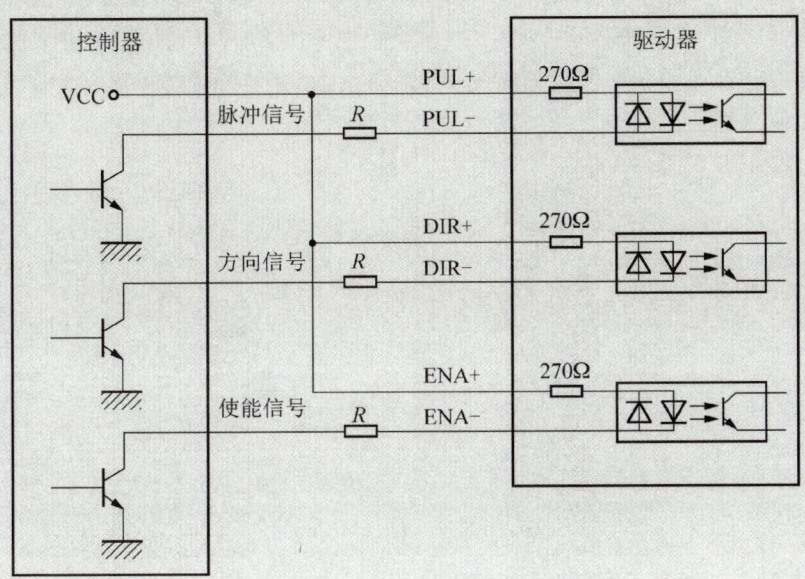

图 7.46　控制信号接口电路

3. 功能选择(用驱动器面板上的 DIP 开关实现)

(1) 设置电动机每转步数。

(2) 控制方式选择,拨码开关有半流功能或无半流功能。

(3) 设置输出相电流,为了驱动不同转矩的步进电动机,通过驱动器面板上的拨码开关设置驱动器的输出相电流(有效值)。

(4) 细分设定,步进电动机出厂时都注明"电动机固有步距角"(如 0.6°/1.2°),但在很多精密控制的场合,整步的角度太大,影响控制精度,同时振动太大,所以要求分很多步走完一个电动机固有步距角,这就是所谓的细分驱动。

阅读材料 7-3

　　西门子 SINUMERIK 802C base line 数控系统与 SIMODRIVE 611U 伺服驱动连接方式如图 7.47 所示。①速度给定值电缆连接 CNC 控制器 X7 接口到 SIMODRIVE 611U 的 X451/X452 接口;②电机编码器电缆连接 1FK7 电动机到 SIMODRIVE 611U 的 X411/X412 接口;③位置反馈电缆连接 CNC 的 X3、X4、X5、X6 到 SIMODRIVE 611U 的 X461/X462 接口;④电机动力电缆连接 1FK7 电动机的动力接口到 SIMODRIVE 611U 的功率模块 A1/A2 的 U2、V2、W2 接线端子。

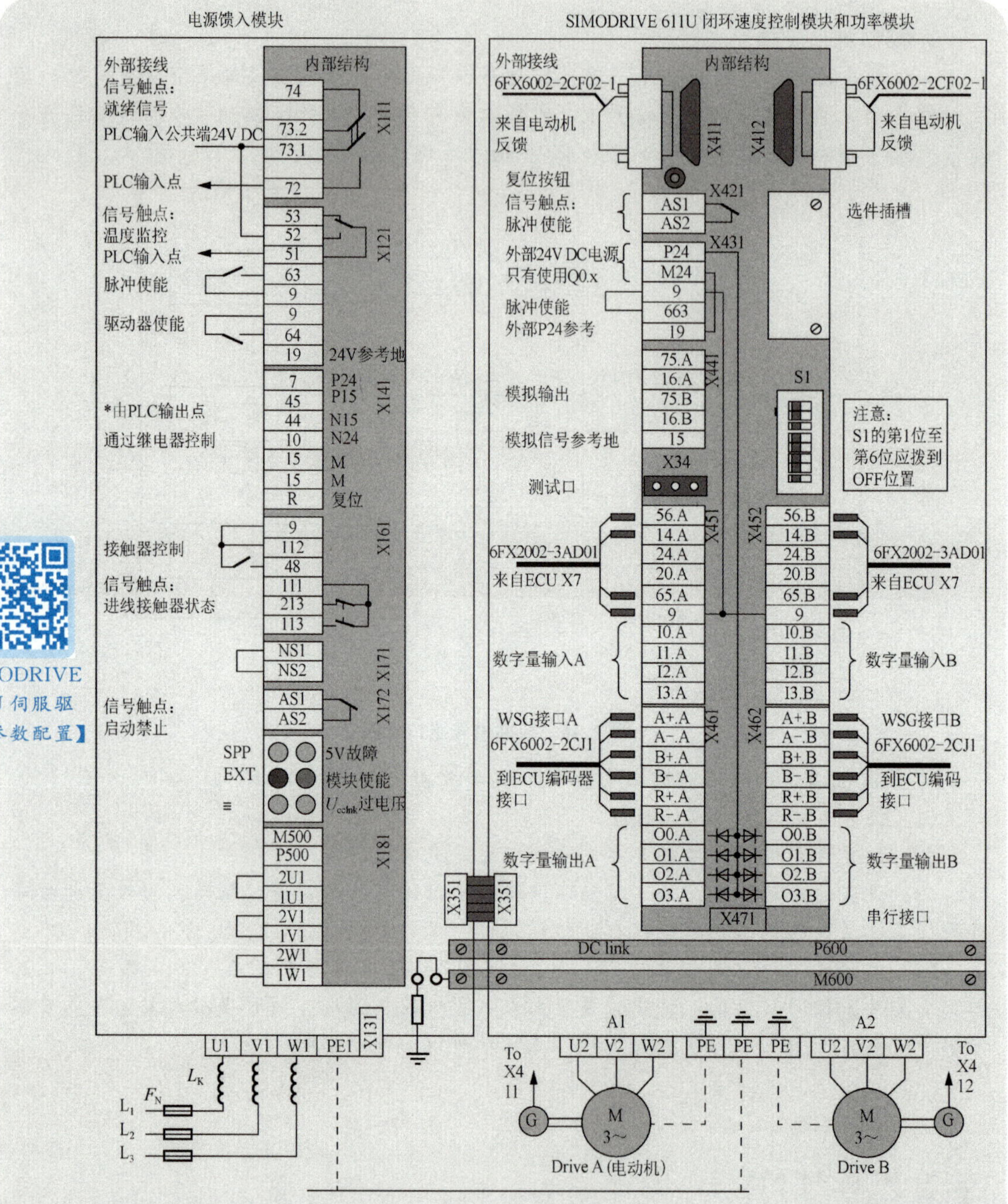

图 7.47 西门子 SINUMERIK 802C base line 数控系统与 SIMODRIVE 611U 伺服驱动连接方式

7.6 主轴驱动器的接口与连接

数控机床使用的主轴驱动系统有直流主轴驱动系统和交流主轴驱动系统,目前主要采用交流主轴驱动系统,主轴交流电动机采用变频器驱动。主轴驱动器的接口与进给驱动器的接口有许多类似之处，主轴驱动器的特点是对电动机转速的调节，不同厂家、不同等级的主轴驱动器所包含的接口类型不完全相同。下面重点介绍变频器与计算机数控装置的连接方法。

7.6.1 变频器基本接口

变频器单独不能运行，需选择正确的外部设备，进行正确的连接，以确保正确的操作。变频器与外部设备的接口端子一般包括主回路端子和控制回路端子，其中主回路端子有电源输入端子、变频器输出端子、制动单元连接端子等，控制回路端子有控制变频器正反转等工作状态的输入信号端子、速度设定信号端子、变频器运行状态的输出信号端子及通信信号端子等。图 7.48 是主轴驱动器（变频器）最基本的接口图。

【变频器】

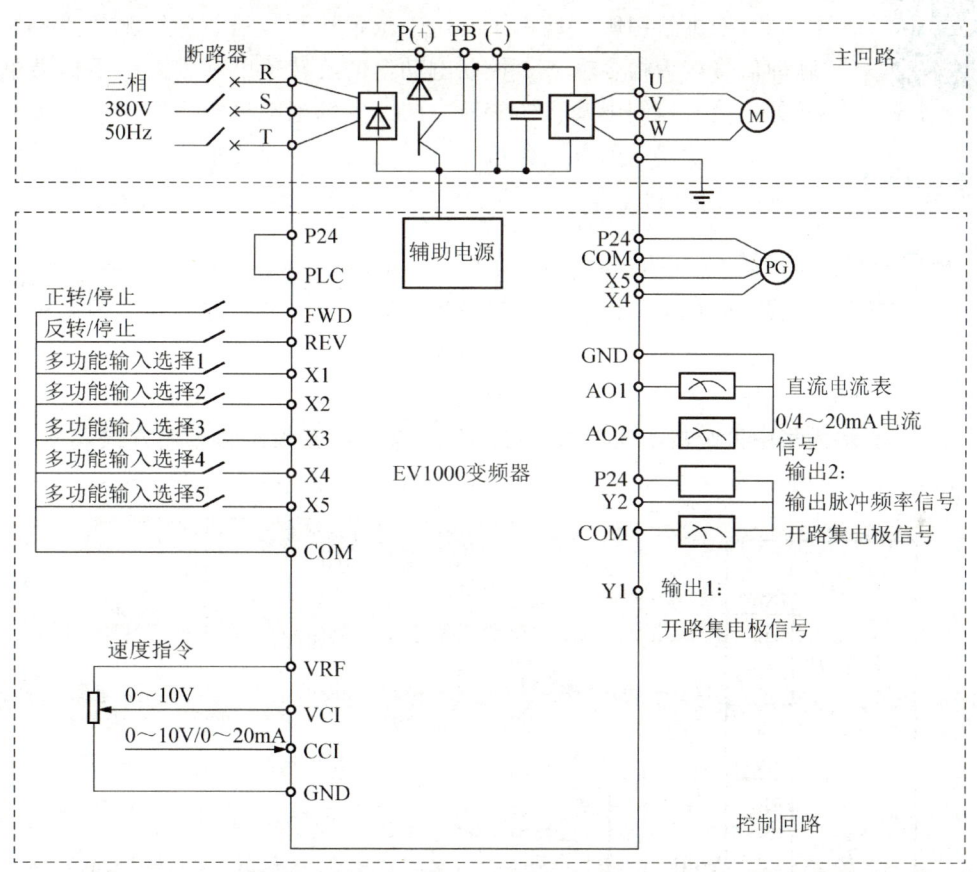

图 7.48 主轴驱动器（变频器）基本的接口图

1. 主回路部分

R、S、T 三相交流 380V 电源输入端子，U、V、W 为变频器驱动电动机的三相交流电源输出端子，P（+）、PB（−）为外接制动电阻接线端子。

2. 控制回路部分

速度指令输入端子：VCI 端子接收模拟电压，CCI 接收模拟电压或电流（由跳线开关选择输入信号形式）。在数控机床上一般由计算机数控装置或 PLC 的模拟接口输出模拟量控制，指令信号范围为 0～10V 的电压信号或为 0～20mA 的电流信号。

模拟输出端子：AO1、AO2 可外接模拟表指示多种物理量，指示的物理量由跳线开关选择。

数字输入端子：FWD 为电动机正转运行命令端子；REV 为电动机反转运行端子；X1～X5 为变频器多功能输入端子，可通过设置功能参数来定义其作用。X4、X5 除可作为普通多功能端子使用外，还可编程作为高速脉冲输入端子。

7.6.2 计算机数控装置与变频器的连接

【华中世纪星 HNC–21TF 系统与变频器的连接】

1. 电动机运行指令

由于进给伺服电动机主要用于位置控制，因而进给驱动器一般采用脉冲信号作为指令输入，控制电动机的旋转速度和方向，不提供单独的开关量接口控制电动机的旋转方向。主轴电动机主要用于速度控制，因此主轴驱动器一般采用模拟电压、电流作为速度指令，由开关量信号控制旋转方向。

2. 反馈接口

对于无换刀定位要求的机床，由于主轴对位置控制精度的要求并不高，因此对与位置控制精度密切相关的反馈装置的要求也不高，主轴电动机转速检测多采用 1000 线的编码器，而进给驱动电动机则至少采用 2000 线的编码器。

图 7.49 所示为华中世纪星 HNC–21 数控系统与主轴变频器的连接方式，图 7.50 所示为西门子 SINUMERIK 802C base line 数控系统与主轴变频器的连接方式。

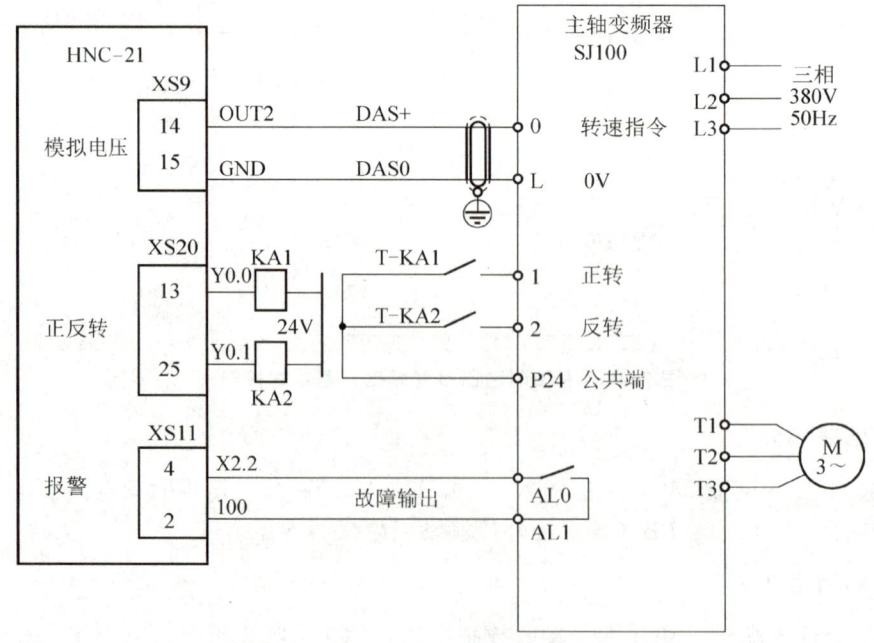

图 7.49　华中世纪星 HNC–21 数控系统与主轴变频器的连接方式

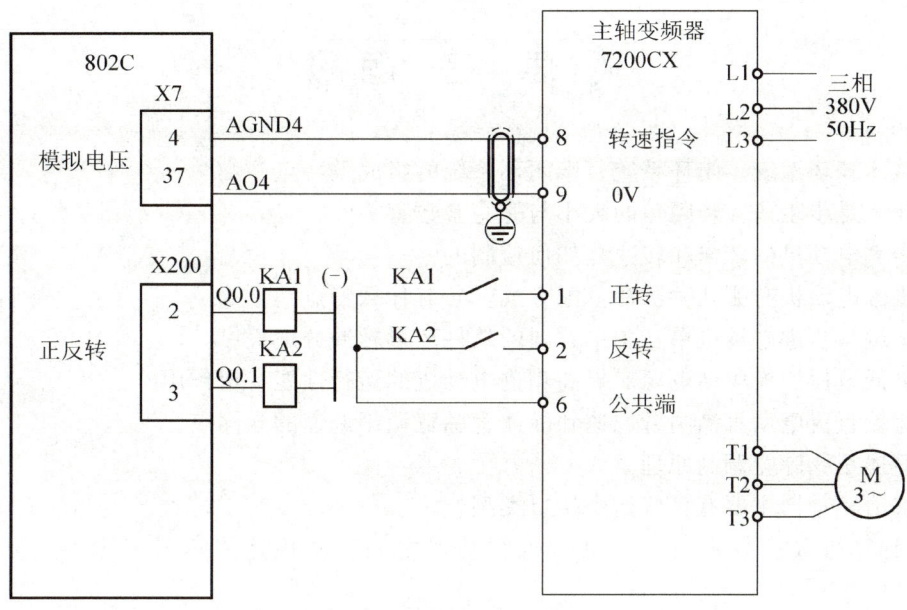

图 7.50　西门子 SINUMERIK 802C base line 数控系统与主轴变频器的连接方式

本 章 小 结

数控机床的伺服系统通常是指各坐标轴进给伺服系统，是数控系统和机床机械传动部件间的连接环节。伺服系统的高性能在很大程度上决定了数控机床的高效率、高精度，是数控机床的重要组成部分。

本章重点介绍了数控机床步进电动机驱动系统、直流伺服电动机驱动系统、交流伺服电动机驱动系统，以及进给驱动器与计算机数控装置的连接等内容。

(1) 伺服系统的分类：开环伺服系统、半闭环伺服系统和全闭环伺服系统。

(2) 步进电动机驱动系统：步进电动机的工作原理、通电方式、软件脉冲分配，步进电动机驱动系统的单电压、双电压和恒流斩波功率放大电路的工作原理。

(3) 直流伺服电动机驱动系统：晶体管脉宽调制调速的工作原理，开关功率放大器的工作原理。

(4) 交流伺服电动机控制系统：正弦脉宽调制调速系统的工作原理，交-直-交变频器主电路的分析，交流伺服电动机调速系统的分析。

(5) 进给驱动器：进给驱动器的接口（电源接口、指令接口、通信接口、反馈接口等），脉冲工作方式，进给驱动器与计算机数控装置的连接。

(6) 主轴变频器：主轴变频器的接口信号，主轴变频器与计算机数控装置的连接。

思 考 题

1. 试述开环系统、闭环系统、半闭环系统的组成及特点。
2. 什么是步距角？步距角的大小与哪些参数有关？
3. 步进电动机的转向和转速是如何控制的？
4. 步进电动机有哪几种脉冲分配方式？各有什么特点？
5. 试编写步进电动机单三拍单方向的软件环形脉冲分配程序。
6. 高低电压切换驱动电源对提高步进电动机的运行性能有何作用？
7. 比较直流电动机晶闸管调速和晶体管脉宽调制调速的异同点。
8. 简述正弦脉宽调制原理。
9. 进给驱动器主要有哪些指令接口类型？
10. 计算机数控装置与步进电动机驱动器之间的常用连接信号有哪些？其作用是什么？
11. 脉冲指令的方式有哪些？
12. 计算机数控装置与主轴变频器常用连接信号有哪些？其作用是什么？

第 8 章
数控机床的位置检测装置

 本章教学要点

知识要点	掌握程度	相关知识
旋转变压器	了解旋转变压器的基本结构； 熟悉旋转变压器的工作原理； 掌握旋转变压器的工作方式	旋转变压器的结构； 旋转变压器的工作原理； 鉴相型与鉴幅型工作方式
脉冲编码器	了解编码器的分类及用途； 掌握增量式脉冲编码器的工作原理； 掌握绝对式脉冲编码器的工作原理	编码器的分类及用途 增量式脉冲编码器的工作原理； 绝对式脉冲编码器的工作原理
感应同步器	了解感应同步器的基本结构； 熟悉感应同步器的工作原理； 掌握感应同步器的工作方式	感应同步器的结构； 感应同步器的工作原理； 相位与幅值工作方式
磁栅	了解磁栅的基本结构； 熟悉磁栅的工作原理； 了解磁栅的检测电路	磁性标尺、磁头； 磁栅的工作原理； 磁栅的检测电路
光栅	了解光栅的基本结构； 熟悉光栅的工作原理； 了解光栅测量系统	光栅尺、读数头； 莫尔条纹及其特点； 光栅测量系统

> **导入案例**
>
> 位置伺服控制是以直线位移或转角位移为控制对象的自动控制。检测装置将机床的位移值反馈至计算机数控系统,使伺服系统控制机床向减小偏差方向移动。位置控制(图8.01)是指将计算机数控系统插补计算的理论值与实际值的检测值相比较,用二者的差值去控制进给电动机,使工作台或刀架运动到指令位置。实际值的采集,需要位置检测装置来完成。

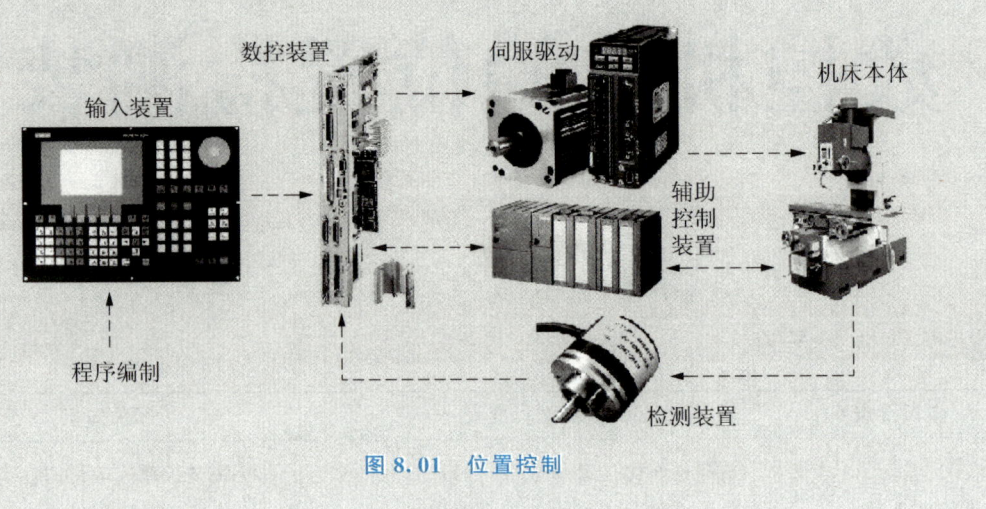

图 8.01 位置控制

8.1 概 述

位置检测元件可以检测机床工作台的位移(如光栅尺),电动机转子的角位移和速度(如光电编码器)。数控机床对检测元件的要求如下:①满足速度和精度要求;②高的可靠性和高抗干扰性;③使用维护方便,适合机床运行环境;④成本低。

根据位置检测装置的安装形式和测量方式的不同,位置检测有直接测量和间接测量、增量式测量和绝对式测量、数字式测量和模拟式测量等方式。

1. 直接测量和间接测量

【直接测量和间接测量】

若检测装置测量的对象就是被测量本身,即直线式测量直线位移,旋转式测量角位移,则这种测量方式称为直接测量。直接测量组成位置闭环伺服系统,其测量精度由测量元件和安装精度决定,不受传动精度的直接影响。但检测装置要和行程等长,这对于行程较长的机床是一个限制。

若检测装置测量出的数值通过转换才能得到被测量,如用旋转式检测装置测量工作台的直线位移,要通过角位移与直线位移之间的转换求出直线位移,则这种测量方式称为间接测量。间接测量组成位置半闭环伺服系统,其优点是测量方便可靠,并且无长度限制。

2. 增量式测量和绝对式测量

增量式测量装置只测量位移增量，即工作台每移动一个基本长度单位，检测装置便发出一个检测信号，此信号通常是脉冲形式。增量式检测装置均有零点标志，作为基准起点。数控机床采用增量式检测装置时，在每次接通电源后要回参考点操作，以保证测量位置的正确。

绝对式测量是指被测的任两点位置都从一个固定零点算起，每一个检测点都有一个对应的编码，常以二进制数据形式表示。

3. 数字式测量和模拟式测量

数字式测量是以量化后的数字形式表示被测量，得到的测量信号为脉冲形式，以计数后得到的脉冲个数表示位移量。其特点是便于显示、处理，测量精度取决于测量单位，抗干扰能力强。

模拟式测量是将被测量用连续的变量来表示，模拟式测量的信号处理电路较复杂，易受干扰，数控机床中常用于小量程测量。

数控机床和机床数字显示常用位置检测元件分类见表 8-1。

表 8-1 位置检测元件分类

	数字式		模拟式	
	增量式	绝对式	增量式	绝对式
回转型	脉冲编码器、圆光栅	绝对脉冲编码器	旋转变压器、圆形磁栅、圆形感应同步器	多极旋转变压器
直线型	长光栅激光干涉仪	编码尺、绝对值式磁尺	直线感应同步器、磁栅、光栅	绝对式磁尺

8.2 旋转变压器

旋转变压器（又称同步分解器）是利用电磁感应原理进行模拟式角度测量的装置，是一种旋转式的小型交流电动机，由定子和转子组成，分为有刷与无刷两种。

8.2.1 旋转变压器的结构和工作原理

图 8.1 所示为一种无刷旋转变压器的结构，左边为分解器，右边为变压器。变压器将分解器转子绕组上的感应电动势传输出来，这样就省去了电刷和集电环。变压器转子绕组绕在与转子轴固定在一起的转子（由高导磁钢做成）上，可与转子一起旋转；定子绕组装在与转子同心的定子（高导磁材料）上。分解器定子绕组外接励磁电源；分解器转子绕组的输出信号接到变压器转子绕组上，从变压器定子绕组上引出输出信号。

旋转变压器是根据互感原理工作的。其定子与转子之间的气隙内的磁通分布呈正弦规律，当定子绕组上加交流励磁电压时，通过互感在转子绕组中产生感应电动势。其输出电压的大小取决于定子与转子两个绕组轴线在空间的相对位置，如图 8.2 所示。两者平行时互感最大，二次侧的感应电动势也最大；两者垂直时互感为零，感应电动势也为零。当两者呈一定角度 θ 时，二次侧绕组中的感应电动势为

$$u_2 = ku_1\cos\theta = kU_m\sin\omega t\cos\theta$$

式中　k——变压比，即两个绕组匝数比 N_1/N_2；

　　　U_m——定子的最大瞬时电压；

　　　θ——两个绕组轴线间夹角；

　　　ω——励磁电压角频率。

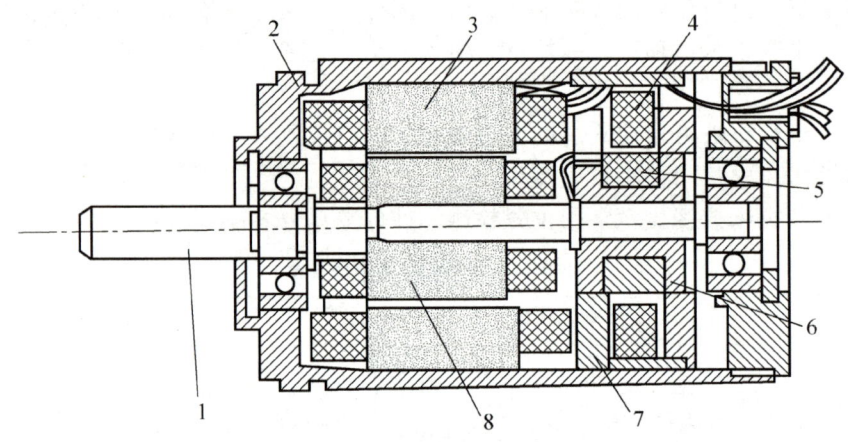

图 8.1　无刷旋转变压器的结构

1—转子轴；2—壳体；3—分解器定子；4—变压器定子绕组；5—变压器转子绕组；
6—变压器转子；7—定子；8—分解器转子

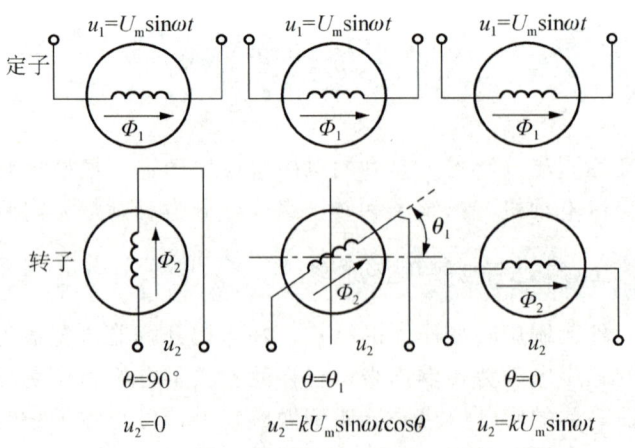

图 8.2　旋转变压器工作原理

8.2.2 旋转变压器的工作方式

实际使用中，通常采用的是正弦、余弦旋转变压器，其定子和转子中各有互相垂直的两个绕组（图8.3），转子的一相绕组常作为补偿电枢反应，并将该绕组短接。

应用旋转变压器作位置检测元件有两种方式：鉴相型工作方式和鉴幅型工作方式。

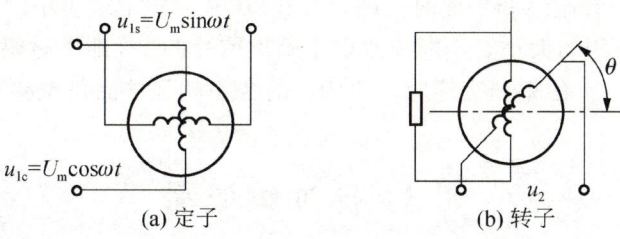

图 8.3　定子和转子两相绕组

1. 鉴相型工作方式

在此状态下，旋转变压器的定子两相正交绕组即正弦绕组 S 和余弦绕组 C 上分别加上幅值相等、频率相同而相位相差90°的正弦交流电压，即

$$u_{1s}=U_m\sin\omega t$$
$$u_{1c}=U_m\cos\omega t=U_m\sin(\omega t+90°)$$

若起始时，正弦绕组与转子绕组轴线重合。当转子绕组旋转后，其轴线与正弦绕组轴线成 θ 角时，在转子绕组中的感应电动势为

$$u_{21}=ku_{1s}\cos\theta=kU_m\sin\omega t\cos\theta$$

余弦绕组与正弦绕组空间相差90°电角度，故在转子绕组上产生的感应电动势为

$$u_{22}=ku_{1c}\cos(\theta+90°)=-kU_m\cos\omega t\sin\theta$$

应用叠加原理，转子绕组中的总感应电动势为

$$u_2=u_{21}+u_{22}=kU_m(\sin\omega t\cos\theta-\cos\omega t\sin\theta)$$
$$=kU_m\sin(\omega t-\theta) \tag{8-1}$$

由式(8-1)可见，测量转子绕组输出电压的相位角，即可测得转子相对于定子的空间转角位置。在实际应用时，把对定子正弦绕组励磁的交流电压相位作为基准相位，与转子绕组输出电压相位做比较，来确定转子转角的位移。

2. 鉴幅型工作方式

给定子两相绕组分别通以频率相同、相位相同，而幅值分别按正弦、余弦变化的交流励磁电压，即

$$u_{1s}=u_{sm}\sin\omega t \quad u_{1c}=u_{cm}\sin\omega t$$

其幅值分别为正弦、余弦函数

$$u_{sm}=U_m\sin\alpha \quad u_{cm}=U_m\cos\alpha$$

定子励磁信号产生的合成磁通在转子绕组中产生的叠加感应电动势 u_2 为

$$u_2 = ku_{1s}\cos\theta + ku_{1c}\cos(\theta+90°)$$
$$= kU_m\sin\alpha\sin\omega t\cos\theta - kU_m\cos\alpha\sin\omega t\sin\theta \qquad (8-2)$$
$$= kU_m\sin(\alpha-\theta)\sin\omega t$$

由式(8-2)可以看出，若 $\alpha = \theta$，则 $u_2 = 0$。从物理概念上理解，表示定子绕组合成磁通 Φ 与转子绕组的线圈平面平行，即没有磁力线穿过转子绕组线圈，故感应电动势为零。当磁通 Φ 垂直于转子绕组线圈平面时，即 $\theta = \alpha \pm 90°$ 时，转子绕组中的感应电动势最大。

根据转子误差电压的大小，不断修改定子励磁信号的 α（即励磁幅值），使其跟踪 θ 的变化。当感应电动势 u_2 的幅值为零时，说明 α 的大小就是被测角位移 θ 的大小。

8.3 脉冲编码器

【光电编码器】

脉冲编码器是一种旋转式脉冲发生器。它把机械角变成电脉冲，是一种常用的角位移传感器。按脉冲编码器的工作原理可将其分为光电式、接触式和电磁感应式三种。从精度与可靠性来说，光电编码器最好，是数控机床中广泛采用的位置检测装置，也可用于速度检测。

8.3.1 增量式编码器

所谓增量式编码器，就是每转过一个角度就发出数个脉冲，但轴的坐标位置并不确知，只能记录从现在起，得到了多少个脉冲，换算出转过多大的角度。

图 8.4(a) 所示为增量式光电脉冲编码器的结构。最初编码器的结构就是一个光电盘，在一个与工作轴一起旋转的圆盘（圆光栅，一般称光电码盘）的圆周上刻成间距相等的透光与不透光部分，其中相邻的透光与不透光线纹构成一个节距，用 τ 表示。还有一个固定不转的圆盘（指示光栅）和光电码盘平行放置，其上开有相等角距的狭缝。当光线透过光电码盘射到狭缝后的光敏元件时，光通量的明暗变化引起光敏元件产生一个近似正弦的信号。此信号经放大、整形电路的处理，再经变换得到脉冲信号。通过记录脉冲的数目，就可以测出转角。测出脉冲的变化率，即单位时间脉冲的数目，就可求出速度。

光电盘的测量精度取决于它能分辨的最小角度，与指示光栅圆周上的狭缝数有关，即

$$\text{分辨角} = \frac{360°}{\text{狭缝数}}, \qquad \text{分辨率} = \frac{1}{\text{狭缝数}}$$

为了判断旋转方向，在指示光栅狭缝群中做出两个相邻的狭缝并错开 $\tau/4$，如图 8.4(b) 所示。这两个狭缝同光敏元件相对应，得到两组不同的光电脉冲，分别称为 A 相脉冲与 B 相脉冲。它们在相位上相差 1/4 周期，即相差 90°电角度。用 A 相与 B 相的辨向原理示于图 8.4(c)。正转时，A 相超前于 B 相 90°；反转时，B 相超前于 A 相 90°。

通常在光电码盘的里圈不透光圆环上还刻有一条透光条纹，这是用来产生一转脉冲的信号，即每转过一转就发出一个脉冲，称为零标志脉冲，用于找机床的基准点。

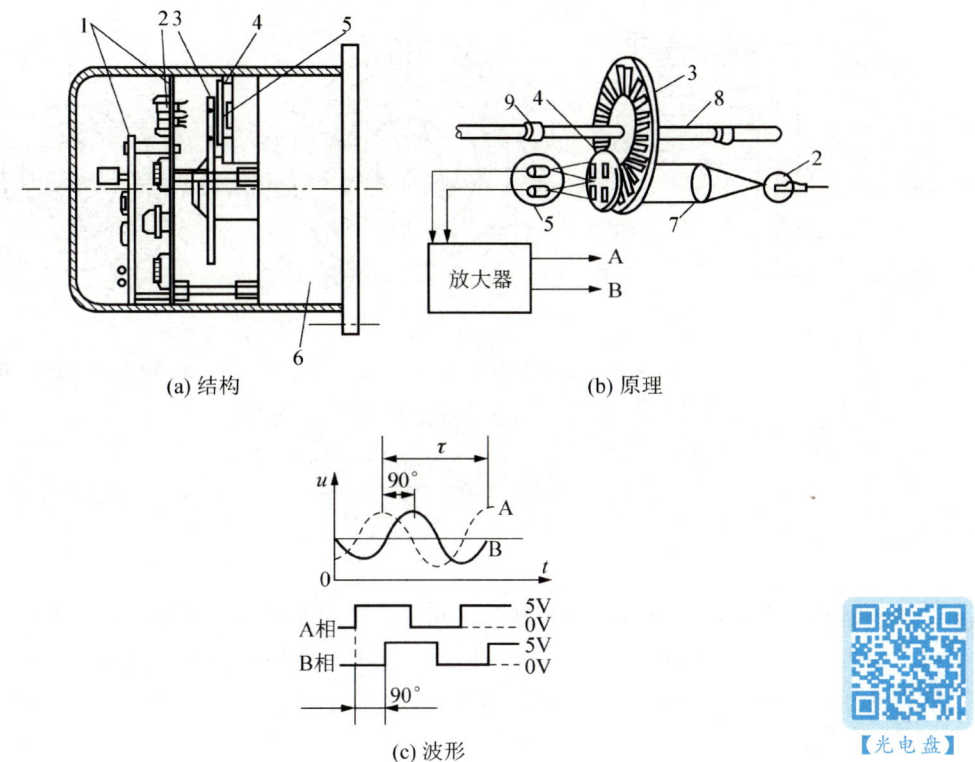

(a) 结构　　　　　　　　　　　(b) 原理

(c) 波形

图 8.4　增量式光电脉冲编码器

1—印制电路板；2—光源；3—光电码盘；4—指示光栅；
5—光电池组；6—底座；7—聚光镜；8—轴；9—轴承

【光电盘】

8.3.2　绝对式编码器

与增量式编码器不同，绝对式编码器通过读取编码盘上的图案来表示轴的位置。编码盘的编码类型有多种：二进制编码、二进制循环码（格雷码）、二-十进制码等。编码盘的读取方式有接触式、光电式和电磁式等几种。

图 8.5 所示为一个 4 位二进制编码盘。在一个不导电基体上做成许多金属导电区，其中涂黑部分为导电区，用"1"表示；白的部分为绝缘区，用"0"表示。图中从外向内共有五圈码道。最里一圈是公用的，它和各码道所有导电部分连在一起，经电刷和电阻接电源正极。其余四圈码道上也都装有电刷，电刷经电阻接地。编码盘与被测转轴一起转动，电刷位置固定。若电刷接触的是导电区域，则经电刷、编码盘、电阻和电源形成回路，电刷上为高电位，记为"1"；反之，若电刷接触的是绝缘区域，电刷悬空，经电阻与电源负极相连，电刷上为低电位，记为"0"。由此电刷上将依转盘转角不同而出现由"1""0"组成的 4 位不同二进制代码，并且高位在内，低位在外。图 8.5(a) 中如编码盘顺时针转动，将依次得到 0000，0001，0010，…，1111 二进制输出。

不难看出，码道的圈数就是二进制的位数。若是 n 位二进制编码盘，就有 n 圈码道，并且圆周均分为 2^n 等份，即共有 2^n 个数据来分别表示其不同位置，所能分辨的角度为

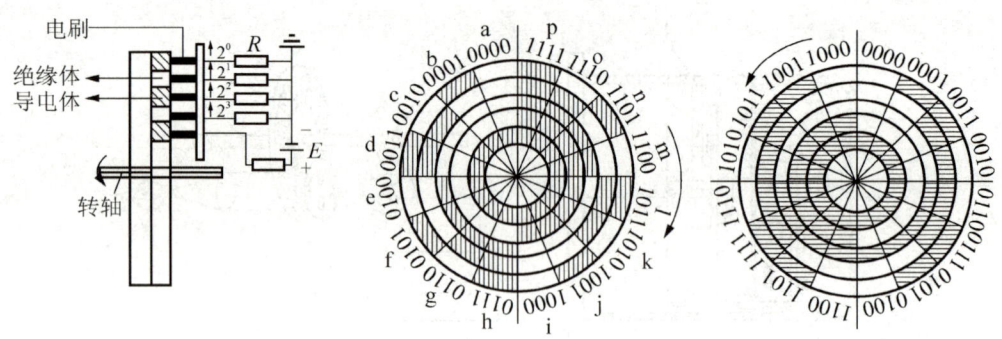

(a) 4位二进制编码盘　　　　　　　　(b) 4位二进制循环编码盘

图 8.5　4 位二进制编码盘（接触式）

$$\alpha = \frac{360°}{2^n}$$

$$分辨率 = \frac{1}{2^n}$$

二进制编码盘简单，但编码盘的制造和元件的安装要求十分严格，操作不当易引起阅读错误。如当电刷由 0011 向位置 0100 过渡时，若电刷不严格保持在一直线上或接触不良，就可能得到 0000，0001，0010，…，0111 等多个码值。为此常采用循环码（格雷码），见表 8-2。循环码是非加权码，其特点为相邻两个代码间只有一位数不同。因此，由于电刷安装质量及其他原因引起电刷错位时所产生的读数误差，最多不超过"1"。

表 8-2　十进制、二进制数及 4 位循环码对照表

十进制数	二进制数（C）	循环码（R）
0	0000	0000
1	0001	0001
2	0010	0011
3	0011	0010
4	0100	0110
5	0101	0111
6	0110	0101
7	0111	0100
8	1000	1100
9	1001	1101
10	1010	1111
11	1011	1110
12	1100	1010
13	1101	1011
14	1110	1001
15	1111	1000

将二进制码转换为循环码的法则是将二进制码与其本身右移一位后并舍去末位的数码作不进位加法，所得结果即为循环码。

例如，二进制码 1000（8）所对应的循环码为 1100，即

$$\begin{array}{r}1000 \quad \text{二进制码} \\ \underline{\oplus\quad 100\quad \text{右移一位并舍去末数}} \\ 1100 \quad \text{循环码}\end{array}$$

接触式编码盘的优点是结构简单、体积小，输出信号强；缺点是电刷易磨损，因而使用寿命不长，转速较低。光电式编码盘由光敏元件接收相应的编码信号，具有无触点磨损、使用寿命长、允许转速高等特点，目前应用较多，但其结构复杂，价格较高。

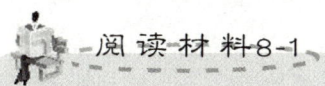

增量式测量与绝对式测量

1. 增量式测量

增量式编码器（图8.6）是直接利用光电转换原理输出三组方波脉冲 A、B 和 Z 相；A、B 两组脉冲相位差 90°，从而可方便地判断出旋转方向，而 Z 相为每转产生一个脉冲，用于基准点定位。增量式编码器在转动时输出脉冲，通过计数器来知道其位置。当编码器停电时，存放在缓冲器或外部计数器中的数值将丢失。增量式测量角度原理如图 8.7 所示。

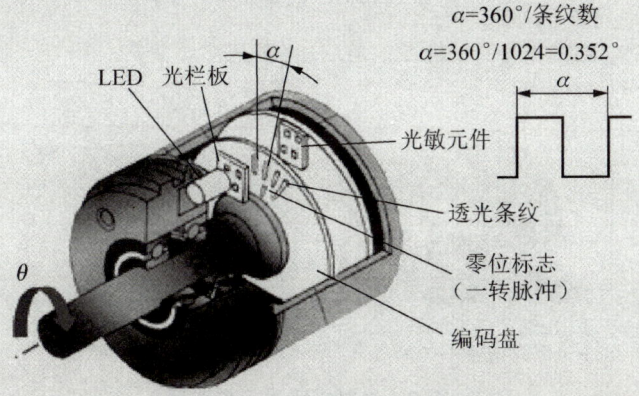

图 8.6 增量式编码器结构

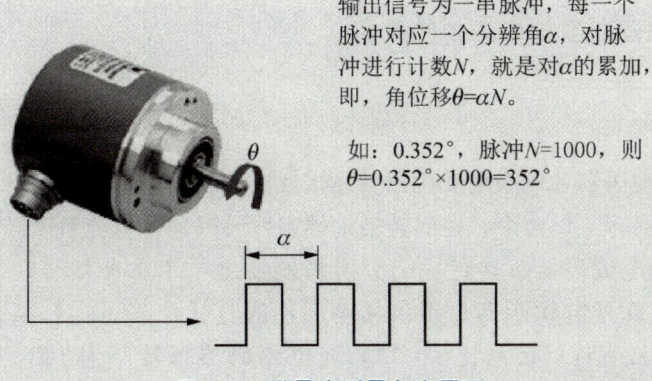

图 8.7 增量式测量角度原理

2. 绝对式测量

绝对式编码器是直接输出数字量的传感器，在它的圆形编码盘上沿径向有若干同心码道，每条码道上由透光和不透光的扇形区相间组成，编码盘上的码道数就是它的二进制数码的位数。当编码盘处于不同位置时，各光敏元件根据受光照与否转换出相应的电平信号，形成二进制数。这种编码器的特点是不要计数器，在转轴的任意位置都可读出一个固定的与位置相对应的数字码。图 8.8 所示为接触式绝对式编码器的编码盘。图 8.9 所示为绝对式测量角度原理。

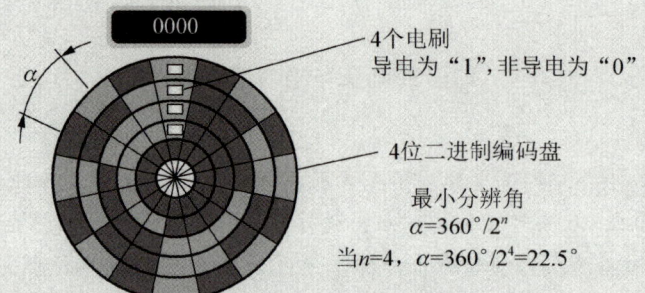

图 8.8 接触式绝对式编码器的编码盘

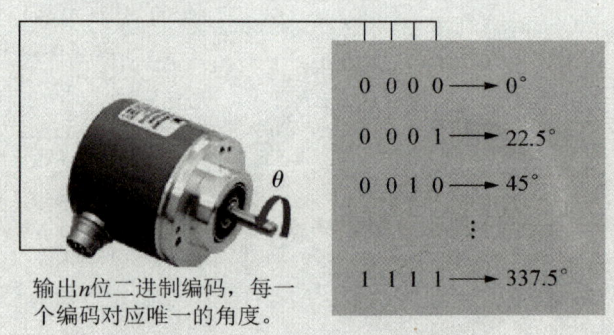

图 8.9 绝对式测量角度原理

8.3.3 编码器在数控机床中的应用

1. 位移测量

在数控机床中编码器和伺服电动机同轴连接或连接在滚珠丝杠末端，用于工作台和刀架的位移测量。数控回转工作台中，在回转轴末端安装编码器，可测量回转工作台的角位移。

由于增量式光电编码器每转过一个分辨角就发出一个脉冲信号，因此，根据脉冲的数量、传动比及滚珠丝杠螺距即可得出移动部件的直线位移量。如某带光电编码器的伺服电动机与滚珠丝杠直连（传动比 1∶1），光电编码器每转产生 1024 个脉冲，丝杠螺距 8mm，在一转时间内计数 1024 脉冲，则在该时间段里，工作台移动的距离为 8÷1024×1024＝8(mm)。

2. 主轴控制

（1）当数控车床主轴安装编码器后，则该主轴具有 C 轴插补功能，可实现主轴旋转与 Z 轴进给的同步控制；恒线速切削控制，即随着刀具的径向进给及切削直径的逐渐减小或增大，通过提高或降低主轴转速，保持切削线速度不变。

（2）主轴定向控制等。

3. 测速

光电编码器输出脉冲的频率与其转速成正比，因此，光电编码器可代替测速发电机的模拟测速而成为数字测速装置。

4. 提供反馈信号

编码器应用于交流伺服电动机控制中，提供速度反馈信号和位置反馈信号。

5. 零标志脉冲用于回参考点控制

数控机床采用增量式的位置检测装置时，在接通电源后要回参考点。因为机床断电后，系统就失去了对各坐标轴位置的记忆，所以在接通电源后，必须让各坐标轴回到机床某一固定点，这一固定点就是机床坐标系的原点。

阅读材料8-2

光电编码器在数控机床中的应用

1. 测量位移

光电编码器是一种光学式位置检测元件，编码盘直接安装在电动机的旋转轴上，通过测量旋转角度间接测量位移。图 8.10 所示为光电编码器的安装位置。图 8.11 所示为光电编码器的位移检测。

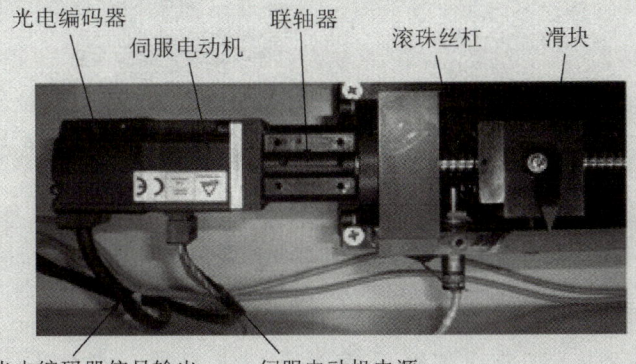

图 8.10 光电编码器的安装位置

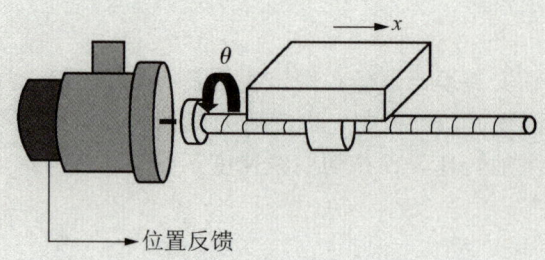

图 8.11 光电编码器的位移检测示意图

2. 回参考点检测

编码器随电动机旋转产生 Z 相零标志脉冲信号。图 8.12 和图 8.13 分别为零标志脉冲和机床参考点位置。

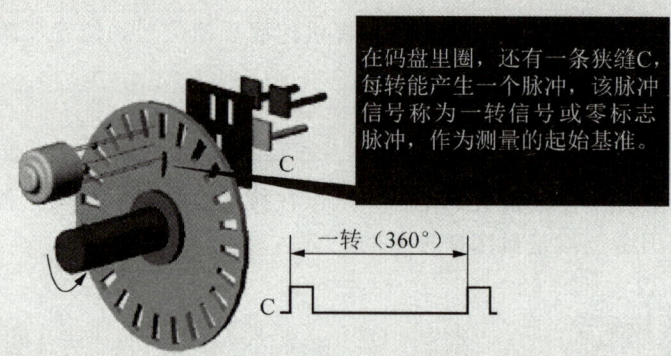

图 8.12 零标志脉冲

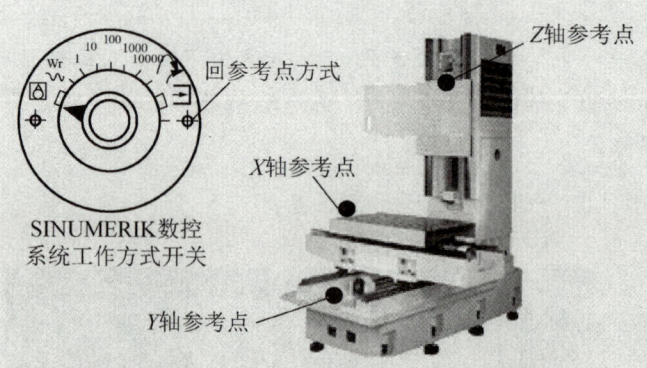

图 8.13 机床参考点位置

3. 车削螺纹和 C 轴控制

图 8.14 和图 8.15 分别为安装于车床主轴上的编码器在 C 轴和螺纹车削中的应用。

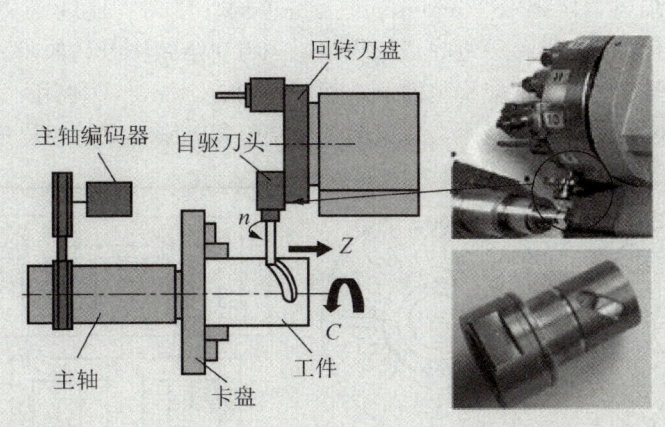

图 8.14　车床 C 轴控制

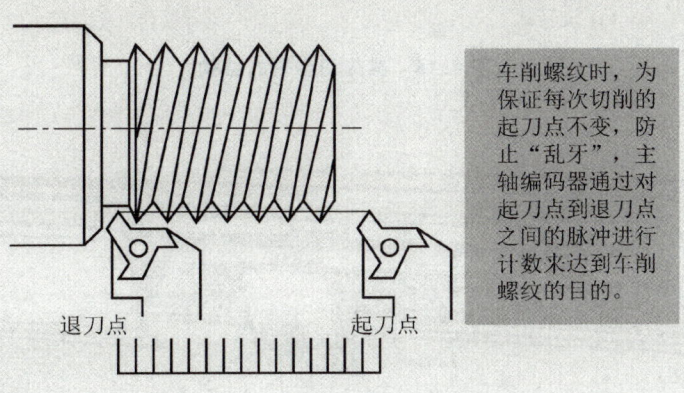

图 8.15　螺纹车削控制

8.4　感应同步器

8.4.1　感应同步器的结构

感应同步器是从旋转变压器发展而来的直线式传感器，相当于一个展开的多极旋转变压器。它是利用滑尺上的励磁绕组和定尺上的感应绕组之间的相对位置的变化而产生电磁耦合的变化，从而发出相应的位置电信号来实现位移检测。

感应同步器分为旋转式和直线式两种，分别用于角度测量和长度测量（图 8.16）。直线式感应同步器由相对平行移动的定尺和滑尺组成，定尺安装在机床床身上，滑尺安装在移动部件上，随工作台一起移动，两者平行放置，保持 (0.25 ± 0.05) mm 的均匀气隙。直线式感应同步器的安装方式如图 8.17 所示。

标准的感应同步器,定尺长 250mm,尺上是单向、均匀、连续的感应绕组;滑尺长 100mm,尺上有两组励磁绕组,一组叫正弦绕组,一组叫余弦绕组,如图 8.16(b) 所示。滑尺的励磁绕组的节距与定尺的感应绕组的节距相同,均为 2mm。节距用 τ 表示。当正弦绕组与定尺的感应绕组对齐时,余弦绕组与定尺的感应绕组相差 $\tau/4$（90°相位角）。

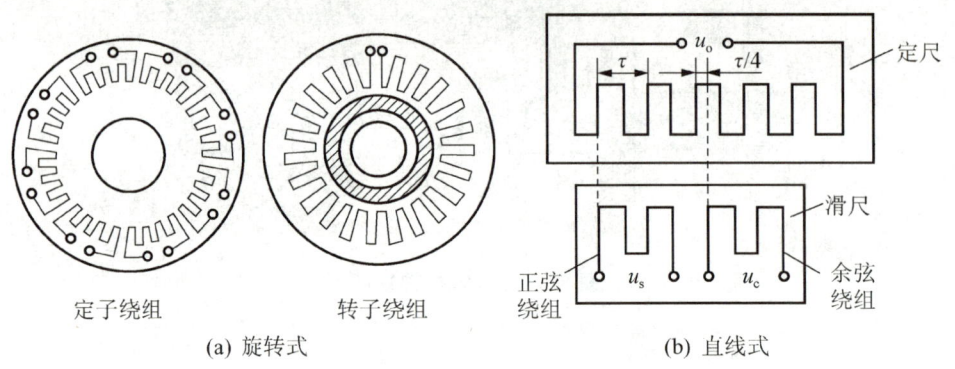

图 8.16　感应同步器的结构

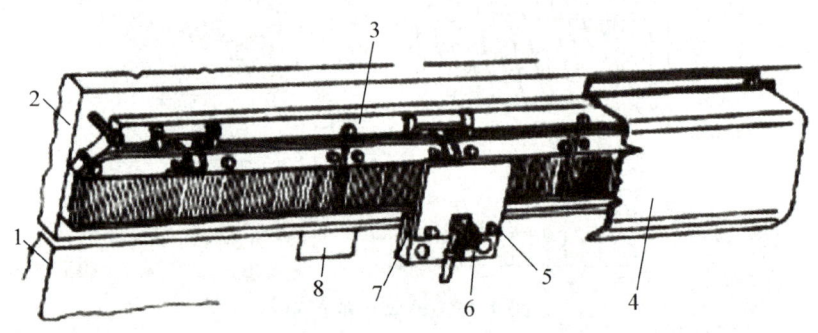

图 8.17　直线式感应同步器的安装方式

1—机床不动部件；2—机床移动部件；3—定尺座；4—护罩；
5—滑尺；6—滑尺座；7—调整板；8—定尺

8.4.2　感应同步器的工作原理

感应同步器的工作原理与旋转变压器的工作原理基本相同。当滑尺相对定尺移动时,定尺上感应电动势的幅值和相位也将变化（图 8.18）。若向正弦绕组通以交流励磁电压,则在绕组周围产生旋转磁场。当滑尺处于图 8.18 中 A 点位置,即滑尺绕组与定尺绕组完全重合时,定尺上的感应电动势最大。当滑尺相对定尺向右平行移动时,感应电动势逐渐减小。当滑尺移至图 8.18 中 B 点位置,与定尺绕组刚好错开 $\tau/4$ 时,定尺上合成磁通为零,感应电动势也为零。再继续移至 $\tau/2$,即图 8.18 中 C 点位置时,为最大的负值电压。再移至 $3\tau/4$,即图 8.18 中 D 点位置时,感应电动势又变为零。当移动到一个节距位置,即图 8.18 中 E 点时,与 A 点情况相同。显然,在定尺和滑尺的相对位移中,感应电动势呈周期性变化,其波形为余弦函数。滑尺移动一个节距,感应电动势变化一个周期。

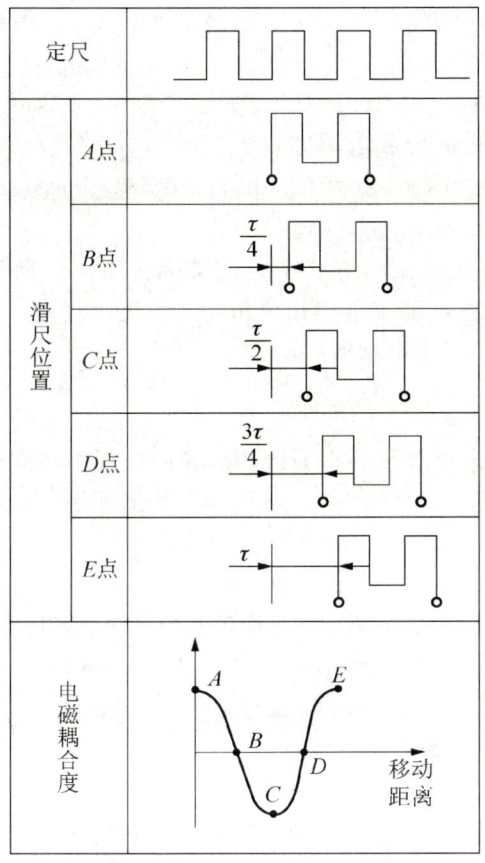

图 8.18 感应同步器的工作原理

同样,若在滑尺的余弦绕组中通以交流励磁电压,也能得出定尺的感应绕组中感应电动势与两尺相对位移的关系曲线,它们之间为正弦函数关系。

根据励磁供电方式的不同,感应同步器可分为相位工作方式和幅值工作方式。

1. 相位工作方式

给滑尺的正弦绕组 S 和余弦绕组 C 分别通以幅值、频率相同但相位相差 90°的交流电压,即

$$u_{1s}=U_m\sin\omega t$$
$$u_{1c}=U_m\sin(\omega t+90°)=U_m\cos\omega t$$

若起始时滑尺的正弦绕组与定尺的感应绕组对应重合,当滑尺移动时,滑尺的励磁绕组与定尺的感应绕组不重合,则定尺的感应绕组中产生的感应电动势为

$$u_{21}=ku_{1s}\cos\theta=kU_m\sin\omega t\cos\theta$$

式中 k——耦合系数;

θ——滑尺的励磁绕组相对于定尺的感应绕组的空间相位角。

$$\theta=2\pi\frac{x}{\tau}=\frac{2\pi x}{\tau} \qquad (8-3)$$

由式(8-3)可见,在一个节距内 θ 与 x 是一一对应的。

同理,由于滑尺的余弦绕组与定尺的励磁绕组相差 $\tau/4$,因此定尺的励磁绕组中产生的感应电动势为

$$u_{22}=ku_{1c}\cos(\theta+90°)=-kU_m\sin\theta\cos\omega t$$

则在定尺的励磁绕组上产生的合成电动势为

$$\begin{aligned}u_2&=u_{11}+u_{22}=kU_m\sin\omega t\cos\theta-kU_m\cos\omega t\sin\theta\\&=kU_m\sin(\omega t-\theta)\end{aligned} \quad (8-4)$$

由式(8-4)可见,在相位工作方式中,由于耦合系数、励磁电压幅值及频率均是常数,因此定尺的感应电动势 u_2 随着空间相位角 θ 的变化而变化。通过测量定尺感应电动势的相位 θ,即可测量定尺相对于滑尺的移动量 x。

2. 幅值工作方式

给滑尺的正弦绕组和余弦绕组分别通以相位相同、频率相同但幅值不同且能由指令角 α 调节的交流励磁电压,即

$$u_{1s}=U_m\sin\alpha\sin\omega t$$
$$u_{1c}=U_m\cos\alpha\sin\omega t$$

若滑尺相对于定尺移动一个距离 x,对应的相移为 θ,定尺上的叠加感应电动势为

$$\begin{aligned}u_2&=kU_m\sin\alpha\sin\omega t\cos\theta-kU_m\cos\alpha\sin\omega t\sin\theta\\&=kU_m\sin\omega t(\sin\alpha\cos\theta-\cos\alpha\sin\theta)\\&=kU_m\sin\omega t\sin(\alpha-\theta)\end{aligned} \quad (8-5)$$

式(8-5)中,若 $\alpha=\theta$,则 $u_2=0$。在滑尺移动中,一个节距内的 $u_2=0$、$\alpha=\theta$ 点称为节距零点。若改变滑尺位置,使 $\alpha\neq\theta$,则在定尺上出现的感应电动势为

$$u_2=kU_m\sin\omega t\sin(\alpha-\theta)=kU_m\sin\omega t\sin\Delta\theta$$

令 $\alpha=\theta+\Delta\theta$,则当 $\Delta\theta$ 很小时,$\sin\Delta\theta=\Delta\theta$,定尺上的感应电动势可近似表示为

$$u_2=kU_m\Delta\theta\sin\omega t$$

又因为

$$\Delta\theta=\frac{2\pi}{\tau}\Delta x$$

所以

$$u_2=kU_m\Delta x\frac{2\pi}{\tau}\sin\omega t \quad (8-6)$$

由式(8-6)可以看出,定尺上的感应电动势 u_2 实际上是误差电压。当位移增量 Δx 很小时,u_2 的幅值和 Δx 成正比,这是对位移增量进行高精度细分的依据。例如,当 $\Delta x=0.01$mm 时,使 u_2 超过某一预先整定的门槛电平,并产生脉冲信号,用此脉冲信号来修正励磁信号 u_{1s} 和 u_{1c},使误差信号重新降低到门槛电平以下,这样就把位移量转化为数字量,实现对位移的测量。

8.4.3 感应同步器的特点

1. 精度高

因为定尺的节距误差有平均补偿作用,尺子本身的精度能做得较高。直线式感应同步器对机床位移的测量是直接测量,不经过任何机械传动装置,测量精度取决于尺子的精度。

2. 测量长度不受限制

当测量长度大于 250mm 时，可采用多块定尺接长的方法进行测量。行程为几米到几十米的中型或大型机床中，位移的直线测量大多数采用直线式感应同步器来实现。

3. 对环境的适应性较强

感应同步器定尺和滑尺的绕组是在基板上用光学腐蚀方法制成的铜箔锯齿形的印制电路绕组。可在定尺的铜绕组上面涂一层耐腐蚀的绝缘层，以保护尺面；在滑尺的绕组上面用绝缘黏结剂粘贴一层铝箔，以防静电感应。定尺和滑尺的基板采用与机床床身热膨胀系数相近的材料，当温度变化时，仍能获得较高的重复精度。

4. 维修简单、使用寿命长

感应同步器的定尺和滑尺互不接触，因此无任何摩擦、磨损，使用寿命长，不怕灰尘、油污及冲击振动。同时由于感应同步器是电磁耦合器件、光敏元件，不存在元件老化及光学系统故障等问题。

8.5 磁 栅

磁栅（又称磁尺）是一种电磁检测装置。它利用磁记录原理，将一定波长的电信号，通过录磁磁头记录在磁性标尺的磁膜上，作为测量位移量的基准尺。检测时，拾磁磁头将磁性标尺上的磁化信号转化为电信号，并通过检测电路将磁头相对于磁性标尺的位置或位移量用数字显示出来或传送给数控机床。磁栅与光栅、感应同步器相比，测量精度略低一些；但具有制作简单，安装、调试方便，成本低，环境要求低等特点。

8.5.1 磁栅的结构

磁栅按其结构可分为线型、尺型和旋转型三种。

图 8.19 所示为磁栅的结构与工作原理。磁栅由磁性标尺、拾磁磁头和检测电路组成。

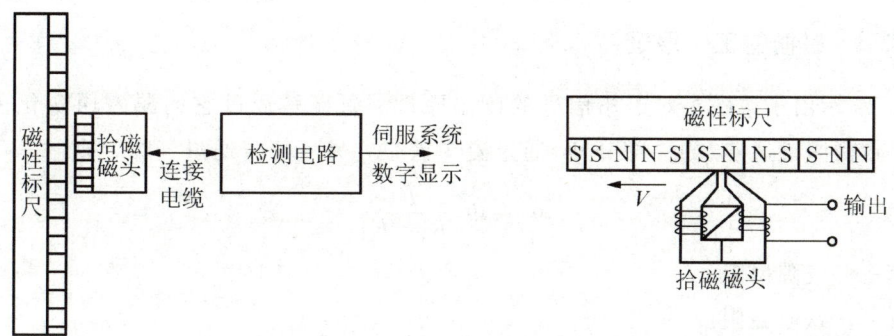

图 8.19 磁栅的结构与工作原理

1. 磁性标尺

磁性标尺是在非导磁材料的基体上，涂敷或镀上一层 10～20μm 厚的高磁导率材料，形成均匀磁膜，然后用录磁方法将镀层磁化为相等节距的周期性磁化信号。磁化信号可以是方波，也可以是正弦波，节距一般取 0.05mm、0.10mm、0.20mm、1mm 等。

2. 拾磁磁头

拾磁磁头是进行磁电转换的器件。它将磁性标尺上的磁信号转化为电信号送给检测电路。拾磁磁头包括动态磁头和静态磁头。

动态磁头又称速度响应型磁头，如图 8.20 所示。它只有一组输出线圈，所以只有当磁头和磁尺有一定的相对运动时，才能检测出磁化信号。这种磁头只能用于动态测量。

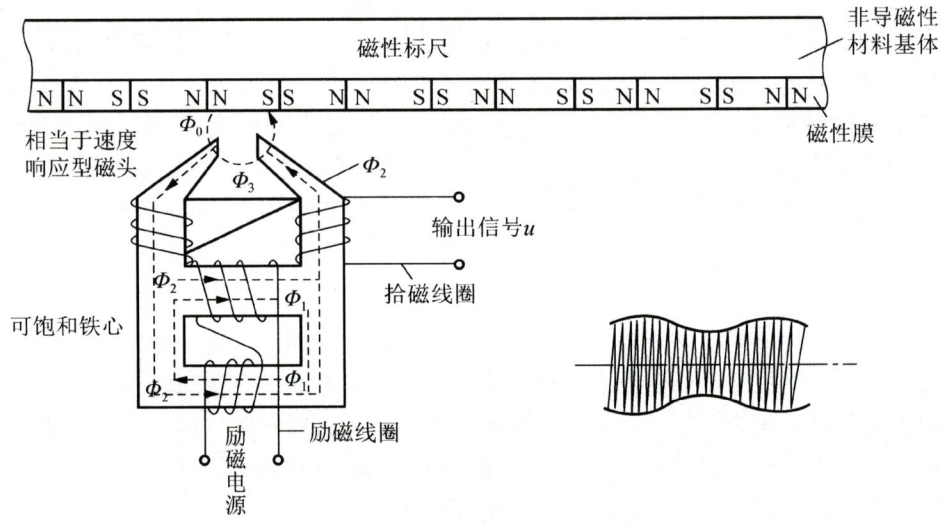

图 8.20 动态磁头

静态磁头又称磁通响应型磁头。它在普通磁头的铁心回路中，加入带有励磁线圈的饱和铁心，在励磁线圈中通以高频励磁电流，使拾磁线圈的输出信号振幅受到调制。数控机床要求磁尺与磁头相对运动速度很低甚至静止时也能进行测量，所以应采用静态磁头。

8.5.2 磁栅的工作原理

图 8.20 示出了单磁头对磁栅信号的读出原理。磁栅是通过它的漏磁通变化来感应电动势的。磁栅漏磁通 Φ_0 的一部分 Φ_2 通过磁头铁心，另一部分通过气隙，则

$$\Phi_2 = \Phi_0 \frac{R_\delta}{R_\delta + R_T} \tag{8-7}$$

式中　R_δ——气隙磁阻；

　　　R_T——铁心磁阻。

R_δ 可认为不变，而 R_T 与励磁线圈所产生的磁通 Φ_1 有关。励磁线圈中的高频交变励磁信号，使铁心产生周期性正反向饱和磁化。当励磁回路的铁心处在磁饱和状态时，铁心

磁阻无穷大,无论磁栅的漏磁通有多大,输出线圈的铁心上都无磁力线通过,输出信号为零。励磁电流每周期内有两次峰值,故铁心两次处于饱和状态,输出电压两次为零。励磁电流从峰值变到零时,读取回路能检测到磁栅的漏磁通,故输出信号的频率是励磁信号频率的两倍。输出信号为励磁电流的二次调制谐波,其包络线同磁尺上磁场分布一致。当励磁线圈中通以 $I_0\sin\omega t$ 的高频电流时,输出电压为

$$u = E_0 \sin \frac{2\pi x}{\lambda} \cos 2\omega t \qquad (8-8)$$

式中 E_0——系数;
λ——磁尺上磁信号的节距;
x——磁头在磁尺上的位移量;
ω——励磁电流的角频率。

由式(8-8)可知,输出电压 u 的幅值按位移量 x 周期性变化,因此可检测位移量。实际上,式(8-8)由两部分构成:如果磁头不动,那么由于可饱和铁心上有一交流励磁信号,使拾磁线圈磁路是一个变化磁阻的磁路,因而磁路磁通会产生相应变化,这一部分就是 $\cos 2\omega t$;第二部分就是录在磁性标尺上的磁动势,以正弦函数变化,当 $\lambda = x$ 时,u 为 0,因而只要测量输出信号的过零次数,就可知道 x 的大小。

为辨别磁头在磁性标尺上的移动方向,常采用间距为 $(m\pm 1/4)\lambda$(m 为任意整数)的两组磁头,如图 8.21 所示。其输出电压分别为

$$u_1 = E_0 \sin \frac{2\pi x}{\lambda} \cos 2\omega t$$

$$u_2 = E_0 \cos \frac{2\pi x}{\lambda} \cos 2\omega t$$

u_1 同 u_2 相位相差 90°。根据两个磁头输出信号的超前或滞后,可确定其移动方向。

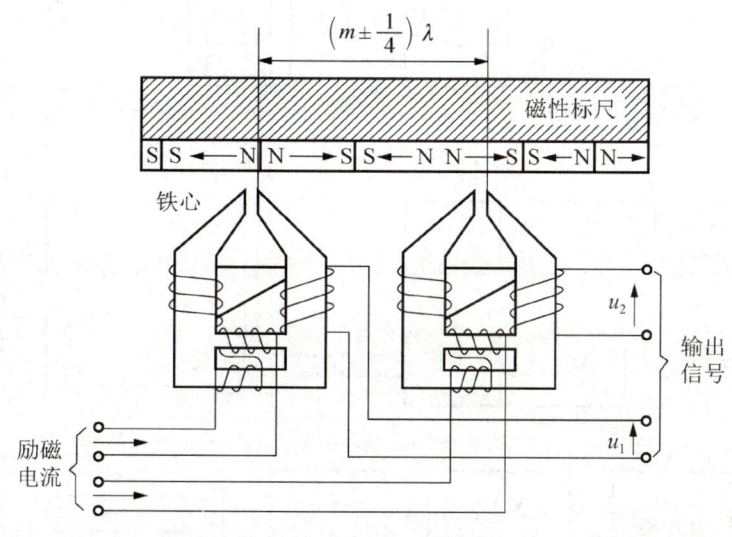

图 8.21 辨向磁头的配置

8.5.3 磁栅的检测电路

磁栅检测电路包括拾磁磁头的励磁电路、信号放大电路、滤波及辨向电路、细分的内插电路、显示及控制电路等。

根据检测方法的不同，检测电路有幅值检测与相位检测两种，以相位检测应用较多。相位检测以双拾磁磁头为例，将第二组磁头的励磁电流移相45°，或将它的输出信号移相90°，则在两个拾磁磁头的拾磁线圈中分别输出感应电压 u_1 和 u_2。

$$u_1 = E_0 \sin\frac{2\pi x}{\lambda}\cos 2\omega t$$

$$u_2 = E_0 \cos\frac{2\pi x}{\lambda}\cos 2(\omega t - 45°)$$

对两组拾磁磁头信号求和，得

$$u = E_0 \sin\left(2\omega t + \frac{2\pi x}{\lambda}\right) \tag{8-9}$$

图 8.22 所示为磁栅相位检测系统的原理。脉冲发生器发出的 2MHz 脉冲序列经 400 分频后得到 5kHz 的励磁信号，再经低通滤波器变成正弦波后分成两路：一路经功率放大器送到第一组拾磁磁头的励磁线圈，另一路经 45°移相后由功率放大器送到第二组拾磁磁头的励磁线圈。从两组拾磁磁头读出信号（u_1，u_2），由求和电路求和，即得到相位随

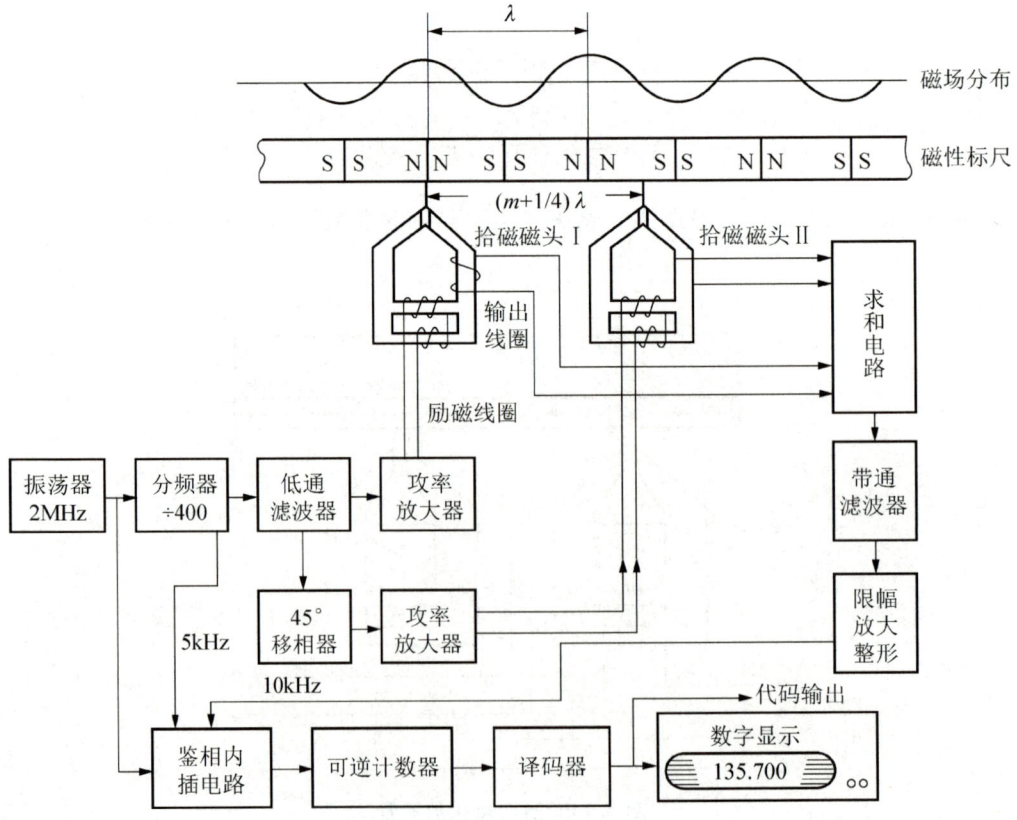

图 8.22 磁栅相位检测系统的原理

位移 x 而变化的合成信号。该信号经放大、滤波、整形后变成 10kHz 的方波，再经鉴相内插电路的处理，即可得到分辨率为 5μm 的位移测量脉冲。该脉冲可送至显示计数器或位置控制回路。

8.6 光　　栅

高精度数控机床上使用光栅作为位置检测装置。光栅将位移转变为数字信号反馈给计算机数控装置，实现闭环位置控制。在玻璃的表面上制成透明与不透明间隔相等的线纹，称为透射光栅；在金属的镜面上制成全反射与漫反射间隔相等的线纹，称为反射光栅。从形状上看，光栅又可分为圆光栅和长光栅。圆光栅用于测量转角位移，长光栅用于测量直线位移。

8.6.1　光栅的结构

光栅由光栅尺和光栅读数头两部分组成。

1. 光栅尺

光栅尺是指标尺光栅和指示光栅。它们是用真空镀膜的方法光刻上均匀密集线纹的透明玻璃片或长条形金属镜面。光栅的线纹相互平行，线纹之间的距离（栅距）相等。在光栅测量中，通常一长一短两块光栅尺配套使用，其中长的一块称为标尺光栅或主光栅，随运动部件移动，要求与行程等长。短的一块称为指示光栅，固定在机床相应部件上。如图 8.23 所示，两个光栅尺上均匀刻有很多条纹，从其局部放大部分来看，白的部分 b 为透光宽度，黑的部分 a 为不透光宽度，设 τ 为栅距，则 $\tau=a+b$。

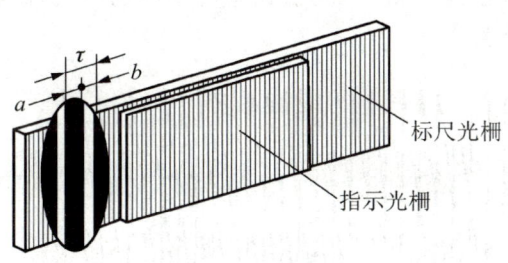

【光栅尺】

图 8.23　光栅尺

2. 光栅读数头

光栅读数头又称光电转换器。它把光栅莫尔条纹变成电信号。图 8.24 中采用的是直射式光栅读数头。光栅读数头都是由光源、透镜、指示光栅、光敏元件和驱动电路组成的。图 8.24 中的标尺光栅不属于光栅读数头，但它要穿过光栅读数头。光栅读数头还有分光式和反射式等几种。

设标尺光栅固定不动，指示光栅沿着与线纹垂直的方向移动，当指示光栅的不透明部分与标尺光栅的透明间隔完全重合时，光敏元件接收的光通量最小，理论上等于零；当指示光栅的线纹部分与标尺光栅的线纹部分完全重合时，光敏元件接收的光通量最大。因此，指示光栅沿标尺光栅连续移动时，光敏元件产生的光电流是变化且连续的，近似于正弦波。指示光栅每移动一个栅距，光电流变化一个周期。

【光栅】

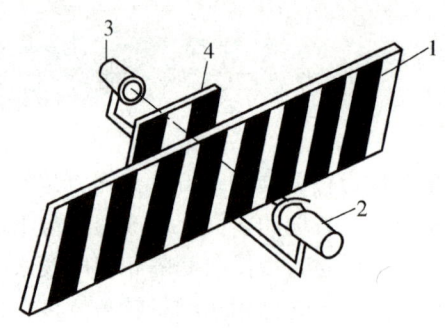

图 8.24 光栅结构原理

1—标尺光栅；2—光源；3—光敏二极管；4—指示光栅

8.6.2 光栅测量的基本原理

1. 莫尔条纹

将栅距相同、黑白宽度相同（$a=b=\tau/2$）的标尺光栅和指示光栅保持一定间隔平行放置，将指示光栅在其自身平面内倾斜一个很小的角度，以使它的线纹与标尺光栅的线纹保持一个很小的夹角 θ。这样，在光源的照射下，就形成了与光栅线纹几乎垂直的横向明暗相间的宽条纹，即莫尔条纹（图 8.25）。两个亮带间的距离称为莫尔条纹的节距 W，与两光栅尺刻线间夹角 θ 有关。

【莫尔条纹】

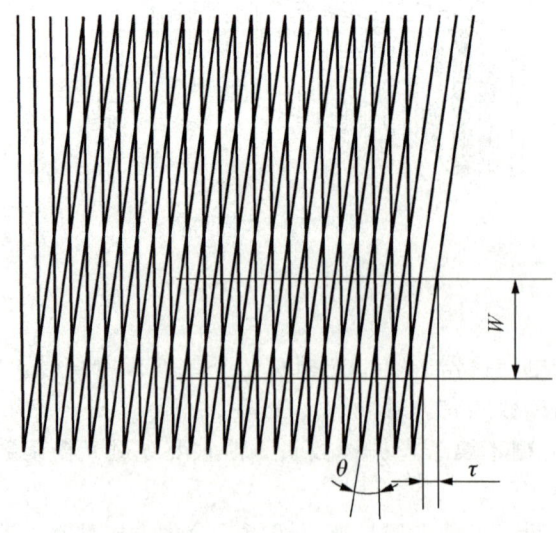

图 8.25 莫尔条纹

从图 8.26 可得各参数间关系,即

$$BC = AB\sin\frac{\theta}{2}$$

其中

$$BC = \frac{\tau}{2}, \quad AB = W$$

因而

$$W = \frac{\tau}{2\sin\frac{\theta}{2}}$$

由于 θ 值很小,上式可简化为

$$W = \frac{\tau}{\theta} \qquad (8-10)$$

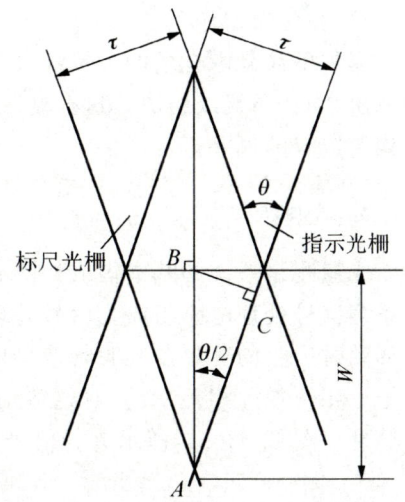

图 8.26 莫尔条纹参数

2. 莫尔条纹的特点

1) 起放大作用

由式(8-10)可知,莫尔条纹的节距 W 将光栅栅距 τ 放大了若干倍。若设 $\tau = 0.01$mm,把莫尔条纹调成 10mm,则放大倍数相当于 1000 倍,即利用光学的方法将光栅间距放大了 1000 倍,因而大大减轻了电子线路的负担。

2) 莫尔条纹的移动与栅距的移动成比例

当光栅尺沿与线纹垂直方向相对移动时,莫尔条纹沿线纹方向移动。光栅尺移动一个栅距 τ,莫尔条纹恰恰移动了一个节距 W。即光通量分布曲线变化一个周期,光敏元件输出的电信号变化一个周期,如图 8.27 所示。若光栅尺移动方向改变,莫尔条纹的移动方向也改变。光栅尺每移动一个栅距,莫尔条纹的光强也经历了由亮到暗、由暗到亮的一个变化周期,莫尔条纹的位移反映了光栅的栅距位移。

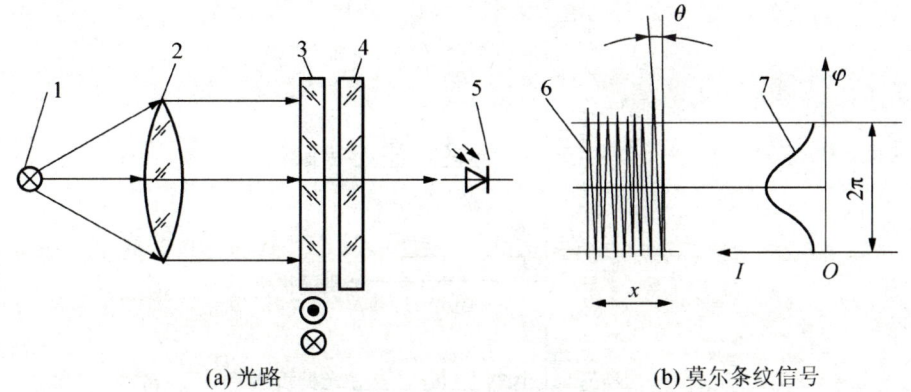

(a) 光路 (b) 莫尔条纹信号

图 8.27 光栅测量原理图

1—光源;2—聚光镜;3—标尺光栅;4—指示光栅;
5—光敏元件;6—莫尔条纹;7—光通量分布曲线

3) 均化误差作用

莫尔条纹是由光栅的大量线纹共同组成的,例如,200条/mm 的光栅,10mm 宽的光栅就由2000条线纹组成,这样栅距之间的固有相邻误差就被平均化了,消除了栅距之间不均匀造成的误差。

3. 光栅测量系统

光栅测量系统的基本构成如图 8.28(a) 所示,由光源、聚光镜、光栅尺、光敏元件和一系列信号处理电路组成。信号处理电路包括放大电路、整形电路和方向鉴别电路等。光栅移动时产生的莫尔条纹明暗信号可以用光敏元件接收。图 8.28(a) 中四块光电池产生的信号,相位彼此相差 90°,对这些信号进行适当的处理后,即可变为表示光栅位移量的测量脉冲。图 8.28(b) 所示为光信号到脉冲信号的转化。

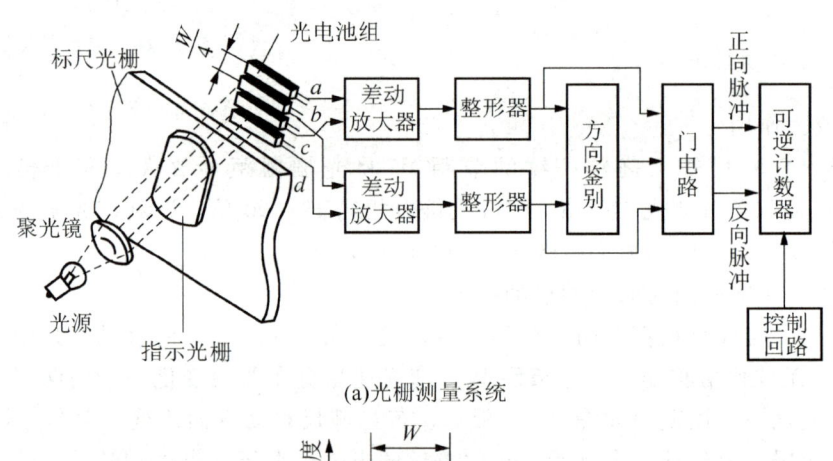

(a) 光栅测量系统

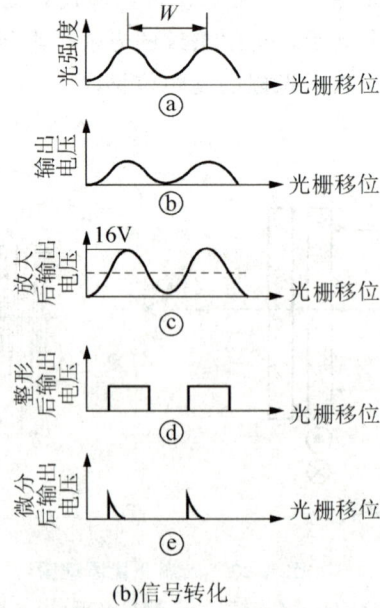

(b) 信号转化

图 8.28 光栅测量系统及信号转化

8.7 位置控制原理

1. 概述

位置控制是伺服系统的重要组成部分，是保证位置控制精度的重要环节。位置控制按其结构可分为开环控制和闭环控制两大类。开环控制不需要位置检测及反馈，闭环控制需要位置检测及反馈。位置控制的职能是精确地控制机床运动部件的坐标位置，快速而准确地跟踪指令运动。开环位置控制系统就是前面已讨论的步进电动机驱动系统。这里对闭环位置控制系统进行简单介绍。

闭环位置控制系统又称位置伺服系统。它是基于反馈控制原理工作的，即把被控变量与输入的指令值随机地进行比较，以形成误差值，并用此误差来控制伺服机构向着消除误差的方向运转（负反馈），最终达到使输出等于输入。

现代数控机床的闭环位置控制系统的一般结构如图 8.29 所示。这是一个双闭环系统，内环是速度环，用作速度反馈的检测元件，通常为测速发电机或脉冲编码器等。速度控制单元是一个独立的单元部件，由速度调节器、电流调节器及功率驱动放大器等部分组成。外环是位置环，由计算机数控装置中的位置控制模块与速度控制单元、位置检测及反馈控制等部分组成。

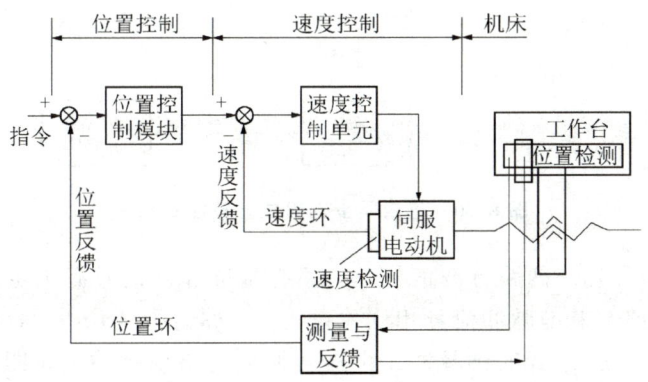

图 8.29 闭环位置控制系统的一般结构

位置控制主要是对数控机床的进给运动的坐标位置进行控制。例如，工作台前后左右移动，主轴箱的上下移动，围绕某一直线轴的旋转运动等。轴控制是数控机床上要求最高的位置控制，不仅对单个轴的运动速度和精度的控制有严格要求，而且在多轴联动时，还要求各移动轴有很好的动态配合，否则，会影响加工效率、产品质量。

位置控制的指令脉冲来自计算机数控系统，计算机数控系统经过轮廓插补运算，在每一个插补周期内，插补运算输出一组数据给位置环，位置环根据指令的要求及各环节的放大倍数对位置数据进行处理，再把处理的结果送给速度环，作为速度环的给定值。

2. 闭环位置控制的相位控制方法

相位控制方法即相位比较法，它的实质是脉冲相位的比较，而不是脉冲数量的比较。相位比较的位置检测装置可采用旋转变压器、感应同步器或磁栅，使这些装置工作在相位工作状态。

图 8.30 所示为感应同步器相位比较控制原理。此控制系统包括时钟脉冲发生器、脉冲-相位变换器、励磁供电线路、测量信号放大器和鉴相器等。感应同步器将工作台的机械位移变为电压信号的相位变化，通过测量定尺电压 u_2，经放大、滤波、整形后作为实际相位 θ 送到鉴相器。

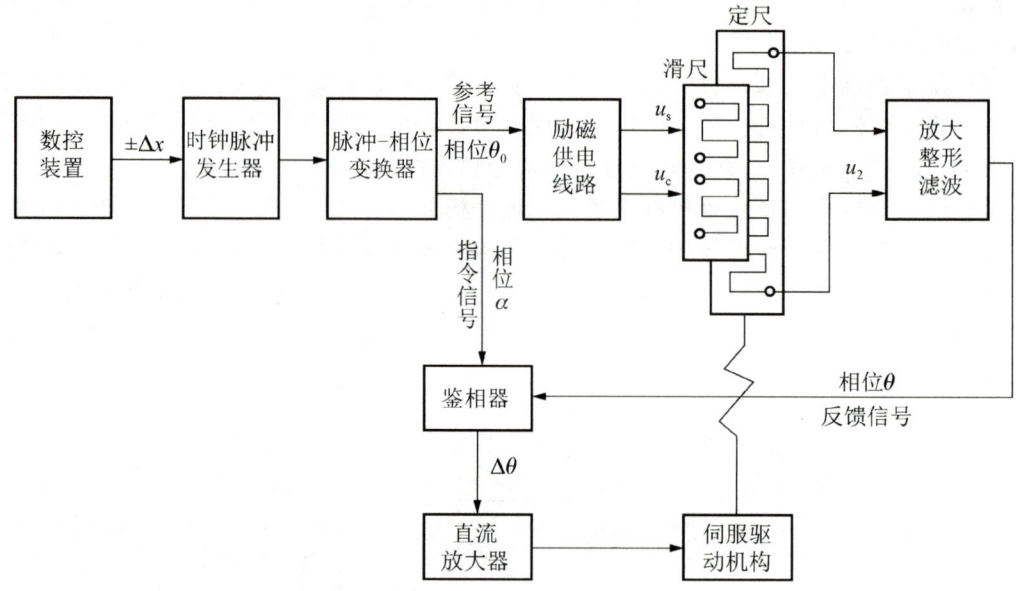

图 8.30　感应同步器相位比较控制原理

脉冲-相位变换器输出两路方波信号。一路与基准脉冲信号有确定的相位关系 θ_0，称为参考信号；另一路与基准脉冲信号相位关系为 α，称为指令信号。α 的大小取决于计算机数控系统将位移量 $\pm\Delta x$ 经时钟脉冲发生器转换成的指令脉冲数，即表示位移量的指令是以相位差角度值给定的；α 相对于 θ_0 的超前与滞后，则取决于指令方向（正向或反向）。

脉冲-相位变换器输出的参考信号，经励磁供电线路变为幅值相等、频率相同、相位相差 90°的正弦、余弦信号，通过功率放大器给正弦绕组、余弦绕组励磁。由上述可知，定尺的感应绕组上的感应电压 u_2 的相位 θ 反映了定尺和滑尺间的相对位置；由于是同一个基准相位 θ_0，因此将指令信号相位 α 和实际信号相位 θ 在鉴相器中进行比较，其相位差和定尺、滑尺间的位移量是一一对应的。若两者相位一致，即 $\alpha=\theta$，则表示感应同步器的实际位置与给定指令位置相同。反之，若两者位置不一致，则利用其产生的相位差作为伺服驱动机构的控制信号，控制执行机构带动工作台向减小相位差的方向移动。

计算机数控系统中，进给伺服系统属于位置随动系统，需要同时对速度和位置进行精确控制，通常要处理位置环、速度环和电流环的控制信息。早期的位置控制是将位置数据经 D/A 转换后的模拟量送给速度环。现代的全数字伺服系统，则不进行 D/A 转换，而用计算机软件进行数字处理。根据处理信息是用软件还是硬件，可将伺服系统分为全数字式、混合式和模拟式。目前，大多数伺服系统为混合式，即位置环用软件实现，速度环和电流环由硬件实现。

当今，闭环位置控制系统中还引入了前馈控制、预测控制、自适应控制、自学习控制等控制方法，并采用了超大规模集成电路和专用计算机接口芯片，使位置控制的响应速度和控制精度得到很大提高。

本章小结

闭环和半闭环数控系统的位置控制是指将计算机数控系统插补计算的理论值与实际值的检测值相比较，用二者的差值去控制进给电动机，使工作台或刀架运动到指令位置。实际值的采集，则需要位置检测装置来完成。位置检测元件可以检测机床工作台的位移，电动机转子的角位移和速度。位置伺服的准确性决定了加工精度。

本章对常用位置检测装置的分类、结构、工作原理和工作方式等进行了介绍。

（1）位置检测的分类：间接测量与直接测量，模拟测量与数字测量，增量式测量与绝对式测量。

（2）检测装置的结构与工作原理：基本组成、光电式或电磁式工作原理、特点。

（3）工作方式：鉴相型和鉴幅型工作方式。

（4）数控机床的位置控制：位置控制原理，感应同步器的相位方式位置控制原理。

思 考 题

1. 数控机床对位置检测装置有何要求？
2. 什么是绝对式测量和增量式测量，间接测量和直接测量？
3. 光电编码器安装在滚珠丝杠驱动前端和末端有何区别？
4. 简述增量式光电编码器在数控机床中的应用。怎样进行方向判别？
5. 旋转变压器和感应同步器各有哪些部件组成？有哪些工作方式？
6. 磁栅由哪些部件组成？方向如何判别？
7. 光栅由哪些部件组成？简述莫尔条纹及其特点。
8. 简述数控机床的位置控制原理，分析感应同步器的位置控制原理。

第 9 章
PLC 在数控机床中的应用

 本章教学要点

知识要点	掌握程度	相关知识
PLC 概述	了解 PLC 的应用； 熟悉 PLC 的组成和工作原理； 了解 PLC 的编程语言	应用领域； 硬件系统框图、扫描工作方式； 梯形图、语句表、功能图
数控机床 PLC	了解数控机床 PLC 的类型与作用； 掌握计算机数控装置、PLC、机床之间的信号处理过程	内装型与独立型 PLC 的作用； 计算机数控装置、PLC、机床之间的信号处理过程，M、S、T 功能的实现
S7 - 200 系统 PLC	了解 PLC 的数据类型及寻址方式； 熟悉 PLC 的元件功能； 掌握 S7 - 200 系列 PLC 的基本指令及编程	数据类型、寻址方式； I、Q、V、M、T、C 等编程元件； 基本逻辑指令、电路块指令、定时器指令、计数器指令、比较指令、传送类指令、逻辑运算指令、加/减法指令
CNC 集成 PLC	了解信号表示； 熟悉 PLC 与计算机数控系统间的信息交换； 掌握机床 I/O 连接； 熟悉程序结构和冷却控制子程序	信号种类与表示； 西门子 SINUMERIK 802C/S 数控系统常用接口信号； I/O 定义及信号处理； 变量定义、冷却控制子程序
PLC 控制实例	熟悉主轴控制程序设计； 熟悉 CK6150 数控车床典型程序	主轴 PLC 程序设计； 主程序、子程序的分析

PLC 的产生

继电器控制系统是针对某一固定的动作顺序或生产工艺而设计的，其控制功能局限于逻辑控制、定时、计数等一些简单的控制，一旦动作顺序或生产工艺发生变化，就必须重新进行设计、布线、装配和调试。1968 年，美国通用汽车公司（GM）提出要研制一种新型的工业控制装置来取代继电器控制装置，为此，拟定了编程简单、维护方便等 10 项公开招标的技术要求。1969 年，美国数字设备公司（DEC）研制出了世界上第一台 PLC，并在通用汽车公司自动装配线上试用成功。图 9.01 所示为 PLC 用于电动机的调速控制。

【PLC】

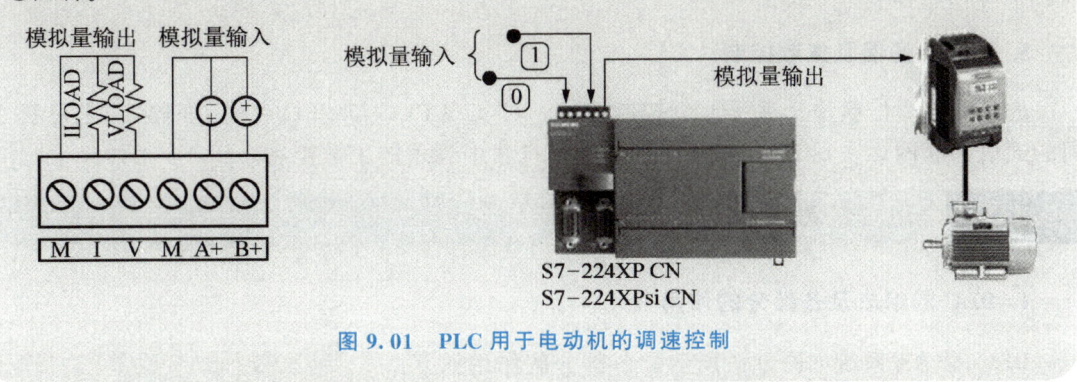

图 9.01　PLC 用于电动机的调速控制

数控机床的控制由计算机数控装置和 PLC 协调配合共同完成，其中计算机数控装置主要完成与数字运算和管理等有关的功能，如零件程序的编辑、插补运算、译码、伺服位置控制等；PLC 主要完成与逻辑运算有关的一些功能。PLC 通过辅助控制装置完成机床相应的开关动作，如刀具的更换、工件的装夹、冷却液的开/关等一些辅助动作。它还接收操作面板的指令，一方面直接控制机床的动作，另一方面将一部分信息送往计算机数控装置用于加工过程的控制。

9.1　概　　述

9.1.1　PLC 的应用领域

1. 开关逻辑控制和顺序控制

开关逻辑控制和顺序控制是 PLC 最基本、最广泛的应用领域。PLC 取代传统的继电器控制系统，实现逻辑控制、顺序控制，可用于单机控制、多机群控制和自动化生产线的控制等。

2. 模拟量控制

在生产过程中,许多连续变化的物理量需要进行控制,如温度、压力、流量、液位等,这些都属于模拟量。目前大部分 PLC 产品都具备处理模拟量的功能。

3. 定时控制

PLC 为用户提供了一定数量的定时器,并设置了定时器指令,定时精度高,设定方便、灵活。同时 PLC 还提供了高精度的时钟脉冲,用于准确的实时控制。

4. 数据采集与监控

PLC 实现控制时,可把现场的数据实时地显示出来或采集、保存下来,供进一步的分析、研究。

5. 联网、通信及集散控制

通过网络通信模块及远程 I/O 控制模块,可实现 PLC 与 PLC 之间、PLC 与上位机之间的通信、联网;实现 PLC 分布控制,计算机集中管理的集散控制。

9.1.2　PLC 的基本组成和工作原理

1. PLC 的组成及各部分的作用

PLC 的硬件系统如图 9.1 所示,各部分的作用如下。

(1) CPU:PLC 的核心,由运算器和控制器组成。在 PLC 中 CPU 按系统程序赋予的功能,完成逻辑运算、数学运算,协调系统内部各部分工作等。

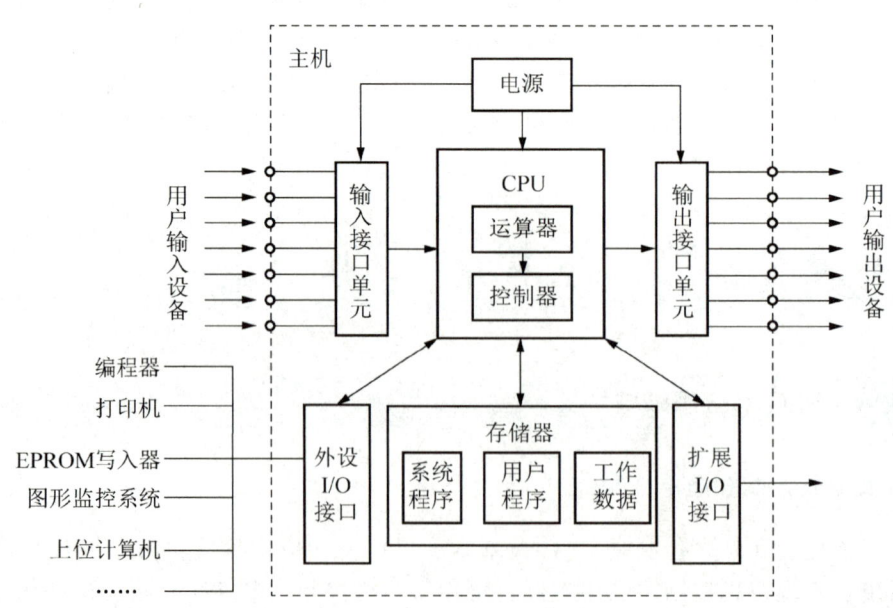

图 9.1　PLC 的硬件系统

（2）存储器：有系统存储器和用户存储器两种。系统存储器存放系统管理程序，用户存储器存放用户编制的控制程序。

（3）I/O 接口：用于 PLC 与工业生产现场之间的连接。I/O 扩展接口用于扩展输入/输出点数。

（4）编程器：PLC 的重要设备，用于实现用户与 PLC 的人机对话。用户通过编程器不但可以实现用户程序的输入、检查、修改和测试，还可以监视 PLC 的工作运行。

（5）电源：把外部电源（220V 的交流电源）转换为内部工作电压。

（6）外部设备：PLC 还可连接多种外部设备，实现监控及网络通信。

2. PLC 的工作原理

PLC 采用周期循环扫描的工作方式，其扫描过程如图 9.2 所示。扫描过程包括内部处理、通信处理、输入处理、程序执行、输出处理五个阶段。全过程扫描一次所需的时间称为扫描周期。当 PLC 处于停止（STOP）状态时，只完成内部处理和通信处理工作。当 PLC 处于运行（RUN）状态时，还要完成其他三个阶段（图 9.3）。

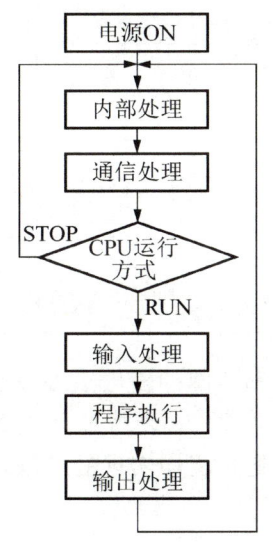

图 9.2 扫描过程　　图 9.3 PLC 输入处理、程序执行、输出处理过程

PLC 的程序执行过程如下。

（1）输入处理（采样）阶段：PLC 以扫描方式依次地读入所有输入状态和数据，并将它们存入输入映像寄存器中。

（2）程序执行阶段：根据 PLC 梯形图程序扫描原则，PLC 按先左后右，先上后下的顺序逐句扫描。处理结果存入元件映像寄存器中。

（3）输出处理（刷新）阶段：输出映像寄存器的状态被送至输出锁存器中，并通过一定的方式（继电器、晶体管或晶闸管）输出，驱动相应输出设备工作。

9.1.3 PLC 的编程语言

1. 梯形图编程语言（LAD）

梯形图是在继电器控制原理图的基础上演变而来的，简单直观。梯形图沿用了继电器控制原理图中的继电器触点、线圈等符号，并增加了许多功能强而又使用灵活的指令符号。

梯形图中只有常开和常闭两种触点。各种机型中常开触点和常闭触点的图形符号基本相同，但它们的元件编号不完全相同。因为在 PLC 中每一触点的状态均存入 PLC 内部的存储单元中，可以反复读写，所以可以反复使用。

梯形图中输出继电器（输出变量）的表示方法不同，有圆圈、括号和椭圆表示形式，而且它们的编程元件编号也不同，不论哪种产品，输出继电器在程序中只能使用一次。梯形图中触点可以任意串联或并联，而输出继电器线圈可以并联但不可以串联。

梯形图的触点和线圈表示方式见表 9-1。

表 9-1 梯形图的触点和线圈表示方式

		物理继电器	PLC 继电器
线圈		⊐⊏	—( )—
触点	常开	/	⊣ ⊢
	常闭	\	⊣/⊢

梯形图左右两条垂直的线是母线，母线之间是触点的逻辑连接和线圈的输出。每一逻辑行必须从左边起始母线开始画，最右边的结束母线可以省略。梯形图必须按照从左到右、从上到下的顺序书写。梯形图使用的是内部继电器，其接线是通过程序实现的"软连接"，只需改变用户程序，就可以改变控制功能。梯形图的表示形式如图 9.4 所示。

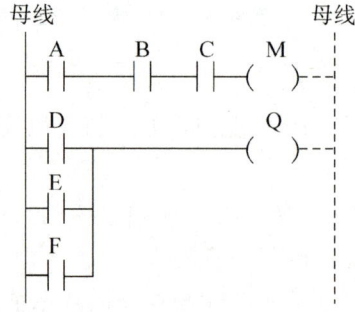

图 9.4 梯形图的表示形式

梯形图中一个关键的概念是“能流”。如图 9.4 中，把左边的母线假想为电源“火线”，而把右边的母线（虚线所示）假想为电源“零线”。如果有“能流”从左至右流向线圈，则线圈被励磁。如果没有“能流”，则线圈未被励磁。

图 9.5 所示为继电器控制原理图与 PLC 梯形图的对比。

(a) 继电器控制原理图　(b) PLC 梯形图

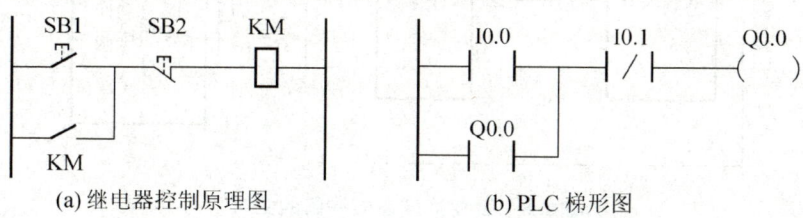

图 9.5　继电器控制原理图与 PLC 梯形图的对比

2. 语句表编程

语句表是 CPU 直接执行的语言。语句表的一条指令分为两部分，一部分是助记符，用一个或几个容易记忆的字符代表 PLC 的某种操作功能；另一部分是操作数，操作数由编程元件及地址组成，如 I0.0。指令语句和梯形图有严格的对应关系，如图 9.6 所示。

3. 顺序功能图

顺序功能图常用来编制顺序控制类程序。它包含步、动作、转换三个要素。

顺序功能编程法可将一个复杂的控制过程分解为一些小的顺序控制要求连接组合成整体的控制程序。顺序功能图法体现了一种编程思想。图 9.7 即为顺序功能图。

```
LD   I0.0
O    Q0.0
AN   I0.1
=    Q0.0
```

(a) 梯形图　(b) 语句表

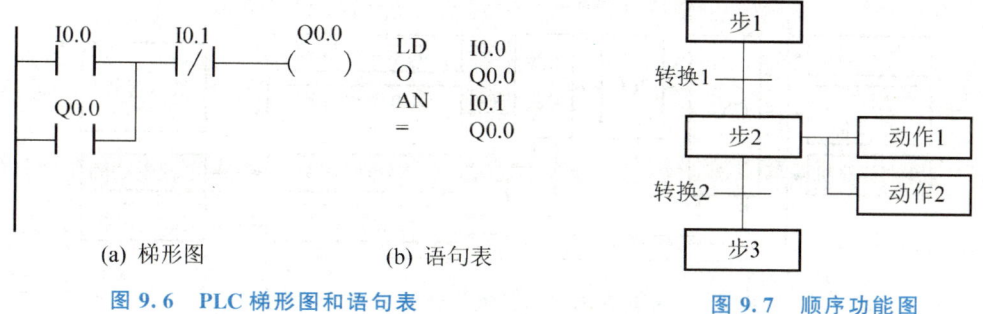

图 9.6　PLC 梯形图和语句表

图 9.7　顺序功能图

9.2　数控机床中的 PLC

数控机床所受控制可分为数字控制和顺序控制。一台数控机床从结构上看通常可分为计算机数控系统、机床电气、机床本体。它们之间的关系如图 9.8 所示。

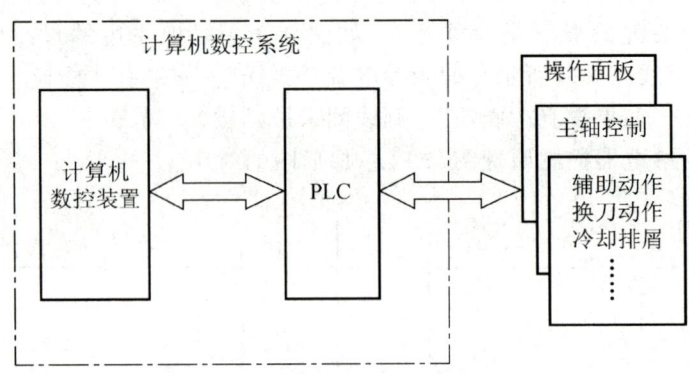

图 9.8 数控机床各结构间的关系

9.2.1 数控机床 PLC 的类型与作用

从数控机床应用的角度，PLC 可分为两类：一类是数控生产厂家将计算机数控装置和 PLC 综合起来而设计的内装型 PLC；另一类是专业 PLC 生产厂家的产品，它们的 I/O 接口技术规范、I/O 点数、程序存储容量及运算和控制功能均能满足数控机床的控制要求，称为独立型 PLC。

1. 内装型 PLC 与计算机数控装置的关系

内装型 PLC 从属于计算机数控装置，PLC 与计算机数控装置之间的信号传送在计算机数控装置内部即可实现。PLC 与数控机床之间则通过计算机数控装置的 I/O 接口电路实现信号传送（图 9.9）。

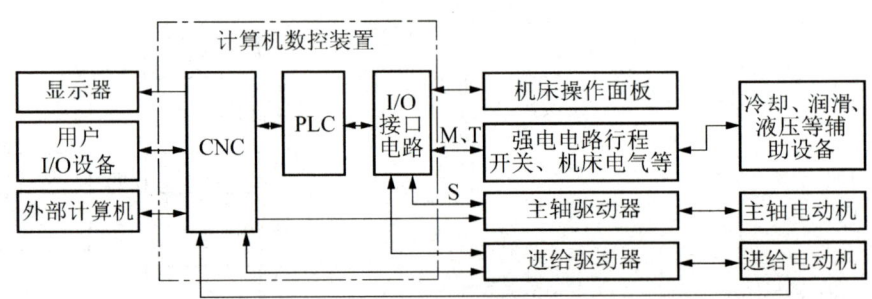

图 9.9 内装型 PLC 与计算机数控装置之间的关系

内装型 PLC 与一般的工业控制 PLC 相比，有其特殊之处，因此，在数控机床的研究开发和生产中，又作为一个独立的分支。内装型 PLC 具有如下特点。

（1）内装型 PLC 的性能指标（如 I/O 点数、程序最大步数、每步执行时间、程序扫描时间、功能指令数目等）是根据所从属的计算机数控系统的规格、性能、适用机床的类型等确定的，其硬件和软件部分是作为计算机数控系统的基本功能或附加功能与计算机数控系统一起统一设计制造的。因此系统硬件和软件整体结构十分紧凑，PLC 所具有的功能针对性强，技术指标较合理、实用，较适用于单台数控机床及加工中心等场合。

（2）内装型 PLC 既可以与计算机数控装置共用一个 CPU，也可以设置专用的 CPU，其逻辑电路结构如图 9.10 所示。与计算机数控装置共用 CPU 可以更充分地利用计算机数控装置中微处理器的余力来完成 PLC 的功能，并且使用元器件较少，但 I/O 点数不可能太多，功能也有限，一般用于中低档数控系统。设置专用的 CPU 来处理 PLC 的功能，则功能较强，速度较快，可用于规模较大、逻辑复杂、动作速度要求高的数控系统。

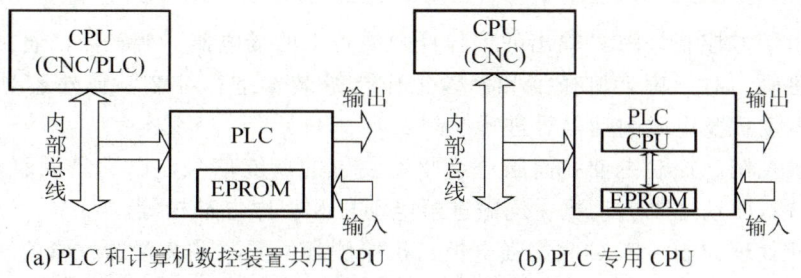

图 9.10　内装型 PLC 逻辑电路结构

2. 独立型 PLC 与计算机数控装置的关系

独立型 PLC 又称外装型 PLC 或通用型 PLC，是适应范围较广、功能齐全、通用化程度较高的 PLC。对数控机床而言，独立型 PLC 独立于计算机数控装置，具有完备的硬件结构和软件功能，能够独立完成规定的控制任务。图 9.11 所示为采用独立型 PLC 的计算机数控系统。

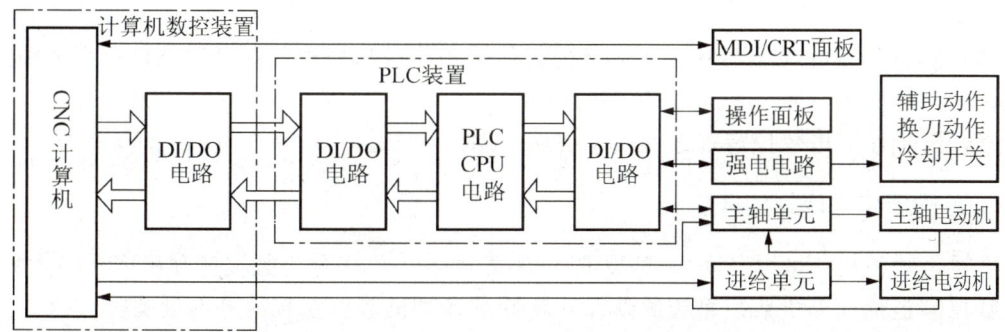

图 9.11　采用独立型 PLC 的计算机数控系统

独立型 PLC 具有如下特点。

（1）数控机床应用的独立型 PLC 一般采用中型或大型 PLC，I/O 点数一般在 200 点以上，所以多采用积木式模块化结构，具有安装方便、功能易于扩展和变换等优点。

（2）独立型 PLC 的 I/O 点数可以通过 I/O 模块的增减灵活配置。有的独立型 PLC 还可通过多个远程终端连接器构成有大量 I/O 点的网络，以实现大范围的集中控制。

（3）独立型 PLC 具有 CPU 及其控制电路、系统程序存储器、用户程序存储器、I/O 接口电路、与编程器等外部设备通信的接口和电源等基本结构（图 9.11）。

3. 数控机床中 PLC 的作用

数控机床中 PLC 的主要作用如下。

（1）机床操作面板控制。将机床操作面板上的控制信号直接送入 PLC，以控制计算机数控系统的运行。

（2）机床外部开关输入信号控制。将机床侧的开关信号送入 PLC，经逻辑运算后，输出给控制对象。这些开关包括各类控制开关、行程开关、接近开关、压力开关和温控开关等。

（3）输出信号控制。PLC 输出的信号经强电柜中的继电器、接触器，通过机床侧的液压或气动电磁阀，对刀库、机械手和回转工作台等装置进行控制，另外还对冷却泵电动机、润滑泵电动机及电磁制动器等进行控制。

（4）伺服控制。控制主轴和伺服进给驱动装置的使能信号，以满足伺服驱动的条件，通过驱动装置，驱动主轴电动机、伺服进给电动机和刀库电动机等。

（5）报警处理控制。PLC 收集强电柜、机床侧和伺服驱动装置的故障信号，将报警标志区中的相应报警标志位置位，计算机数控系统便显示报警号及报警文本，以方便故障诊断。

（6）转换控制。有些加工中心的主轴可以进行立、卧转换。当进行立、卧转换时，PLC 完成下述动作。

① 切换主轴控制接触器。

② 通过 PLC 的内部功能，在线自动修改有关机床数据位。

③ 切换伺服系统进给模块，并切换用于坐标轴控制的各种开关、按钮等。

9.2.2 计算机数控装置、PLC、机床之间的信号处理

PLC 在计算机数控装置和机床之间进行信号的传送和处理，既可以把计算机数控装置对机床的控制信号，通过 PLC 去控制机床动作；也可把机床的状态信号送还给计算机数控装置，便于计算机数控装置进行机床自动控制。

1. 数控侧与机床侧的概念

在讨论数控机床的 PLC 时，常以 PLC 为界把数控机床分为数控侧和机床侧两大部分。数控侧包括计算机数控系统的硬件、软件及计算机数控系统的外围设备。

机床侧则包括机床的机械部分，液压、气压、冷却、润滑、排屑等辅助装置，以及机床操作面板、继电器线路、机床强电线路等。

机床侧顺序控制的最终对象的数量随数控机床的类型、结构、辅助装置等的不同而有很大的差别。机床结构越复杂，辅助装置越多，受控对象数量就越多。

2. 计算机数控装置、PLC、机床之间的信号处理过程

计算机数控装置和机床之间的信号传送和处理的过程如下。

1）计算机数控装置→机床

计算机数控装置→计算机数控装置的 RAM→PLC 的 RAM。PLC 软件对其 RAM 中的数据进行逻辑运算处理。处理后的数据仍在 PLC 的 RAM 中，对内装型 PLC，PLC 将已处理好的数据通过计算机数控系统的输出接口送至机床；对独立型 PLC，其 RAM 中已处理好的数据通过 PLC 的输出接口送至机床。

2）机床→计算机数控装置

对于独立型 PLC，机床输入开关量数据通过 PLC 的输入接口传送至 PLC 的 RAM；对于内装型 PLC，机床输入开关量数据→计算机数控装置的 RAM→PLC 的 RAM。PLC 进行逻辑运算处理，处理后的数据仍在 PLC 的 RAM 中，然后传送至计算机数控装置的 RAM 中，计算机数控装置软件读取 RAM 中的数据。

3. PLC、计算机数控装置、机床间的信息交换

计算机数控系统中 PLC 的信息交换，就是以 PLC 为中心，在计算机数控装置、PLC 和机床之间的信息传送。PLC 通过信息交换，接收计算机数控装置的命令信息，实现辅助功能的控制；并把逻辑控制的结果信息，送回计算机数控装置，以同步零件程序的执行。

PLC 与计算机数控装置之间交换的信息包括计算机数控装置→PLC 和 PLC→计算机数控装置的信息，前者主要包括各种功能代码 M、S、T 的信息，手动、自动方式信息，各种使能信息等；后者主要包括 M、S、T 功能的应答信息和各坐标轴对应的机床参考点信息等。

PLC 与机床之间交换的信息包括 PLC→机床和机床→PLC 的信息，前者如电磁阀、接触器、继电器的通/断电等动作信号及确保机床各运动状态的信号和故障报警指示等执行信号；后者主要包括机床操作面板上各开关、按钮等的信号，以及各运动部件的限位信息。例如，机床的起动/停止，主轴正转/反转/停止、冷却液的开/关、倍率选择、各坐标轴点动和刀架、卡盘的夹紧/松开等信号。

4. M、S、T 功能的实现

M、S、T 功能贯穿了计算机数控装置、PLC、伺服系统、机床等几个极其重要的组成环节，下面对其实现过程分别进行介绍。

1) M 功能的实现

M 功能用来控制主轴的正反转及停止，主轴齿轮箱的变速，冷却液的开和关，卡盘的夹紧和松开，以及自动换刀装置的取刀和还刀等。M 功能实现方式大致可以分为两种：一种是开关量方式，即计算机数控装置将 M 代码以开关量的方式传送至 PLC 输入接口，然后由 PLC 进行逻辑处理，并输出控制有关执行元件动作；另一种是寄存器方式，即计算机数控装置将 M 代码直接传送至 PLC 中的相应寄存器，然后由 PLC 进行逻辑处理，并输出控制有关执行元件动作。后一种方法多用于内装型 PLC。

2) S 功能的实现

S 功能主要完成主轴转速的控制，有 S 2 位代码和 S 4 位代码两种编程形式。

（1）S 2 位代码。S 2 位代码包括 S00～S99 共 100 级。对有级调速的主轴，可采用开关量方式或寄存器方式，由计算机数控装置将 S 代码传送至 PLC，然后由 PLC 进行逻辑处理，输出控制有关执行机构换挡。对无级调速的主轴，将速度范围按 500～599 进行 100 级分度，根据主轴转速的上、下限和等比关系可获得一个 S 2 位代码与主轴转速（BCD 码）的对应表格，用于 S 2 位代码的译码。图 9.12 所示为 S 2 位代码在 PLC 中的处理流程。图中译 S 代码和数据转换实际上就是针对 S 2 位代码查出主轴转速的大小，然后转换成二进制数，并经上、下限幅处理后，进行 D/A 转换，输出一个 0～5V、0～10V 或 −10～+10V 的直流控制电压给主轴驱动系统或主轴变频器。

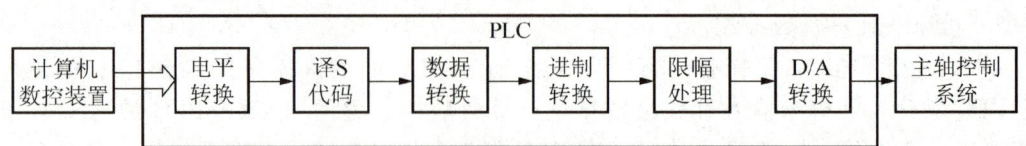

图 9.12　S 2 位代码在 PLC 中处理流程

(2) S 4 位代码。S 4 位代码可直接用来指定主轴转速。例如，S1500 表示主轴转速为 1500r/min，可见 S 4 位代码表示的转速范围为 0～9999r/min。显然，它的处理过程相对于 S 2 代码形式要简单一些，也就是它不需要图 9.12 中"译 S 代码"和"数据转换"两个环节。另外，图 9.12 中限幅处理的目的是保证主轴转速处于一个安全范围内。

3) T 功能的实现

T 功能即刀具功能。T 代码后跟随 2～5 位数字表示要求的刀号和刀具补偿号。根据取刀、还刀位置是否固定，可将换刀功能分为随机存取换刀控制和固定存取换刀控制。

在随机存取换刀控制中，取刀和还刀与刀具座编号无关，还刀位置是变动的。执行换刀过程中，取出所需刀具后，刀库不转动，而是在原地立即存入换下来的刀具。取刀、换刀、存刀一次完成，缩短了换刀时间，提高了生产效率，但刀具控制和管理要复杂一些。

在固定存取换刀控制中，被取刀具和被还刀具的位置都是固定的，也就是说换下的刀具必须放回预先安排好的固定位置。显然，这样增加了换刀时间，但控制要简单些。

图 9.13 所示为采用固定存取换刀控制方式的 T 功能处理流程。T 代码指令经译码处理后，由计算机数控装置将有关信息传送给 PLC，在 PLC 中进一步经过译码并在刀具数据表内检索，找到 T 代码指定刀号对应的刀具编号（即地址），与目前使用的刀号比较。若比较结果相同，说明 T 代码所指定的刀具就是正在使用的刀具，不必换刀，返回原入口处；若比较结果不相同，则要进行更换刀具操作，首先将主轴上的现行刀具还到它自己的固定刀座号上，然后回转刀库，直至新的刀具位置为止，最后取出所需刀具装在刀架上，完成换刀。

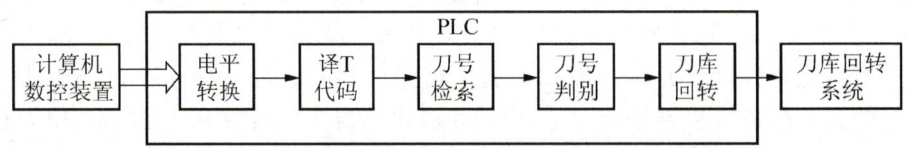

图 9.13　采用固定存取换刀控制方式的 T 功能处理流程

9.3　S7-200 系列 PLC

【S7-200 PLC】

西门子 SINUMERIK 802C/S 数控系统集成 S7-200 系列 PLC 功能，其 Programming Tool PLC 802 V3.1 软件是基于 STEP7-Micro/WIN 32 开发的。编程软件为用户开发、编辑和监控编写的程序提供了良好的编程环境。S7-200 系列 PLC 是集成型、小型单元式 PLC，具有丰富的内置集成功能，强劲的通信能力，使用简单方便，易于掌握，广泛应用于各个行业。

9.3.1 S7-200 系列 PLC 数据类型及元件功能

1. 数据类型

1) 数据类型及范围

程序中所用的数据可指定一种数据类型。基本数据类型有 1 位的布尔型（BOOL）、8 位的字节型（BYTE）、16 位的字型（无符号整数）（WORD）、16 位的整型（有符号整数）（INT）、32 位的双字型（无符号双字整数）（DWORD）、32 位的双整型（有符号双字整数）（DINT）、32 位的实数型（REAL），具体参见表 9-2。

表 9-2 S7-200 系列 PLC 基本数据类型

基本数据类型	位 数	说 明
布尔型（BOLL）	1	位，范围：0 或 1
字节型（BYTE）	8	字节，范围：0～255
字型（WORD）	16	字，范围：0～65535
双字型（DWORD）	32	双字，范围：0～$(2^{32}-1)$
整型（INT）	16	整数，范围：-32768～$+32767$
双整型（DINT）	32	双字整形，范围：-2^{31}～$(2^{32}-1)$
实数型（REAL）	32	IEEE 浮点数

2) 编址方式

存储器是由许多存储单元组成的，每个存储单元都有唯一的地址，可以依据存储器地址来存取数据。数据区存储器地址的表示格式有位、字节、字和双字地址格式。

（1）位地址格式。数据区存储器区域的某一位的地址格式是由存储器区域标识符、字节地址及位号构成的。图 9.14 中黑色标记的为位地址。I 是变量存储器的区域标识符，4 是字节地址，5 是位号，在字节地址 4 与位号 5 之间用点号"."隔开，如 I4.5。

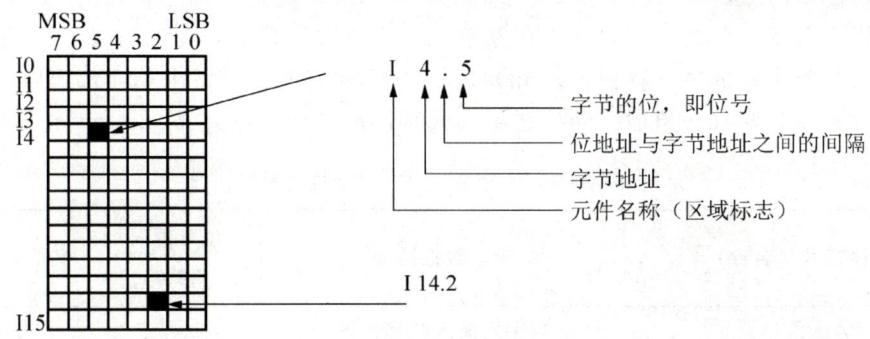

图 9.14 位寻址方式

（2）字节、字、双字地址格式。数据区存储器区域的字节、字、双字地址格式由区域标识符、数据长度及该字节、字、双字的起始字节地址构成。图 9.15 中用 VB100、

VW100、VD100 分别表示字节、字、双字的地址。VW100 由 VB100、VB101 两个字节组成；VD100 由 VB100～VB103 四个字节组成。

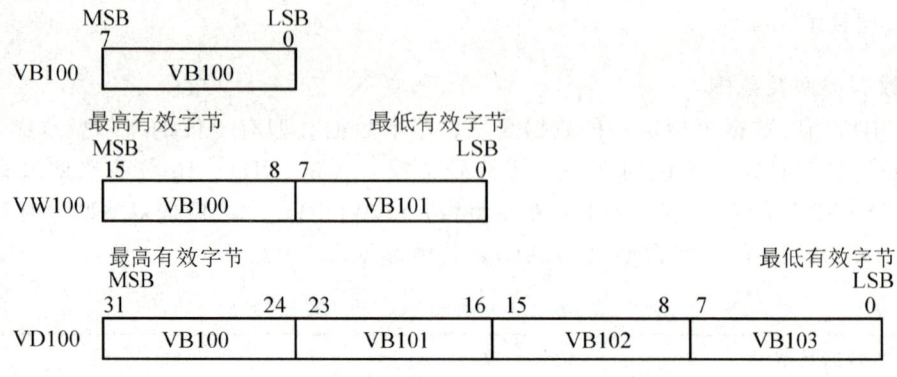

图 9.15 地址格式

（3）其他地址格式。数据区存储器区域中，还包括定时器存储器（T）、计数器存储器（C）、累加器（AC）等。它们的地址格式为区域标识符和元件号，如 T24 表示某定时器的地址。

2. 寻址方式

PLC 利用其内部软元件的逻辑组合代替由继电器实现的硬件逻辑。软元件实际上就是 PLC 内部的各存储单元，可以无限次使用。各存储单元根据功能的不同分配了不同的名称，如输入映像寄存器（I）、输出映像寄存器（Q）、变量寄存器（V）等。每一个存储器单元都编有唯一的地址。S7-200 系列 PLC 的 CPU 使用数据的地址访问所有的数据，称为寻址。

1）立即数寻址方式

数据在指令中以常数形式出现，取出指令的同时也就取出了操作数，这种寻址方式称为立即数寻址方式。

2）直接寻址方式

将编程元件统一归为存储单元，存储单元按字节进行编址，无论所寻址的是何种数据类型，通常应指出它的所在存储区域和在区域内的字节地址。每个单元都有唯一的地址，地址由名称和编号两部分组成。元件名称（区域地址符号）见表 9-3。

表 9-3 元件名称（区域地址符号）

元件符号（名称）	所在数据区域	位寻址格式	其他地址格式
I（输入继电器）	数字量输入映像位区	Ax.y	ATx
Q（输出继电器）	数字量输出映像位区	Ax.y	ATx
M（辅助继电器）	内部存储器标志位区	Ax.y	ATx
SM（特殊继电器）	特殊存储器标志位区	Ax.y	ATx

(续)

元件符号（名称）	所在数据区域	位寻址格式	其他地址格式
S（顺序控制存储器）	顺序控制继电器存储器区	Ax.y	ATx
V（变量寄存器）	变量存储器区	Ax.y	ATx
L（局部变量存储器）	局部存储器区	Ax.y	ATx
T（定时器）	定时器存储器区	Ay	无
C（计数器）	计数器存储器区	Ay	无
AC（累加器）	累加器区	Ay	无
HC（高速计数器）	高速计数器区	Ay	无
AI（模拟量输入映像寄存器）	模拟量输入存储器区	无	ATx
AQ（模拟量输出映像寄存器）	模拟量输出存储器区	无	ATx

在指令中直接使用存储器或寄存器的元件名称、地址编号来查找数据，这种寻址方式称为直接寻址方式，可按位、字节、字、双字进行寻址。按位寻址的格式为 Ax.y。

必须指定元件名称、字节地址和位号，如图 9.14 所示。图中，MSB 表示最高位，LSB 表示最低位。

3）间接寻址方式

数据存放在存储器或寄存器中，指令中只出现所需数据所在单元的内存地址的地址。存储单元地址的地址又称地址指针，与计算机的间接寻址方式相同。间接寻址在处理内存连续地址中的数据时非常方便，而且可以缩短程序生成代码的长度，使编程更加灵活。具体可参见相关 PLC 资料。

【间接寻址方式】

3. 编程元件

PLC 在其系统软件的管理下，将用户程序存储器划分为若干个区，并将这些区赋予不同的功能，由此组成了各种内部器件，这些内部器件就是 PLC 的编程元件。每一种编程元件用一组字母表示器件类型（表 9-3）。

1）输入继电器（I）

输入继电器接收用户输入设备发来的输入信号。输入继电器线圈由外部输入信号驱动，不能用指令来驱动。PLC 的每一个输入端子与输入映像寄存器的相应位相对应。输入映像寄存器的地址格式为字节、字、双字地址，即 I［数据长度］［起始字节地址］，如 IB4、IW6、ID10；也可以按位存取，格式为 I［字节地址］．［位地址］，如 I0.1。

2）输出继电器（Q）

输出继电器用来将 PLC 内部信号输出并传送给外部负载。输出继电器线圈由 PLC 内部程序驱动，其线圈状态传送给输出单元，再由输出单元对应的硬触点来驱动外部负载。每一个输出模块的端子与输出映像寄存器的相应位相对应。输出映像寄存器的地址格式为字节、字、双字地址，即 Q[数据长度][起始字节地址]，如 QB5、QW8、QD11。

3）辅助继电器（M）

辅助继电器相当于继电器控制系统中的中间继电器。和输出继电器一样，其线圈由程序指令驱动，每个辅助继电器都有无限多对常开、常闭触点，供编程使用。但是，其触点不能直接驱动外部负载，要通过输出继电器才能实现对外部负载的驱动。

辅助继电器可以以位、字节、字、双字为单位使用。字节、字、双字地址寻址格式为 M[数据长度][起始字节地址]，如 MB11、MW23、MD26。

（1）通用辅助继电器。通用辅助继电器和输出继电器一样，在 PLC 电源中断后，其状态将变为"OFF"。当电源恢复后，除因程序使其变为"ON"外，其他仍保持"OFF"。

（2）断电保持辅助继电器。断电保持辅助继电器在 PLC 电源中断后，具有保持断电前瞬间状态的功能，并在恢复供电后继续断电前的状态。

4）特殊标志存储器（SM）

特殊标志存储器用以存储系统的状态变量和有关的控制信息。用户程序也可以通过特殊标志存储器沟通相互之间的信息。特殊标志存储器可按位、字节、字、双字使用，根据是否可由用户读写操作分为只读区和可写区。

5）顺序控制存储器（S）

顺序控制存储器是使用步进顺序控制指令编程时的重要状态元件，通常与步进指令一起使用，以实现顺序功能流程图的编程。它可以按位、字节、字、双字四种方式来存取。

6）变量存储器（V）

变量存储器用于模拟量控制、数据运算、参数设置及存放程序执行过程中控制逻辑操作的中间结果。变量寄存器可以以位为单位使用，也可以以字节、字、双字为单位使用。

变量存储器是全局有效。变量存储器的地址格式为字节、字、双字地址，即 V[数据长度][起始字节地址]，如 VB20，VW100，VD320。其位寻址格式为 V[字节地址].[位地址]，如 V10.2。

7）局部变量存储器（L）

局部变量存储器用来存放局部变量。它与变量存储器很相似，主要区别是变量存储器是全局有效的，而局部变量存储器是局部有效的。

8）定时器（T）

PLC 的定时器相当于继电器系统中的通电延时时间继电器。定时器可提供无数对常开、常闭延时触点供编程用。

定时器中有一个设定值寄存器、一个当前值寄存器和一个用来存储其输出触点的映像寄存器（一个二进制位），这三个数值使用同一地址编号。

9）计数器（C）

计数器用于累计计数输入端接收到的由断开到接通的脉冲个数。计数器可提供无数对常开和常闭触点供编程使用，其设定值由程序赋予。

10）累加器（AC）

累加器是可像存储器那样使用的读/写设备，是用来暂存数据的寄存器。它可以向子程序传递参数，或从子程序返回参数，也可以用来存放运算数据、中间数据及结果数据。

9.3.2 S7-200系列PLC的基本指令及编程

1. 基本逻辑指令

1) 装载指令LD、LDN与线圈驱动指令
(1) 指令。
LD(Load)：将常开触点接在母线上。
LDN(Load Not)：将常闭触点接在母线上。
=(Out)：线圈输出。
(2) 用法：如图9.16所示。

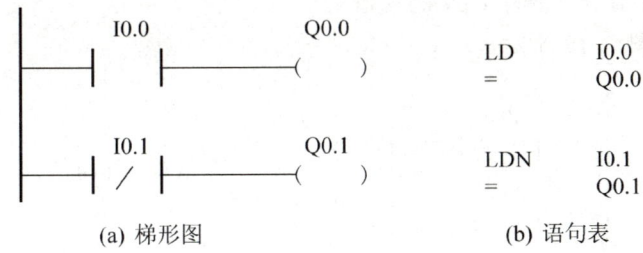

(a) 梯形图　　　　　　　　　(b) 语句表

图 9.16　LD、LDN、OUT 指令

2) 触点串联指令A和AN
(1) 指令。
A(And)：串联常开触点。
AN(And Not)：串联常闭触点。
(2) 用法：如图9.17所示。

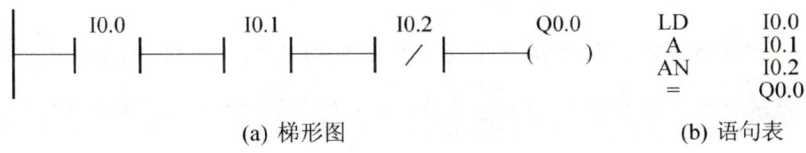

(a) 梯形图　　　　　　　　　(b) 语句表

图 9.17　A、AN 指令

3) 触点并联指令O和ON
(1) 指令。
O(Or)：并联常开触点。
ON(Or Not)：并联常闭触点。
(2) 用法：如图9.18所示。
4) 置位指令S和复位指令R
(1) 置位指令S。
S(SET)：置位指令，将从bit开始的N个元件置1并保持。
指令格式：S bit, N。其中，N的取值为1~255。

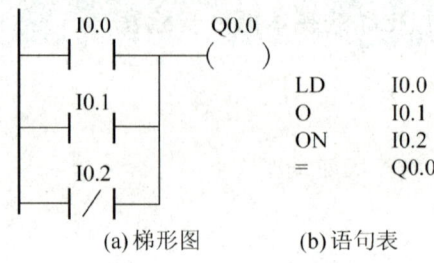

(a) 梯形图　　　　(b) 语句表

图 9.18　O、ON 指令

(2) 复位指令 R。

R(RESET)：复位指令，将从 bit 开始的 N 个元件置 0 并保持。

指令格式：Rbit，N。其中，N 的取值为 1～255。

(3) 用法：如图 9.19 所示。

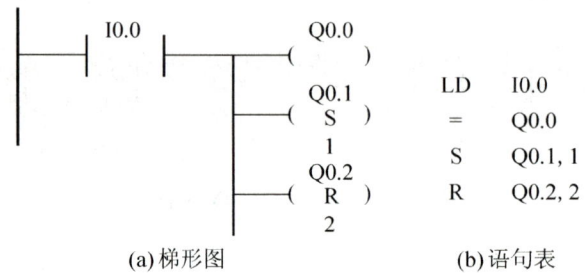

(a) 梯形图　　　　　　(b) 语句表

图 9.19　S、R 指令

2. 电路块连接指令

1) 触点块串联指令 ALD

(1) 指令。

ALD(And Load)：用于触点块（由两个以上的触点构成）的支路的串联连接。

(2) 用法：如图 9.20 所示。

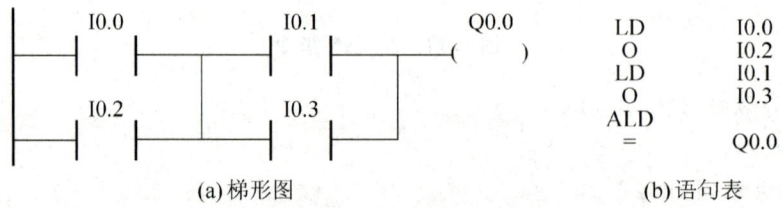

(a) 梯形图　　　　　　　　(b) 语句表

图 9.20　ALD 指令

2) 触点块并联指令 OLD(Or Load)

(1) 指令。

OLD(Or Load)：用于触点块的并联连接。

(2) 用法：如图 9.21 所示。

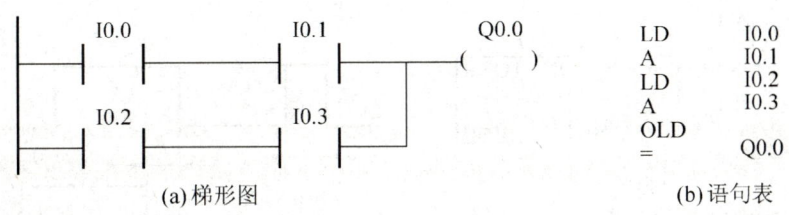

图 9.21 OLD 指令

3. 定时器指令

种类：接通延时定时器指令 TON，保持型接通延时定时器指令 TONR 和断电延时定时器指令 TOF。

定时器的定时时间为 $T=PT$（定时器的设定值）$\times S$（定时器的精度）。定时精度分为 3 个等级：1ms、10ms 和 100ms。

【定时器指令】

1) 接通延时定时器指令 TON（On-Delay Timer）

接通延时定时器指令 TON 只有在启动信号的持续时间大于延时设定时间时才能输出，其编程格式如图 9.22 所示，IN 为启动信号，PT 为延时设定值，时间单位决定于定时器号。图 9.22 中的 T33 的时间单位为 10ms，故 M0.2 的延时为 0.5s。

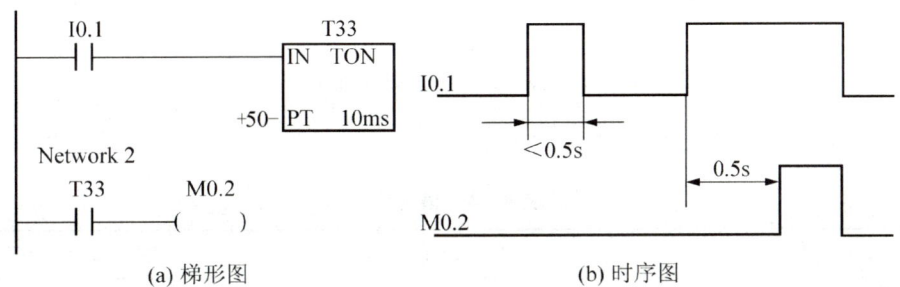

图 9.22 TON 指令编程格式

2) 保持型接通延时定时器指令 TONR（Retentive On-Delay Timer）

保持型接通延时定时器指令 TONR 用于累计时间间隔的定时，其编程格式如图 9.23 所示。TONR 指令的时间可累计，如不进行定时器的复位，持续时间小于延时的启动信号保持时间 t_1 可累积到下次启动输入上，因此，TONR 指令的延时触点在启动信号撤销后仍保持，必须通过复位信号 I0.2 进行复位。

3) 断开延时定时器指令 TOF（OFF-Delay Timer）

断开延时定时器指令 TOF 用于断电后单一间隔时间的计时。当使能输入（IN）接通时，输出端接通；输入端断开时，定时器延时关断。定时器线圈接收到输入信号后，定时器立即接通，并把当前值设为 0。当输入断开时，定时器开始定时，直到达到预设的时间，定时器断开，并保持当前值。在图 9.24 中，当输入继电器 I0.1 接通时，T33 接收到输入信号，其常开触点闭合，输出继电器 Q0.0 线圈通电即为 1 状态。I0.1 断开，定时器线圈开始计时，经过设定时间（图中为 30ms）后，T33 常开触点复位断开。

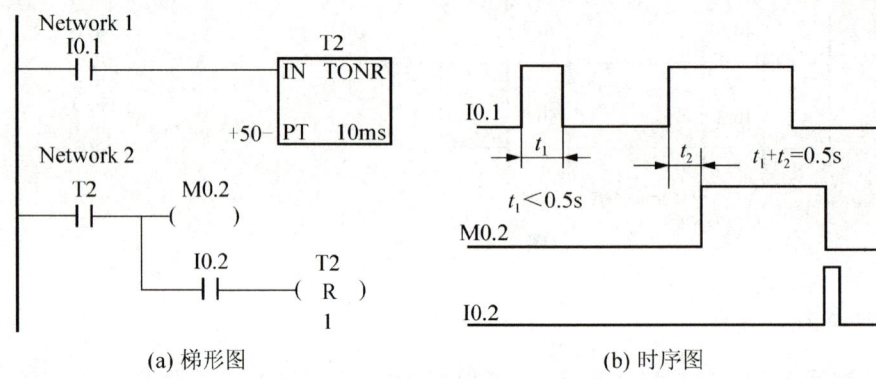

(a) 梯形图　　　　　　　　　　　(b) 时序图

图 9.23　TONR 指令编程格式

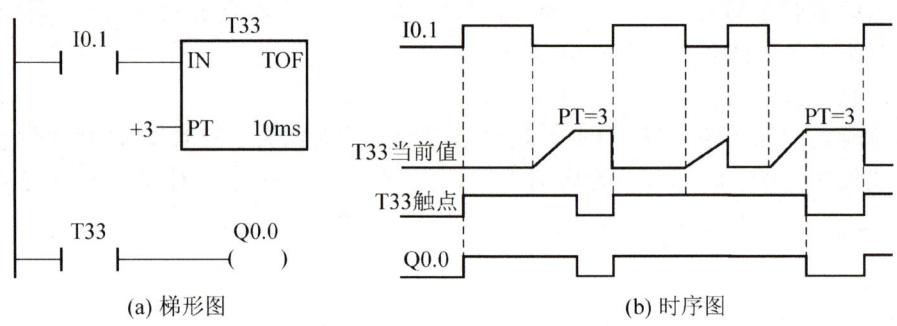

(a) 梯形图　　　　　　　　　　　(b) 时序图

图 9.24　TOF 定时器功能图

上面列举的三种定时器的对应语句表见表 9-4。

表 9-4　语句表

图 9.22 语句表	图 9.23 语句表	图 9.24 语句表
LD　　I0.1 TON　T33，+50 LD　　T33 =　　　M0.2	LD　　I0.1 TONR　T2，+50 LD　　T2 =　　　M0.2 A　　　I0.2 R　　　T2，1	LD　　I0.1 TOF　T33，+3 LD　　T33 =　　　Q0.0

4. 计数器指令

【递增计数器应用】

西门子 SINUMERIK 802C/S 数控系统集成 S7-200 系列 PLC 常用的计数指令有加计数和加/减计数两种，由于功能的差别，不同型号的计算机数控系统可使用的计数器数量有所不同。

计数器有一个时钟脉冲端（CP），它接收 PLC 内各种软继电器送入的脉冲信号。

加计数指令 CTU（Counter Up）的编程格式如图 9.25 所示。计数器通过输入 CU 上升沿计数，计数值从 0 开始增加，到达输入设定值 PV 时，输出触点接通。计数到达设定值后，如继续输入计数信号，计数值仍增加，触点保持接通。计数器在复位信号 R 输入为 1 时，清除现行计数值，断开输出触点。

图 9.25 中，计数器 C10 可对输入信号 I0.0 的上升沿进行加计数，当计数值到达 3 时，C10 的输出触点接通；如输入 I0.1 为 1，则清除现行计数值，并断开 C10 的输出触点。

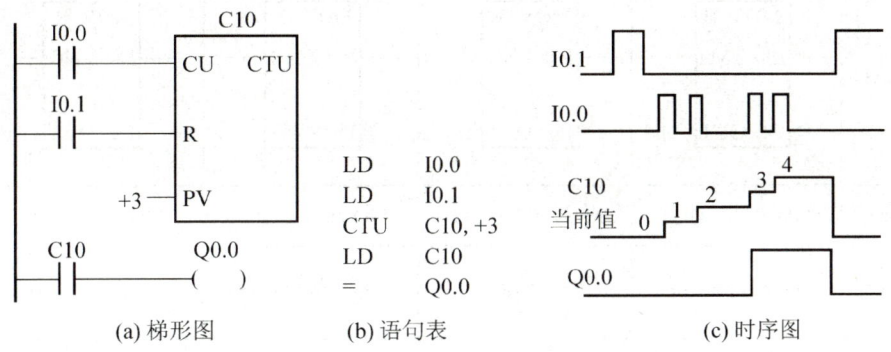

图 9.25　CTU 指令的编程格式

5. 比较指令

比较指令是将两个操作数按指定的条件比较，比较条件成立时，触点就闭合，否则断开。比较指令可以与基本逻辑指令 LD、A 和 O 进行组合后编程。

比较运算符有等于（=）、大于等于（>=）、小于等于（<=）、大于（>）、小于（<）、不等于（<>）。比较的类型有字节比较、整数比较、双字整数比较和实数比较。

图 9.26 中改变 SMB28 字节数值，当 SMB28 数值小于或等于 50 时，Q0.0 输出；当 SMB28 数值大于或等于 150 时，Q0.1 输出。

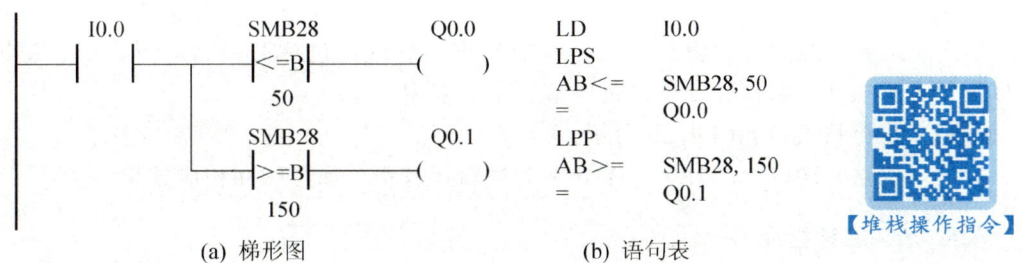

图 9.26　比较指令例

6. 传送类指令

传送类指令用于在各个编程元件之间进行数据传送。根据每次传送数据的数量，可分为单个传送指令和块传送指令。单个传送指令 MOV 用来传送单个的字节（MOVB）、字（MOVW）、双字（MOVD）、实数（MOVR）。

（1）指令格式：如图 9.27 所示。

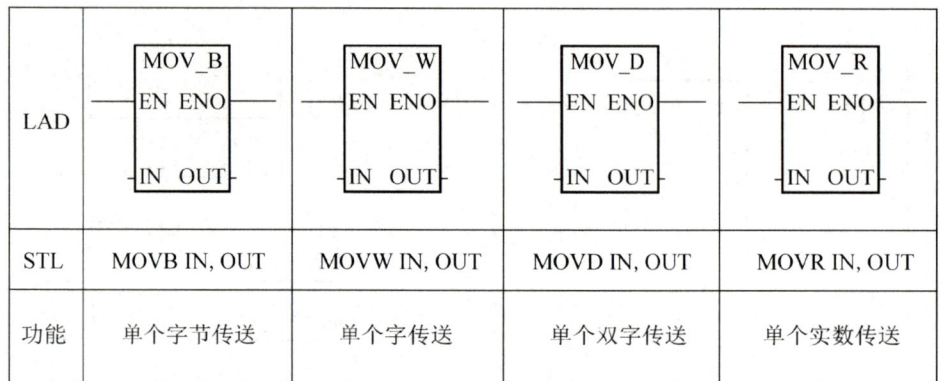

图 9.27　传送类指令

（2）用法：图 9.28 示出了将变量存储器 VW10 中的内容送到 VW100 中。

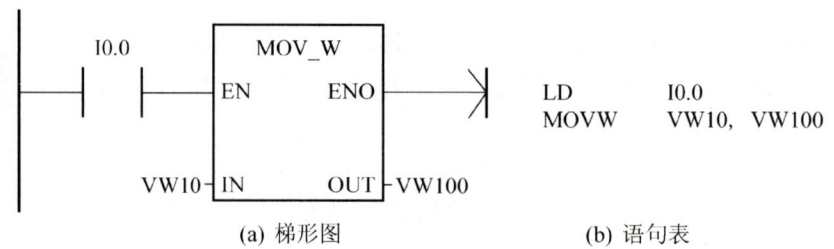

图 9.28　MOV_W 的使用

7. 逻辑运算指令

逻辑运算指令是对逻辑数（无符号数）进行处理，包括逻辑与、逻辑或、逻辑异或、取反等逻辑操作，数据长度可以是字节、字、双字。

（1）指令格式：如图 9.29 所示。

（2）用法：图 9.30 和图 9.31 分别为逻辑运算指令梯形图和相应结果。

8. 加、减法指令

（1）指令格式：如图 9.32 所示。

（2）用法：如图 9.33 所示。

LAD	WAND_B (EN ENO IN1 OUT IN2) WAND_W (EN ENO IN1 OUT IN2) WAND_DW (EN ENO IN1 OUT IN2)	WOR_B (EN ENO IN1 OUT IN2) WOR_W (EN ENO IN1 OUT IN2) WOR_DW (EN ENO IN1 OUT IN2)	WXOR_B (EN ENO IN1 OUT IN2) WXOR_W (EN ENO IN1 OUT IN2) WXOR_DW (EN ENO IN1 OUT IN2)	INV_B (EN ENO IN OUT) INV_W (EN ENO IN OUT) INV_DW (EN ENO IN OUT)
STL	ANDB IN1，OUT ANDW IN1，OUT ANDD IN1，OUT	ORB IN1，OUT ORW IN1，OUT ORD IN1，OUT	XORB IN1，OUT XORW IN1，OUT XORD IN1，OUT	INVB OUT INVW OUT INVD OUT
功能	逻辑与	逻辑或	逻辑异或	取反

图 9.29 逻辑运算指令

(a) 梯形图

```
LD      I4.0
ANDW    AC1, AC0
ORW     AC1, VW100
XORW    AC1, AC0
```

(b) 语句类

图 9.30 逻辑运算指令梯形图

字与		字或		字异或	
AC1	0001 1111 0110 1101	AC1	0001 1111 0110 1101	AC1	0001 1111 0110 1101
与		或		异或	
AC0	1101 0011 1110 0110	VW100	1101 0011 1010 0000	AC0	0001 0011 0110 0100
等于		等于		等于	
AC0	0001 0011 0110 0100	VW100	1101 1111 1110 1101	AC0	0000 1100 0000 1001

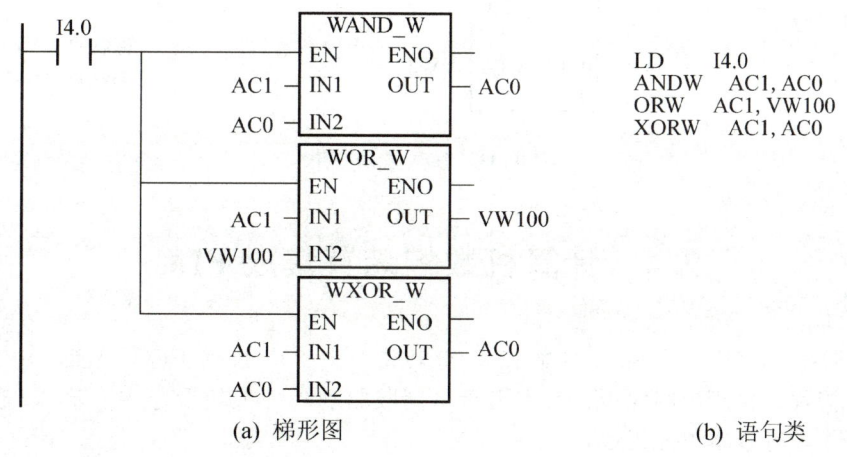

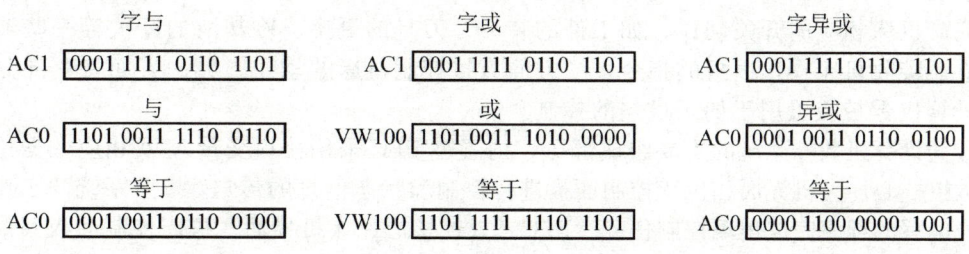

图 9.31 逻辑运算结果

					说明：(1)EN为允许输入端，ENO为允许输出端，IN1和IN2为两个需要进行相加、减的有符号数，OUT用于存放和。 (2)当IN1、IN2和OUT操作数的地址不同时，在STL指令中，首先将IN1传送给OUT，再将IN2与OUT相加、减。为了节省内存，可以指定IN1=OUT 或IN2=OUT，这样，可以不用数据传送指令。
加法运算	LAD	ADD_I EN ENO IN1 OUT IN2	ADD_DI EN ENO IN1 OUT IN2	ADD_R EN ENO IN1 OUT IN2	
	STL	MOVW IN1, OUT +I IN2, OUT	MOVD IN1, OUT +D IN2, OUT	MOVD IN1, OUT +R IN2, OUT	
	功能	IN1+IN2=OUT	IN1+IN2=OUT	IN1+IN2=OUT	
减法运算	LAD	SUB_I EN ENO IN1 OUT IN2	SUB_DI EN ENO IN1 OUT IN2	SUB_R EN ENO IN1 OUT IN2	
	STL	MOVW IN1, OUT −I IN2, OUT	MOVD IN1, OUT +D IN2, OUT	MOVD IN1, OUT −R IN2, OUT	
	功能	IN1−IN2=OUT	IN1−IN2=OUT	IN1−IN2=OUT	

图 9.32　加/减法指令

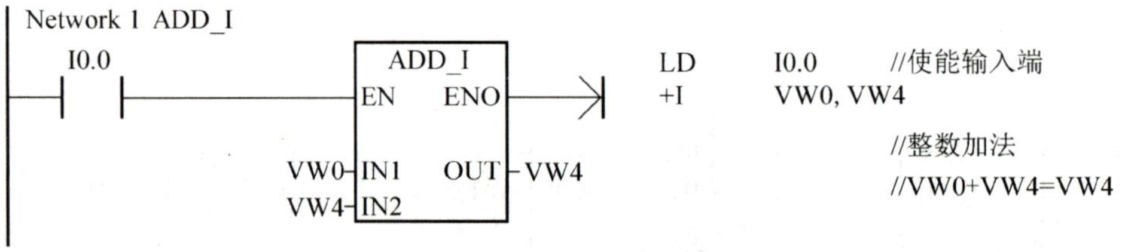

```
Network 1  ADD_I
 I0.0              ADD_I                    LD   I0.0           //使能输入端
──┤ ├──────────────┤EN    ENO├──────┐       +I   VW0, VW4
                   │                │
            VW0───┤IN1   OUT├──VW4                              //整数加法
            VW4───┤IN2      │                                   //VW0+VW4=VW4
```

图 9.33　加法指令应用

9.4　计算机数控装置集成 PLC

西门子 SINUMERIK 802C/S 数控系统集成 S7－200 系列 PLC 功能，由数控核心、PLC、人机界面、机床控制面板、数控键盘、伺服驱动功率模块及电源、输入/输出（I/O）模块、电子手轮等基本单元组成。

数控核心主要完成与数字运算和管理等有关的功能，如零件程序的编辑、插补运算、译码、位置伺服控制等；PLC 主要完成逻辑运算处理，没有轨迹上的具体要求，控制辅助装置完成机床相应的开关动作，如工件的装夹、刀具的更换、冷却液的开关等一些辅助动作，它还接收机床操作面板的指令，一方面直接控制机床的动作，另一方面将一部分指令送往计算机数控装置用于加工过程的控制。

作为计算机数控系统的重要组成部分，内置型 PLC 采用接口变量 V 及相应数据位的形式与数控核心、人机界面和机床控制面板进行控制和状态信息的传送，按照系统的工作状态和用户编写的程序完成逻辑控制任务。PLC、数控核心、人机界面、机床控制面板间信息传送如图 9.34 所示。

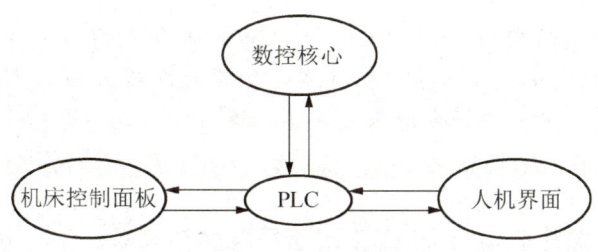

图 9.34 信息传送

阅读材料 9-1

S7-200 系列 PLC 的 CPU22X 系列产品包括 CPU221 模块、CPU222 模块、CPU224 模块、CPU226 模块和 CUP226XM 模块。这里以 CPU224 模块为例进行简单介绍。

CPU224 模块（图 9.35）I/O 总点数为 24 点（14/10 点）；内置高速计数器，具有 PID 控制的功能；有两个高速脉冲输出端和一个 RS-485 通信口；具有 PPI 通信协议、MPI 通信协议和自由口协议的通信能力。

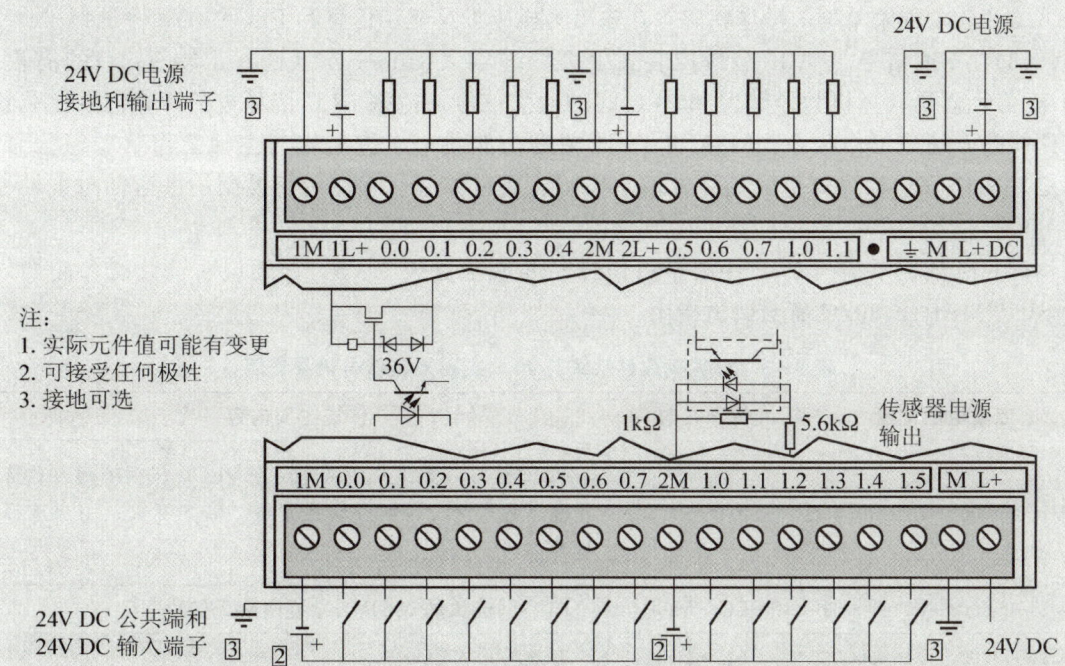

图 9.35 CPU224 模块

输入电路采用了双向光电耦合器，直流 24V 极性可任意选择，1M、2M 为输入端子的公共端。1L+、2L+ 为输出公共端。CPU224 模块另有 24V、280mA 电源供 PLC 输入点使用。由于是直流输入模块，所以采用直流电源作为检测各输入接点状态的电源（用户提供）。M、L+ 两个端子提供直流 24V、400mA 传感器电源。

> 数字量输出：第一组由输出端子 Q0.0～Q0.4 共 5 个输出点与公共端 1L+ 组成，第二组由端子 Q0.5～Q0.7、Q1.0～Q1.1 共 5 个输出点与公共端 2L+ 组成。每个负载的一端与输出点相连，另一端经电源与公共端相连。

9.4.1 计算机数控装置与 PLC 接口信号种类与表示

1. 信号种类

PLC 程序中需要使用一些 CNC－PLC 接口信号，这是计算机数控装置集成 PLC 和通用 PLC 的最大区别，西门子系统集成 PLC 常用接口信号包括以下几种。

（1）MCP 信号。MCP 是西门子机床控制面板（Machine Control Panel）的简称。PLC 程序中的 MCP 信号包括来自操作面板的按钮、按键、开关和指示灯等输入、输出信号。

（2）HMI 信号。HMI（Human Machine Interface）是计算机数控装置的 MDI/LCD 操作面板的接口信号，又称 MMC（Man Machine Communication）信号。HMI 信号输入部分包括 MDI 键和软功能菜单键的操作状态等，输出为机床报警显示信息和 PLC 加工程序选择等。

（3）NCK 信号。NCK 是数控装置中央处理器（Numerical Control Kernel）的简称。NCK 信号就是计算机数控装置和 PLC 间的通信信号。输入 PLC 信号包括计算机数控装置工作状态、通道工作状态、M/S/T/D/H 辅助功能代码、进给轴与主轴工作状态等信号；PLC 输出信号包括计算机数控装置基本控制、通道控制、程序运行控制、进给轴与主轴控制等信号。

计算机数控系统与 PLC 主要接口信号简要说明见表 9－5，详细说明请读者参阅西门子 SINUMERIK 802C 简明调试指南。

表 9－5 计算机数控系统与 PLC 主要接口信号简要说明

变量地址范围	传送方向	传送主要内容
V10000000～V10000005	MCP→PLC	MCP 信号以数据位的形式送至 PLC，包括控制方式选择键、数据键、各轴点动控制键、倍率开关、用户选择键等信号
V11000000～V11000001	PLC→MCP	PLC 已确认的 MCP 信号返回给 MCP
V16000000～V16000003	PLC→NCK	有效的报警信号
V16001000～V16001124	PLC→NCK	将 PLC 程序所触发的用户报警信号送至 NCK，再由 NCK 根据已编好并下载到数控系统的报警文件将报警信息显示出来
V16002000	MMC→PLC	将数控不能启动、系统急停等系统重要的有效报警响应送至 PLC
V17000000～V17000003	MMC→PLC	将用户在 HMI 上选择的程序空运行、程序测试、程序跳段等状态信号送至 PLC

(续)

变量地址范围	传送方向	传送主要内容
V25001000～V25001012	NCK→PLC	将数控程序译码得出的辅助功能 M 信号送至 PLC，包括 M0～M99
V30000000～V30000001	PLC→NCK	将 PLC 已确认的系统控制方式信号送至 NCK，包括 AUTO、手动、MDA 控制方式
V33000000～V33000004	NCK→PLC	NCK 确认的控制方式有效信号返回 PLC

2. 信号表示

在西门子 SINUMERIK 802C/S 数控系统中，MCP、HMI、NCK 信号均以公共变量 V 的形式表示。其地址由变量地址 V、字节地址（8 位十进制正整数）及二进制位地址组成（图 9.36），如 V3800 0004.5 等。当信号以字节、字或双字形式使用时，分别以 VB、VW 或 VD 加起始字节地址的形式表示，如 VB 3700 0000、VW 4500 0032、VD 1400 0000 等。

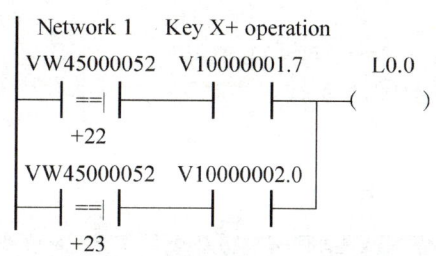

图 9.36 信号表示

9.4.2　PLC 与计算机数控系统及机床间的信息交换

PLC 与外部的信息交换，通常包括以下四部分。

（1）机床侧至 PLC：机床侧的开关量信号通过 I/O 接口输入 PLC 中（如 I0.0），除极少数信号外，绝大多数信号的含义及所配置的输入地址，可自行定义。

（2）PLC 至机床侧：PLC 的控制信号通过 PLC 的输出接口送到机床侧（如 Q0.0），所有输出信号的含义和输出地址也是由 PLC 程序编制者或者是使用者自行定义。

（3）计算机数控装置至 PLC：计算机数控装置送至 PLC 的信息可由计算机数控装置直接送入 PLC 的寄存器中，所有计算机数控装置送至 PLC 的信号含义和地址（开关量地址或寄存器地址），均由计算机数控装置厂家确定，PLC 编程者只可使用不可改变和增删。例如，数控指令的 M、S、T 功能，通过计算机数控装置译码后直接送入 PLC 相应的寄存器中，如 M03 指令相应的信号地址为 V25001000.3。

（4）PLC 至计算机数控装置：PLC 送至计算机数控装置的信息也由开关量信号或寄存器完成，所有 PLC 送至计算机数控装置的信号地址与含义由数控装置生产厂家确定，PLC 编程者只可使用不可改变和增删。例如，机床回参考点减速挡块信号，由 PLC 送至计算机数控装置的地址是 V38001000.7。

PLC 与计算机数控装置（NCK）的信号以变量 V 表示，这些信号功能是固定的，用户通过 PLC 程序实现计算机数控装置的各种功能控制（图 9.37）。如通用接口信号地址中，运行方式自动、MDA 和手动信号地址分别为 V30000000.0、V30000000.1、V30000000.2。NCK 通道控制信号有循环起动信号 V32000007.1、X 轴进给暂停信号 V32001004.3 等（参见表 9-6）。

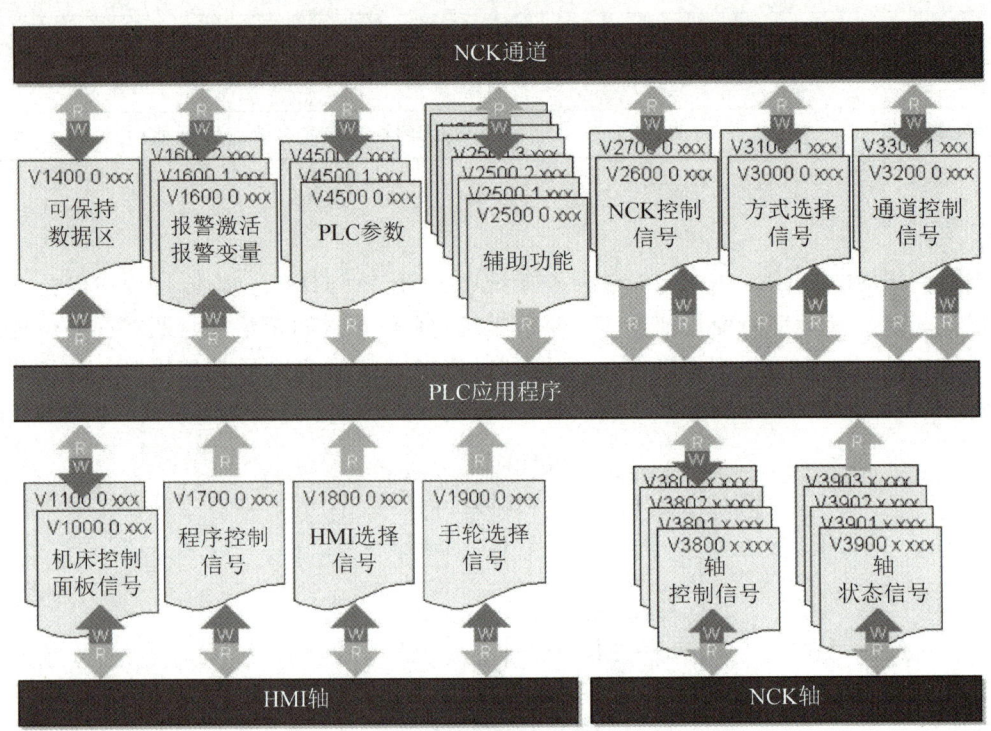

图 9.37　信号转换与接口之间结构图

表 9-6　西门子 SINUMERIK 802C 数控系统部分信号说明

1000 PLC 变量		MCP→PLC（VB1000 0000、VB1000 0001）						
byte	Bit7	Bit6	Bit5	Bit4	Bit3	Bit2	Bit1	Bit0
10000000	K13 手动	K13 增量	K6 自定义	K5 自定义	K4 自定义	K3 自定义	K2 自定义	K1 自定义
10000001	K22 点动	K23 主轴右	K20 主轴停	K19 主轴左	K18 MDA	K17 单段	K16 自动	K15 参考点
1100 PLC 变量		PLC→MCP（VB1100 0000、VB1100 0001）						
byte	Bit7	Bit6	Bit5	Bit4	Bit3	Bit2	Bit1	Bit0
11000000	LED8 自定义	LED7 自定义	LED6 自定义	LED5 自定义	LED4 自定义	LED3 自定义	LED2 自定义	LED1 自定义
11000001	LED16 主轴倍率指示灯	LED15 进给倍率指示灯	LED14 主轴倍率指示灯	LED13 进给倍率指示灯	LED12 自定义	LED11 自定义	LED10 自定义	LED9 自定义

（续）

2500 PLC 变量	NCK→PLC（VB2500 0000～VB2500 1012）（M 功能译码）							
byte	Bit7	Bit6	Bit5	Bit4	Bit3	Bit2	Bit1	Bit0
25001000	M07	M06	M05	M04	M03	M02	M01	M00
25001001	M15	M14	M13	M12	M11	M10	M09	M08

2700 PLC 变量	NCK→PLC（VB2700 0000～VB2700 0003）							
byte	Bit7	Bit6	Bit5	Bit4	Bit3	Bit2	Bit1	Bit0
27000000							急停有效	

3000 PLC 变量	PLC→NCK（VB3000 0000、VB3000 0001）							
byte	Bit7	Bit6	Bit5	Bit4	Bit3	Bit2	Bit1	Bit0
30000000	复位			禁止		手动	MDA	自动

3200 PLC 变量	PLC→NCK（VB3200 0000～VB3200 1009）							
byte	Bit7	Bit6	Bit5	Bit4	Bit3	Bit2	Bit1	Bit0
32000000	激活空运行	激活 M01	激活单段运行	激活 DRF				
32000007			NC 停止坐标及主轴	NC 停止	程序段结束 NC 停止	NC 启动	禁止 NC 启动	
32001004	轴运行键+	轴运行键-	叠加快速	运行键锁定	轴 2 进给停止		手轮 2 选择	手轮 1 选择

3300 PLC 变量	NCK→PLC（VB3300 0000～VB3300 1009）							
byte	Bit7	Bit6	Bit5	Bit4	Bit3	Bit2	Bit1	Bit0
33000001	程序测试有效		M2/M30 有效	程序段有效		旋转进给有效		回参考点有效

9.4.3 机床 I/O 连接

1. 输入输出信号定义

西门子数控系统 PLC 数字输入映像寄存器定义为 I0.0～I7.7，信号定义见表 9-7；数字输出映像寄存器信号定义为 Q0.0～Q7.7，信号定义见表 9-8。

表 9-7 输入信号定义

	用于车床	用于铣床
X100		
I0.0	硬限位 X+	硬限位 X+
I0.1	硬限位 Z+	硬限位 Z+
I0.2	X 参考点开关	X 参考点开关
I0.3	Z 参考点开关	Z 参考点开关
I0.4	硬限位 X−	硬限位 X−
I0.5	硬限位 Z−	硬限位 Z−
I0.6	过载（611 馈入模块的 T52）	过载（611 馈入模块的 T52）
I0.7	急停按钮	急停按钮
X101		
I1.0	刀架信号 T1	主轴低挡到位信号
I1.1	刀架信号 T2	主轴高挡到位信号
I1.2	刀架信号 T3	硬限位 Y+
I1.3	刀架信号 T4	Y 参考点开关
I1.4	刀架信号 T5	硬限位 Y−
I1.5	刀架信号 T6	未定义
I1.6	超程释放信号（用于超程链）	超程释放信号（用于超程链）
I1.7	就绪信号（611 馈入模块的 T72）	就绪信号（611 馈入模块的 T72）
X102～X105	在实例程序中未定义	在实例程序中未定义

表 9-8 输出信号定义

	用于车床	用于铣床
X200		
Q0.0	主轴正转 CW	主轴正转 CW
Q0.1	主轴反转 CCW	主轴反转 CCW
Q0.2	冷却控制输出	冷却控制输出
Q0.3	润滑输出	润滑输出
Q0.4	刀架正转 CW	未定义
Q0.5	刀架反转 CCW	未定义
Q0.6	卡盘卡紧	卡盘卡紧
Q0.7	卡盘放松	卡盘放松

(续)

	用于车床	用于铣床
X201		
Q1.0	未定义	主轴低挡输出
Q1.1	未定义	主轴高挡输出
Q1.2	未定义	未定义
Q1.3	电动机抱闸释放	电动机抱闸释放
Q1.4	主轴制动	主轴制动
Q1.5	馈入模块端子 T48	馈入模块端子 T48
Q1.6	馈入模块端子 T63	馈入模块端子 T63
Q1.7	馈入模块端子 T64	馈入模块端子 T64

2. 输入输出信号处理

实用程序为不同的机床接线而设计,即任何输入端既可以按常开连接也可以按常闭连接,DI16 和 DO16 输入、输出可以通过子程序 62 按照 PLC 机床数据 MD14512[0]～MD14512[3]和 MD14512[4]～MD14512[7]进行预处理。

根据图 9.38 可以了解物理输入信号与内部缓存信号之间的关系。SAMPLE 中的所有子程序均按常开逻辑设计。M100.0 表示输入位 I0.0,M101.2 表示 I1.2,M102.3 表示 Q0.3,M103.4 表示 Q1.4,以此类推。子程序库中的所有子程序均独立于物理输入、输出。

【PLC 参数定义】

输入	滤波器		存储位		存储位	滤波器		输出
I0.0→			→M100.0		M102.0→			→Q0.0
I0.1→			→M100.1		M102.1→			→Q0.1
I0.2→	MD14512[2]	MD14512[0]	→M100.2		M102.2→	MD14512[6]	MD14512[4]	→Q0.2
I0.3→			→M100.3		M102.3→			→Q0.3
I0.4→			→M100.4		M102.4→			→Q0.4
I0.5→			→M100.5		M102.5→			→Q0.5
I0.6→			→M100.6		M102.6→			→Q0.6
I0.7→	异或	与	→M100.7	PLC 实例应用程序	M102.7→	异或	与	→Q0.7
I1.0→			→M101.0		M103.0→			→Q1.0
I1.1→			→M101.1		M103.1→			→Q1.1
I1.2→	MD14512[3]	MD14512[1]	→M101.2		M103.2→	MD14512[7]	MD14512[5]	→Q1.2
I1.3→			→M101.3		M103.3→			→Q1.3
I1.4→			→M101.4		M103.4→			→Q1.4
I1.5→			→M101.5		M103.5→			→Q1.5
I1.6→			→M101.6		M103.6→			→Q1.6
I1.7→	异或	与	→M101.7		M103.7→	异或	与	→Q1.7

图 9.38 I/O 信号处理

9.4.4 标准程序说明

西门子 SINUMERIK 802C/S 数控系统标准 PLC 程序结构由主程序和子程序组成，PLC 系统循环时只扫描主程序，在主程序中调用子程序，多级嵌套调用。

1. 程序结构

虽然不同数控机床的结构、性能和用途有所不同，控制要求存在一些差异，但是，由于数控加工的基本原理相同，所有数控机床的自动加工都需要通过数控加工程序实现；轮廓加工时的刀具运动轨迹都需要通过坐标轴（进给轴）实现。因此，加工程序运行控制和进给轴控制等是所有数控机床 PLC 程序设计的基本内容。

为此，西门子公司针对数控车床、数控铣床的控制要求，为带有 S7－200 集成 PLC 功能的 802S、802C、802D 系列数控系统开发了部分常用的 PLC 控制程序，这些程序以子程序库和模板程序的形式随同产品提供给用户，以方便用户进行 PLC 程序设计。常用子程序见表 9－9。

表 9－9 常用子程序

序号	子程序号 SBR#	说 明	
1	62	输入输出滤波（IW0、QW0→MW100、MW102）	
2	32	PLC 初始化	SBR31：用户初始化
3	33	急停处理	
4	38	MCP 信号处理	SBR34：点动控制
			SBR39：由 HMI 选择手轮
5	40	X、Y、Z 轴及主轴使能控制	
6	44	冷却控制	
7	45	润滑控制	
8	35	主轴控制（开关量主轴、单或双极性模拟主轴）	
9	41	刀架控制	
10	49	卡紧、放松控制	

2. 特殊标志存储器

在 PLC 程序设计时，系统特殊标志存储器 SM 只能以触点的形式在梯形图中使用，而不能对其赋值，使用实例如图 9.39 所示。

系统特殊标志存储器 SM0.0 状态恒为 1，程序 Network12 中增加 SM0.0 的目的是建立一条梯形图连线连接的子母线，以便连接 M0.0 和 Q0.1 的控制程序块。系统特殊标志存储器 SM0.5 为周期为 1s 的脉冲信号，当输入 I0.0 为 1、I0.1 为 0 时，可在 Q0.1 上获得周期为 1s 的脉冲输出，以控制指示灯闪烁等。

标志 M0.0 线圈置位、复位指令下部的"1"是进行置位、复位的线圈数量，S7－200

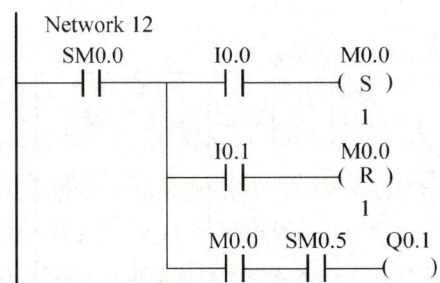

图 9.39 特殊标志存储器的使用

通用 PLC 的输入范围可以是 1～128，输入 1 时只对 M0.0 置位、复位；输入 2 时可对 M0.0、M0.1 两个线圈进行置位、复位。在计算机数控装置集成 PLC 上，此值固定为 1。

3. 局部变量

1）变量的作用

变量（Variable）是西门子 PLC 特有的编程元件，包括公共变量 V（Variable）与局部变量 L（Local Variable）两类。

公共变量 V 的状态可用于所有逻辑块，故又称共享变量。在西门子 SINUMERIK 802S/C/D 等数控系统集成 PLC 中，公共变量可用来表示 CNC‑PLC 接口信号或作为断电保持的数据存储器使用，其使用方法与元件 M 基本相同。有关内容可参见接口信号说明。

局部变量 L 是用来存放中间状态的暂存器，可用于子程序（SBR）和程序块（FC）、功能块（FB）编程。局部变量 L 只对所调用的逻辑块有效，逻辑块一旦执行完成，其作用也随之消失。因此，在不同逻辑块中可使用相同的变量，以实现逻辑块的参数化编程功能。

通过局部变量 L 的参数化编程，可使子程序等逻辑块功能化。

例如，图 9.40 所示的逻辑块（子程序）可实现 C＝B·A 和 D＝D＋1 的逻辑运算。在调用该逻辑块时，如定义局部变量 A 为 I0.1、B 为 I0.2、C 为 Q0.1、D 为 MW10，其逻辑块（子程序）可实现 Q0.1＝I0.2 * I0.1、MW10＝MW10＋1 的功能。

2）变量定义

使用局部变量编程的逻辑块，在调用时将以图 9.41 所示的形式显示。程序中的输入 NODEF、C_key、OVload、C_low、C_Dis 及输出 C_out、C_LED、ERR1、ERR2 等，都是以符号地址表示的局部变量，可在逻辑块编程时，通过图 9.42 所示的 Name（符号名）、Var Type（变量类型）、Data Type（数据类型）定义其属性。使用局部变量编程的逻辑块，既可显示为绝对地址 L，也可显示为符号地址。绝对地址可在变量表定义中自动分配。

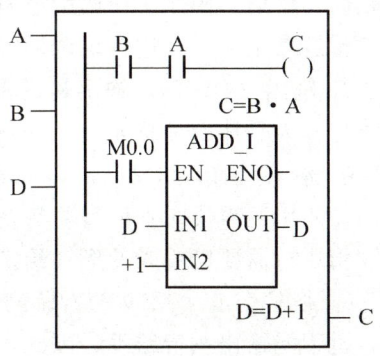

图 9.40 局部变量的作用

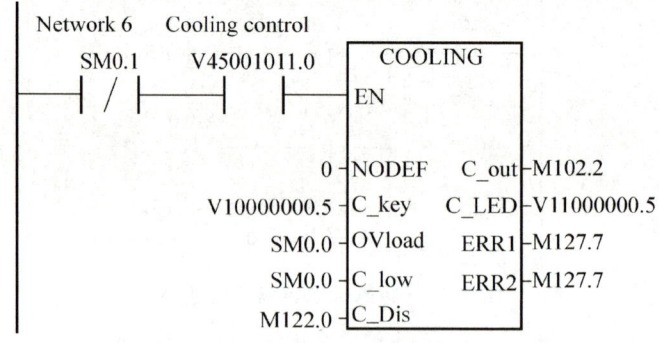

图 9.41 逻辑块调用

图 9.42 局部变量的属性定义

（1）变量类型。局部变量的类型可定义为输入（IN）、输出（OUT）、输入/输出（IN_OUT）或临时变量（TEMP）。

① 输入（IN）。输入是逻辑块的程序输入条件，在逻辑中只使用其状态，而不对其进行赋值（输出）操作。在调用逻辑块时，需要将所有输入都定义为具体的编程元件或明确的逻辑运算结果。在逻辑块调用指令中，输入将自动显示在调用框的左侧。

② 输出（OUT）。输出是逻辑块的执行结果，可根据需要在逻辑块调用时将所需要的输出定义为具体的编程元件。在逻辑块调用指令中，输出将自动显示在调用框的右侧。

③ 输入/输出（IN_OUT）。输入/输出既是逻辑块的输入条件，又是逻辑块的执行结果。在调用逻辑块时不但需要有初始值输入，同时又可输出逻辑块执行完成后的结果。调用逻辑块时需要以输入的形式给定初始值，像输出一样定义其结果输出的编程元件。

④ 临时变量（TEMP）。临时变量用来保存逻辑块的中间运算结果。既不需要输入状态，也不能输出执行结果，因此，只需要定义局部变量地址。

（2）数据类型。局部变量的数据格式可以是二进制位信号、十进制正整数、十六进制整数、实数等，常用的数据格式如下。

BOOL：二进制位信号。

BYTE：1 字节二进制数据。

WORD/DWORD：2 字节（1 字）/4 字节（2 字）二进制数据。

INT/DINT：2字节（1字）/4字节（2字)十进制正整数。
REAL：实数。

4. 冷却控制子程序 SBR44 分析

图 9.43 所示为冷却子程序相对于主程序中的局部变量属性定义，各个标志对应着各个变量。例如，L2.0 对应于主程序中的 V10000000.5（K6 键），L2.4 对应于主程序中的 M102.2（输出信号）。

图 9.41 所示为主程序调用冷却控制的程序段。从图中可以看到：满足条件 SM0.1 为"0"及 V45001011.0 为"1"时，子程序"COOLING"被调用。其中 SM0.1 为 PLC 启动时第一个周期标志脉冲，V45001011.0 为机床数据 14512 [11] 的第"0"位，程序中用此机床数据来选择有、无冷却控制。其中 V10000000.5（参看表 9-6 说明，以下相同）为数控系统 K6"冷却开"的按键地址，V11000000.5 为数控系统"K6"按键信号灯的地址，SM0.0 为常"1"标志。M102.2（对应 Q0.2，冷却控制输出，参看图 9.41）为 PLC 输出地址。M127.7 为 PLC 的报警信号。

整个子程序（图 9.43）完成计算机数控系统对冷却系统的手动与自动控制，其中第一段程序完成了冷却输出标志的逻辑控制。手动控制键局部变量 L2.0 第一次按下，程序控制指令 M07、M08（对应表 9-6 中 V25001000.7 和 V25001001.0）置位标志位 M105.2。L2.0 第二次按下，程序控制指令同 M09 将对标志位 M105.2 完成复位操作。

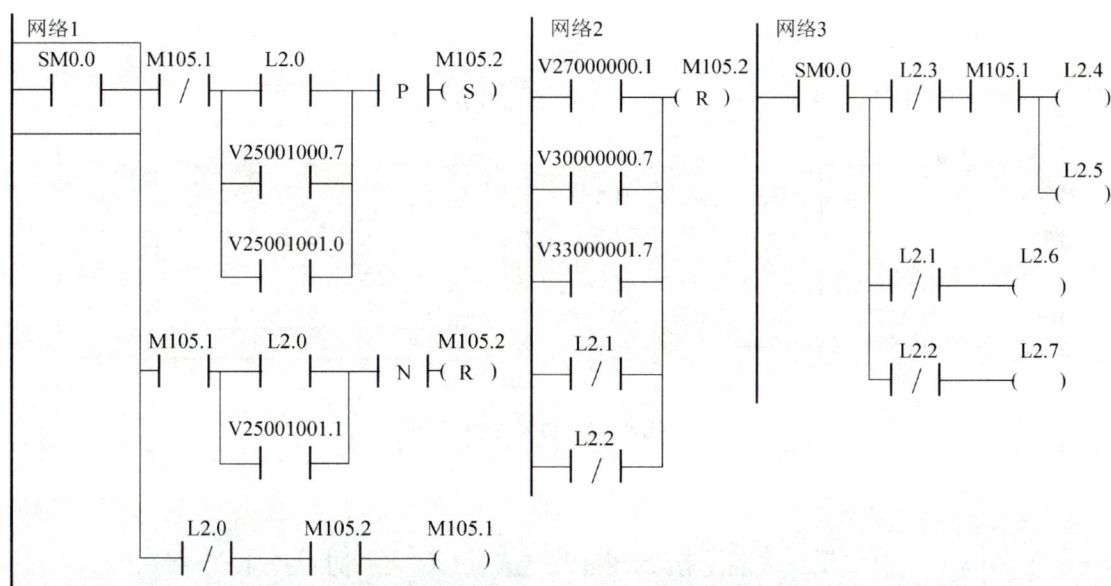

图 9.43 冷却子程序

第二段程序表示当外界出现诸如急停（V27000000.1）、复位（V30000000.7）、程序测试（V33000001.7）、冷却电动机过载报警（L2.1）、液位过低（L2.2）等信号时，M105.2 将被强行复位，中止冷却输出。

第三段程序为信号的输出控制，由 M105.1 和使能信号 L2.3 控制冷却输出 L2.4

（Q0.2）和指示信号 L2.5（V11000000.5），局部变量 L2.1 和 L2.2 分别控制冷却电动机的报警信号。

主程序中用具体 I/O 地址或标志位取代局部变量，可获得要求的冷却控制全过程。

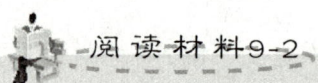

0～10V 给定的模拟主轴（如变频器）

输入：

DELAY——设定主轴制动延时；T_64——通过标志存储位将急停子程序 T64 的输出连接到该子程序；SP_EN——主轴运行条件，如卡盘卡紧状态，可由子程序 49 引出；UNI_PO——来自 MD14512[16].2（对应变量 V45001016.2），设置单极性模拟主轴；KEYcw——来自 MCP 主轴正转键（对应变量 V10000001.4）；KEYccw——来自 MCP 主轴反转键（对应变量 V10000001.6）；KEYstop——来自 MCP 主轴停止键（对应变量 V10000001.5）。

输出：

SP_cw——输出到 M102.0（对应 Q0.0），通过继电器将变频器的正转使能和其公共端短接；SP_ccw——输出到 M102.1（对应 Q0.1），通过继电器将变频器的反转使能和其公共端短接；SP_brake——输出到 M103.4；SP_LED——主轴运行状态，通过存储位将主轴运行状态连接到子程序 49 作为互锁条件，即在主轴运行中卡盘不能放松；ERROR——通过输出位连接指示灯或输出到接口 V16000002.5 产生 PLC 报警。

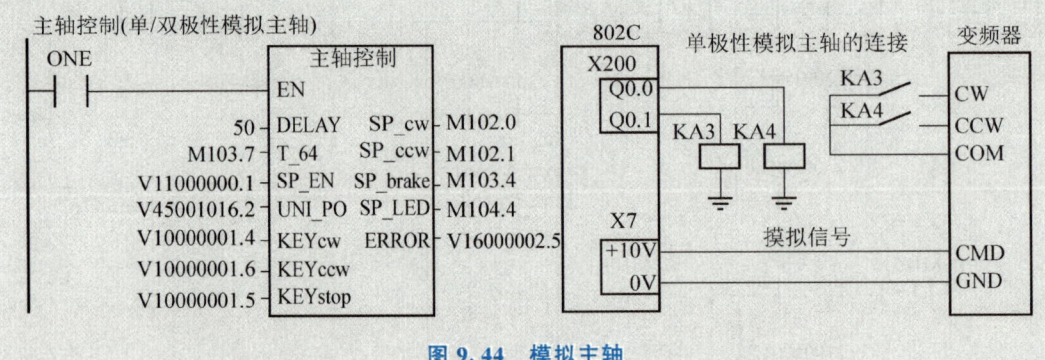

图 9.44　模拟主轴

9.5　数控机床独立型 PLC 控制实例

【CK6150 数控车床结构与传动系统】

下面以 CK6150 数控车床为例来看 PLC 控制实例。由于 CK6150 数控机床的辅助控制逻辑较复杂，单纯用接触器-继电器控制逻辑实现比较困难，因此，采用了独立于计算机数控装置之外的 S7-200 系列 PLC 来完成辅助控制功能。遵循结构化程序设计原则，PLC 程序采用了"主程序—子程序"结构，以方便 PLC 程序的设计和调试。

9.5.1 PLC 输入输出信号

表 9-10 和表 9-11 分别为 CK6150 数控车床 PLC 控制输入和输出信号分配。

表 9-10 CK6150 数控车床 PLC 输入信号

功 能	符号（说明）	PLC 端子	功 能	符号（说明）	PLC 端子
冷却液开关	SA2	I0.0	伺服准备好	驱动器信号	I2.0
尾座连续左	SB6	I0.1	电动机过热	驱动器信号	I2.1
点动	SB7	I0.2	M 选通	CNC→PLC	I2.2
尾座连续右	SB8	I0.3	S 选通	CNC→PLC	I2.3
超程解除	SB9	I0.4	T 选通	CNC→PLC	I2.4
液压泵停止	KM1 常开触点	I0.5	自动、JOG 方式	CNC→PLC	I2.5
主轴低速控制	KM2 常开触点	I0.6	NC 急停	CNC→PLC	I2.6
主轴高速控制	KM3 常开触点	I0.7	NC 复位	CNC→PLC	I2.7
1 号刀位	T1	I1.0	MST01	CNC→PLC	I3.0
2 号刀位	T2	I1.1	MST02	CNC→PLC	I3.1
3 号刀位	T3	I1.2	MST04	CNC→PLC	I3.2
4 号刀位	T4	I1.3	MST08	CNC→PLC	I3.3
X 轴限位开关	SQ1、SQ2	I1.4	MST10	CNC→PLC	I3.4
Z 轴限位开关	SQ4、SQ5	I1.5	MST20	CNC→PLC	I3.5
脚踏开关	SQ7	I1.6			

表 9-11 CK6150 数控车床 PLC 输出信号

功 能	符号（说明）	PLC 端子	功 能	符号（说明）	PLC 端子
主轴低速	KM2	Q0.0	离合器低速	YA1	Q1.4
主轴高速	KM4	Q0.1	离合器高速	YA2	Q1.5
开冷却液	KM5	Q0.2	主轴制动	YA3	Q1.6
刀架正转	KM6	Q0.3	急停报警指示灯	HL2	Q2.0
刀架反转	KM7	Q0.4	卡盘夹紧指示灯	HL3	Q2.1
润滑	KM8	Q0.5	X 轴超程指示灯	HL4	Q2.2
卡盘夹紧	YV1	Q1.0	Z 轴超程指示灯	HL5	Q2.3
卡盘松开	YV2	Q1.1	顶尖指示灯	HL6	Q2.4
尾座向左	YV3	Q1.2	外部急停	PLC→CNC	Q2.5
尾座向右	YV4	Q1.3	进给保持	PLC→CNC	Q2.6

KM1 为液压泵电动机 M1 的起动和停止控制接触器。KM2、KM3、KM4 为主轴电动机 M2 的高速、低速控制接触器；当 KM2 吸合，KM3、KM4 断开时，电动机 M2 定子绕组呈三角形接法，4 级低速运行；当 KM2 断开 KM3、KM4 吸合时，电动机 M2 定子绕组呈双星形接法，2 级高速运行。KM5 为冷却泵电动机 M3 的起动和停止接触器。

【CK6150 数控车床控制要求与主电路】

KM6、KM7 为刀架电动机 M4 的正转和反转接触器。KM8 为润滑泵电动机 M5 的起动和停止接触器。伺服驱动器、FAGOR 8025 数控系统、S7-200 PLC 和直流 24V 开关电源的电源由主电路中的 KM9 接触器控制。

在系统上电后，按下液压启动按钮 SB3，接触器 KM1 吸合并自锁，液压泵电动机得电运转，液压泵开始工作。这时按下数控启动按钮 SB5，接触器 KM9 吸合并自锁，伺服驱动器、FAGOR 8025 数控系统、S7-200 PLC 和直流 24V 开关电源同时得电，FAGOR 8025 数控系统开始自检。

在伺服驱动器上电后，如果自检正常，则输出一个伺服准备好开关信号给 PLC 的 I2.0。在工作过程中，伺服驱动器 611A 具有电动机过热、过载保护功能，一旦检测到电动机过载，过热保护继电器工作，并向 PLC 的 I2.1 发出伺服过热保护信号，产生急停报警。

其他像主轴启/停、换挡、换刀等辅助动作，由计算机数控系统通过 I/O 接口将工作方式、辅助控制命令等信号送到 PLC 处理、控制。有些辅助动作的处理、控制结果还要由 PLC 送回计算机数控系统的 I/O 接口，通过进给保持信号同步程序的执行。

冷却液开关 SA2、尾座操作按钮 SB6~SB8、超程解除按钮 SB9 分别接至 PLC 的 I0.0~I0.4 输入端，用于手动操作。液压泵电动机控制接触器辅助触点 KM1、主轴电动机控制接触器辅助触点 KM2 及 KM3 分别接至 PLC 的 I0.5~I0.7 输入端，用于连锁控制。4 个刀位开关 T1~T4 分别接至 PLC 的 I1.0~I1.3 输入端，用于换刀控制。X 轴、Z 轴的正、负向限位开关 SQ1、SQ2、SQ4、SQ5 分别接至 PLC 的 I1.4、I1.5 输入端，用于超程报警。"伺服准备好"信号和"电动机过热"信号分别接至 PLC 的 I2.0、I2.1 输入端，用于急停报警。来自数控系统的 M/S/T 选通信号，工作方式（JOG）信号，NC 急停信号和 NC 复位信号，辅助功能编码（MST01、MST02、MST04、MST08、MST10、MST20）信号分别接至 PLC 的 I2.2~I2.7、I3.0~I3.5 输入端，用于辅助功能控制。

PLC 的继电器输出 Q0.0~Q0.5 分别控制接触器线圈 KM2、KM4~KM8 的通电/断电，从而控制主轴电动机高速/低速、冷却电动机起动/停止、刀架正转/反转、润滑电动机起动/停止。PLC 的继电器输出 Q1.0~Q1.6 分别控制直流 24V 电磁阀 YV1~YV4 和电磁铁 YA1~YA3 的通电/断电，从而控制卡盘的加紧/松开、尾座的伸出/退回、主轴高速挡/低速挡和主轴的制动。PLC 的继电器输出 Q2.0~Q2.4 分别控制 24V 指示灯 HL2~HL6 的通电/断电，分别用于急停报警、卡盘夹紧、X 轴超程、Z 轴超程和顶尖的指示。PLC 的继电器输出 Q2.6 与计算机数控系统 I/O 口的 15 端相连，用于将进给保持信号送给数控系统，同步零件程序的执行。

9.5.2　PLC 主程序

图 9.45 是 CK6150 数控车床的 PLC 控制主程序梯形图。在 PLC 主程序中，先把计算机数控系统送到 IB3 口的 MST 代码（BCD 码）与 63（3FH）相与，屏蔽掉 I3.6 和 I3.7，并在 M 选通、S 选通、T 选通信号的作用下，分别将 M 代码转存到 MB1，S 代码转存到 MB2，T 代码转存到 MB3；然后，无条件（SM0.0）调用液压卡盘和液压尾座控制子程序、主轴控制子程序、冷却和润滑控制子程序、换刀控制子程序、急停和进给保持控制子程序。

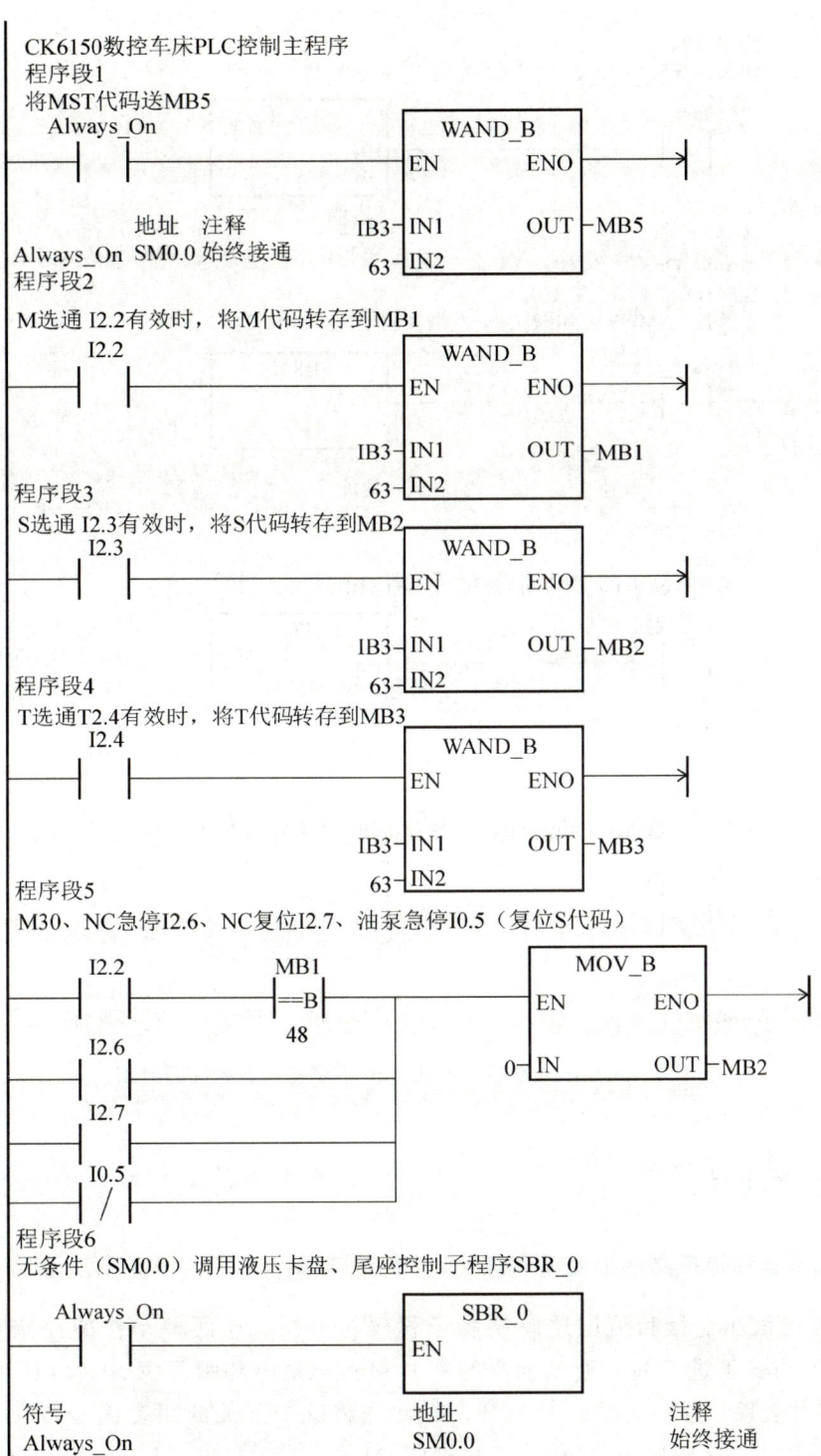

图 9.45　CK6150 数控车床的 PLC 控制主程序梯形图

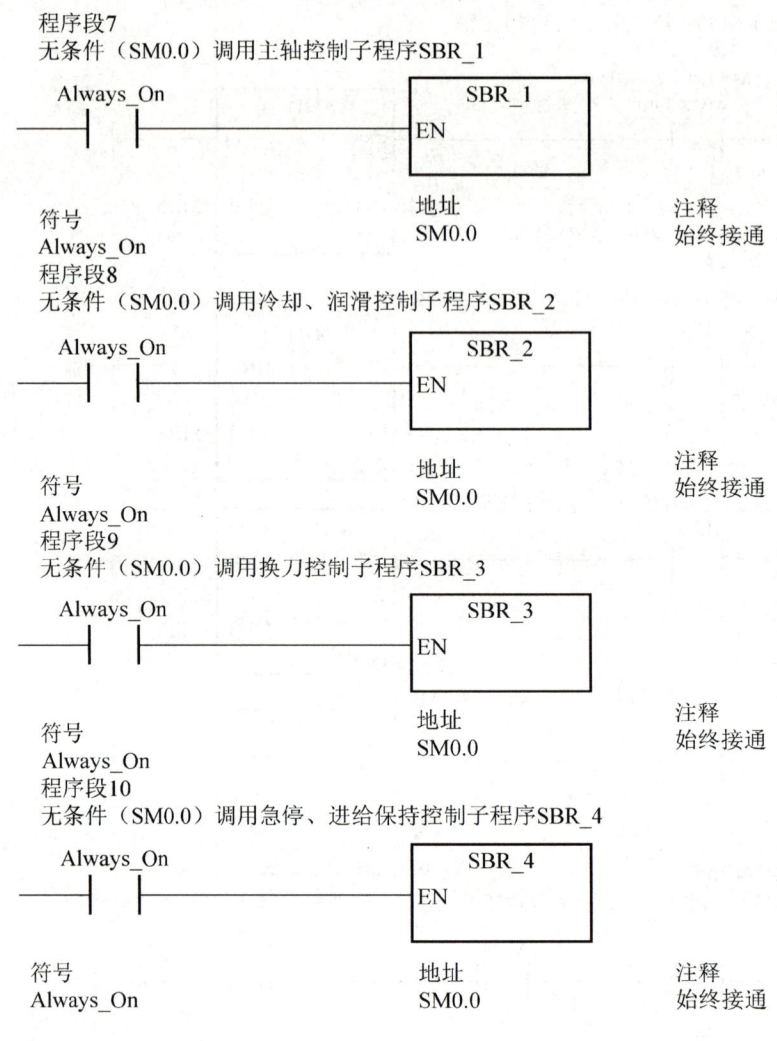

图 9.45　CK6150 数控车床的 PLC 控制主程序梯形图（续）

9.5.3　主要子程序

1. 液压卡盘和液压尾座控制子程序

图 9.46 是液压卡盘和液压尾座控制子程序梯形图。这两种动作的控制都是在手动 JOG（I2.5）方式下进行的。液压卡盘的夹紧和松开是由脚踏开关 SQ7（I1.6）控制的，第一次踩踏时夹紧，再一次踩踏时松开，因此先将这个开关的闭合信号转换为脉冲信号 M0.3，然后用 M0.3 脉冲去置位 Q1.0，复位 Q1.1，或者复位 Q1.0，置位 Q1.1。

液压尾座的伸出和退回由按钮 SB6（I0.1）、SB7（I0.2）、SB8（I0.3）控制。按下连续左按钮 SB6（I0.1），尾座伸出，Q1.2 有效并自锁，同时解除 Q1.3，尾座连续伸出。按下点动按钮 SB7（I0.2），尾座伸出，Q1.2 有效，同时解除 Q1.3，尾座伸出；松开 SB7

（I0.2）后，Q1.2 解除，尾座停止。按下连续右按钮 SB8（I0.3），尾座退回，Q1.3 有效并自锁，同时解除 Q1.2，尾座连续退回。

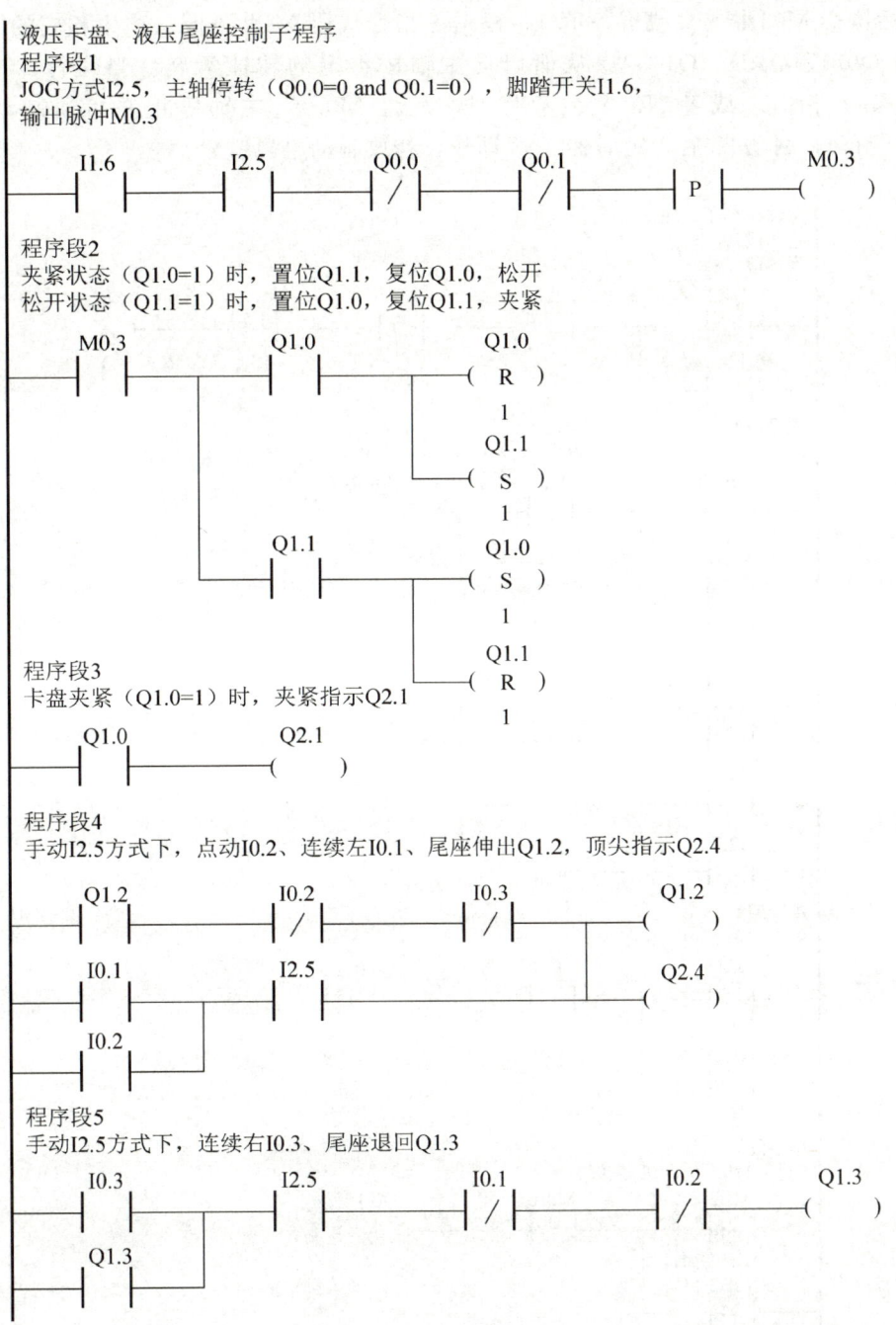

图 9.46　液压卡盘和液压尾座控制子程序梯形图

2. 主轴控制子程序

图 9.47 是主轴启动/停止和换挡变速控制子程序梯形图。首先执行 S 指令，指定速度挡，然后执行 M03 指令，置位 M0.1，根据 S 指令代码 MB2 不同，产生相应的输出组合（Q0.0、Q0.1、Q1.4、Q1.5），从而启动主轴按预定的转速运转。当执行 M05，M30（MB1＝48）指令，或者 NC 复位急停时，复位 M0.1，主轴停止并接通制动电磁铁（Q1.6）制动，制动 2s 后，定时器 T33 动作，释放制动电磁铁。

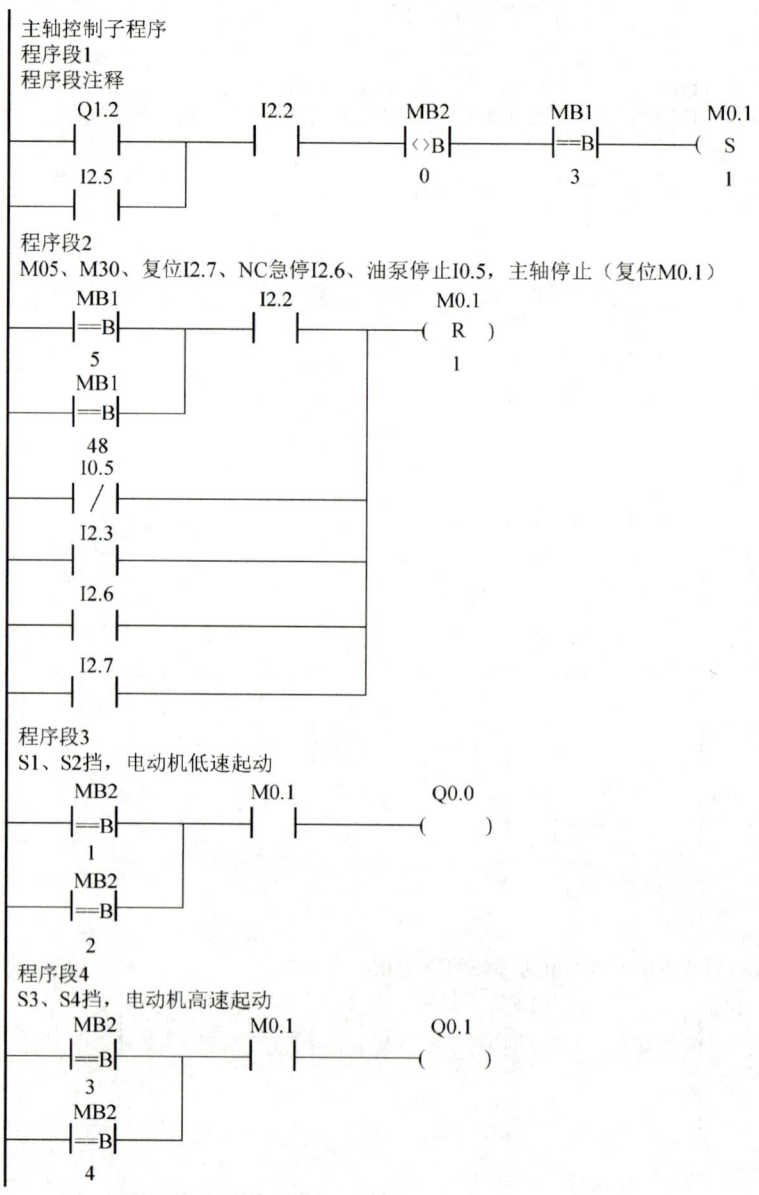

图 9.47　主轴启动/停止和换挡变速控制子程序梯形图

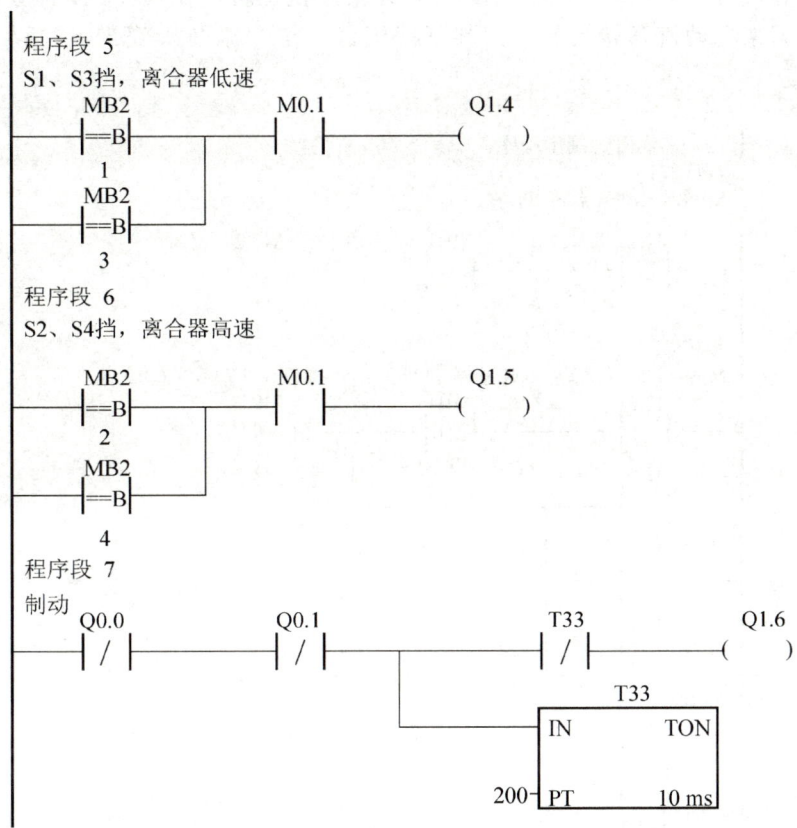

图 9.47　主轴启动/停止和换挡变速控制子程序梯形图（续）

3. 冷却和润滑控制子程序

图 9.48 是冷却和润滑控制子程序梯形图。冷却液的开/关由手动旋钮 SA2（I0.0）和 M 功能指令 M08、M09 共同控制。自动方式（I2.5＝0）时，在 M 选通信号的作用下，判断 MB1 的值，如果等于 08，则置位 M0.2，如果等于 09，则复位 M0.2；手动旋钮 SA2 闭合（I0.0＝1）或者 M0.2＝1 时，开启冷却 Q0.2。润滑泵的起动/停止由定时器 T38（10s）、T34（30min）控制，在无急停报警的情况下，每 30min 润滑一次，每次 10s。

【冷却控制 PLC 程序设计】

4. 换刀控制子程序

图 9.49 是自动换刀控制子程序梯形图。在这个梯形图中，用字节传送指令将当前刀位开关信号（I1.0～I1.3）转换为当前刀号代码（1～4）存放到 MB4 中；当执行换刀指令时，在 T 选通信号的作用下，将指令刀号 MB5 与当前刀号 MB4 进行比较，如果不相等则置位 Q0.3、复位 Q0.4，刀架电动机正转，刀架开始旋转；当转到预定的刀位时，当前刀

号 MB4 与指令刀号 MB5 相等，复位 Q0.3，刀架停止正转，在 Q0.3 闭合脉冲的作用下，置位 Q0.4，刀架电动机开始反转，刀架下降锁紧，定时器 T35 延时 4s 后，复位 Q0.4，换刀动作结束。

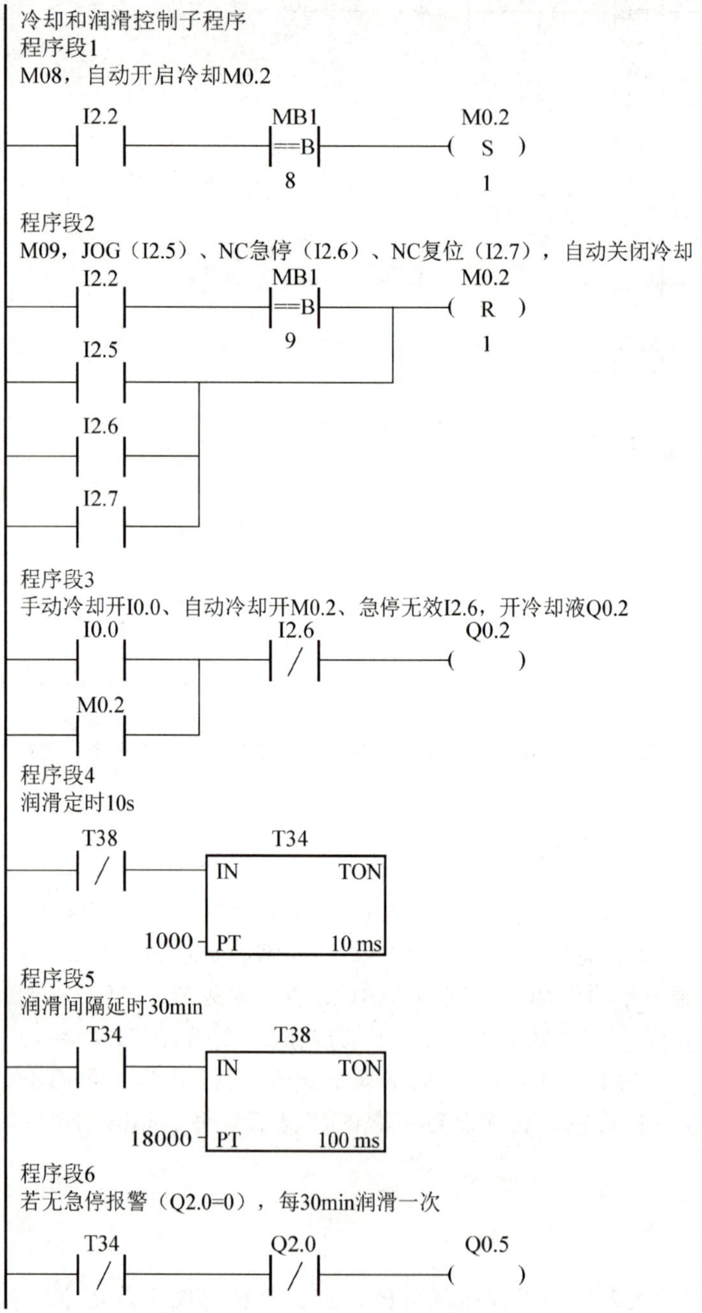

图 9.48　冷却和润滑控制子程序梯形图

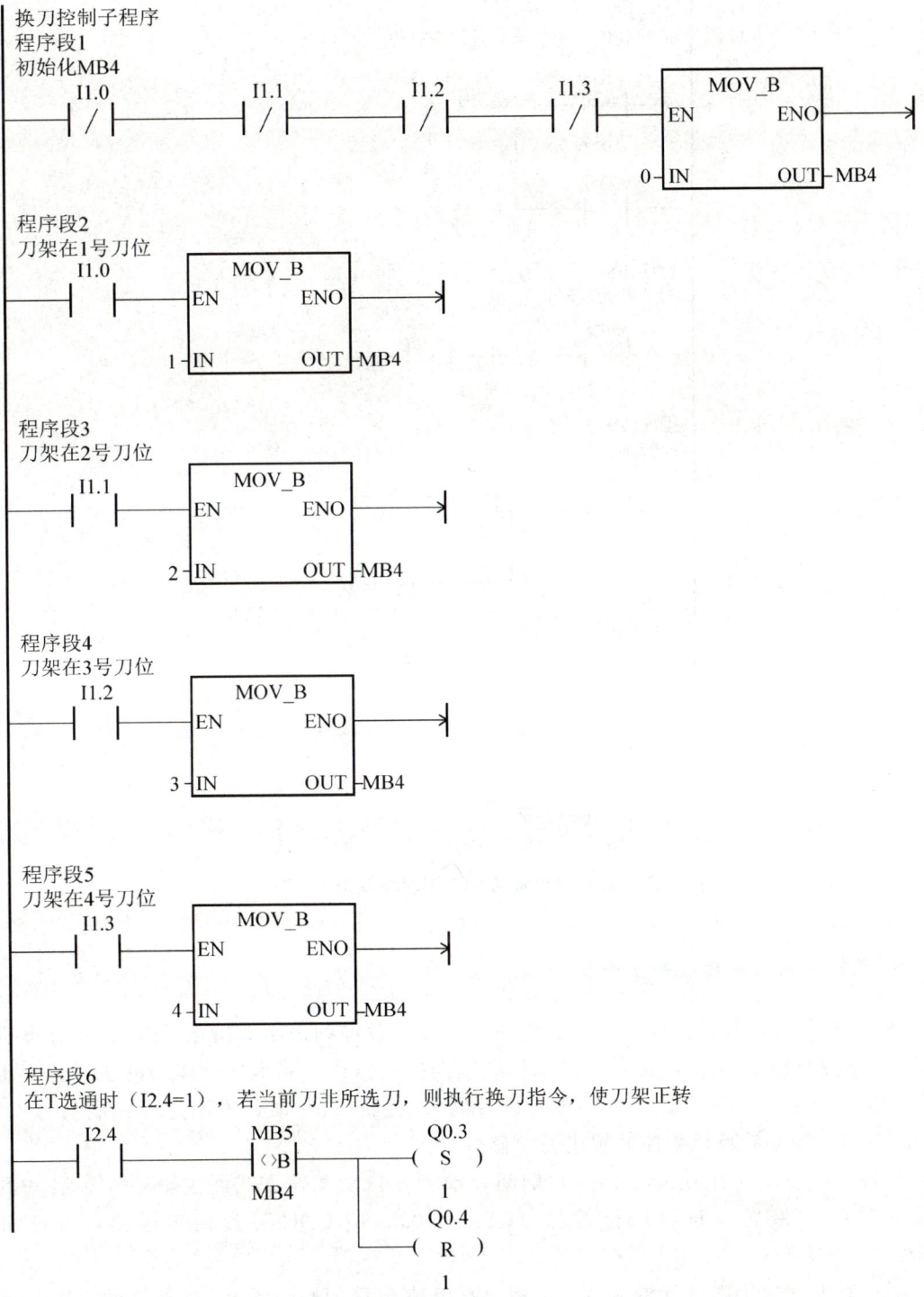

图 9.49　自动换刀控制子程序梯形图

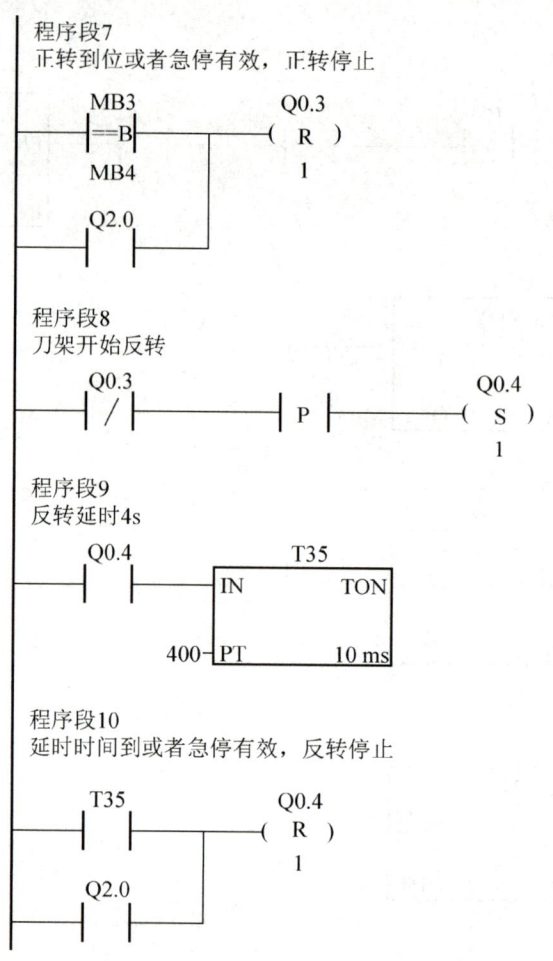

图 9.49　自动换刀控制子程序梯形图（续）

5. 急停和进给保持控制子程序

图 9.50 是急停和进给保持控制子程序梯形图。急停和进给保持是 PLC 送给计算机数控装置的辅助控制反馈同步信号，用来反馈辅助控制信息，同步数控程序的执行。当出现 X 轴和 Z 轴超限、油泵过载、主轴过载或者伺服电动机过热时，发出急停控制信号 Q2.5（Q2.5＝0），通知计算机数控装置进行急停处理。

在换刀（Q0.3＝1 或 Q0.4＝1）期间，或者在自动工作方式而主轴还没有启动的情况下，向 CNC 装置发进给保持信号（Q2.6＝0），使 CNC 装置锁定进给，保证机床安全。

通过对上述应用实例分析，可以清楚地看出独立型 PLC 与 CNC 装置之间、PLC 与机床侧的开关量之间的 I/O 连接关系；并通过 PLC 程序设计，使 CNC 装置、PLC 和数控机床三者紧密地结合在一起，形成了有机整体，从而控制数控机床有条不紊地工作。

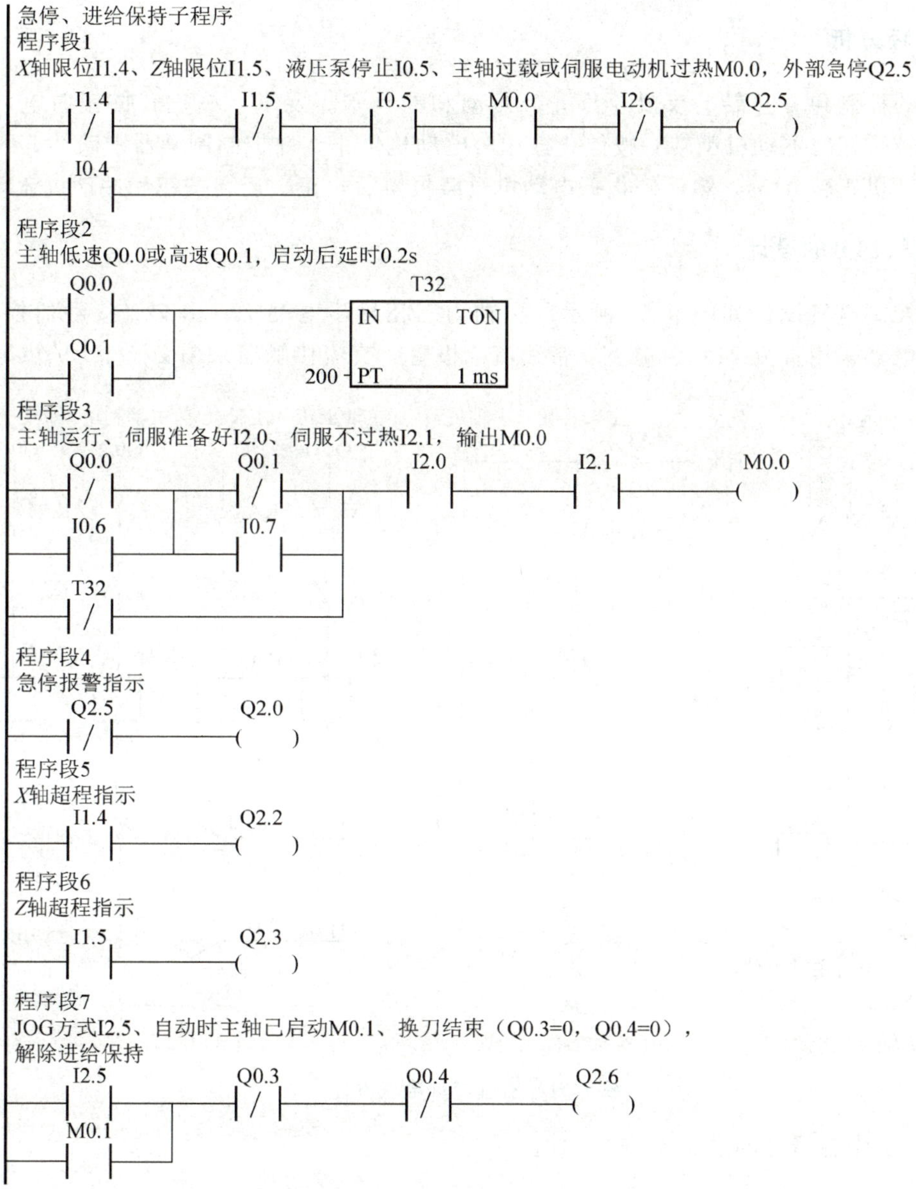

急停、进给保持子程序
程序段1
X轴限位I1.4、Z轴限位I1.5、液压泵停止I0.5、主轴过载或伺服电动机过热M0.0，外部急停Q2.5

```
 I1.4   I1.5   I0.5   M0.0   I2.6        Q2.5
──┤/├───┤/├────┤├─────┤/├────┤├─────────( )
  I0.4
──┤├──
```

程序段2
主轴低速Q0.0或高速Q0.1，启动后延时0.2s

```
 Q0.0                         T32
──┤├─┬──────────────────────┤IN   TON├
 Q0.1│                    200┤PT   1ms├
──┤├─┘
```

程序段3
主轴运行、伺服准备好I2.0、伺服不过热I2.1、输出M0.0

```
 Q0.0    Q0.1    I2.0   I2.1         M0.0
──┤/├─┬──┤/├─────┤├─────┤├──────────( )
 I0.6 │  I0.7
──┤├──┤──┤├──
 T32  │
──┤├──┘
```

程序段4
急停报警指示

```
 Q2.5         Q2.0
──┤/├────────( )
```

程序段5
X轴超程指示

```
 I1.4         Q2.2
──┤├─────────( )
```

程序段6
Z轴超程指示

```
 I1.5         Q2.3
──┤├─────────( )
```

程序段7
JOG方式I2.5、自动时主轴已启动M0.1、换刀结束（Q0.3=0，Q0.4=0），解除进给保持

```
 I2.5    Q0.3    Q0.4         Q2.6
──┤├─┬──┤/├─────┤/├──────────( )
 M0.1│
──┤├─┘
```

图9.50　急停和进给保持控制子程序梯形图

9.6　数控机床主轴PLC设计实例

数控机床的主轴系统控制由PLC和计算机数控系统联合控制，其中PLC完成传动单元变速逻辑控制和数字转速指令功能，而计算机数控装置根据给定的数字量产生相应的模拟电压信号，用于主轴驱动回路的控制。

【主轴控制
PLC程序设计】

1. 过程分析

主轴的控制包括正转、反转、停止、制动和冲动等。要求：按正转按钮时电动机正转；按反转按钮时电动机反转；按停止按钮时电动机停止，并控制制动器制动2s；按下冲动按钮电动机正转0.5s，然后停止；电动机过载报警后，正、反转按钮和冲动按钮无效。

2. 电气部分的设计

主轴控制电气设计如图9.51所示。主轴为三相异步电动机，由交流接触器控制正、反转；继电器采用直流24V供电，自带续流二极管；交流接触器采用交流110V供电。

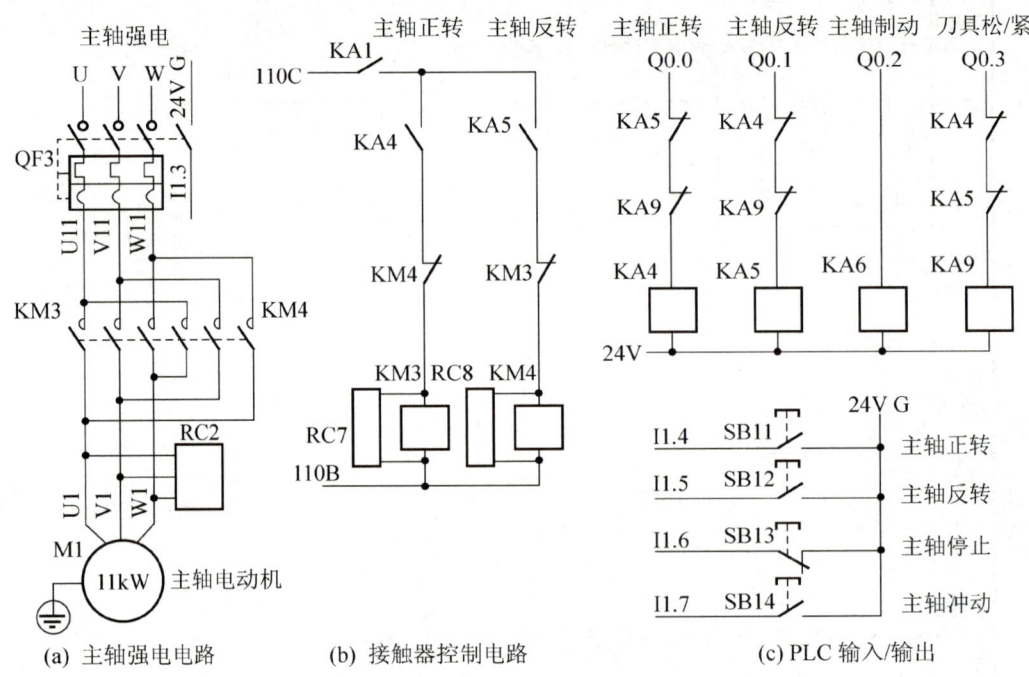

图 9.51 主轴控制电气设计

图9.51中各器件的含义见表9-12。

表 9-12 各器件的含义

序号	名称	含义	序号	名称	含义
1	QF3	主轴带过载保护电源空开	8	KA4	主轴正转中间继电器
2	KM3	主轴正转交流接触器	9	KA5	主轴反转中间继电器
3	KM4	主轴反转交流接触器	10	KA6	主轴制动中间继电器
4	KA1	由急停控制的中间继电器	11	KA9	刀具松中间继电器
5	SB11	主轴正转按钮	12	SB14	主轴冲动按钮
6	SB12	主轴反转按钮	13	RC2	三相灭弧器
7	SB13	主轴停止按钮	14	RC7、RC8	单相灭弧器

在电气安全互锁设计方面，主轴正、反转在接触器和继电器分别进行了安全互锁；主轴正、反转对刀具松进行了安全互锁；急停对主轴运转进行了安全互锁。

与主轴控制相关的输入、输出信号包括以下两种。

输入：I1.4——正转；I1.5——反转；I1.6——停止；I1.7——冲动；I1.3——报警。

输出：Q0.0——正转；Q0.1——反转；Q0.2——制动；Q0.3——松刀。

3. 控制程序设计

1）梯形图程序

梯形图程序如图9.52所示。

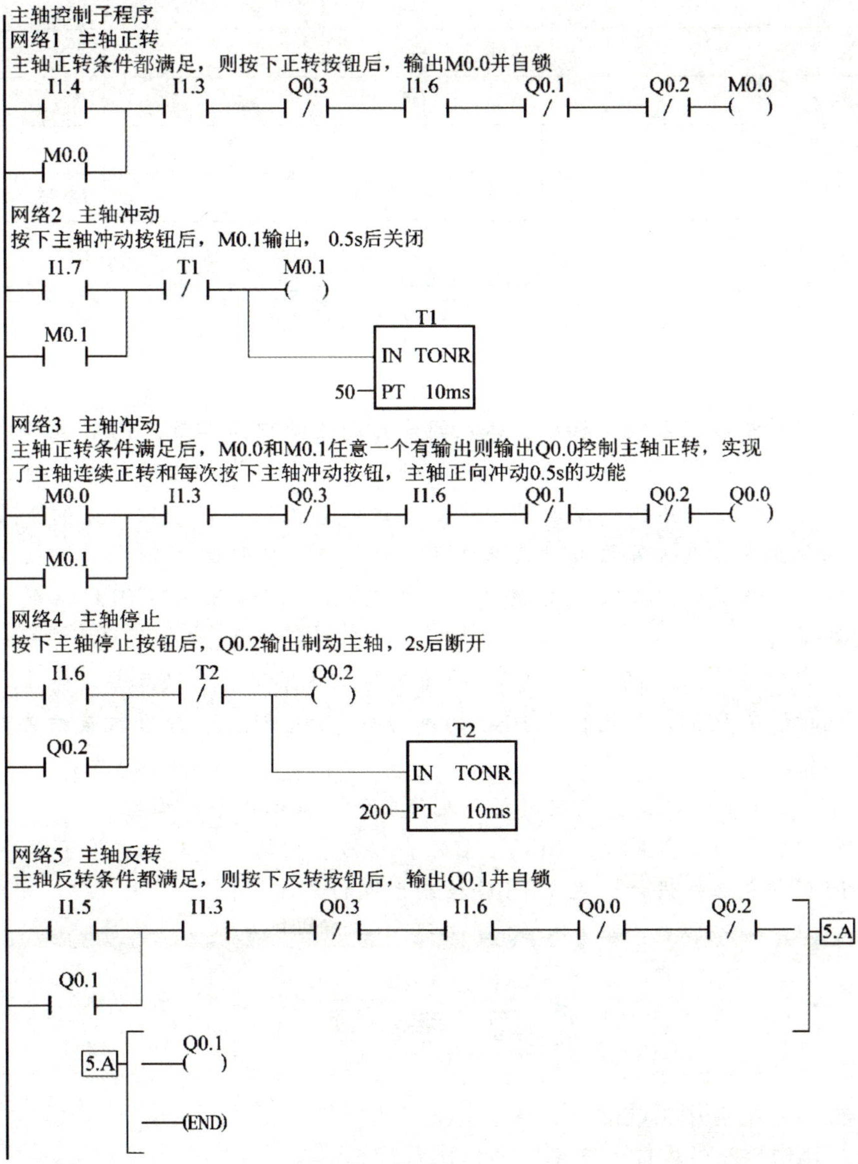

```
主轴控制子程序
网络1  主轴正转
主轴正转条件都满足，则按下正转按钮后，输出M0.0并自锁
    I1.4      I1.3     Q0.3     I1.6     Q0.1     Q0.2     M0.0
    ─┤├──┬──┤├──────┤/├──────┤├──────┤/├──────┤/├──────( )─
    M0.0  │
    ─┤├──┘

网络2  主轴冲动
按下主轴冲动按钮后，M0.1输出，0.5s后关闭
    I1.7      T1              M0.1
    ─┤├──────┤/├──────┬──────( )─
    M0.1              │
    ─┤├───────────────┤        T1
                      │     ┌─IN  TONR─┐
                      └─────┤         │
                       50──┤PT   10ms│
                            └─────────┘

网络3  主轴冲动
主轴正转条件满足后，M0.0和M0.1任意一个有输出则输出Q0.0控制主轴正转，实现了主轴连续正转和每次按下主轴冲动按钮，主轴正向冲动0.5s的功能
    M0.0      I1.3     Q0.3     I1.6     Q0.1     Q0.2     Q0.0
    ─┤├──┬──┤├──────┤/├──────┤├──────┤/├──────┤/├──────( )─
    M0.1  │
    ─┤├──┘

网络4  主轴停止
按下主轴停止按钮后，Q0.2输出制动主轴，2s后断开
    I1.6      T2              Q0.2
    ─┤├──────┤/├──────┬──────( )─
    Q0.2              │
    ─┤├───────────────┤        T2
                      │     ┌─IN  TONR─┐
                      └─────┤         │
                      200──┤PT   10ms│
                            └─────────┘

网络5  主轴反转
主轴反转条件都满足，则按下反转按钮后，输出Q0.1并自锁
    I1.5      I1.3     Q0.3     I1.6     Q0.0     Q0.2
    ─┤├──┬──┤├──────┤/├──────┤├──────┤/├──────┤/├──────[5.A]
    Q0.1  │
    ─┤├──┘

         Q0.1
    [5.A]─( )─

         (END)
```

图9.52 梯形图程序

2) STL 程序

STL 程序见表 9-13。

表 9-13 STL 程序

网络 1		网络 2		网络 3		网络 4		网络 5	
LD	I1.4	LD	I1.7	LD	M0.0	LD	I1.6	LD	I1.5
O	M0.0	O	M0.1	O	M0.1	O	Q0.2	O	Q0.1
A	I1.3	AN	T1	A	I1.3	AN	T2	A	I1.3
AN	Q0.3	=	M0.1	AN	Q0.3	=	Q0.2	AN	Q0.3
A	I1.6	TONR	T1, 50	A	I1.6	TONR	T2, 200	A	I1.6
AN	Q0.1			AN	Q0.1			AN	Q0.0
AN	Q0.2			AN	Q0.2			AN	Q0.2
=	M0.0			=	Q0.0			=	Q0.1
								END	

本 章 小 结

PLC 是计算机数控系统与机床主体之间连接的关键中间环节。PLC 主要完成与逻辑运算有关的一些功能，一方面通过辅助控制装置完成机床相应的开关动作，另一方面将一部分信息送往计算机数控装置用于加工过程的控制，是数控机床的重要组成部分。PLC 与机床主体及计算机数控装置之间信号往来十分密切。

本章重点介绍了数控机床 PLC 的作用、内装型 PLC 和独立型 PLC 在数控机床中的应用案例等内容。

(1) PLC 概述：PLC 的应用，PLC 的组成与工作原理，编程语言。

(2) 数控机床 PLC：数控机床 PLC 的类型与作用，PLC、计算机数控装置、机床之间的信息处理。

(3) S7-200 系列 PLC：数据类型与元件功能，基本指令及编程。

(4) 数控车床独立型 PLC：PLC 主程序，换刀、主轴、冷却控制等子程序分析。

(5) PLC 控制系统设计：主轴 PLC 控制系统的设计。

思 考 题

1. 简述 PLC 的应用领域。
2. PLC 由哪些组件构成？各部分的作用是什么？
3. 数控机床中 PLC 的作用有哪些？

4. 比较内装型 PLC 和独立型 PLC 的异同点。
5. 数控系统中 PLC 信息交换的主要目的是什么？
6. 计算机数控装置与 PLC 之间、PLC 和机床之间如何进行信息交换？
7. S7-200 系列 PLC 的定时器包括哪三种类型？
8. 简述 S7-200 系列 PLC 的数据类型和地址格式。
9. 西门子 SINUMERIK 802C 数控系统与其集成 PLC 的信息交换有哪些？
10. 说明 V25001000.7 和 V25001001.0、V25001001.1 分别表示何种信号？
11. 说明图 9.43 中 L2.4 的符号名、变量类型和数据类型，以及对应的 PLC 信号。
12. 根据西门子 SINUMERIK 802C 数控系统内装型 PLC 的功能，更改图 9.48 冷却和润滑控制梯形图中元件和指令符号。
13. 设 I0.0～I0.3 分别为 4 个刀位输入信号，I0.4 为手动换刀按钮输入，反转夹紧时间为 2s，Q0.0 为刀架电动机正转输出信号，Q0.1 为刀架电动机反转输出信号，Q1.0～Q1.3 分别为 4 个刀位指示输出信号。用 STEP7 语言，画出 4 工位刀架手动换刀程序梯形图。

参考文献

杜国臣，王士军，2010. 机床数控技术［M］. 2版. 北京：北京大学出版社.
龚仲华，2015. 西门子数控PLC程序典例［M］. 北京：机械工业出版社.
胡占齐，杨莉，2014. 机床数控技术［M］. 3版. 北京：机械工业出版社.
蒋丽，2011. 数控原理与系统［M］. 北京：国防工业出版社.
李郝林，方键，2007. 机床数控技术［M］. 2版. 北京：机械工业出版社.
刘跃南，1997. 机床计算机数控及其应用［M］. 北京：机械工业出版社.
杨克冲，陈吉红，郑小年，2005. 数控机床电气控制［M］. 武汉：华中科技大学出版社.
杨有君，1999. 数字控制技术与数控机床［M］. 北京：机械工业出版社.
张建钢，胡大泽，2000. 数控技术［M］. 武汉：华中科技大学出版社.
张南乔，2009. 数控技术实训教程［M］. 北京：机械工业出版社.
张淑兰，张南乔，2011. CAD/CAM实用教程［M］. 北京：机械工业出版社.
赵玉刚，宋现春，2003. 数控技术［M］. 北京：机械工业出版社.
周兰，陈少艾，2007. 数控机床故障诊断与维修［M］. 北京：人民邮电出版社.
周庆贵，2011. 电气控制技术［M］. 2版. 北京：化学工业出版社.
周庆贵，陈书法，2017. 数控原理及控制系统［M］. 北京：北京大学出版社.
祝红芳，2007. PLC及其在数控机床中的应用［M］. 北京：人民邮电出版社.